KB139560

# 수의정책
# 콘서트

사람 · 동물 · 환경의 건강은
하나다.

ONE HEALTH
ONE WELFARE

# 수의정책 콘서트

김용상 지음

BnCworld

# CONTENTS

# 머리말

    동물질병과 인수공통질병은 인류 역사에 늘 존재해 왔습니다. 우리나라에서는 2000년 이후 FMD, HPAI, ASF 등 해외 유래 악성 가축전염병이 발생했고, 2008년 미국산 수입쇠고기 광우병 사태, 2017년 살충제 오염 달걀 사건 등 식품안전 사고가 계속 있었습니다. 개고기, 유기동물, 대규모 가축 살처분 등 동물복지 이슈도 다양해졌습니다. 이들 모두가 국가적 수의정책으로 다루어야 할 사안입니다.

    수의정책은 크게 동물위생, 수의공중보건 및 동물복지 분야를 다룹니다. 수의정책은 동물 소유자, 식품 소비자뿐만 아니라 지역, 국가, 나아가 지구 공동체에 미치는 영향이 큽니다. 그러나 수의정책에 대한 일반 국민의 이해 수준은 높지 않은 게 사실입니다. 심지어 오해하는 사람도 있습니다. "방역은 비용만 초래한다.", "축산식품 안전성 보증은 식품산업에 규제만 초래한다.", "사람복지도 잘 안 되는 마당에 동물복지는 시기상조다." 등의 이야기가 대표적인 예이지요. 수의정책에 대한 수의사의 인식 수준도 차이가 큰 듯합니다. 따라서 이처럼 다양한 수의 사안을 합리적으로 다루기 위해서는 수의정책에 대한 올바른 인식이 무엇보다 중요하다는 생각입니다.

    현재 국내에는 수의 업무 종사자, 대상자 등에게 수의정책에 관한 필요한 정보를 제공하고, 수의정책을 올바르게 이해하는 데 도움을 줄 수 있는 서적과 자료가 크게 부족합니다. 이러한 측면이 제가 이 책을 쓰게 된 동기입니다.

    이 책은 동물위생, 수의공중보건, 동물복지, 원헬스, 동물약품 등 수의 분야 대부분을 다루고 있습니다. 수의 각 분야를 둘러싼 정책 환경, 국내

외에서 실행 중인 수의정책 내용, 미래 수의정책 방향 등을 기술하고, 수의정책이 우리 사회에 미치는 역할과 영향을 살펴보았습니다. 특히, 급변하는 이 시대에 수의정책 담당자가 정책을 수립하고 시행할 때 고려해야 할 수의 분야별 정책 방향 및 세부내용을 제시하고자 했습니다.

저는 1990년 공직에 몸을 담은 이래로 농림축산식품부, 국무조정실, 주미한국대사관 등에서 수의정책 업무를 담당하였습니다. EU 집행위원회와 뉴질랜드식품안전청에 오랜 기간 파견되어 EU와 뉴질랜드의 수의정책을 연구한 경험도 있습니다.

이 책은 이러한 저의 경험과 우리나라, 미국, 영국, 일본, 캐나다, 호주 등 각국의 자료, OIE, WHO 등 국제기구의 자료, 수의정책과 관련한 다양한 서적, 연구보고서, 논문, 언론 보도 등을 참고하여 쓰였습니다.

부디 이 책이 수의정책에 대한 올바른 지식과 이해를 얻고자 하는 모든 사람에게 조금이나마 도움이 되길 희망합니다. 또 이를 통해 수의 관련 산업의 발전뿐만 아니라 국가적 차원에서 높은 수준의 동물위생, 수의공중보건, 동물복지를 달성하는 데 미력하나마 도움이 되었으면 좋겠습니다.

이 책을 쓰는 데 꼬박 3년이 걸렸습니다. 그동안 많은 분의 도움이 있었습니다. 특히 농림축산검역본부의 김수희 박사, 서태영 선생 등의 도움이 컸습니다. 진심으로 감사의 말씀을 드립니다. 그간 보람 있는 공직 생활을 할 수 있도록 항상 저를 지도 편달해주셨던 이영순 서울대 수의대 명예교수님, 김옥경 대한수의사회장님, 곽형근 한국동물약품회장님께도 존경의 마음을 드립니다. 끝으로 이번 책을 쓰는 데 끝까지 응원해준 아내, 아들과 딸에게도 고마움을 전합니다.

2020년 10월  김용상

# 두문자어 및 약어

| | |
|---|---|
| ASF | 아프리카돼지열병 (African Swine Fever) |
| AMR | 항생제 내성 (Antimicrobial Resistance) |
| AVMA | 미국수의사회 (American Veterinary Medical Association) |
| BSE | 소해면상뇌증 (Bovine Spongiform Encephalopathy) |
| CDC | 질병통제예방센터 (Center for Disease Control and Prevention) |
| CFIA | 캐나다식품검사청 (Canadian Food Inspection Agency) |
| CFR | 연방법전 (Code of Federal Regulation) |
| Codex | 국제식품규격위원회 (Codex Alimentarius Commission) |
| FAO | 세계식량농업기구 |
| | (Food and Agriculture Organization of the United Nations) |
| FDA | 미국식품의약품청 (Food and Drug Administration) |
| FMD | 구제역 (Food-and-Mouth Disease) |
| FVE | 유럽수의사회 (Federation of Veterinarians of Europe) |
| GAP | 우수동물위생규범 (Good Animal (Hygienic) Practice) |
| GDP | 국내총생산 (Gross Domestic Product) |
| GMP | 제조품질관리기준 (Good Manufacturing Practice) |
| HPAI | 고병원성조류인플루엔자 (Highly Pathogenic Avian Influenza) |
| ISO | 국제표준화기구 (International Standard Organization) |
| MERS | 중동호흡기증후군 (Middle East Respiratory Syndrome) |
| NGO | 비정부기구 (Non-Governmental Organization) |
| OECD | 경제협력개발기구 |
| | (Organisation for Economic Cooperation and Development) |
| OIE | 세계동물보건기구 (World Organisation for Animal Health) |
| OIE/TAHC | OIE 육상동물위생규약 (OIE Terrestrial Animal Health Code) |

| | |
|---|---|
| RSPCA | 왕립동물학대방지협회 (Royal Society for the Prevention of Cruelty to Animals) |
| SARS | 중증급성호흡기증후군 (Severe Acute Respiratory Syndrome) |
| SOP | 표준작업절차 (Standard Operating Procedures) |
| SPS 협정 | 위생 및 식물위생에 관한 협정 (Agreement on Sanitary and Phytosanitary Measures) |
| UN | 세계연합국기구 (United Nations) |
| UNICEF | 유엔아동기금 (United Nations International Children's Emergency Fund) |
| UNESCO | 유엔교육과학문화기구 (United Nations Educational, Scientific and Cultural Organization) |
| USDA | 미국농무부 (United States Department of Agriculture) |
| USDA/APHIS | 미국농무부 동식물위생검사청 (USDA Animal and Plant Health Inspection Service) |
| USDA/ERS | 미국농무부 농업연구청 (USDA Economic Research Service) |
| USDA/FSIS | 미국농무부 식품안전검사청 (USDA Food Safety Inspection Service) |
| VICH | 동물약품국제기술조정위원회 (International Cooperation on Harmonisation of Technical Requirements for the Registration of Veterinary Medicinal Products) |
| WHO | 세계보건기구 (World Health Organization) |
| WMA | 세계의사회 (World Medical Association) |
| WTO | 세계무역기구 (World Trade Organization) |
| WVA | 세계수의사회 (World Veterinary Association) |

ONE HEALTH
ONE WELFARE

PART I

# 수의사와 수의정책

# 제1장

# 수의사는 사람,
# 동물과 환경의 건강을 다룬다

01
## 수의 역사는 인류의 역사이다

[그림1] 카훈 파피루스 조각(출처: 위키피디아, 2020)

동물을 치료하고 돌보는 것의 기원은 인류 역사 초기부터이다. 중국인과 이집트인 모두 기원전 약 4,000년경에 이미 약초를 이용하여 사람과 동물을 치료하는 방법을 기록했다. 수의학에 대한 최초의 언급은 기원전 약 1,800년경 이집트 최초의 의학 기록인《카훈 파피루스(Kahun Papyrus)》[1]로 알려져 있다.[01] 그러나 수의사의 의학적 노력에

---

1 소 질병 치료법을 상세히 언급하고 있으며 개, 새, 물고기의 질병에 관해서도 부분적으로 언급한다. 수의산과학에 관한 부분도 있다.

대한 최초의 기록은 기원전 약 3,500년 중국, 이집트에 있다. 동물을 치료하는 것을 심도 있게 연구했다는 최초의 증거는 기원전 약 3,000년경 메소포타미아의 성직자이자 의사였던 우르루가레디나(Urlugaledinna)가 '동물을 치료하는 전문가'로 언급된 것이다.[02],[03] 그는 역사상 최초의 수의사로 불린다.

고대의 수의사는 '말 의사'란 의미의 'Hippiatroi', '노새 의사'란 의미인 'Mulomedicus', 그리고 '가축 의사'란 의미인 'Medicus Pecarius'로 불렸다. 기원후 1세기 로마 시대에 동물 보호, 가축 위생 및 번식에 관한 학자로서 12권의 관련 책을 저술하였던 코루멜라(Columella, 4~70 AD)는 돼지, 면양, 소를 돌보는 사람들을 위해 'Veterinarius'라는 용어를 처음으로 사용했다.[04] 따라서 '수의사(Veterinarian)'란 용어는 '일하는 동물(Working Animals)'이라는 의미의 라틴어인 'Veterinae'에서 유래했다고 할 수 있다. 기원전 3,500년 이집트 상형문자는 [그림 2]와 같이 가축화된 동물을 보여준다.[05]

수의사 및 수의학에 관한 고대 및 중세의 기록은 많다. 동물치료를 전문적으로 하는 수의학은 1598년 동물 해부에 관한 최초의 책인《말 해부(Anatomy of the Horse)》를 쓴 이탈리아의 카를로 루이니(Carlo Ruini, 1530~1598)로부터 시작되었다. 말 치료는 고대부터 19세기까지 수의학 발전에 중요한 동력이었다. 말은 고대부터 중요한 교통수단이었고, 전쟁에서는 가장 중요한 군수물자 중 하나였기 때문이다.

[그림2] 고대 가축화된 동물 모습

**[그림 3]** 루이 14세 리옹 수의
대학 설립 칙령 06)

근대적 의미에서 최초의 수의대학은 1761년 수의사인 클로드 부르(Claude Bourgelat, 1712.3.27.~1779.1.3.)가 프랑스 리옹에 설립하였다. 이때부터 직업으로의 수의사가 시작되었다. 리옹 수의과대학은 당시 프랑스에 널리 퍼져 소에 막대한 피해를 초래했던 역병(Plague, 일명 '흑사병')과 싸우기 위하여 학생들을 발생지역에 보내 치료하도록 했으며, 이는 커다란 성과를 거두었다. 이 대학은 동물의 건강뿐만 아니라 인간 건강과의 상호작용에 관해서도 교육을 하였다. 이후에 독일, 영국 등 유럽 전역에서 수의과대학이 설립되었다.

우리나라 수의학의 역사는 2010년 이시영이 쓴 《한국수의학사》07)에 잘 나와 있다. 그에 따르면, 견우와 직녀의 전설이 그려진 고구려 고분벽화(평안남도 대안시 덕흥리 소재)에 소와 개가 가축으로 등장한다. 4세기 중엽에 조성된 '고구려 안악 3호분 벽화'에 소와 돼지로 연상되는 고기를 푸줏간에 걸어놓은 모습이 있다. 고구려의 혜자 법사(595년에 일본에 갔다가 615년에 돌아옴)는 일본에 말 치료법을 전수했다.

조선 시대 수의학은 소와 말에 대한 치료법이 중심이었다. 특히 마의(馬醫, 말을 치료하는 수의사)는 관직의 하나로서 사복시(司僕寺, 왕이 타는 말, 수레 및 마구와 목축에 관한 일을 맡던 관청)에 배치되었는데 직급은 종6품에서 종9품까지 있었다. 이들은 각 목장에 배치되어 말의 건강을 관리하였다.08) 마의로서 어의(御醫, 왕실 주치의)까지 된 사람은 백광현(1625~1697년 추정)[2]으

---

2 백광현은 30여 년 동안 현종과 숙종 두 조정을 섬기면서 여러 차례 공을 인정받았다. 그때마다 품계가 더해져 의성 허준과 같은 종1품 숭록대부까지 올랐다.

로 종기 전문가였으며, 숙종 5년에 어의가 되었다. 수의 서적으로는 《신편집성마의방부우의방新編集成馬醫方附牛醫方, 1399년》, 《우마양저염역병치료방牛馬羊猪染疫病治療方, 1541년(소, 말, 양, 돼지에서 서로 전염하는 질병을 치료하는 내용)》[09], 《마경언해馬經諺解, 1636년》 등이 대표적이다. 인조 때에는 이 서가 《마경초집》을 우리말로 번역한 최초의 한글 수의 서적인 《마경초집언해》가 발간되었다.

**[그림 4]** 마경초집언해 일부
(출처: 한국민족문화대백과사전)

우리나라에서 체계적인 수의학 교육이 시작된 것은 1908년 수원농림학교에 1년제 수의학과가 개설되면서이다. 이는 1937년 3년제 수의축산학과로 개편되었다. 1946년 「국립서울대학교 설립에 관한 법령」이 공포되면서 수원농림전문학교 규정은 폐지되었고, 1947년 서울대학교는 농과대학 수의축산학과를 수의학과와 축산학과로 분리하였다. 이후 여러 대학에 수의학과가 신설되어 현재는 전국적으로 10개의 수의과대학이 있다.

<br>

02
## 한민족 최초의 수의사는 환웅이다

우리나라 역사에서 수의사와 관련 있는 오래된 모습은 단군신화, 고구려 고주몽신화 등에서 일부 찾을 수 있다.[10] 비록 이들은 신화지만 동물에 대한 치료가 한민족 역사와 함께 걸어왔다는 것을 보여준다.

《삼국유사三國遺事》에 게재된 단군신화에 따르면, 환웅(桓雄) 천황은 졸병 삼천 명을 이끌고 하늘에서 태백산 꼭대기 신단수(神壇樹) 밑에 내려와 신시(神市)라 하고 살았다. 이때 곰과 호랑이가 인간이 되기를 원해

환웅은 그들에게 쑥과 마늘을 처방하고 약 100일간 햇빛을 보지 말라 하였다. 곰은 그대로 해서 인간으로 변했고, 환웅과 혼인하여 아들을 낳으니 그가 곧 우리 선조인 단군왕검(檀君王儉)이다. 단군왕검이 즉위한 지 50년인 경인년에 평양성(平壤城)에 도읍하고 조선이라 칭하여 한민족 최초의 나라인 고조선이 건국되었다.

단군신화는 수의학과 관련지을 수 있다. 쑥과 마늘이 사용된 대상이 인간이 아니고 곰과 호랑이라는 점에서 쑥과 마늘이라는 일종의 신묘한 동물약품을 처방하여 동물의 몸을 인간으로 변화시킨 것이다. 따라서 환웅은 우리나라 최초의 수의사라 할 수 있다.

《구삼국사舊三國史》에 기록된 고구려 건국자인 주몽(朱蒙)의 탄생과 건국에 얽힌 신화인 주몽신화에 따르면, 주몽은 수의 의술을 행했다. 주몽의 어머니 유화 부인은 주몽에게 좋은 말을 고르는 법을 가르쳤고, 주몽은 자신이 기르던 좋은 말의 혀에다 바늘을 꽂아서 일부러 여위게 만들었다. 그 결과 백성이 기르던 모든 말을 빼앗으려던 금와왕이 그의 말을 보고 쓸모없게 보여 빼앗지 않았다. 주몽은 여윈 말을 다시 건강한 말로 만들었다. 또한, 주몽은 어머니 유화부인이 보낸 비둘기 두 마리를 잡아서 배를 가르고 그 속에서 씨앗을 빼내고 물로 비둘기의 배를 씻으니 비둘기가 살아서 다시 날았다. 고주몽은 비둘기에게 외과수술을 한 것이다.

## 03
## 수의 대상은 모든 생명체이다

「수의사법」은 수의사를 "수의 업무를 담당하는 사람"으로 정의하고, "동물의 진료 및 보건과 축산물의 위생검사에 종사하는 것을 그 직무로 한다."라고 규정한다. 그러나 이는 수의사 업무를 좁게 바라본 것이다.

수의사는 동물의 건강과 복지, 동물유래 생산품의 위생, 그리고 동물 및 동물 생산품과 관련된 환경의 건강을 전문적으로 다루는 의료 전문가이다. 즉 오늘날 수의사는 동물, 사람 및 환경의 건강을 보호하기 위해 전문적으로 교육받은 유일한 전문가이다.

《한국민족문화대백과》에 따르면, "수의사는 동물의 보건과 환경 위생 및 각종 질병 예방과 진료는 물론, 인수 공통 전염병의 예방과 진료를 하는 의사"로서, "수의사의 주업무는 과거에는 전염병이나 질병의 진단, 치료에 주력하였으나 사회 문화적 환경의 변화와 급격한 경제성장에 따라 새로운 동물진료기술의 개발 및 가축 생산 기술의 향상, 야생동물 및 수생동물의 보전, 생명과학연구에 필수적인 실험동물 연구, 축산식품 등 식품의 안전성 확보, 인수공통전염병의 예방 및 환경보호를 통한 인류보건의 향상, 의약품 및 신물질 개발 등에 대한 생명공학 기법의 개발에 이르기까지 그 영역이 광범위하게 확대되었다."라고 한다.

세계동물보건기구(OIE)[3]는 수의사를 "한 나라에서 수의·수의학을 업으로 할 수 있도록 해당 국가가 등록한, 또는 면허를 준 적절한 교육을 받은 사람"으로 정의한다.

대한수의사회에 따르면,[11] 2016년 7월 기준으로 그간 18,432명의 수의사가 우리나라에서 배출되었다. 이들 중 미신고, 해외거주, 비근로자를 제외할 경우, 수의사는 임상(45.8%), 공무원(15.7%), 학계(5%) 등의 순으로 직업에 종사한다.

지구상에는 원생동물을 포함하여 150만 종이 넘는 생물이 있다.[12]

---

3 OIE는 세계적으로 동물위생 향상을 목표로 1924년 설립된 정부 간 기구로서 2018년 기준 182개 회원국이 있다. 주요 업무는 동물위생, 동물복지 및 수의공중보건에 관한 국제기준을 설정하고 운용하고, 이들 업무와 관련된 수의역량을 높이는 것이다.

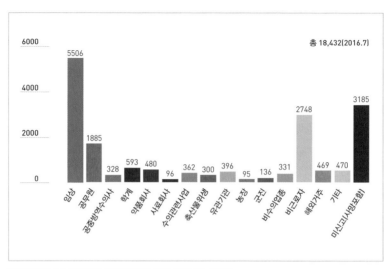

**[그림 5]** 한국 수의사의 직업 분포(출처: 대한수의사회, 2019)

지금 우리 인류가 알고 있는 것은 전체 생물 종 중 10~20%에 불과하다. 산에는 산짐승, 들에는 들짐승, 하늘에는 새, 민물과 바닷물에는 물고기가 살고 있다. 특히, 가축과 애완동물은 사람과 더불어 산다. 이 모두가 수의사의 업무 대상이다.

수의사는 동물의 질병을 진단, 예방, 치료 및 통제한다. 수의사는 동물유래 식품의 공중보건(사람 건강) 측면의 안전성을 보증한다. 수의사는 동물의 보호 및 복지를 담당한다. 야생동물이 자연환경(생태계)에서 건강하게 살 수 있도록 다양한 활동을 한다. 수의사는 수출입 동물과 동물유래 물품에 대한 검역과 위생관리를 수행한다. 대학, 연구기관 등에서 수의사는 동물의 건강상 문제를 진단, 치료 및 예방하는 방법을 탐구한다. 제약회사의 수의사는 사람과 동물 용도의 약품 및 생물학적 제제를 시험·연구 등을 통해 개발하고 생산·유통하는 과정에 참여한다. 이 밖에도 수의사는 실험동물, 수생동물, 야생동물 등과 관련된 많은 분야에서 활동한다.

　동물질병, 인수공통질병, 동물유래 식품 중 유해 잔류물질, 동물복지 위협요소 등은 서로 밀접하게 관계되어 있다. 이들은 모두 수의 업무 대상으로 지구 생태계에서 항상 존재할 수밖에 없으며, 이를 과학적, 효율적 및 합리적으로 다루는 것 또한 인류를 포함한 생태계의 존속을 위해 필수적이다. 이들 수의 활동의 대상과 인간 상호 간의 도전과 응전에서 수의사는 의료 전문가로서 합리적인 균형 상태를 유지하도록 하는 데 핵심적인 역할을 한다.

　수의사는 동물의 건강을 다루는 사람으로 우리 주변 어디에서든 만날 수 있고, 우리의 삶과 밀접하게 연계된다. 수의사는 사람, 동물 및 환경을 정서적, 과학적으로 연결한다. 이러한 점은 서양 사회에서 예로부터 높은 평가를 받았다. 미국농무부 동식물위생검사처(USDA/APHIS)는 2011년 발표한 〈수의조직 미래전망보고서〉[13]에서 '수의조직(Veterinary Services)'의 임무를 "동물, 사람과 환경을 보호한다."라고 하였다.

　대한수의사회는 '수의사 신조'(수의사가 지켜야 할 약속)로 3가지를 제시한다. "나는 수의사로서 나의 전문적인 지식을 다하여 동물의 건강을 돌보고, 질병의 고통을 덜어주며, 공중보건향상에 이바지한다.", "나는 국가, 사회의 이익을 위해 동물자원을 보호하고, 수의기술 발전에 끊임없이 연구 노력할 것을 평생 의무로 삼는다.", 그리고 "나는 수의사의 윤리강령을 준수하며, 나의 직업에 긍지를 가지고 성실과 양심으로 수의 업무를 수행할 것을 엄숙히 다짐한다."

## 수의사는 사람의 건강을 보호한다

수의사가 다루는 동물의 범주에는 사람도 포함된다. 미국수의사회 (AVMA)는 "오늘날의 수의사는 동물과 사람 모두의 건강을 보호하기 위해 교육을 받은 유일한 의사이다. 이들은 모든 동물 종의 건강 및 요구를 다루기 위하여 성실히 일하며, 환경보호, 식품안전, 동물복지, 그리고 공중보건에 중요한 역할을 한다."라고 하였다.[14)]

수의사는 반려동물, 산업동물 또는 야생동물이 질병에 걸렸을 경우, 이를 적절하게 치료함으로써 이들 질병으로 인한 동물 반려인(반려동물을 기르거나 관리하는 사람), 가축 관리자, 지역 공동체 등의 건강상, 경제적, 사회적 피해를 예방하거나 최소화한다. 반려동물이 인수공통질병에 걸릴 경우, 반려인도 같은 질병에 걸릴 위험이 있다. 또한, 동물원 등에서 사람의 관람을 목적으로 사육되는 전시동물, 서커스, 게임 등을 목적으로 하는 오락 동물, 승마 경주 등 스포츠 동물의 경우는 질병에 걸리는 경우 본래의 용도로 사용될 수 없다.

지난 60년간 사람에 새롭게 출현했던 전염병을 분석한 결과, 3분의 2가 동물에서 유래하였고, 이들 중 70% 이상이 야생동물이었다.[15)] 이는 동물에서 인수공통전염병 발생을 최소화해야 사람에서 이들 전염병 발생을 최소화할 수 있다는 주장의 근거이다.

건강한 동물만이 해당 동물 고유의 목적에 부합되는 삶을 제대로 살수 있다. 건강한 젖소나 산란용 닭은 소비자에게 안전하고 위생적인 우유와 알을 제공한다. 개, 고양이 등 반려동물은 건강해야 소유주와 정서적, 신체적 교감을 충분히 나눌 수 있다. 질병에 걸린 동물은 그렇지 못하다. 유방염에 걸린 젖소는 우유 생산량이 급감한다. 전염성기관지염에 걸린 닭은 산란율이 떨어진다. 경주용 말이 관절염에 걸렸다면 경주를 할 수 없다.

수의사는 반려동물, 농장 동물, 야생동물, 실험동물 등의 복지를 다룬다. 수의사는 이들 동물이 적절한 복지 상태에서 살 수 있도록 먹이, 서식 환경, 질병 치료 등 세부적인 동물별 복지 기준을 제시한다. 또한, 관련되는 사람들이 이를 실행하고 준수할 수 있도록 이들을 교육·훈련하기도 하고, 필요할 때는 준수 여부를 감시한다.

20세기 이전에는 보통 수의사는 아프거나 병든 동물을 치료하는 사람으로만 인식되었다. 그러나 20세기 들어 수의사가 소, 돼지, 닭 등에 대한 도축검사를 담당하면서 이러한 인식은 바뀌었다. 도축검사 대상은 동물질병, 인수공통질병 및 유해물질이다. 검사는 생체검사(살아있는 동물에 대한 검사)와 해체검사(도체에 대한 검사)로 나뉜다. 수의사는 농장 사육단계에서 가축에 대한 질병을 중점적으로 관리한다.

대부분 국가에서 수의조직이 농장, 도축장 단계뿐만 아니라 축산물의 가공, 유통 단계에서 위생관리 업무를 담당한다. 수의사는 고기, 알과 같은 동물 유래 식품이 식중독균 등에 오염되어 사람의 건강에 부정적 영향을 미치지 않도록 이들을 생산·유통 단계에서 검사 등을 통해 통제한다. 항생제, 농약 등이 허용기준 이상으로 축산식품에 있는지도 검사한다. 이러한 업무는 수의공중보건의 영역에 속하는 사항이다.

21세기에 들어서 수의사는 동물과 사람 모두의 생존 공간이자 이들의 건강에 직간접적으로 많은 영향을 미치는 자연환경의 건강에 있어 긍정적이고 중요한 역할을 한다고 널리 인식되고 있다.

## 수의사는 사회 안정에 기여한다

수의학은 공중보건학, 인수공통질병학, 기생충학, 세균학, 바이러스학, 면역학, 병리학, 약학, 독성학, 역학 등을 포함한다. 이들 모두 공중보건과 관련이 깊다. 수의사는 수의학을 전문적으로 탐구하며, 이러한 전문성을 바탕으로 동물질병 및 인수공통질병을 통제하고, 동물유래 식품의 안전성 및 수급 안정성을 보증하며, 신종 인수공통질병을 통제한다. 또한, 수의사는 환경 및 생태계를 보호하고, 생물테러 대응을 지원한다. 수의직업은 역사적으로 항상 동물위생과 공중보건 모두를 보호하고 향상하는 것에 초점을 두었다. 수의사는 동물복지, 환경보호 분야에서도 중요한 역할을 한다. 이들 모두는 인류공동체의 사회적 안정과 관련이 깊다. 수의사의 이러한 다양한 역할 및 책임은 이해당사자들을 통해 사회의 안정에 이바지한다.

임상 수의사는 우리의 일상생활 속에서 공중보건에 공헌한다. 이들은 동물의 소유자와 그 가족, 그리고 주변 사람에 감염될 수 있는 인수공통질병을 진단하고 통제한다. 이들 질병이 발생한 경우 신속한 통제를 위해 이를 즉시 공중보건기관 등에 알리고 인의 분야와 협력한다.

인의 분야에서 수의사는 실험동물학, 해부학, 조직학, 병리학, 수의공중보건학 등을 바탕으로 수의학적 전문지식을 제공하여 새로운 질병을 진단하고, 진단 및 치료 방법을 개발하는 데 이바지한다. 특히, 실험동물을 활용한 연구 분야나 인수공통질병 분야에서 수의사의 역할은 두드러진다.

수의사는 동물유래 질병이 사람에 감염될 수 있는 위험에 관해 일반대중을 교육한다. 이는 보통 임상 수의사의 일상적 진료 활동을 통해 이루어진다. 수의사는 동물의 소유주에게 동물질병 통제에 관한 최상의 방안을 자문한다. 축산농장의 위생실태를 고려하여 가축의 질병 예방 및 생산성 향상을 위해 급여 사료 중 적절한 영양 조성 정보도 농가에 제공한다. 또한, 동물 소유자 또는 취급자에게 질병별로 구체적인 임상 증상을 알려줌으로써 자신이 돌보는 동물이 질병에 걸렸는지를 파악할 수 있도록 돕는다.

수의사는 아프거나 병든 동물을 불가피할 경우(극심한 고통을 수반한 회복 불가능한 병에 걸린 동물 등) 관련 법령에 부합되게 안락사 조치하고 사체를 처리한다. 이 과정에서 슬픔에 잠긴 동물소유주나 반려인을 위로하기도 한다. 심각한 질병으로 의심되는 경우는 사망원인을 찾기 위해 감염된 동물을 부검한다.

수의사는 동물이 건강하게 살 수 있도록 도움으로써 동물이 고품질의 안전한 먹거리를 충분히 생산하도록 한다. 이것은 젖소농가, 양돈농가, 한우농가 등 축산농가가 수의사를 필요로 하는 주된 이유이다. 축산식품을 소비자에게 안정적으로 공급하는 것은 특히 안정적인 식량공급에 어려움이 있는 개발도상국에서 저소득층의 사회적 동요를 예방하는 등 사회적 안정 측면에서 정치 · 경제적으로 중요한 사안이다.

수의학은 지구 생태계를 건강하게 유지하고, 인류를 위한 안정적인 식량 수급에 크게 이바지한다. 수의학은 2014년 UN 고위패널(High Level UN Panel)이 제안한 '2015년 이후 세계개발목표(Post-2015 Global Development Goals)' 달성에도 중요한 역할을 한다. 동 패널이 제안한 목표 5가지 중 3가지 즉, '모든 형태의 극단적인 빈곤의 종식', '지속 가능한 사회적, 경제적, 그리고 친환경적 발전', 그리고 '빈곤 구제와 지속 가능한 개발을 연계하는 새로운 세계적 협력체계 구축'은 모두 효과적인 동물위생 활동이 뒷받침되어야 달성할 수 있다.

더군다나, 세계적인 식량 불안을 해소하기 위해서는 개발도상국에서 생계형 축산농가의 가축 생산성이 크게 향상되어야 한다. 현재 이들 국가의 가축은 나쁜 영양 상태, 만성적 질병 감염 등으로 생산성이 낮다. 건강하지 않은 가축은 동물질병 및 식품 안전성 측면의 위험을 높인다. 이는 결과적으로 이들의 생산품이 이윤이 더 많은 해외시장에 접근하는 것을 어렵게 한다. 따라서 동물질병 통제, 식품안전 보증 등을 위해 정부 및 관련 업계의 많은 투자가 요구된다.

렙토스피라증(Leptospirosis), 결핵(Tuberculosis), 광견병(Rabies), Q열(Q Fever), 간염(Hepatitis), 브루셀라병(Brucellosis), 탄저(Anthrax), 포충증(Hydatidosis) 등 13개의 인수공통전염병이 사람에서 연간 22억 건이 발생하여 매년 230만 명이 사망한다. 이들 발생 건의 대부분은 '단백질 영양실조 비율과 풍토성 인수공통질병 발생 사이의 상관성'이 99%인 저개발국가 및 개발도상국에서 일어나고 있다.[16] 수의사는 동물단계에서 이들 질병의 발생을 예방 또는 최소화하고 적절히 통제하는 데 기여한다.

수의, 인의, 보건, 농업, 환경, 사회 분야의 전문가들 사이에 이루어지는 상호협력은 서로에게 긍정적인 영향을 미친다. 수의학은 이들 모든 분야와 관련이 있다. 수의사가 수의학적 전문성을 바탕으로 수행하는 일련의 활동은 모두 공동체의 안정과 발전에 공헌한다.

06
## 수의사는 협력하고 경쟁한다

수의사는 사람 또는 동물의 건강과 관련되는 여러 직종과 긴장, 갈등, 협력 등의 관계를 갖는다. 특히 현대에 와서 사회구조가 복잡해지면서 이들 직종 상호 간의 경계가 불분명하거나 서로 엉켜있는 분야가 많아짐에 따라 서로 간에 접촉의 기회가 증가하고 다툼의 사안이 많아지고 있다. 반면에 사람, 동물, 그리고 환경의 건강은 서로 밀접히 연관되어 있고, 이들 간의 접촉면에서 발생하는 다양한 건강 사안을 올바르게 접근하고 합리적으로 해결하기 위해서는 서로 간의 긴밀한 협력이 필수라는 인식이 높아지고 있다. 실제로 항생제 내성 문제와 같이 하나의 건강 문제를 해결하기 위하여 관련되는 여러 분야가 함께 노력하는 사례가 점점 많아지고 있다.

수의사, 의사, 약사 등은 넓은 의미에서 보건분야에 종사한다는 점에서 서로 유사하다. 수의사는 이들과 업무적으로 협력하기도 경쟁하기도 한다.

첫째, 의사와 수의사는 법적으로 진료 대상이 명확히 다르다. 의사는 '사람'이, 수의사는 '인간을 제외한 동물'이 진료 대상이다. 극히 드문 사례를 제외하고 수의사와 의사는 서로의 영역을 침해하지 않는다.

학문적으로 볼 때 인의와 수의는 배우고 연구하며 치료하는 대상 등에서 서로 차이가 있다. 의사는 사람이 유일한 의료 대상으로 내과, 안과, 외과와 같이 전문의 제도가 있다. 반면, 수의사의 의료 대상은 사람을 제외한 모든 동물로 크게 반려동물, 농장 동물, 수생동물, 야생동물 등으로 구분된다. 최근 대형 반려동물병원을 중심으로 내과, 안과, 방사선과 등 과목별로 진료가 전문화되는 추세이다.

인수공통질병, 식품 중 유해 잔류물질 등을 다룬다는 점에서 수의사와 의사는 공통점이 많다. 최근에는 인간, 동물 및 환경의 건강을 하나의 통합적인 접근방식으로 다루는 원헬스(One Health) 개념이 공감을 얻고 있어 의사와 수의사의 협업이 많이 필요한 상황이다. 이들의 관계는 상호 보완적이다.

둘째, 수의사와 약사는 협력 관계이자 동시에 갈등 관계이다. 이러한 관계는 약사가 동물약품을 취급할 수 있기 때문이다. 의약분업을 둘러싼 의사와 약사의 관계와 유사하다. 최근에는 주로 동물약품 도매관리 및 동물약국 개설, 그리고 수의사 처방대상 동물약품과 관련하여 갈등이 있다. 양측간의 충분한 협의를 통해 사회적 요구 및 과학적 사실에 근거한 합리적 해결방안을 도출해야 한다.

셋째, 수생동물(물에서 사는 동물)도 수의사의 의료 영역에 속한다. 「수산생물질병관리법」에 따르면, 어류 역시 동물로 수의사의 직무 대상에 포함된다. 2011년부터 동 법에 해양수산부장관이 인정한 수산질병관리사도 어류에 대한 진료 권한이 새롭게 부여되었다. 어류질병 진료 등 수산분야에 종사하는 수의사는 지금은 매우 적다. 경제적 수입 및 활동여건이 아직은 상대적으로 더 좋은 반려동물, 농장동물 등에 임상 수의사가 집중되기 때문이다.

넷째, 일부 수의사는 반려동물, 말, 소 등을 대상으로 침, 뜸, 한약 등을 시술, 처방하는 '한방 수의학'4에 관심이 높다. 한방 기술을 전문으로 하는 동물병원도 늘고 있다. 반려동물이 주요 대상이다. 침을 이용해 소를 마취시킨 후 수술하기도 한다. 한국전통수의학회를 중심으로 전문적 연구와 기술 교류가 활발하다.

이외에도 수의사는 HACCP 컨설턴트, 동물복지심사원 등 수의분야에서 활동하는 다양한 전문가와 업무적으로 밀접한 관련이 있다.

---

4 서울대학교 수의과대학 학부과정에 '전통수의학'이 교과과목에 있다.

**제2장**

# 수의사는 시대의 요구에 부응한다

01
## 시대는 수의사에게 더 많은 역할을 요구한다

수의사는 항상 동물을 온정적 자세로 보호할 의무가 있다. 최근 세계적으로 '동물보호는 인간의 기본적인 책무이며, 동물의 기본적 권리'라는 인식이 높아지고 있다. 인간의 온정적인 동물보호는 동물의 건강과 복지에 지극히 중요하다.

수의사는 일반적으로 지역 공동체 등으로부터 수의학적 전문성을 인정받는 존중의 대상이다. 수의사는 소관 분야에서 지도적인 역할을 할 것을 사회적으로 요구받고 있다. 수의사는 이러한 요구에 따른 역할을 충분히 다 하기 위해 관련 이해당사자와 소통하고 자신도 역량을 갖추기 위해 스스로 끊임없이 노력해야 한다.

수의사는 현재 자신이 담당하는 책무를 넘어서 사회공동체에 더 많이 기여할 수 있도록 일상생활에서 일반 대중으로부터 얻은 신뢰를 활용하여 적극적인 역할을 해야 한다. 수의사는 지역 공동체에 다양한 전문적 자문을 제공할 수 있다. 예를 들면, 애완동물 소유자의 책임의식에 관한 교육, 노인 가정이나 양로원에서 정서적 안정감, 운동 등을 위한 반려동물 활용방안 등이다.

최근에는 동물 학대와 같은 동물복지에 반하는 행위들이 사회적으로 많이 문제가 된다. 수의사는 이와 같은 문제를 해결하는 과정에도 수의학적 전문성을 갖고 접근한다. 수의사는 객관적인 사실과 과학적인 증거를 토대로 해당 행위가 동물복지 위반행위인지에 대한 전문적 의견을 제시한다. 참고로 영국에서는 수의사만이 동물 학대행위에 관련된 소송 (사건)에서 법률적 효력이 있는 의견을 제시할 수 있다. 수의사는 만약 자신이 학대행위와 관련되는 동물을 진료했다면, 그리고 학대행위로 판단되는 소견을 확인했다면, 관련 증거를 정부 관계당국에 제시할 의무가 있다.

수의사가 국가 또는 지자체 차원의 정치활동에 참여하는 것도 중요한 사안이다. 막스 베버(Max Weber, 1864.4.21.~1920.6.14.)는 《직업으로의 정치 Politk als Beruf》에서 정치를 "국가의 운영 또는 이 운영에 영향을 미치는 활동"이라 정의했다. 정치인은 대체로 현장에서 활동하는 수의사를 신뢰한다. 수의사는 수의 관련 사안에 대해 전문적인 의견을 제공하여 정치인, 정책 입안자 또는 실행자에게 긍정적인 영향을 줄 수 있다. 수의 부문에서 과학에 근거한 합리적인 수의정책을 개발하고, 국회의원, 지방자치단체장 또는 대통령 선거 시에 출마자들의 공약에 수의 현안 등이 잘 반영될 수 있도록 수의업계의 적극적이고 꾸준한 활동이 필요하다.

수의사는 수의 업무와 관련되는 국제기구나 단체에 많이 진출하여 수의학적 전문성을 바탕으로 긍정적 영향력을 미칠 수 있도록 노력해야 한다. 이들은 세계적으로 동물 및 축산물의 이동 시 적용되는 국제규범을 마련하고 실행하는 등 영향력이 크다. 세계무역기구(WTO)의 동식물위생협정(WTO/SPS 협정), OIE의 위생규약, 국제식품규격위원회(Codex)[5] 식품위생규약 등이 대표적이다.

WTO/SPS 협정은 사람 또는 동식물의 생명·건강 보호를 위한 회원국의 위생 조치가 국가 간 교역에서 부당한 무역장벽으로 작용하지 않도록 보장하는 것을 목적으로 한다. 이러한 위생 조치는 동식물의 해충 또는 질병, 식품, 음료, 사료의 첨가제, 독소, 병원체 등에 관한 조치로 이들 모두 수의사의 활동과 관련이 깊다. SPS 협정에 따라 WTO 회원국은 자국이 실행하는 '사람, 동물 및 식물의 건강과 관련된 모든 조치(SPS 조치)'가 국제기준과 실질적으로 동등하지 않고, 동 규정이 타 회원국 교역에 중대한 영향을 미치는 경우에 이를 WTO 및 이해 당사국에 통보한다. WTO/SPS 협정이 발효된 1995.1.1. 이후 2018.12.31.까지 우리나라가 WTO에 통보한 SPS 조치는 741건이다. 이는 2018년 말 기준으로 WTO 164개 회원국 중 미국, 캐나다 등에 이어 10번째로 많은 것이다.[17]

세계적으로 많은 지역에서 수의사의 자문은 때로는 동물뿐만 아니라 사람에게도 삶과 죽음의 차이를 가져올 수 있다. 세계적으로 약 10억 명의 극빈층이 먹거리, 경제적 수입, 사회적 지위를 동물 특히 가축에 의존한다. 이들에게 동물질병 또는 자연재난으로 기르던 동물을 잃는다는 것은 자신들의 생명과 삶을 위험에 빠뜨릴 수 있는, 곧 재앙을 의미한다. 수의사는 가축 소유자에게 동물질병, 자연재난 등으로부터 동물

---

5  정식 명칭은 Codex Alimentarius Commission으로 FAO와 WHO가 공동으로 설립한 국제기구로 주요 기능은 소비자의 건강을 보호하는 것, 식품 무역에 공정한 실행을 보증하는 것, 국제적으로 식품기준 업무를 조정하는 것, 그리고 동 위원회의 국제기준, 실행규범 및 권고 사항들을 수립하고 운용하는 것이다.

을 보호할 수 있는 적절한 방안을 제공한다.

국제적으로 거래될 수 있는 동물 및 동물생산품으로 인정받기 위해서는 생산자가 사육 및 제품생산 단계에서 '우수동물위생규범(GAP)'[6]을 적용하는 것이 중요하다. 최근에는 가축의 사육, 수송 및 도축 시에 동물복지를 증진하는 것도 중요한 문제로 떠오르고 있다.

최근에 세계동물보호(World Animal Protection)[7]와 같은 국제적인 동물보호단체들은 세계보건기구(WHO), 유엔교육과학문화기구(UNESCO), 세계식량농업기구(FAO), OIE 등 국제기구와 협력하여 자연적인 또는 인위적인 재난 이후에 사람과 동물에 초래되는 엄청난 손실을 최소화하기 위한 노력을 많이 하고 있다. 이러한 재난에 대비하는 계획을 수립하거나 실행할 때에 수의 분야의 참여는 필수적이다.

## 02
### 수의직업은 앞으로 더 다양해진다

수의사는 수의학적 지식, 기술과 경험을 토대로 다양한 분야에서 다양한 방식으로 사회에 공헌한다. 앞으로도 사회가 계속 다양화, 전문화되는 등 계속 변할 것이고, 이에 따라 수의사의 사회 기여형태도 계속 변하겠지만, 이들의 사회적 역할은 더욱 커질 것이다. 현재 수의사가 종사하는 주요 분야는 다음과 같다.

첫째, 동물병원에서 근무하는 임상 수의사이다. 최근에는 동물병원의

---

6 'Good Animal Practices'는 동물농장단계에서 인수공통전염병, 병원성 미생물, 또는 유해 잔류물질을 체계적으로 통제하는 과학적인 위생관리 규범을 말한다.

7 1981년 World Society for the Protection of Animals로 설립된 국제적 비정부 비영리 동물복지단체로서 2014년 명칭을 지금과 같이 변경했다.

규모가 대형화, 전문화되고 있다. 소형 동물병원의 경우 진료과목을 치과, 외과, 방사선 등 하나의 전문분야로 집중하는 경향도 강하다. 특이한 경우로 지역 축산업협동조합 소속의 동물병원에서 근무하는 수의사는 조합회원인 축산농가를 대상으로

[그림 6] 수의사의 진료 모습

수의 활동을 수행한다. 임상 수의사 중 일부는 야생동물, 전시동물, 실험동물, 파충류 등 특정 동물군을 전문으로 한다. 수술 후 재활치료를 전문으로 하는 수의사도 있다.

둘째, 정부, 공공기관, 국제기구 등에서 공적인 수의 업무를 하는 수의사이다. 이들은 국제적, 국가적 또는 지역적 차원에서 수의 활동에 관한 정책을 수립하고 시행하는 데 중심 뼈대를 형성한다.

셋째, 동물보호단체, 소비자보호단체, 환경보호단체 등과 같은 시민단체에서 활동하는 수의사이다. 이들은 수의학적 전문성을 바탕으로 단체에서 수행하는 각종 공익활동을 수행하고 건강한 공동체 사회 형성에 이바지한다. 유기견 등과 관련된 자원봉사나 동물보호소 지원 업무 등이 대표적 활동이다.

넷째, 교육·컨설팅 분야에 종사하는 수의사이다. 이들은 수의과대학 등에서 수의 관련 학문, 기술 등을 연구하거나 전문지식을 제공한다. 교육기관 이외에서 교육에 종사하는 수의사도 많아지고 있다. 최근에는 카카오톡, 유튜브, 트위터, 인스타그램 등 사회관계망서비스(SNS)를 활용하여 수의에 관한 지식을 제공하거나 공유하는 수의사도 생겨나고 있

다. 동물질병 통제, 동물복지 인증, 축산식품안전 인증 등과 관련된 수의 컨설팅을 전문으로 하는 수의사도 많다.

다섯째, 틈새 분야에 종사하는 수의사이다. 동물과 관련된 복합서비스를 제공하는 수의사로 이들은 고객에게 반려동물 주간 보호, 임시 위탁 사육, 진료, 행동훈련, 미용 등 복합적 수의 서비스를 제공한다. 수의사는 반려동물의 고령화 등에 따라 호스피스(임종보호/안락사 등) 관련 일에도 종사한다. 스마트폰, 비디오 감시카메라 등 이동통신 장비를 활용하여 농장동물에 대한 원격진료를 전문으로 하는 수의사도 있다. 질병예방의 중요성이 강조되면서 백신 접종을 전문으로 하는 수의사도 생긴다. 수의와 관련된 소송, 재판 등에서 변호, 증언 등의 역할을 통해 수의학적 전문성을 제공하는 수의사도 있다.

여섯째, 언론에 종사하는 수의사이다. 이들은 일간지, TV 등 주요 언론매체에서 수의학적 전문성을 바탕으로 사회현상에 접근한다. 최근에는 국내 최초의 수의분야 전문 신문 데일리벳(DailyVet), 양돈전문 온라인 미디어 돼지와사람 등 수의 분야에 특화된 언론매체도 늘고 있다.

일곱째, 민간 산업계에 근무하는 수의사이다. 이들은 축산, 식품, 약품, 사료, 의료기기 등과 관련된 업체에서 수의학적 전문성을 제공한다. 최근에는 동물질병 진단을 전문으로 하는 업체도 늘고 있다.

위와 같이 다양한 분야에서 부여된 역할을 훌륭히 수행하기 위하여 수의사는 다음과 같은 몇 가지 소질을 필요로 한다. ▶ 과학적 사고 − 이를 위해서는 탐구적인 사고와 깊은 관찰력이 필요하다. ▶ 훌륭한 의사소통 기술 − 이를 위해서는 공감 능력이 중요하다. 수의사는 다양한 사람을 만나고, 이야기하고, 일하는 것에 즉, 소통과 협력에 능숙해야한다. 특히, 수의사는 동물소유주와 효과적으로 공감할 수 있어야 한다.

▶ 뛰어난 지도력(Leadership, 리더십)[8] – 임상 현장, 공공 수의프로그램 실행 등에서 필요할 때 지도력을 충분히 발휘해야 한다. 지도력은 수의사가 직면하는 다양한 환경에서 업무를 성공적으로 수행할 수 있도록 한다.

수의직업은 지난 수십 년간 다양하게 계속 변화해 왔다. 이러한 변화의 기본적인 원인은 사회의 변화에 따른 것이다. 즉, 수의사에 대한 사회적 요구가 다양해지고 달라지고 있다.

미국 수의사이자 작가인 제시카 보겔상(Jessica Vogelsang)은 2016년 수의사가 가질 수 있는 37가지 직업을 제시하였다.[18] 이들 중에는 아직 생소한 직업들도 있다. 예를 들면, 법의학 수의사, 동물 물리치료 수의사, 동양의학(침술, 지압 등) 수의사, 수의컨설턴트, 수의변호사, 호스피스 전문 수의사(임종 치료, 안락사 등 전문) 등이다. 인터넷 세상에서 수의와 관련하여 잘못된 정보나 주장이 있으면, 이를 바로 잡는 일을 전문적으로 하는 수의사까지 있다.

최근 수십 년간 세계적으로 엄청난 속도로 디지털 혁명이 일어나고 있으며, 이는 수의 분야에도 적용된다. 동물 소유자와 같은 수의 의료 이용자들은 동물의 건강상태 등에 관한 정확한 정보를 최대한 빨리 심지어 일부는 실시간으로 얻기를 원한다. 소, 돼지 등 산업동물은 '웨어러블 디바이스(Wearable Device)'를 이용하여 수의사가 현장에서 즉시 동물의 심장박동수, 수면시간, 체온 등을 측정하고 필요한 임상검사를 할 수 있다. 또한, 스마트폰, 폐쇄회로 TV 등을 활용한 원격진료도 원한다. 앞으로 스마트폰이나 스마트 TV와 같은 스마트 기기에서 돌아가는 응용

---

8  조직의 목적을 달성하려고 구성원을 일정한 방향으로 이끌어 성과를 창출하는 능력으로, 공동의 일을 달성하려고 한 사람이 다른 사람들에게 지지와 도움을 얻는 사회상 영향 과정이다. (위키백과)

프로그램인 앱(App)을 활용하는 수의 진료서비스가 보편화되는 등 디지털 첨단기술은 수의사의 활동에서 중요한 보조적인 역할을 하게 될 것이다.

텔레그라프(The Telegraph)는 소동물 분야에서 수의직업의 변화 경향 10가지를 소개한 바 있다.[19] 주요 내용은 다음과 같다. ▶ 수의직업에 대한 애완동물 소유자의 기대치가 계속 높아진다. 애완동물 소유주는 그들이 원할 때 언제든지 필요한 서비스를 받을 수 있기를 원한다. ▶ 동물보호 및 서비스 수준이 계속 높아진다. 동물병원 서비스 품질에 대한 이용자들의 경험이 인터넷 전산망(On-line)에서 쉽게 공유된다. 이는 결국 서비스 수준의 향상을 유도한다. ▶ 동물병원 규모가 계속 커진다. 소규모 동물병원은 꾸준히 감소하고, 5명 이상의 수의사가 진료하는 대규모 동물병원이 증가한다. ▶ 안과, 내과, 외과, 방사선과 등 전문 분야별 동물병원의 비중이 높아진다. ▶ 수의 진료에 더 많은 기술이 활용된다. 원격진료, 이동식 검진 장비 등이 보편화 될 것이다. ▶ 첨단장비 사용 증가 등으로 수의 진료 비용이 계속 상승한다. 이는 수의 보험의 필요성을 높인다. ▶ 수의간호사, 동물복지사 등 새로운 수의 관련 직업군이 증가한다. ▶ 임상 수의사 중 여성의 비중이 계속 증가한다.

수의학 교육은 교과과정 등을 통해 변화하고 있는 시대적 요구를 반영한다. 수의과대학 졸업자는 사회가 수의사에게 요구하는 일을 즉시 수행할 수 있는 전문적 지식과 소양을 갖춘다. 이와 관련하여 2011년부터 '수의학 교육 인증제'[9]가 시행되고 있다. 이는 시대적 요구에 맞는 수의사를 양성하기 위해서 수의과대학이 갖추어야 할 수의 교

---

9 한국수의학인증원에서 인증하며, 2019년 말 기준, 전국 10개 수의과대학 중 9개 대학이 인증을 받았다. 인증은 5년마다 갱신한다.

육에 관한 기준을 제시하고 각 수의과대학이 이를 인증받도록 하는 제도이다.

수의 의료를 둘러싼 환경은 앞으로 계속 변화할 것이다. 변화의 중심에는 새로운 수의 의료기술이 있다. 새로운 기술이 갖는 문제는 누군가 이를 먼저 받아들여 활용해야 한다는 것이다. 수의사는 현장에서 새로운 수의기술을 받아들이고 활용하는 데 적극적이어야 한다. 변화와 혁신에 앞장서야 한다. 이럴 때 수의사는 수의사에 대한 사회적 요구를 충족시킬 수 있고, 수의직업의 미래는 희망적이다.

수의직업은 동물의 건강과 복지를 가장 우선하고 중시한다. 모든 동물 관리자가 항상 동물의 건강과 복지를 우선하는 것은 아니다. 일부는 생산성 등 경제적 이유로 동물의 복지를 등한시한다. 수의사는 동물의 이해와 동물 관리자의 이해 사이에서 건설적인 조정자 또는 연결자 역할을 한다.

이 시대에 수의직업의 역할을 다시 정의하는 것은 수의직업의 미래 그리고 문명사회 자체에 매우 중요하다. 동물과 생태계 환경에 최우선의 가치를 부여하는 것은 문명화한 시민사회의 자기만족일 수 있지만, 그렇게 하는 것은 사람 심리의 본질을 고려하면 패러다임(Paradigm, 기본적 시각)의 전환이다. 인류가 이들에 더 높은 관심과 우선순위를 설정하는 것은 지속 가능한 경제 및 더 나은 세상에 도달하게 하는 하나의 중요한 걸음이다. 전문성을 발휘하여 이러한 새로운 패러다임을 좀 더 효과적으로 옹호하는 것이 현재 수의직업의 과제이자 의무이다.

## 03
## 수의사의 미래 모습은 현재가 결정한다

수의직업의 미래가 어떨지를 정확히 그려보는 것은 불가능하겠지만 인류사회의 변화, 자연생태계의 변화를 파악하고 수의사에 대한 사회적 요구를 고려할 경우 어느 정도는 예측할 수 있다. 그러나 수의직업의 미래가 어떨 것인지는 수의사 집단이 어떠한 노력을 하느냐가 가장 큰 영향을 미칠 것이고 이에 따라 대부분 결정될 것이다. 수의사는 미래 수의직업 모습에 긍정적 영향을 미칠 수 있도록 다음 사항을 유념해야 한다.

첫째, 수의 분야에서 강력한 지도력을 발휘한다. 수의사는 일반 대중과 이해당사자의 의견을 충분히 수렴하고 이를 존중한다. 동물과 사람에 영향을 미치는 다양한 동물 관련 위해요인에는 사전대응적인 입장과 행동을 취한다. 또한, 수의업계는 사회적 수의 현안에 대해서는 충분한 논의과정을 거쳐 통일된 목소리를 낸다. 수의과대학은 리더십을 갖춘 수의 인력을 체계적으로 육성한다.

둘째, 업무수행의 모든 단계에서 담당 업무를 합리적으로 처리할 수 있는 역량을 갖춘다. 이를 통해 수의사는 자신이 제공하는 수의 서비스 수준에 부합하는 경제적 수익을 창출한다. 최근 수의사의 직업만족도가 떨어지고 있다. 특히 대동물 수의사의 경우 지속적인 축산농가 감소, 열악한 진료 환경, 도시에 비해 나쁜 생활여건, 치료가 아닌 컨설팅 중심의 진료 구성 등으로 미래에 대한 걱정이 많다. 소동물 수의사도 동물병원의 대형화, 전문 과목 중심의 진료체계로의 전환, 포화상태의 동물병원 등으로 최근 수년 간 공무원 등 다른 직종으로 바꾸는 사례가 많아지고 있다.

셋째, 수의직업의 역할을 넓힌다. 수의직업은 역사적으로 사회의 필요에 맞추어서 말 임상가에서 가축 수의사로, 다시 식품 위생전문가, 반려동물 임상가, 공중보건 컨설턴트 등으로 확대되었다. 2015년 유럽수의사회(FVE) 조사[20]에 따르면, 앞으로 수의사를 더 많이 필요로 하는 분야를 조사한 결과 [그림 7]과 같이 동물복지, 반려동물, 외래동물, 질병통제, 환경, 산업, 수생동물, 원헬스 등의 순서였다. 수의과대학은 이러한 경향을 교과과정에 반영해야 한다. 수의사는 사회적으로 새롭게 요구되는 분야를 적절히 다룰 수 있는 역량을 갖추도록 항상 노력해야 한다. 특히 새롭게 떠오르는 분야의 경우는 유관 분야와의 긴밀한 협력이 필수적이다.

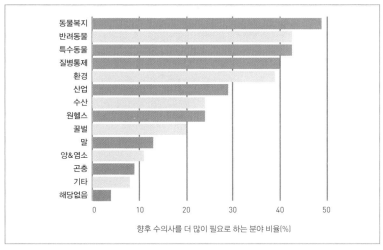

[그림 7] 향후 수의사를 더 필요로 하는 분야

넷째, 최근 급속히 발전하고 있는 정보통신기술(Information and Communication Technology), 생명공학기술(Bio Technology), 나노기술(Nano Technology)을 수의 활동에 최대한 활용한다. 이들 기술은 동물의 건강과 복지 그리고 공중보건을 증진하는 데 많은 도움이 된다. 사물인터넷(Internet of Things), 이동통신기술, 빅데이터(Big Data) 컴퓨팅(Computing,

정치, 상업, 종교에서 복잡하지만 꼭 필요한 일을 도와주는 정보통신기술), 동물용 초소형 센서 등이 대표적이다. 이러한 기술들은 소위 '동물인터넷 (Internet of Animals)'[10]을 구축한다. 블록체인(Block Chain) 기술도 가축 사육에서 축산물 소비까지의 모든 단계에서 소비자 등 이해당사자에게 식품안전에 관한 투명성을 제공하기 위해 널리 쓰일 것이다. 나아가 동물의 소리와 움직임에서 동물의 감정과 패턴을 감지하고, 동물의 건강상태를 파악할 수 있는 인공지능(Artificial Intelligence) 기술도 수의 분야에 널리 적용될 것이다.

미국 16대 대통령 링컨(Abraham Lincoln, 1809.2.12.~1865.4.15.)은 "미래를 예측하는 가장 좋은 방법은 미래를 창조하는 것이다."라고 말했다. 앞으로 수의직업은 인류공동체가 요구하는 분야와 역할에 중심이 맞추어질 것이다. 수의사의 미래는 현재의 수의사 자신들이 스스로 어떠한 미래를 창조하느냐에 달려 있다.


04
## 수의사는 축산업 성장의 동반자이다

식품의약품안전처의 〈2018년 식품산업 생산실적〉에 따르면, 2018년 국내 식품생산 실적을 분석한 결과 축산물이 1~3위(돼지고기포장육, 쇠고기포장육, 양념육)까지 차지하였으며 10위권 안에 축산물 5개 품목(6위 우유류, 10위 닭포장육)이 포진하였다.[21] 그만큼 식품에서 축산식품이 차지

---

10 사물인터넷(Internet of Things)의 기술을 동물에 적용한 것으로, 근원은 1980년대 프랑스-미국 공동프로젝트(ARGOS)로서 이는 해양 포유동물, 바닷거북 등을 추적하기 위해 소형 위치추적장치를 부착하여 추적한 것이다. International Cooperation for Animal Research Using Space는 또 다른 사례이다.

하는 비중이 막중하다. 이는 통계청 자료를 통해서도 확인할 수 있다. 1990년도 우리나라 1인당 연간 쌀 소비량은 119.6kg이었고, 육류는 5.8kg이었다. 하지만 2018년도 기준으로 쌀은 61kg으로 급감했고, 육류는 59.3kg으로 급증했다. 유제품의 소비량 또한 급증했다. 2014년 통계에 따르면, 미국은 1인당 한 해에 44.6kg의 닭고기를 소비했다. 닭고기 소비량이 과거 100년간 약 10배가 늘어난 이유는 기업형 축산이 시작되고, 양계 기술이 발달한 것 때문이기도 하지만 무엇보다도 더 중요한 것은 닭의 전염병을 예방하는 수의학적 기술이 크게 발전했기 때문이다.[22]

축산농가는 경제적 이윤을 얻기 위해 가축을 기른다. 질병으로 인해 가축이 죽거나, 우유, 알 등 축산물 생산성이 떨어진다면, 이는 사육 농가에 경제적으로 나쁜 영향을 미친다. 그러므로 농가는 가축질병에 민감하다. OIE에 따르면,[23] 질병이 가축의 생산성에 미치는 부정적 영향은 약 20% 정도이다. 특히, 구제역(FMD), 고병원성조류인플루엔자(HPAI)와 같이 전염성과 폐사율이 높은 질병은 발생할 경우, 한 나라의 축산업을 거의 붕괴상황으로 내몰기도 한다.

가축의 생산성과 수의 서비스 제공 사이에는 직접적인 상관성이 있다. 수의사는 동물을 건강하게 유지하는 방안, 질병을 예방하는 방안 등을 축산농가에 제공하고 필요한 자문을 한다. 이를 통해 질병 등으로 인한 가축의 폐사 및 피해를 최소화시킨다. 이러한 노력은 가축이 본래의 목적에 맞게 충분한 양의 축산물을 안정적으로 생산할 수 있도록 한다. 이는 축산농가 수입 창출, 축산업 성장을 이끌고, 나아가 더 많은 직업 창출, 빈곤 감소 등에 도움이 된다.

가축질병 관리에서 수의사의 역할 중 핵심은 개별 농장의 구체적인 상황에 따라 가장 적절한 위생관리 방안을 농장에 자문하는 것이다. 위생관리 방안에는 '차단방역(Biosecurity)'[11], 질병 감염동물 치료, 해충 제거, 백신 접종과 같은 방역 조치만 있는 것은 아니다. 사육, 영양, 사육시설 관리, 축사 주변 환경 관리 등이 포함된다. 가축 사육 시 적절한 위생관리 방안을 실행하는 것은 동물약품 사용을 최소화하고, 가축 사육을 위한 자원 투입 및 노동비용을 줄이는 데 큰 도움이 된다. 이는 다시 농장의 생산성 제고 및 이윤 증가에 긍정적인 영향을 미친다.

수의사는 동물에서 유래하는 고기, 우유 등을 소비자가 안심하고 먹을 수 있도록 농장사육 및 도축 단계에서 인수공통질병 감염 여부, 유해 잔류물질 오염 여부 등을 검사한다. 수의사의 이러한 활동은 축산식품에 대한 소비자의 신뢰도를 높여 결국은 축산업계의 소득창출과 산업발전에 이바지한다.

수의사는 해외에서 수입되는 동물과 동물유래 산물이 동물위생 및 수의공중보건 측면에서 정부 당국이 요구하는 기준에 적합한지를 관련 법령에 따라 검사하고 보증한다. 이러한 활동은 해외로부터 동물 전염병이나 유해 잔류물질이 국내로 유입되는 것을 예방하고 차단한다.

건강한 가축에서 얻은 식품은 공중보건상 안전성을 보증할 수 있어 세계시장에 나갈 기회가 더 많기 때문에 축산업계에 더 많은 경제적 이득을 준다. 대부분 국가는 FMD, 아프리카돼지열병(ASF)과 같은 악성 질병이 발생하는 국가로부터 관련되는 동물 및 동물생산품의 수입을 금지하거나 제한한다. 일례로 많은 국가에서 현재 우리나라를 FMD 발생국으로

---

11 가축 및 작물, 격리된 해충, 침입 외래종 및 살아있는 변형 생물체에서 전염병의 전염위험을 줄이기 위해 고안된 예방조치를 말한다.(위키백과)

인식하고 돼지고기 등 관련 생산물의 수입을 금지 또는 엄격히 제한한다.

수의사는 가축질병, 인수공통질병, 축산식품 위해 사고가 발생할 경우, 이로 인한 피해를 최소화하기 위해 축산업계와 공동으로 제일선에서 대응한다. 또한, 수의사는 이러한 사건을 일으킬 수 있는 잠재적인 위협요인들이 가축 사육단계에 있는지를 가장 먼저 찾아내고, 이들 요인이 실제로 발생하지 않도록 미리 필요한 예방 조치를 하는 데 핵심적인 역할을 한다.

국가적 차원에서 수의 서비스를 축산농가에 제공하는 것은 지속 가능한 축산업 발전 및 성공적인 축산농장 경영을 뒷받침하는 핵심적 요소 중 하나이다. 축산농가에 제공되는 수의 서비스 수준이 높을수록 축산농가의 동물위생관리 수준은 높아진다. 농장의 동물위생 관리수준이 높을수록 농장의 생산성이 더 높아진다.

축산농가는 이윤을 창출하기 위해 축산업을 하는 기업인이다. 「축산법」에 따르면, '축산업'이란 '종축업 · 부화업 · 정액등처리업 및 가축 사육업'을 말한다. 축산농가는 수의 활동이 축산농가의 이윤창출에 도움이 되기를 기대한다. 수의사는 가축 사육 등 축산의 전 과정에서 축산업계가 소득을 창출하는 데 도움을 줄 수 있는 다양한 수단을 갖고 있다. 대표적으로 ▶ 가축질병에 대한 직접적인 예방, 치료 및 통제 활동 ▶ 가축질병, 축산식품 안전, 동물복지, 동물약품 등에 대한 자문, 교육 및 훈련 ▶ 악성 가축질병 또는 중요한 인수공통 공중보건 사건 발생 시 긴급대응 ▶ 수출입 동물 및 축산물에 대한 검역 및 위생검사 등이 있다.

다만, 최근 산업동물 임상에 종사하는 수의사가 계속 줄고 있는 점은 큰 문제이다. 반려동물 시장이 급성장하면서 반려동물 임상에 종사하는 수의사가 계속 늘고 있는 것과 대조적이다. 매년 500여 명의 수의사가 배출되고 있지만, 이들 중 산업동물 분야에 진출하는 경우는 전체의 1~2%에 불과하다.[24] 이는 미국, 유럽공동체(EU) 등 선진국에서 겪고 있는 공통적인 현상이다. 이 문제는 인력수급 관점에서뿐만 아니라 축산업의 지속 가능한 발전이라는 관점에서 정책적으로 접근하고 해결방안을 찾아야 한다.

## 수의사 처방제는 사람과 동물의 건강을 지킨다

우리나라는 「약사법」 및 「수의사법」을 개정하여 2013.8.2.부터 동물약품에 대한 수의사 처방제를 시행 중이다. 경제협력개발기구(OECD) 회원국 중 가장 늦었다. 수의사 처방제는 동물과 인체에 해를 줄 수 있어 사용을 제한하거나 신중한 취급이 필요한 동물약품을 동물 소유자 등이 사용하고자 할 경우, 수의사의 처방을 받아 이에 맞게 구매하여 사용하는 제도이다. 다만, 동물약국의 경우 주사용 제제(항생제 및 생물학적 제제 제외)는 처방제에서 제외되었다. 이 제도는 동물약품이 오용 또는 남용되어 동물 및 축산물에 잔류하거나 항생제 내성균이 출현하는 것을 예방함으로써 사람 보건에도 많은 공헌을 한다. 또한, 수의사 처방제는 진료과정을 통해 축산농가의 불필요한 약품 사용을 줄여 농가의 비용을 절감하고, 축산현장에서 문제 되는 질병에 대한 전문적인 수의자문을 농가에 제공할 수 있어 농가의 생산성 향상에도 도움이 된다. 또한, 동물약품을 농가에서 신중하고 책임감 있게 사용토록 지도함으로써 축산식품의 안전성을 보증한다. 이는 결국 축산식품에 대한 소비자 선호도와 신뢰도를 증가시켜 축산업의 발전에 긍정적인 역할을 한다.

「약사법」 제85조제6항 및 제7항은 동물약품 도매상 또는 동물약국 개설자가 수의사의 처방전 없이 판매하여서는 아니되는 동물약품의 범위를 농식품부장관이 정하도록 규정한다. 수의사 처방대상 동물약품은 '오·남용 우려 약품', '수의사의 전문지식이 필요한 약품', '제형과 약리작용상 장애를 일으킬 우려가 있는 약품' 등으로 이에 해당되는 구체적인 동물약품은 「처방대상 동물용의약품 지정에 관한 규정」(농림축산식품부고시)에서 정한다.

정부는 수의사 처방제가 안정적으로 정착될 수 있도록 처방대상 약품을 단계적으로 확대하고 있다. 2012년 12월 입법 당시 농식품부는 수의사 처방제를 3단계로 순차적으로 추진하기로 하였다. 2013~2015년은 '도입기'로 잔류위반 빈도 및 내성률이 높은 약품, 2016~2017년은 '발전기'로 전문관리 필요 약품, 그리고 2018년 이후는 '정착기'로 기타 처방 필요 약품에 적용키로 하였다.

참고로 2013년 8월 처음으로 적용된 처방대상 동물용 의약품은 전체 동물용 의약품 7,500개 품목 중 대사성(비타민 등) 제제를 제외한 5,500개 품목의 약 20%에 해당하는 1,100개 품목이었다. 성분으로는 97개 성분으로 구체적으로는 마취제 17개, 호르몬제 32개, 항생제 20개, 백신 13개 등이었다.

영국, 일본, 미국 등 선진국 대부분은 수의사 처방제를 법적으로 시행한다. 영국의 경우, 반려동물에 대한 백신 접종은 수의사가 하거나 수의사의 지도·감독하에 수의간호사 등이 한다. 또한, 백신 접종 시 부작용 발생상황에 대응할 수 있도록 수의사가 동물병원에 상주하도록 권고하며, 주요 백신은 '수의사 처방 전용 약품'으로 관리한다. 일본은 처방 약품을 수의사의 지시사항에 따라 사용하도록 약사법(제49조제1항)으로 정하고 있으며, 동물병원이 이들 약품을 직접 판매할 수 있다. 처방대상

약품은 모든 주사용 백신, 항생제 대부분, 전문지식이 필요한 약품 등을 포함한다. 일반인이 수의사의 처방 없이 사용할 수 있는 약품이 미미한 실정이다. 미국은 주별로 차이는 있으나 대부분 수의사 처방제를 시행한다. 일례로 미네소타주의 경우 모든 생독 백신이 처방제 대상이다. 나아가 FDA는 2017년부터 축산농가의 신중한 항생제 사용을 권장하고 항생제 내성(AMR) 증가에 대응하기 위하여 Veterinary Feed Directive(사료첨가 항생제 수의사 처방)[12]를 시행하였다.

반려동물 등에 대한 자가진료 제한과 처방대상 약품의 지속적인 확대에 따라 일부 영역에서는 수의 진료에 불편이 따를 수밖에 없어 수의업계 차원에서 이에 대한 보완이 필요하다. 예를 들어, 민간 유기동물보호소의 경우 돌보는 동물 중 병이 들거나 아픈 동물이 많고, 들어오고 나가는 경우가 많아 매번 수의사의 처방을 받는 것은 비용적, 시간적 측면 등에서 현실적인 어려움이 있다. 이러한 경우는 진료 봉사 등 수의 진료 지원이 필요하다. 또한, 사육두수가 많은 사육업자의 경우 공수의[13]를 확대하여 주기적으로 진료서비스를 제공하고, 처방전 발행 수수료를 인하하는 등의 조치를 통해 비용 부담을 완화해 줄 필요가 있다.

## 06
## 「수의사법」은 도약이 필요하다

「수의사법」은 수의사의 기능과 수의업무에 관하여 필요한 사항을 규

---

12 농장주 또는 사료 회사가 '의학적으로 중요한 항생제(Medically important antibiotics)로 분류된 항생제를 사료에 첨가하고자 할 경우, 미리 수의사의 처방을 받도록 한 제도이다.

13 「수의사법」 제21조에 따라 시장, 군수 또는 구청장이 동물병원 또는 축산 관련 비영리법인에서 근무하는 수의사 중에서 위촉하며, 동물의 진료, 동물질병의 조사·연구, 동물 전염병의 예찰 및 예방 등 위촉받은 업무를 수행한다.

정하는 법이다. 현행「수의사법」은 최근 변화된 수의 환경 속에서 새롭게 제기되는 수의사의 기능과 수의업무를 적절히 반영하는 데 미흡하다. 수의업계의 충분한 논의를 거쳐 관련 사항이 수의사법에 시급히 반영될 필요가 있다.

## 수의사 직무 범위 확대

「수의사법」은 수의사의 자격, 역할, 권한 등을 규정하는데 수의사의 직무 범위는 현행보다 크게 확대되어야 한다. "수의사는 동물의 진료 및 보건과 축산물의 위생검사에 종사하는 것을 그 직무로 한다(제3조)." 이러한 직무 정의는 그 범위가 좁아 다음과 같이 수의사가 현장에서 실제 수행하는 업무를 충분히 포괄하지 못한다.

첫째, 동물복지이다.「수의사법」은 수의사의 직무에 동물복지를 명시하지 않는다. 동물복지는 동물의 건강 및 동물 소유자의 복리와 밀접한 관계가 있는 핵심적인 수의 직무 범위 중 하나이다.

둘째, 축산식품 이외의 동물유래 식품에 대한 위생관리이다.「수의사법」은 수의사의 위생관리 대상을 축산물로 한정한다. 그 결과, 수산물, 수렵육, 벌꿀 등을 놓치고 있다. 뉴질랜드 등 많은 국가에서는 수산물 위생관리를 수의사가 담당한다. 수의사는 수생동물, 야생동물 등 동물유래 식품의 위생관리에 중대한 책임이 있다.

셋째, 환경위생이다. 수의사의 업무 중 야생동물의 건강, 생물다양성 등 많은 부분이 환경위생과 관련이 깊으나 이에 관한 규정이 없다. 일례로 동물에 사용된 항생제 등은 분뇨 등을 통해 하천, 지하수 등 주변 환경에 유입되어 환경에 영향을 미친다. 실제로 수의과대학 교과과목은 환경위생학을 포함한다.

## 원헬스를 수의에 포괄

현행 「수의사법」은 21세기에 수의 분야의 핵심 영역인 원헬스와 관련하여 수의사의 역할과 책무 등을 법령으로 명확히 규정할 필요가 크다. 세부적인 사항은 정부 수의당국, 수의 단체, 학계 등 이해당사자들이 해외사례 분석, 기초 연구 등을 통해 체계적으로 정립할 필요가 있다.

OIE는 원헬스를 OIE의 중요한 업무 중 하나로 설정하고, 담당하고 있는 다양한 업무를 이 개념과 연계하여 수행한다.

## 수의사 진료의 예외규정 개정

「수의사법」 제10조에 따라 수의사가 아니면 동물을 진료할 수 없다. 다만, 「수산생물질병관리법」 제37조의2에 따라 수산질병관리사 면허를 받은 사람이 같은 법에 따라 수산생물을 진료하는 경우와 축산농가에서 「축산법」에 따라 사육하는 가축을 스스로 진료하는 행위 즉 자가진료는 예외로 인정한다.

위의 경우에 주로 문제가 되는 것은 축산농가의 자가진료 행위이다. 기본적으로 축산농가는 법적으로 수의 진료를 할 수 있는 자격이 없다. 현행법은 과거 수의사가 크게 부족할 당시 도서벽지 등에는 수의 진료 서비스가 원활히 미치지 못하였기 때문에 축산농가의 자가진료를 허용해 준 측면이 있다. 지금은 상황이 전혀 다르다. 교통의 발달과 풍부한 수의사 자원 등으로 인해 수의 서비스가 미치지 않는 곳은 전국 어디에도 없다.

수의학적 전문지식이 없거나 절대 부족한 축산농가의 자가진료를 허용함으로써 나타나는 가장 큰 문제는 이들이 질병의 예방 및 치료 목적으로 항생제를 무분별하고 과도하게 사용할 위험이 크다는 것이다. 이는 동물위생 및 공중보건에 커다란 위험요인이다. 약사법 제85조제8항은 동물약품도매상이 ▶ 오용·남용으로 사람 및 동물의 건강에 위해를 끼칠 우려가 있는 동물용 의약품, ▶ 수의사 또는 수산질병관리사의 전문지식을 필요로 하는 동물용 의약품, ▶ 제형과 약리작용상 장애를 일으킬 우려가 있다고 인정되는 동물용 의약품을 수의사 또는 수산질병관리사의 처방전 없이 판매하는 것을 금지하고 있다. 사실상 동물약품도매상에서 판매하는 대부분의 동물용의약품은 처방전 없이 판매하는 것이 금지된다. 동물약국 개설자는 주사용 항생물질 제제와 주사용 생물학적 제제를 제외한 다른 동물용 의약품은 수의사 처방전이 없이 판매할 수 있다. 처방전이 필요한 경우라도 두 가지 예외적 상황 즉, ▶ 농식품부장관이 정하는 도서·벽지에서 가축, 어류 등을 사육하는 축산농가 또는 수산동물 양식어가인 경우 ▶ 농식품부장관 또는 지자체의 장이 긴급방역의 목적으로 동물약품의 사용을 명령한 경우는 처방전 없이 동물약품을 판매할 수 있다.

2017.7.1.부터는 반려동물에 대한 자가진료가 법적으로 금지되었다. 종전 '자기가 사육할 수 있는 동물에 대한 진료행위'를 전면 허용하고 있던 「수의사법시행령」이 개정되어, 자가진료가 가축에서만 허용되고 반려동물에서는 금지되었다. 법령 개정 당시 수의업계는 가축에 대한 자가진료도 금지할 것을 주장하였으나 뜻을 이루지 못하였다. 수의조직은 앞으로 이 부분과 관련하여 해외사례 등을 참고하여 이해당사자들과 이에 관한 충분한 협의를 거쳐 합리적인 정책을 마련하고 법령 개정 등을 통해 이를 확고히 뒷받침할 필요가 있다.

# 제3장
# 수의조직은 역량이 중요하다

## 01
### 수의조직의 역할은 계속 확대되었다

역사적으로 수의사의 주된 업무는 동물의 질병을 예방 및 진단하고, 아프거나 병든 동물을 치료하거나 피해를 최소화할 수 있도록 통제하는 것이었다. 예로부터 소, 돼지, 닭, 말과 같은 가축이 수의 진료의 주된 대상이었다. 이들 동물은 사람의 생존에 필수적인 단백질 공급원이었다. 특히 소와 말은 경작에서 주요한 노동력이었고, 말은 주요 교통수단이기도 했다.

세계적으로 20세기 이전까지는 정부조직 중에 별도의 수의부서는 없었다고 볼 수 있다. 처음에는 병참부서나 교통부서에서 말을 담당하는 조직에 수의사가 배치되어 말을 진료하는 일을 담당했다. 20세기 들어서 가축질병 통제 및 도축검사를 주로 담당하는 수의부서가 신설되었고, 이후 국가적, 사회적으로 수의사가 담당하는 업무가 수의공중보건, 동물복지 등으로 계속 확대되었다. 이에 맞추어 수의조직도 계속 커졌다.

정부에 의한 최초의 식육(도축)검사는 미국에서 1906년 연방식육검사법(Federal Meat Inspection Act)이 제정되어 시작되었다. 이 법은 1906년 출간된 업튼 싱클레어(Upton Sinclair, 1878.9.20.~1968.11.25.)의 소설 《정글 The Jungle》의 영향이 컸다. 저자는 이 책에서 당시 시카고 지역 도축장에서 의식이 온전한 상태에서 고통스럽게 비명을 지르며 도살되는 동물들이 마주하는 공포, 비위생적인 도축 실태, 그리고 많은 작업자의 생명을 앗아가는 위험한 도축작업 과정을 리얼리즘 기법으로 생생히 기술하였다. 이를 읽은 많은 사람이 분노하였고, 그 결과 위 법이 탄생하였다.

OIE 사무총장 모니크 에르와(Monique Eloit)는 2018년 "국가 수의조직은 동물자원을 보존하고 개발하며, 농촌의 삶을 개선하고 세계인에게 식량을 공급함으로써 세계적으로 빈곤과 배고픔을 줄인다. 또한, 국가 수의조직은 신종 팬데믹(Pandemic, 세계적 대유행병) 위협, 항생제 내성 및 식품안전 위기들을 '근원에 있는 위험(Risk at Source)'에 중점을 두고 다룸으로써 지구적 차원에서 보건 보호에 더 좋은 영향을 미친다. 또한, 국제기준 및 우수 거버넌스(Governance)[14]의 원칙에 근거해서 국가 수의조직의 투자를 통하여 모든 공동체를 보호하고 발전시킨다."라고 하였다.[25]

현시점에서 수의조직의 주된 역할은 다음과 같다. 수의조직은 이러한 역할을 효과적으로 수행할 수 있는 충분한 역량이 있어야 하며, 이를 위해 전문성을 확보하는 등 끊임없이 스스로 단련해야 한다.

첫째, 동물을 건강하게 유지하고 동물질병을 통제한다. 이를 통해 동물의 생산성을 극대화하고 경제적 손실을 최소화한다. 2050년까지 우

---

14 거버넌스(governance)란 "국가 해당 분야의 여러 업무를 관리하기 위해 정치 · 경제 및 행정적 권한을 행사하는 국정관리 체계를 의미한다"(시사경제용어사전)

유, 고기, 알 등 동물 단백질에 대한 세계적 수요는 약 70% 정도 증가할 것으로 추정된다. 이러한 수요는 수의조직이 미래의 복잡한 동물생산시스템에 부합하는 적절한 수준의 동물질병 관리 등 수의 서비스를 제공할 수 있는 경우에만 충족될 수 있다.

둘째, 공중보건을 보호한다. 동물에서 인수공통 병원체의 감염을 막거나 제거하면, 후속적으로 이들 병원체가 사람에서 출현하는 것을 예방할 수 있다. 항생제, 호르몬제, 살충제 등이 동물에 잔류하는 것도 마찬가지이다. 동물 및 동물유래 식품에 대한 과학적인 위생관리를 통해 축산식품의 안전성을 보증한다. 수의조직은 농장에서 식탁까지 식품생산의 모든 단계에서 식품안전과 관련되는 활동을 수행한다. 이처럼 동물위생과 공중보건은 서로 밀접한 연관이 있다.

셋째, 동물을 보호하고 복지를 증진한다. 우수한 수준의 동물위생은 동물복지의 핵심적 요소이다. 동물복지는 경제적, 문화적 및 정치적 측면뿐 아니라 과학적, 윤리적 측면을 포괄하는 복합적인 개념이다. 동물복지는 동물이 사육, 수송, 도축되는 상황이 적절히 통제될 것을 요구한다. 정부 수의조직은 동물복지 관련 법령, 제도 및 정책이 현장에서 적절하게 실행되는지를 판단할 수 있는 최적의 집단이다.

넷째, 야생동물 등 생태계 환경을 보호한다. 야생동물질병에 대한 예찰 강화가 시급하다. 왜냐하면 야생동물과 사육동물 사이의 병원체 교환이 세계적으로 급증하고 있기 때문이다. 야생동물의 건강을 보호하는 것은 생물다양성을 보존함과 동시에 야생동물에서 사육동물과 사람으로 질병이 전파되는 것을 막는 것이다.

다섯째, 수출·수입되는 동물이나 동물유래 물품을 통해 질병이나 공중보건상 유해물질이 국내외로 퍼지는 것을 예방하고 통제한다. 수출국에서 동물위생 또는 공중보건 측면에서 위험한 어떠한 사건이 발생하는 경우, 수입국은 이들로부터 자국을 보호하기 위하여 해당 동물 및 동물생산품의 수입을 중단할 수 있다. 수의조직은 수출·수입되는 동물 및 동물생산품을 검역이나 위생검사를 통해 통제함으로써, 수출·수입품에 대한 검역증명서 또는 위생증명서를 발급함으로써 동물위생 및 공중보건 측면에서 문제가 없음을 보증한다.

여섯째, 빈곤과 기아를 줄이는 데 공헌한다. 세계 많은 국가에서 동물은 단백질의 공급원일 뿐만 아니라 농업 노동력이며, 중요한 일상적 수입원이다. 심지어 가축의 분뇨는 소중한 자연 비료이기도 하다. 수의조직의 모든 활동은 세계적으로 수많은 가난한 농가의 삶을 지탱하고 있는 동물을 건강하게 유지하는 데 이바지함으로써 농업생산 사슬의 전 과정에 긍정적인 영향을 미친다. 수의조직 활동은 동물 및 동물유래산물의 무역에 장애가 되는 질병이나 공중보건상 위해요인을 미리 예방하거나 적절한 수준으로 통제함으로써 이들의 수출을 희망하는 국가, 특히 개발도상국을 돕는다.

## 02
## 수의조직은 국제기준에 부합해야 한다

OIE 육상동물위생규약(OIE/TAHC)[26]은 수의조직이 갖추어야 할 사항을 규정한다. OIE는 국가 수의조직의 질적 수준은 윤리적, 조직적, 법률적, 제도적, 기술적 특성들에 관한 기본적인 원칙을 포함한 일련의 요인에 달려 있으며, 수의조직은 정치적, 경제적 또는 사회적 상황을 불문하고 이들 원칙을 따라야 함을 규정한다. OIE는 국가 수의조직이 수행하는 활동의 질적 수준을 보증하기 위하여 따라야 할 원칙으로 다음의

14가지를 제시한다.

▶ 전문적 판단 역량 – 수의조직의 구성원들은 확고한 전문적 판단을 할 수 있는 역량 즉, 관련되는 자격, 과학적 전문기술 및 경험이 있어야 한다.

▶ 독립성 – 수의조직의 구성원은 자신의 판단 또는 결정에 영향을 미칠 수 있는 어떠한 상업적, 재정적, 계층적, 정치적, 혹은 그 밖의 압력으로부터 독립성이 보장되어야 한다.

▶ 공정성 – 수의조직은 업무를 공정하게 수행해야 한다. 수의조직의 활동에 영향을 받는 모든 당사자는 수의조직이 제공하는 업무가 합리적이고 차별 없이 이루어질 것을 기대한다.

▶ 정직성 – 수의조직은 소속 개별 직원의 업무가 일관되게 높은 수준의 정직성을 유지하는 것을 보증해야 한다. 어떠한 부정행위, 부패 또는 위조가 있다면 이는 밝혀지고 시정되어야 한다.

▶ 객관성 – 수의조직은 업무를 수행할 때 항상 객관적이고 투명하며 비차별적인 자세를 유지해야 한다.

▶ 수의 법률 – 수의 법률은 우수한 거버넌스를 뒷받침하고 수의조직의 모든 핵심적 활동에 대한 법률적 틀을 제공한다. 수의 법률은 동등성을 판단하고 변화하는 환경에 효율적인 대응이 가능하도록 융통성이 적절히 있어야 한다. 특히 '동물 개체확인 시스템', '동물이동통제', '질병 예찰 및 발생 보고', '정보소통을 담당하는 조직의 책무 및 구조'를 구체적으로 규정한다. 또한, 수의조직이 공중보건 활동을 수행했음을 증명하는 구체적인 절차와 방법이 법률로 규정되어야 한다.

▶ 전반적인 조직화 – 정부 수의당국은 적절한 입법 조치, 충분한 재정자원 확보, 그리고 효과적인 조직화를 통해 민관의 수의조직이 동물

위생, 공중보건 및 동물복지 조치들을 실행하고, 국제수의증명서를 발행하는 조직임을 보증한다. 수의조직은 OIE/TAHC에 부합되게 동물질병 발생을 통보하고 감시할 수 있는 체계를 운용할 권한과 역량이 있어야 한다. 수의조직은 동물위생 정보와 동물질병 관리 측면에서 높은 수준의 조직적 성취를 달성할 수 있도록 항상 노력해야 한다.

▶ 업무수행의 질적 수준에 관한 정책 – 수의조직은 업무를 수행하는 목적, 이들 업무가 달성해야 할 수준, 수행해야 할 세부적인 실행업무의 정도 등을 명확히 하고 이를 문서(일종의 기관별 업무추진전략 및 세부실행계획)로 작성한다. 조직의 모든 부서가 이 문서를 이해하고, 세부내용을 실행하고 있음을 확인할 수 있어야 한다.

▶ 적절한 업무수행 절차와 기준 – 수의조직은 관련되는 활동들 및 모든 관련 시설 제공자에 대한 적절한 업무 처리절차와 기준을 수립해야 한다. 예를 들면, '질병 발생의 예방, 통제 및 신고', '재난 긴급대응', '질병 진단검사', '국경 검역' 등 주요 업무별로 수립하는 것이 바람직하다.

▶ 정보 요청, 불평 및 항의에 대한 적절한 처리 – 수의조직은 외국 정부 수의조직, 국내 다른 정부 기관 등으로부터 수행한 업무에 대한 정보 요청, 불평, 항의 등 정당한 요구나 문제 제기가 있는 경우, 이를 적시에 적절한 방법으로 처리하여야 한다.

▶ 체계적인 문서화 – 수의조직은 자신들의 활동에 적합한 신뢰할 만한 최신의 문서화 체계가 있어야 한다.

▶ 자체 평가 – 수의조직은 자신들이 수행한 업무에 대해 정기적으로 자체적인 평가를 해야 한다. 이 평가는 특히 설정한 목표에 대비하여 이룩한 성과를 기록하고, 조직 구성의 요소들이 효율적인지 그리고 조직

의 필요한 자원이 충분한지를 입증하는 방향으로 이루어져야 한다.

▶ 정보교환 – 수의조직은 추진하는 업무와 추진 결과의 영향을 받는 이해당사자를 연결해주는 효율적인 정보교환 체계를 갖추어야 한다.

▶ 인적 및 재정적 자원 – 수의조직은 위의 활동들을 효과적으로 실행하는 데 필요한 자원을 충분히 활용할 수 있어야 한다.

위와 같은 원칙들은 동물 및 동물유래 물품의 국제교역 시 중요하게 작용한다. 수의조직은 동물위생, 동물복지 및 수의공중보건 사항을 공인하는 수출국 국제수의증명서가 이들 원칙에 부합되는 경우에만 이를 발행한다. 불가피한 경우, 수의조직을 대신하여 다른 기관에서 이러한 국제수의증명서를 발행할 수 있으나 위와 같은 원칙이 적용되었는지에 대한 궁극적인 책임은 수의조직에 있다.

OIE/TAHC(Chapter 3.2.)는 각국 수의조직의 역량을 평가하는 상세한 기준을 규정한다. OIE는 이러한 역량평가를 객관적으로 수행하기 위한 과학적인 기법인 '수의조직 역량평가 방안(Performance of Veterinary Services Pathway, PVS)'27)을 2007년부터 시행하고 있다. OIE는 회원국이 자국 수의조직의 역량평가를 요청할 경우 이 수단을 활용하여 평가한다. 2020년 초 기준 그간 약 140개 국가가 이에 따른 평가를 받았다.

## 03
### 거버넌스가 우수해야 한다

수의조직이 수의 환경을 둘러싼 시대적 요청이나 법적으로 요구되는 사항을 효과적으로 실행하기 위해서는 자체적으로 우수한 거버넌스를 구축해야 한다. 수의 분야별로 거버넌스를 구성하는 초점은 다르므로 이를 고려하여 구축한다. 예를 들어 동물위생의 경우, '동물질병의 조기 검출, 투명성 및 신고', '신속한 동물질병 발생 대응 및 차단방역', '보상', 그리고 '적절한 백신접종' 등이다.[28]

## 수의 활동은 우수한 수의 거버넌스가 필수적

모든 수의 활동은 지구적 '공공재(Public Goods)'[29]이다. 지구적 공공재'[15]의 개념은 세계적으로 공적인 행동의 필요성을 정당화하기 위해 널리 사용된다. 세계적인 자원의 부족, 목초 지대의 환경 변화, '초국경동물질병(Transboundary Animal Diseases)[16]'의 출현 및 전파, 그리고 장기간 식량 위기의 상황에서 농업 특히 가축 사육에 지구적 공공재 개념을 적용하는 것은 중요하다.

국가 수의조직은 세계적으로 동물자원을 보존하고, 빈곤과 기아를 줄이기 위한 공적인 정책들을 개발하고 실행하는 데 크게 이바지한다. 이러한 공적인 활동들은 세계 모든 사람의 건강과 복지에 이롭다. 수의조직은 동물질병을 통제하기 위한 동물위생 정책이나 프로그램을 마련하고 실행하는 데 가장 중심적인 위치에 있다. 수의조직은 인수공통질병과 식품유래질병을 통제함으로써 동물과 사람 모두의 건강과 복지에 이바지한다. 이러한 목표를 달성하기 위하여 수의조직은 기아와 싸우고, 빈곤을 줄이고, 경제발전을 도모하는 등 좀 더 넓은 범위로 정책 영역을

---

**15** 어떠한 경제주체에 의해서 생산이 이루어지면 모든 사람이 공동으로 이용할 수 있는, 구성원 모두가 소비혜택을 누릴 수 있는 재화 또는 서비스를 말한다.

**16** FAO에 따르면, 전염력 및 전파력이 매우 높은 유행병으로서 국가적인 국경과 관계없이 매우 빠른 전파력을 갖고 있으며, 심각한 사회경제적 그리고 공중보건상 부정적 결과를 초래하는 동물질병을 말한다.

확장해야 한다.

수의조직이 공공재인 수의활동을 효과적으로 수행하기 위해서는 거 버넌스 개념을 적용하는 것이 효율적이다. 수의조직의 우수한 거버넌스 는 지속 가능한 경제발전을 위해서도 중요하다. 동물위생은 식량안보에 이바지하고, 이는 결국 경제성장과 빈곤 감소에 긍정적으로 작용한다. 우수 거버넌스는 이러한 동물위생에 관한 정책들을 실행하는 데 동물생 산품의 가치사슬에 있는 모든 이해당사자 사이에서 공공·민간의 상호 협력을 가능하게 하고 또 이를 촉진한다. 효율적인 수의조직이란 지속 가능하게 자금이 지원되고, 누구나 다 활용 가능하며, 낭비나 중복이 없 이 자원들이 효율적으로 제공되는, 그리고 업무수행이 투명하며, 부정 행위나 부패가 없는 방식으로 운영되는 조직이다.

## 다른 관련 기관과의 협력이 우수 거버넌스의 핵심

수의조직이 협력대상 기관과 좋은 관계를 갖는 것은 수의 조치를 효 과적으로 시행하는 데 매우 중요하다. 특히 좋은 협력 관계는 전염성 동 물질병 발생, 집단 식중독 발생과 같은 긴급상황 중에 신속하고 조정된 대응을 가능하게 한다.

일상적으로 정책 수혜자에게 최상의 서비스를 제공하기 위해서도 관 계기관 또는 부서 간에 좋은 협력 관계가 필요하다. 행정적 중복, 이중 점검, 그리고 관계당국들 사이의 경쟁은 수혜자에게 불편을 초래하고, 시간을 낭비하게 만든다. 이는 축산농가, 식품제조업자, 수입업자 등과 같은 경제 주체들에게도 불필요한 비용을 초래한다. 따라서 적어도 특 정한 활동들의 중복을 피하고, 가능하다면 협력함으로써 각자 보유한 자원의 활용을 최적화하는 것이 중요하다.

수의조직이 담당하는 책무의 범위가 넓을수록 다른 조직과의 기술적 협력이 더 필요하다. 수의조직은 인수공통질병과 동물유래 식품의 안전을 담당하는 조직들과 우선 협력할 필요가 있다. 또한, 동물약품, 야생동물, 수생동물, 환경보호 등을 담당하는 기관과도 유기적으로 협력해야 한다.

모든 수의조직의 주요한 활동들은 수의조직이 담당하는 기술적 분야들과 관계없이 대부분 국가적 차원의 활동들이다. 이것은 수의조직이 소관 업무를 수행하는 데 다른 관계 조직과 상호작용할 것을 필요로 한다. 예컨대 수의조직은 업무를 수행하는 데 경제 및 재정, 세관 및 출입국 관리, 외교, 법무, 내무, 경찰, 지방자치단체, 농업·축산, 도로 등 기간시설, 국방, 교육 등을 담당하는 부서들과 조직적인 협력이 필요하다. 유관 조직 및 이해당사자와 협력의 부족은 다른 모든 노력을 쓸모없게 만든다.

## 수의 거버넌스는 국제기준에 부합 필요

OIE는 수의조직을 "동물위생 및 복지 조치들 그리고 OIE 위생규약에 있는 다른 기준 및 권고 사항을 실행하는 정부 및 비정부 조직들"로 정의한다.[30] 모든 수의조직은 중앙정부 수의당국의 통제를 받아야 한다. 국가가 수의조직을 조직하고 관리하는 방법은 한 나라의 수의 체계가 적절한 역할을 하는 데 매우 중요하다.

수의조직은 소관 업무에 관한 구체적인 실행계획을 수립, 시행 및 평가하는 전 과정이 OIE, Codex 등의 관련 국제기준에 부합하여야 한다. 수의조직은 국제적으로 이동하는 동물 및 동물유래 산물에 대해 상대국에서 인정하는 국제수의증명서(International Veterinary Certificate)를 관련 법령 및 국제기준에 따라 발행하며, 이들 업무를 담당하는 수의사, 수의 보조원과 민간기관을 감독한다. 정부 수의당국은 해당 업무를 전체적으로 통제한다.

우수한 수의 거버넌스는 수의조직의 품질 수준을 보증하는 국제기준 (TAHC의 Section 3. Quality of Veterinary Service 규범 등)을 엄격히 준수하느냐에 달려 있다.[31] 이의 핵심적인 부분은 수의 법률의 실행, 동물위생 예찰, 질병 발생 조기검출 및 신속한 대응, 최초 발생지에서 질병 통제 및 박멸, 그리고 지속 가능한 동물위생체계를 위한 공공·민간 사이의 협력 관계 구축이다.

## 04
# 수의 업무는 법적 뒷받침을 요구한다

수의조직은 축산농가와 축산시설에 출입하여 동물질병을 조기에 찾아내고, 확인된 질병을 관계기관에 보고하고, 이들 질병을 신속하고 효과적으로 통제하는 데 필요한 조치들을 할 권한이 있다. 이들 조치에는 '동물과 이의 생산물 압류', '일시 이동중지, 검역, 검사 등 차단방역', '현장에서 동물 및 생산물 통제', 그리고 '질병전파 또는 공중보건 위험을 초래하는 동물 및 관련 물품의 폐기 및 처분' 등이 있다. 이들 조치는 수의조직의 핵심적 활동이며, 수의조직은 이들 활동을 효과적으로 수행할 수 있도록 법률로 필요한 권한과 역할을 부여받는다.

사람과 동물 생태계 사이의 접촉면에서 인수공통질병의 출현은 그간 세계적으로 계속 점증하는 우려 사항으로, 각국은 "하나의 세상, 하나의 건강(One World, One Health)" 개념을 중심으로 이에 대응해 왔다. 국가 단위에서는 수의조직과 다른 관련 정부기관 특히 공중보건 및 환경을 담당하는 기관 사이에 서로 협력체계를 구축하는 것이 중요하다. 수의법령은 수의조직과 다른 관련 정부조직들 사이에 효과적인 연계를 할수 있는 근거를 제공해야 하며, 이해당사자 간에 상호 소통 및 협력을위한 체계를 구축하고 이들 각자의 역할과 책무를 규정해야 한다.

오늘날 수의조직의 책무 중 특히 강조되는 것은 수의 사안들에 관하여 소비자와의 적극적인 정보소통이다. 식품안전 보증, 인수공통질병예방 등에서 소비자의 행동은 결정적으로 중요하다. 수의조직은 동물및 동물생산품과 연관되는 구체적인 위험들에 관하여 그리고 효과적인위험관리 방안에 관하여 소비자와 명확하게 소통해야 한다. 많은 국가에서 소비자는 가축이 어떻게 사육, 수송 및 도축되었는지에 관한 정보를 요구하는 등 동물복지에 대해 우려한다. 수의조직은 동물복지 법령을 마련하고 시행하는 데 핵심적 역할을 한다. 수의법령은 동물복지에관한 적절한 법률적 틀을 마련해야 하며, 이는 소비자 및 비정부기구(NGO)에 정부의 결정을 알려주고, 이들이 우려 사항을 제기할 수 있는정보소통 경로를 포함한다.

수의 법률은 수의 영역에서 수행되는 수의조직 활동의 법적 토대를제공한다. 우리나라의 경우 「수의사법」, 「가축전염병예방법」, 「축산물위생관리법」, 「동물보호법」, 「동물용의약품등취급규칙」 등이 있다. 또한,수의 법률은 관계당국이 OIE, Codex, WTO의 관련 국제기준에 따른회원국의 의무사항을 충족시키는 근거를 제공한다.

OIE/TAHC(Chapter 3.4. Veterinary Legislation)는 '관계당국', '수의사', '동물사육', '동물질병', '동물복지', '동물약품', '축산식품 생산', 그리고 '수출입 수의증명'에 관한 법률을 마련할 때 지켜야 할 5가지 일반원칙 등을 규정한다. ▶ 법률 위계(계층구조) 준수 – 우리의 경우, 법령은 헌법,

법, 시행령, 시행규칙, 고시 등으로 위계가 이루어진다. 수의 법률은 국가법률 및 관련 기관의 집행법률 사이의 위계를 존중해야 한다. ▶ 법률적 근거 – 관계당국의 모든 행정적 및 제도적 활동은 법률적 근거가 있어야 한다. 수의 법률은 국가 및 국제 법률과 모순이 없어야 한다. ▶ 투명성 – 수의 법률은 필요할 때 누구든지 사용할 수 있도록 세부 목록이 있어야 하며, 쉽게 접근 가능해야 하고, 알기 쉬워야 한다. ▶ 협의 – 새로운 또는 개정되는 법률의 초안을 마련할 때는 최종결과로 나오는 법률이 과학적, 기술적, 그리고 법률적으로 건전하다는 것을 보증할 수 있도록 관계당국 등 이해당사자가 모두 참여하는 협의 과정이 있어야 한다. 관계당국은 수의 법률이 쉽게 실행될 수 있도록 이해당사자들과 효과적인 협력 관계를 구축해야 한다. ▶ 법률의 품질 및 법률적 확실성 – 법률은 분명하고, 통일성이 있고, 안정적이고, 법률적 수단들의 의도하지 않은 부작용으로부터 시민을 보호해야 한다. 법률은 기술적으로 적절해야 하고, 사회가 수용 가능하며, 기술적, 재정적 및 행정적 측면에서 효과적으로 실행되고 지속 가능해야 한다. 법률적 확실성을 달성하는 데는 높은 품질 수준의 법률이 필수적이다.

수의조직은 동물위생, 공중보건 및 동물복지에 관한 긴급한 현안을 효과적으로 다룰 수 있도록, 그리고 모든 필요한 조치들이 신속히 일관되게 취해진다는 것을 보증할 수 있도록 법적으로 임무와 자격이 규정되어야 하고, 적절한 조직체계를 갖추어야 한다.

수의 법률은 가능한 한 효과적인 명령체계를 제공해야 한다. 이를 위해 중앙정부 단위에서 현장 단위까지 관계당국의 책무와 권한을 명확히 정의해야 한다. 하나 이상의 관계당국이 연관되는 경우, 서로 신뢰할만한 협력 시스템이 실행되어야 한다. 관계당국은 수의 법률을 현장에 적용하고 이해당사자가 관련 사항을 준수하였는지 검증할 수 있는 기술적 역량이 있는 공무원을 지명하여야 한다.

## 수의조직의 주체는 수의사이다

수의분야 내에서 수행되는 모든 활동이 수의사를 필요로 하는 것은 아니지만, 수의사의 전반적 지도·감독하에서 이루어져야 한다. 특히, 동물질병 진단 및 치료, 동물약품 처방, 도축검사와 같이 수의학적 전문 지식을 요구하는 조치들은 수의사가 담당해야 한다.

이처럼 수의 활동은 원칙적으로는 법적으로 자격과 권한이 있는 사람에 의해서 수행되어야 한다. 그러나 현실적으로는 지리적, 경제적, 조직적으로 수의서비스를 제공하기 어려운 경우가 발생한다. 특히 개발도상국의 농촌지역, 도서벽지 지역은 더욱 그렇다. 이는 많은 상황에서 수의 업무가 비수의사에게 위임될 수도 있다. 그러한 상황은 불가피할 수 있지만 바람직한 것은 아니다. 왜냐하면, 비수의사는 수의사만이 파악할 수 있는 동물질병 역학 사항 등 동물위생 조치 실행에 어려움이 많기 때문이다. 그러므로 수의 업무는 수의사 또는 적어도 수의사의 감독하에 있는 훈련받은 사람에 의해 수행되는 것이 합리적이다. 「축산물위생관리법」에 따른 '검사원(수의사인 검사관의 검사업무를 보조)'이 대표적 사례이다. 최근의 사례로 정부는 2019.8.27. 「수의사법」을 개정하여 '동물보건사[17]'에 관한 규정을 신설하였으며 2021.8.28.부터 시행된다.

---

17 동물병원 내에서 수의사의 지도로 동물의 간호 또는 진료 보조 업무에 종사하는 사람으로 농림축산식품부 장관의 자격인정을 받은 사람을 말한다.

[그림 8]은 '농장에서 식탁까지(Farm to Table)' 개념이 적용된 수의 분야를 보여준다.[32] 동물위생 사건은 어떤 단계에서 발생하든 관련되는 집단 및 최종 소비자의 건강에 또는 반대로 동물의 건강에 영향을 미친다. 어떠한 문제를 해결하기 위해서는 어느 한 부분만을 통제해서는 충분하지 않으며 전체적인 접근 시각이 필요하다. 예를 들어, 축산식품의 경우 최종 소비단계인 식탁에서 공중보건상 최적의 안전성을 보증하기 위해서는 '식품 사슬(Food Chain)'의 전 과정에 걸쳐 모든 연결고리를 통제하는 것이 중요하다. 그림에서 동물은 식품 사슬에 들어가는 지점인 중앙에 있다. 동물약품, 동물사료와 같이 동물을 오염시킬 수 있는 모든 요소와 수의 의료 등 동물을 보호하는데 기여하는 모든 요소가 동시에 통제되어야 한다.

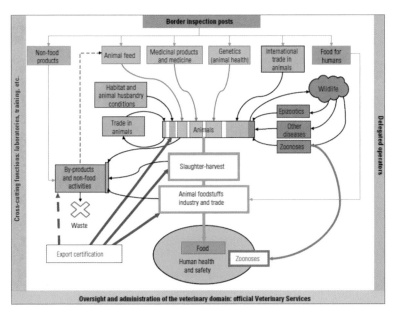

[그림 8] 수의 활동과 관련되는 분야 모식도

수의조직이 수의업무를 효과적으로 수행하기 위해서는 과학적 지식과 전문기술뿐만 아니라 이해당사자들 및 일반 대중과의 적절한 협력이 필요하다. 보건전문가, 생산자단체, 시민단체, 지역공동체, 학계, 언론 등이 핵심적인 이해당사자이다. 수의 업무는 축산농가, 식품업자, 소비자, 반려인, 다른 나라 등에 직접 영향을 미치므로 이들과 함께 조화롭게 수행하는 것이 바람직하다. 특히 이해당사자들과의 효과적인 정보소통이 매우 중요하다.

# 제4장

# 수의정책은 과학에 근거한다

01
## 정책은 상황에 최적이어야 한다

'정책'이란 사용 목적에 따라 의미가 다양하다. 정부가 수립하는 공공 정책이라는 측면에서 정책이란 '정부 또는 공공기관이 공적 목표 즉 공익을 달성하기 위하여 마련한 장기적인 행동지침'이다. 정책이란 문제 해결을 위한 최선의 합리적인 선택이기도 하다.

정책과 이의 근거가 되는 법령과 규정의 기본적 목표는 위험을 관리하는 것 그리고 정부의 중요사항이나 목표를 쉽게 달성하는 것이다. M. Bloom 등은 식품과 관련된 '최적의 정책(Optimal Policy)'이 갖추어야 할 5가지 특성[18]으로 '균형 잡힌(Proportionate)', '변화를 반영하는

---

**18** '균형 잡힌'은 위험수준에 맞게 적절히 규제하는 것, '변화를 반영하는'은 식품산업 혁신과 같은 새로운 환경에 쉽게 순응하는 것, '효율적인'은 적은 비용으로 규제의 성과를 달성하는 것, '효과적인'은 규제의 목표를 달성하는 것, '투명한'은 모든 이해당사자가 쉽게 이해할 수 있는 논리와 과정이 있는 것을 말한다.

(Responsive)', '효율적인(Efficient)', '효과적인(Effective)', 그리고 '투명한(Transparent)'을 제시하였다.[33] B. Evans 등은 이와 같은 5가지 특성을 가진 '최적의 정책'은 '적절한 유인책(Incentives for engagement and compliance)'과 '충분한 실행역량(Capacity for Implementation and compliance)'이 뒷받침될 때만이 '성공적인 정책(Successful Policy)'이 될 수 있다고 주장했다.[34]

수의정책은 동물과 사람의 일상적인 삶에 많은 영향을 미친다. 따라서 수의정책은 과학적 근거를 갖고, 합리적이고 투명한 과정을 거쳐서, 수의 활동의 목표를 달성할 수 있도록 적절하게 수립되고, 효율적, 체계적으로 수행되어 원하는 성과를 얻어야 한다.

훌륭한 수의정책을 개발하기 위해서는 이와 관련되는 문제점이나 우려 사항을 과학적 사실에 근거하여 시의적절하고 올바르게 규정해야 한다. 오늘날 수의를 둘러싼 사안들은 많은 분야가 관련되어 있고, 이들 사안의 문제는 상호의존적이어서 전 세계에 영향을 미친다. 이들 사안을 담당하는 기관 역시 다수인 경우가 많아서 현재 문제점이 무엇인지에 대한 규정이 제대로 되지 않는 경향이 있다. 왜냐하면, 대부분 경우이해당사자들 사이에서 정책의 중요사항과 문제점, 그리고 이들에 대한이해가 서로 충돌할 수밖에 없어 정책의 목적에 대한 의견이 일치하는경우는 드물고, 따라서 문제를 전체적인 범위에서 해결하고 이와 관련된 결과들을 파악하는 것이 대단히 어렵기 때문이다.

대부분 환경에서 하나의 질병은 하나 이상의 동물 종에 감염될 수 있고, 생태적인 또는 다른 어떤 결정요인을 갖고 있다. 또한, 같은 질병이라도 유병률(병에 걸리는 비율) 또는 폐사율(죽는 비율)이 동물 종마다 다르므로 동물사육 시 경제적 중요성도 획일적일 수 없다. 더군다나 인수공통질병의 경우, 공중보건에 미치는 영향을 고려해야 하므로 발생 질병에 대한 대응 정책을 마련하는 데 어려움이 더욱 크다. 이 경우 이해당사자들 사이에 수용 가능한 부담 수준을 결정하거나 비용 분담방식을 고려해야 할 수도 있다. 또한, 동물질병 발생이 초래하는 결과는 농업을 훨씬 넘어서 다른 분야로 확대될 수 있으므로 수의정책을 마련할 때는 사회적, 경제적 그리고 정치적 측면들을 적절히 고려해야 한다.

결과적으로, 수의정책의 성과는 투명한 과정을 거쳐 이해당사자로부터 체계적으로 계속 평가받아야 한다. 또한, 변화하는 사회적 환경, 수의와 관련된 다양한 위험의 이동 경로, 그리고 끊임없이 발전하는 수의기술에 능동적으로 부응하여 끊임없이 발전해야 한다. 예를 들면, 질병 예방 및 통제 정책은 백신 유무, 동물복지, 생태계 위생, 유전적 가치, 생물다양성, 식량으로서 단백질 손실과 같은 사회적 가치들의 변화에도 엄청난 영향을 받아왔다.

## 02
## 사전예방이 핵심이다

모든 수의 활동은 기본적으로 동물, 사람, 그리고 환경의 건강과 관련된다. 이러한 건강은 한번 잃거나 손상되면 회복되기 어려워 동물 전염병, 인수공통 전염병은 물론이고 동물, 사람, 또는 환경에 해로운 물질 등 이들의 건강에 부정적 영향을 미치는 요인들은 최대한 사전에 통제하는 것이 최선이다. 왜냐하면, 건강에 부정적인 사건이 일어난 후 야기되는 사회경제적 피해보다는 이들을 예방하는 데 드는 비용이 훨씬 적고, 공중보건상 위험도 사전에 통제하는 것이 상대적으로 쉽기 때문이다.

"예방이 치료에 우선한다."는 최근 보건분야에서 가장 인기 있는 문구이다. 이는 수의정책을 수립하고 실행할 때 가장 우선해야 할 원칙이다. 이 원칙은 통제 조치의 중심을 질병이나 식품안전 사고가 발생한 이후에 이를 관리하거나 치료하는 데 두지 않는다. 통제 조치의 중심을 동물 또는 동물유래 생산품 생산자가 최적의 생산 및 이윤을 얻으면서 동시에 소비자에게 최상의 식품을 제공할 수 있게 하는 동력으로서 동물위생과 식품안전 수준을 높이는 데 둔다.

예방은 인류의 수명 연장과도 밀접하다. 4,000여 년 전에 고대 이집트인의 평균수명은 36세였으며, 1850년 이전만 해도 37세에 그쳤다.[35] 그러나 1850년부터 1900년에 이르는 짧은 반세기 동안 인류의 평균수명은 50세로 껑충 뛰었다. 여러 가지 원인이 있겠지만 사람에 질병을 일으키는 감염원을 미리 파악하고 소독, 위생 개념을 적용해서 질병을 예방한 것과 긴밀한 관련이 있다.

가축 사육 농가에서 동물질병을 관리하는 수준이 낮으면 농가에 경제적 손실을 초래한다. 질병으로 인해 폐사율이 증가하거나, 성장 속도가 느려지거나, 사료 섭취율이 낮아져 경제성이 크게 떨어지기 때문이다. 만약 식육, 알 등 동물생산품에서 공중보건상 위험을 초래할 수 있는 항생제, 농약 등이 검출될 경우 해당 물량은 폐기되고 시중에 유통되는 관련 제품은 회수된다. 또 이러한 공중보건 사고가 일어난 축산농장이나 축산식품 회사 등은 소비자 등으로부터 신뢰가 떨어져 장기적으로도 부정적인 영향을 받는다. 항생제, 호르몬제, 중금속 등과 같은 화학적 잔류물질도 가축 사육 및 도축·집유 단계에서 휴약기간 준수 등 안전사용수칙을 준수함으로써 문제 발생을 사전에 차단하는 것이 중요하다.

이러한 배경 속에 최근에 예방기술이 꾸준히 발전해왔다. 하나는 구충제, 백신과 같이 질병을 미리 예방하기 위한 약품을 동물에 처치하는 것이다. 또 하나는 동물 사육농장을 하나의 위생관리 대상으로 설정하여 인수공통전염병이나 인체에 해로운 물질이 동물 사육과정에서 발생 또는 동물에 유입되는 것을 차단하는 '우수위생관리규범'을 시행하는 것이다. GAP이나 농장단계 HACCP이 대표적이다.

백신은 질병 예방 및 근절에서 비용대비 효과가 매우 높은 수단이다. 백신 접종을 통해 동물질병을 예방하는 것은 동물의 생존율 및 수명을 늘려 결과적으로 생산성을 높이는 데 도움이 된다. 반려동물 소유주들은 백신의 혜택을 더 많이 본다. 백신은 광견병과 같은 인수공통질병으로부터 동물을 지킴으로써 이들이 가정에서 반려동물로서 사람과 함께 생활할 수 있도록 한다.

예방 개념은 기후변화(Climate Change), 항생제 내성, 환경보호 등 건강과 관련되는 다른 분야에서도 중요하다. 건강한 동물은 생산성이 좀 더 높다. 이는 같은 식품생산을 위해 더 적은 숫자의 가축이 필요하다는 것을 의미하므로 가축 사육과 관련이 깊은 환경에도 긍정적인 영향을 미친다. 더군다나 건강한 동물은 항생제 처치를 받을 필요가 적어서 항생제의 사용을 감소시키고, 이는 항생제 내성균의 발현을 줄이는 데 핵심적인 전략이 되고 있다.

이처럼 사전예방 개념은 수의 활동의 모든 범주에 적용해야 할 가장 핵심적인 개념이다.

03
## 수의정책은 위험분석에 기반한다

수의정책은 과학적 사실과 증거에 근거한다. 수의정책의 대상인 동물질병, 인수공통질병, 유해잔류물질, 환경오염물질 등은 과학적 위험평가가 필요하다. 과학적으로 평가된 위험은 적절한 제도적 수단으로 효과적으로 관리되어야 한다. 또한, 이해당사자 간에 위험평가, 위험관리 등에 관한 충분한 정보소통이 필요하다. 이러한 일련의 과정이 체계적으로 이루어질 때 수의정책이 성공할 수 있다.

이러한 요구에 가장 부합하는 정책 기법이 OIE/TAHC(section 2), Codex[19] 등에서 제시하는 위험분석(Risk Analysis)이다. 위험분석은 '4가지 요소'[20] 즉, '위해 확인(Hazard Identification)', '위험평가(Risk Assessment)', '위험관리(Risk Management)' 및 '위험정보소통(Risk Communication)'으로 구성된 일련의 과정이다.

위험분석 기법은 동물위생, 식품안전, 동물복지 등에 관한 규제기준을 설정하고, 실행하고, 재평가하는 데 널리 쓰인다. 특히 세계적으로 정부 수의조직이 외국으로부터 동물 및 축산물의 수입허용 여부를 검토할 때도 이를 널리 활용한다. 우리나라도 마찬가지이다. 동물 및 축산물의 수입허용 여부 검토 시 「지정검역물의 수입에 관한 수입위험분석 요령(농림축산식품부고시)」 및 「지정검역물의 수입위험평가 세부지침(농림축산검역본부 예규)」을 적용하는 것이 대표적이다.

위험분석은 위의 4가지 요소로 구성된 체계적인 접근법에 따라 이용 가능한 모든 과학적 자료를 토대로 수행된다. 또한, 전 과정을 일괄적으

---

**19** Working Principles for Risk Analysis for Food Safety for Application by Governments, CAC/GL 62-2007

**20** '위해 확인'은 동물과 사람에 부정적 영향을 잠재적으로 야기할 수 있는 병원체나 유해물질을 파악하는 것이다. '위험평가'는 어떤 위해와 관련되는 위험의 수준을 측정하는 것이다. '위험관리'는 위험평가에서 확인된 위험을 다루는 조치를 결정하고 실행하는 것이다. '위험정보소통'은 위험분석 중에 잠재적으로 영향이 있는 또는 관심이 있는 집단으로부터 위해 및 위험과 관련하여 정보 및 의견을 모으는 과정이며, 위험평가의 결과 및 제안되는 위험관리 조치들을 의사결정권자 및 이해집단과 소통하는 것이다.

로 적용하며, 그 과정이 개방적이고 투명하며, 모든 과정이 문서로 기록된다. 위험분석은 지속적인 과정이므로 새로운 과학적 자료 또는 정보가 있는 경우, 이를 토대로 적절하게 다시 수행된다. 위험관리 조치를 결정할 때는 위험평가 결과의 불확실성 및 다양성을 명확히 고려한다. 위험평가 정책은 위험관리 정책의 한 부분이지만, 위험평가와 위험관리는 기능적으로 분리해서 위험평가 과정을 독립적으로 보장한다. 위험관리는 전 과정에 소비자를 포함한 모든 이해당사자와의 정보소통방안을 포함한다.

우리나라의 경우 「식품안전기본법」 제20조(위해성 평가)[21], 「식품위생법」 제15조(위해평가) 및 제15조의2(위해평가 결과 등에 관한 공표), 「축산물위생관리법」 제33조의2(위해평가), 「농수산물품질관리법」 제68조(농수산물의 위험평가 등) 등 여러 식품관련 법령에서 위험분석을 규정한다. 식품위험분석에 관한 세부적인 사항은 「위해평가 방법 및 절차 등에 관한 규정」(식품의약품안전처 고시 제2019-29호, 2019.4.17.)에서 규정한다.

## 04
## 효율적 소통체계는 성공의 윤활유이다

수의정책을 개발하는 과정에 이해당사자의 참여 및 협의는 해당 정책을 실행하는 데 성공 여부를 결정짓는 중요한 요인 중 하나이다.

---

21 "① 관계 중앙행정기관의 장은 식품등의 안전에 관한 기준·규격을 제정 또는 개정하거나 식품등이 국민건강에 위해를 발생시키는지의 여부를 판단하고자 하는 경우 사전에 위해성 평가를 하여야 한다. 다만, 제15조제2항에 따른 긴급대응이 필요한 경우는 사후에 위해성 평가를 할 수 있다.", "③ 위해성 평가는 현재 활용 가능한 과학적 근거에 기초하고 객관적이고 공정·투명하게 하여야 한다."

수의정책이 생태계 건강, 동물위생, 공중보건에 미치는 영향을 고려한다면, 수의정책을 둘러싼 이해당사자의 범위가 매우 크다는 것을 알 수 있다. 수의정책 당국은 정책 개발 과정에 모든 이해당사자를 참여시키기 위해 다양한 노력을 기울여야 한다. 이는 정책 시행 이후 의도하지 않는 결과들을 미리 투명하게 점검할 수 있도록 해주며, 해당 정책에 영향을 받는 사람들로부터 폭넓은 지지를 받을 수 있도록 하며, 정책목표를 달성하기 위해 적절한 정책수단들이 사용되었음을 보증하는 데 필수적이다.

수의정책을 개발하는 과정에서 모든 이해당사자가 참여하는 투명한 협의는 정책에 대한 이들의 인식과 신뢰를 높여준다. 사전에 합의된 정책 틀에 따른 예측 가능한, 일관된 수의 조치는 이해당사자들 사이에서 신뢰와 존중을 유지하는 강력한 토대를 제공한다. 어떤 질병이 발생하기 이전에 산업계, 일반 대중, 그리고 정치권에서 수의정책을 올바르게 이해하는 것은 질병이 발생할 경우, 이에 효과적으로 대응하는 것을 가능하게 만든다.

OIE/TAHC[36])는 수의조직이 지켜야 할 정보소통 5대 원칙을 다음과 같이 제시한다. ▶ 수의조직은 소관 사안에 관하여 정보 소통할 수 있는 권한과 역량을 보유한다. ▶ 수의와 정보소통에서 얻은 '전문적 기술 (know-how)'은 서로 통합되고 연계된다. ▶ 정보소통은 투명성, 일관성, 시의 적절성, 균형, 정확성, 정직 및 공감에 근본적인 초점을 둔다. ▶ 정보소통은 지속적인 과정이다. ▶ 수의조직은 자신들이 실행하는 전략적 정보소통 계획을 입안, 실행, 모니터링, 평가 및 수정하는 것을 감독한다.

이해당사자와의 정보소통은 동물위생, 수의공중보건, 동물복지, 동물약품 등 수의 부문의 모든 활동에 필수적이다. 수의 업무와 같이 전문적이면서도 인류공동체 및 생태계에 미치는 영향이 큰 경우는 더욱 중요하다.

## 적절한 유인책과 충분한 실행역량이 필요하다

최적의 정책을 마련하는 것이 곧 정책의 성공을 의미하는 것은 아니다. 정책이 성공하기 위해서는 이러한 정책을 실제 현장에서 수행하는 이해당사자들이 각자의 역할과 책임을 충실히 이행할 수 있도록 하는 적절한 동기부여 즉, 유인책이 필요하다. 그리고 이들이 해당 정책을 효율적으로 실행할 수 있는 충분한 역량을 갖춰야 한다.

먼저, 유인책은 다음과 같이 넓게 3가지 범주로 구분된다.

첫째, 수의정책을 시행하는 과정에서 이해당사자가 관련 법령에 따른 역할과 책임을 이행하지 않았거나 위반하였을 경우 이들을 법적으로 제재한다. 경고(구두 또는 서면), 금전적 벌칙, 허가·면허 중지, 정부인증 취소, 또는 검사(도축검사, 수출검사 등) 대상 제외 등이 조치의 예이다. 이들 조치는 이해당사자가 관련 수의정책에 대한 올바른 인식과 실천 역량을 갖추기 위한 교육·훈련을 받도록 외부적으로 촉진하는 강제적 유인 효과가 있다.

둘째, 이해당사자들에게 수의정책에 대한 주인의식을 부여한다. 주인의식은 이들이 높은 수준으로 정책을 따르도록 하는 데 매우 중요하다. 예를 들어 동물질병 통제 목표와 세부 실행방안을 수립하는 과정에 해당 업계가 직접 참여하였거나 주도한 경우, 해당 업계는 이 목표를 달성하는 과정에서 주인의식을 갖고 해당 방안을 실행하고 준수하는 데 적극적이다.

셋째, 이해당사자들이 정책을 준수토록 다양한 재정적 유인책을 활용한다. 질병에 걸린 또는 걸릴 우려가 있는 가축에 대한 살처분 보상금이 대표적이다. 정부 예산으로 도축장 시설개선자금, 수출시장 개척 자금, 연구·개발 자금 등을 지원하는 것도 이에 해당한다.

다음으로 충분한 실행역량이다. 수의정책이 성공하기 위해서는 정책 집행을 담당하는 기관을 포함한 이해당사자들이 해당 정책을 효과적으로 실행할 수 있는 충분한 역량이 필요하다. 국가 수의조직이 수의정책을 개발하는 데 검토해야 할 중요한 사항 중 하나는 수의조직이 해당 수의정책을 원하는 의도대로 실행하기 위한 현실적인 인적, 물적 자원이 충분한지를 판단하는 것이다. 특히 목표 달성 여부를 판단하는 데 필요한 예찰, 검사, 조사와 관련된 역량이 적절한지 판단한다. 계획이 잘 수립되고, 목표가 명확하고, 과학적으로 확실한 정책들은 이들의 실행을 뒷받침하는 데 필요한 자원들 각각의 책무를 명확히 규정한다. 참고로 OIE는 각국의 수의조직 정책 실행역량을 평가하는 8가지[22] 지표를 제시한다.[37]

수의조직의 정책과 실행 프로그램이 정치지도자 등의 마음을 충분히 얻지 못해 재정적, 조직적, 법적 지원을 얻는 데 어려움을 겪는 경우가 많으며, 그 이유는 다양하나 핵심 원인은 수의조직이 국가적 차원에서 정책적 우선순위를 결정하는 정부 부처(기획재정부, 행정안전부 등), 국회 등과 소통이 비효율적이거나 충분하지 않은 것이다.

---

22 '수의 부문의 조직, 구조 및 권한', '인적 자원', '물적·재정적 자원', '수의 법률, 규제 구조', '수의정책 품질관리', '실행 평가 및 심사', '동물위생, 동물복지 및 수의공중보건 통제', 'OIE 활동 참여 및 회원국 의무 준수'

경제가 발전할수록, 개인의 삶의 수준이 높아질수록, 국제교역과 해외여행이 증가할수록 동물 및 축산물과 관련된 동물위생, 공중보건, 동물복지 등 수의 활동은 계속 늘어난다. 수의조직은 이에 대응할 수 있도록 조직적인 그리고 구성원 개인적인 역량을 높일 수 있는 적절하고 다양한 방안을 마련하여 시행하여야 한다.

수의정책을 추진하는 정부의 자원은 그간 질적·양적으로 모두 강화되었다. 대표적으로 1999년에 돼지콜레라박멸비상대책본부가 민간 차원에서 설립되었고, 이는「가축전염병예방법」에 따라 2003년에 가축위생방역지원본부로 전환되어 현재 '가축방역과 축산물 안전에 관한 현장 중심 전문기관'으로서 활동하고 있다. 2015~2016년의 HPAI 및 FMD 방역 경험을 계기로 2017년에는 농림축산식품부에 방역정책국이 신설되어 수의 업무를 담당하는 중앙정부의 조직이 기존 과(課) 단위에서 국(局) 단위로 강화되었다. 지방자치단체도 도 단위에서는 '과' 단위, 시·군·구 단위에서는 '계(係)' 단위의 조직으로 수의정책 업무가 조직적으로 강화되었다. 정부 수의조직의 강화는 수의업계의 오랜 소망이었다. 대부분의 선진국에 비해 늦은 감이 있으나 다행스러운 일이다.

06
## 국제협력이 균형된 발전을 이끈다

우리의 주변에서 벌어지는 많은 일이 잘 살펴보면 세계적으로 많은 국가와 연관된다. 우리가 먹는 음식, 입는 옷, 눈으로 즐기는 볼거리뿐만이 아니다. 수의 분야도 마찬가지다. 동물위생, 수의공중보건, 동물복지 등 수의 업무가 주변국, 여행 국가, 국제교역국 등과 서로 연계된다. 이들 사안은 한 나라만의 문제가 아니다. 해외로부터 동물질병, 인수공통질병 및 공중보건상 유해물질이 국내로 유입될 또는 그 반대로 될 위험은 항상 있기 때문이다. 수의조직은 이들 위험을 효과적으로 통제해야 한다. 심지어 철새 등 야생조류에 의해 해외로부터 국내에 악성 동물질병이 유입될 위험성이 있어 세계 각국의 수의조직은 서로 협력을 강화할 필요가 있다.

동물 및 동물생산품의 급격한 교역 증가, 국가 간 여행객 증가 등으로 한 나라에서 발생한 동물질병이 다른 나라로 쉽게, 신속히 전파될 기회가 많으며 실제로 그러한 사례가 많다. 이러한 복잡한 상황은 각국의 수의당국을 중심으로 국제적인 협력을 많이 요구한다. 수의 분야에서 국제협력이 강화되어야 하는 이유는 다음과 같다.

첫째, 중대한 동물질병, 인수공통질병 및 유해잔류물질 오염사건 발생 시 신속하고 효과적인 대응이 필요하다. 이를 위해서는 평상시에 관련 정보를 소통하기 위한 국제협력체계가 구축되어야 한다.

둘째, 동물위생, 수의공중보건 등에 '사전예방 원칙'을 준수하는 데 국제적 협력이 필수적이다. 대부분의 국가는 FMD, ASF 등과 같은 악성 동물질병이 발생하는 국가 또는 지역으로부터의 관련 동물, 또는 동물생산품 등의 수입을 금지하거나 엄격히 제한한다. 공중보건 측면도 마찬가지다. 축산물 수출국은 인체에 해로운 유해물질이 허용수준 이상으로 축산물에 포함되지 않도록 미리 검사한다.

셋째, 여러 국가에 걸쳐 있는 수의 사안을 해결하기 위해서는 관련 국가 수의당국 간 협력이 필수적이고 더 효율적이다. 2019년 한국, 북한, 중국에서 발생한 ASF는 역학조사 내용을 볼 때 서로 관련성이 높다. 어느 한 국가에서 발생하는 가축질병이 적절히 통제되지 못하는 경우, 이웃 국가 등 제3국에 같은 질병이 언제든지 발생할 수 있다.

넷째, 동물위생, 수의공중보건, 동물복지 등의 국제적 수준을 높이기 위해서는 상호협력이 중요하다. 어느 나라도 수의 분야에서 발생하는 모든 사안에 항상 선진적일 수는 없다. 국가별로 부딪치는 사안들도 다르고 이를 둘러싸고 있는 주변 환경도 다르기 때문이다. 선진국과 개발도상국은 수의역량에 차이가 있다. 특히 높은 수준의 전문 인력 및 시설·장비가 요구되는 연구 분야에서는 더욱 그렇다. 따라서 수의 분야에 일어나고 있는 다양한 사안들을 다루는 데 과학적이고 효과적인 방안들은 신속히 공유되어야 한다. 선진국은 그간 공적개발원조(ODA)[23] 등을 통해 개발도상국이 적절한 수준의 수의역량을 갖추도록 다양한 지원을 해왔지만, 더욱 강화해야 한다.

우리나라도 수의 분야에서 국제적인 협력을 강화하고 있다. 2019년 기준으로 정부는 수의공무원을 OIE(1명), FAO(1명)에 파견하고 있다. WHO에는 공무원 출신 수의사(1명)가 직원으로 근무하고 있다. 주미한국대사관에도 2008년부터 농식품부에서 수의검역관을 파견한다. 또한, 2006년 농림축산검역본부에 위험평가과를 신설하여 수출입 동물과 축산물에 대한 위험평가 업무를 담당토록 하였고, 2011년 농식품부에 검역정책과를 신설하는 등 국제 검역 및 위생 업무를 강화한 바 있다.

그러나 수의 분야에서의 국제협력 활동은 여전히 많이 부족하다. 특히, 인적 측면에서 심각하다. OIE, FAO 등에 근무하는 우리나라 출신 수의사는 다른 선진국과 비교할 때 미미한 수준이다. 민간분야는 더욱

---

23 공적개발원조(Official Development Assistance)는 OECD 개발원조위원회에서 집계하는 선진국의 해외원조 통계치다. ODA는 1969년에 처음 집계되었으며, 학계나 언론에서 국제 원조 추이를 파악하는 지표로 널리 쓰이고 있다.

심각하다. 수의와 관련되는 다양한 국제 민간조직에 국내 수의사가 근무하는 경우는 아직 없는 것으로 알려져 있다. 앞으로 국가적 차원에서의 적극적인 지원과 참여가 요구된다.

# PART II

# 동물위생

# 제5장
# 동물위생은 수의의 근원이다

## 01
### 동물이 건강해야 사람이 건강하다

인류는 살아가는 데 꼭 필요한 많은 것을 동물에서 얻는다. 동물은 인류의 생존에 필수 에너지원인 고기, 우유, 알 등 동물성 단백질을 생산한다. 동물의 털, 가죽 등은 옷, 가방, 신발 등을 만드는 데 쓰인다. 동물에서 얻은 콜라겐(Collagen), 탈로우(Tallow) 등은 화장품, 의약품 등을 만드는 원료이다. 가축유래 식품은 세계적으로 소비되는 식품 중 에너지의 약 13%, 단백질의 약 28%를 차지한다.

가축은 인류 역사에서 중요한 위치를 차지한다. 인류의 진화과정에서 가장 기념비적인 사건으로 우리는 직립보행(두 발로 걷는 것), 사냥, 요리, 언어 등을 들 수 있다. 그러나 일부 전문가는 인간에게 일어난 가장 중요한 역사적 사건은 5,000~10,000년 전에 시작된 것으로 알려진 '야생생물의 순화(Domestication)'라고 한다.[38] 인류는 식물과 동물을 토지에 순화시키고 길들이고 기르는 능력을 보유하게 되면서 지금과 같은 인간이

될 수 있었다는 것이다. 인류가 가축으로 길들인 첫 번째 동물은 개다. 이후 양, 소, 말 등이 인류에 의해 순화되었다. 동식물을 길들이는 능력이 없었다면 지금도 인간은 수렵채집이라는 생활방식을 유지하고 있을 것이다. '순화'를 통해 동물을 사육할 수 있게 됨에 따라 인간은 수렵인에서 벗어나 연중 내내 영양공급원(칼로리원)을 확보할 수 있었다. 또한, 가축 사육 덕분에 일정한 지역에서 공동체를 형성할 수 있게 됨에 따라 인류는 가축의 노동력 등을 이용한 농경사회 및 산업사회로 나아갈 수 있었다.

동물이 건강해야 더 안전하고 더 많은 식품을 생산하여 동물유래 생산물에 대한 인간의 수요를 최대한 충족시킬 수 있고, 축산농가, 지역경제 등에 더 많은 경제적 혜택을 제공한다. 건강한 동물은 환경에 대한 부정적 영향을 최소화한다. 악성 가축질병 발생에 따른 대규모 가축 살처분 및 매몰이 불가피할 경우 이로 인한 주변 환경에 미칠 수 있는 부정적 영향은 커다란 사회적 우려 중 하나이다. 건강한 동물은 아프거나 질병에 노출될 위험이 낮아 질병 통제 또는 예방을 목적으로 하는 동물약품 수요가 적어 항생제 내성에 대한 우려도 줄어든다.

최근의 많은 연구결과는 동물위생과 식품안전 사이에는 직접적인 관련이 있음을 보여준다.[39] 동물의 건강상태를 감시하고, 질병 발생을 예방하는 것은 동물유래 식품의 안정적 공급 등 경제적 측면에서도 매우 중요하다. 건강한 가축은 안전한 축산식품 공급을 보증하고, 안정적인 축산물 소비자 가격을 유지하는 데 도움이 된다.

질병은 동물의 일생에서 항상 직면하는 건강상 위협이다. 동물을 건강하게 유지하려면 동물을 사육하는 농가나 동물과 함께 생활하는 사람들이 동물을 건강하게 키워야 한다. 가축을 건강하게 유지하기 위해서는 다음 사항을 충족해야 한다.

첫째, 동물의 영양 상태가 좋아야 한다. 가축 사육 농가들은 보통 동물이 건강하도록 건강에 좋은 영양성분이 첨가된 사료를 가축에 급여한다. 동물은 나이나 건강상태에 따라 영양학적으로 요구하는 것이 다르다. 번식, 임신, 우유 생산, 비육과 같은 다양한 동물사육 상태에 따라 영양적 요건이 다르다. 이 때문에 사육 농가는 동물의 영양 요건을 충족하기 위해 전문가의 도움을 받아 사료 중 영양성분을 검사하고 필요하면 영양성분 함량을 조절한다. 성장률, 번식효율, 그리고 특히 면역체계 기능이 최상의 성과를 내기 위해서는 좋은 영양상태가 중요하기 때문이다. 반려동물의 경우 특수 영양식 사료, 기능성 사료를 제공하기도 한다.

둘째, 동물이 좋은 사육시설에서 지내야 한다. 동물의 건강 측면에서 좋은 환기시설을 갖춘 깨끗하고 알맞은 온습도의 사육환경은 지극히 중요하다. 동물은 잘 먹을 때 추위에도 잘 견딜 수 있다. 환기가 원활해야 축사 내 공기의 질이 좋다. 축사 우리를 깨끗하게 청소하고 겨울철에 바닥에 깔짚을 잘 채워주는 이유도 이를 위해서다.

셋째, 효율적인 백신 접종프로그램이 운용되어야 한다. 축산농가는 농장의 필요에 가장 부합하는 백신을 찾는다. 일반적으로 질병에 노출될 가능성뿐만 아니라 자신들의 농장에서 있었던 이전의 질병 발생 경험에 근거해서 백신을 선택한다. 농가는 제품 표시사항을 준수해야 한다. 적절한 보관온도, 접종 직전 대상 동물의 접종 부위 세척 및 건조, 깨끗한 주사침 사용, 그리고 올바른 주사방법 적용, 유통기한 준수 등도 동 프로그램에 중요한 사항이다. 백신이 최대의 효과를 내기 위해서는 대상 동물이 건강해야 한다. 대상 동물이 이유(젖떼기), 수송, 또는 거세와 같이 스트레스를 많이 받는 일이 있을 때는 적어도 2주 이전에 접종해야 한다.

넷째, 차단방역이 철저해야 한다. 농장에 질병이 유입되는 경로 중 하나는 질병에 걸린 다른 동물과의 접촉을 통해서이다. 농가는 자신이 키우는 동물과 외부 동물과의 접촉을 최대한 막아야 한다. 접촉이 불가피할 경우는 세척, 소독 등 적절한 차단방역 조치를 한다. 가장 효과적인 방역 조치 중 하나는 새로운 가축이 농장 내로 들어오면 이들을 3~4주 정도 기존 가축과 격리하는 것이다. 질병은 간접적인 접촉을 통해서도 유입된다. 농장 종사자가 다른 농장을 방문할 때, 가축을 도축장 또는 가축시장으로 운반할 때, 심지어 농가들이 많이 모이는 축산행사에 참석했을 때도 옷, 신발, 차량 등을 통해 질병 병원체가 농장으로 유입될 수 있다. 따라서 농장 종사자는 외출 후에 농장으로 돌아오면 옷, 신발, 차량 등을 적절히 세척·소독해야 한다. 특히 축사에 들어갈 때는 축사 전용 의복으로 갈아입고 미리 이들을 꼼꼼히 소독한다.

축산농가에서 운용하는 질병 예방 프로그램이 모든 질병을 막아주는 것은 아니다. 농장에는 아픈 동물이 있기 마련이다. 그렇지만 농가는 동물이 아프지 않도록 최선을 다한다. 농가는 어떤 질병관련 문제가 생기면 아주 신속하게 이를 파악할 수 있도록 동물을 매일 관찰한다. 아픈 동물은 건강한 동물과 격리해서 필요한 치료를 신속히 한다. 동물위생의 핵심은 동물을 건강하게 유지하는 것이다.

OIE도 동물에서 사람으로 또는 그 반대로 전파될 수 있는 인수공통 병원체를 동물단계에서 통제하는 것이 사람을 보호할 수 있는 가장 효과적이고 경제적인 방법이라고 명확히 밝히고 있다.[40]

## 02
## 동물위생은 수의사의 의료 영역이다

수의공중보건은 인수공통 병원체, 동물유래 식품 중 유해잔류물질 등 수의와 관련된 공중보건으로 수의사, 의사, 식품위생사, 영양사 등 많은 전문가가 관여된다. 동물복지는 동물을 기르고 보호하는 일과 관련되는 모든 분야의 사람이 관여되므로 전문가도 다양하다. 원헬스는 사람, 동물, 그리고 환경의 건강을 모두 다루기 때문에 더욱 다양하다. 이들 분야와는 달리 동물위생, 즉 아픈 동물을 치료하고, 질병으로부터 동물을 보호하고, 동물이 질병에 걸렸을 때는 이를 신속히 그리고 효과적으로 통제하는 것은 수의사만이 할 수 있는 고유 영역이다.

수의사는 축산농가에서 FMD, HPAI 등 초국경질병 발생 시 경제적 피해를 지속 유발하는 돼지유행성설사병(Porcine Epidemic Diarrhea), 돼지생식기호흡기증후군(Porcine Reproductive and Respiratory Syndrome), 가금티푸스(Fowl Typhoid), 추백리(Pullorum) 등 풍토성 질병을 중점으로 통제한다. 수의사는 일반 가정에서 기르는 반려동물 즉, 개, 고양이 등의 건강에 치명적인 파보바이러스장염(Parvorirus in Dogs), 전염성기관지염(Avian Infectious Bronchitis), 심장사상충(Dirofilaria) 등과 광견병과 같은 인수공통전염병을 중점 통제한다. 실험동물, 전시동물, 스포츠 동물 등에게도 동물에 맞는 적절한 수의 의료를 제공한다.

동물위생 사안을 효율적으로 다루기 위해서는 질병이 어떻게 전파되고, 왜 이들 질병을 통제해야 하며, 어떤 동물집단이 어떤 병원체에 감수성이 있으며, 병원체와 감수성 동물집단 사이에 어떠한 차단막을 할 것인지 등을 정확히 이해하는 것이 중요하다. 이들 차단막은 울타리, 방충망과 같은 물리적인, 약품 및 소독제와 같은 화학적인, 또는 백신과 같은 생물학적인 것일 수 있다. 그 밖에 차단방역 조치들이 모두 실패하여 심각한 동물질병이 발생하는 경우, 해당 질병 감염 위험에 처한 것으로 판단되는 지역에 있는 모든 감수성 동물에 대한 예방적 살처분을 통제방안으로 선택할 수 있다. 대규모 동물 도태는 대중적 반감이 커 다른 대안을 찾을 필요성이 있다.

최근에는 "질병 통제조치는 야생동물의 이동을 과도하게 제한하거나, 환경적 오염을 초래하거나, 잠재적으로 건강상 해로운 물질에 사람이 노출되거나, 또는 일반 가정의 삶이나 수입원을 파괴하는 것과 같은 해로운 영향을 미쳐서는 안 된다."는 것이 질병 통제조치를 수립하는 데 하나의 원칙이다. 이러한 원칙은 현실적으로 선택 가능한 질병 통제방안을 제한한다. 또한, 이러한 원칙은 사람, 동물 및 환경의 건강과 복리 측면에서 지속 가능하지 않은 제품이나 조치들은 가능한 한 적게 사용하는 GAP의 중요성을 부각하고 있다.

동물위생 사안을 관리하기 위해 사용되는 수단으로는 질병에 관한 정보를 모으고 분석하는 수단, 질병을 예방하고 통제하는 수단 등을 포함한다. 이외에도 ▶ 동물질병을 예찰·진단하고, 발생 질병의 역학적 관계를 파악할 수 있는 실험실 역량 ▶ 동물 개체확인 및 추적조사 ▶ 검역 및 이동 통제 ▶ 예방약 및 치료약 ▶ 차단방역 조치 ▶ 숙련된 수의 및 수의보조 전문 인력 등이 있다.

03
## 해결해야 할 다양한 도전과제가 있다

'가축−야생동물−사람 간의 접촉면(Livestock-Wild Animals-Human Interface)'이 계속 커지면서 '인류는 생물다양성을 보존해야 할 중대한 책무가 있다'는 자각은 수의사 등에 새로운 도전과제를 안겨준다. 기존에는 질병을 통제하는 것에만 좁게 초점을 두었지만, 이제는 질병이 발생하는 주변 환경을 고려해야 하고, 질병 통제 조치의 생태적인 그리고 사회경제적인 영향까지 고려하는 즉, 넓게 초점을 두어야 한다. 또한, 집약적 가축 생산시스템이 일반화됨에 따라 가축 사육환경이 열악해져서 생기는 문제나 이러한 밀집 사육에 대한 소비자들의 반감에 따른 문제와 같은 새로운 도전과제들에도 직면하게 되었다. 가축위생은 지구적 위생 사슬에서 가장 약한 고리이다.

이러한 새로운 수의 환경을 둘러싼 문제들을 해결하기 위한 새로운 접근방식들은 대부분 내용이 복잡하다는 특성이 있다. 대표적으로 원헬스 접근방식이다. 수의사는 동물위생 영역에서 이러한 새로운 접근방식들을 올바르게 이해하고 효과적으로 그리고 적절하게 활용할 수 있는 전문적인 지식과 역량이 있는 집단이다.

동물질병을 예방하고 통제하는 업무는 '지구적 공공재'이다. 효율적인 예방 및 통제는 적절한 법령, 조기검출, 신속한 대응 등에 달려 있다. 이것은 '우수한 수의 거버넌스'의 한 부분이다. 정부는 동물질병을 더 잘 통제할 수 있도록 적절한 민관 협력체계를 구축해야 한다. 특히 축산농가와 민관 수의사 사이의 긴밀한 협력이 핵심이다.

2015년 OIE는 동물위생 분야가 직면하고 있는 다양한 도전과제를 다음과 같이 제시하였다.[41]

첫째, 인수공통질병의 중요성이 계속 높아진다. 사람 병원체의 60%가 동물 유래이다. 신종 동물질병의 75%는 사람에 전파될 수 있다. 세계적으로 매년 55,000~70,000명이 광견병으로 인해 사망하며, 사망자의 대부분은 어린이다. 사람에서 발생하는 광견병 95% 이상이 광견병에 걸린 개에 물림으로써 발생한다.

둘째, 꿀벌 서식처에서의 무분별한 살충제 사용과 꿀벌질병 유행으로 세계적으로 꿀벌 개체 수가 크게 줄고 있다. 세계 곡물의 4분의 3은 능동적인 수분작용²⁴을 필요로 한다. 꿀벌이 주된 꽃가루 매개자이다. 세계적 꿀벌 개체수 감소 현상은 국제적으로 농업뿐만 아니라 생물다양성에 엄청난 부정적 영향을 끼치고 있다.

셋째, 수산양식 산업은 세계적으로 가장 빨리 성장하는 식품산업 분야로서 현재 식용 수생동물의 거의 50%를 차지한다. 수생동물 질병은 양식산업을 가로막는 주요 요인 중 하나이다. 오늘날 양식산업은 사료, 백신, 육종 개발과 관련된 생물, 화학, 의학, 유전공학 등의 학문 외에도 생산·수출 등의 경제 활동과 연관된 경영, 경제, 행정, 정보통신 등 다양한 학문이 학제적으로 융합되어 있다.⁴²⁾

넷째, 세계 거의 모든 곳에서 야생 양서류의 개체 수가 감소하고 있다. 양서류 품종의 3분의 1이 멸종 위기에 있다.

다섯째, 전시동물 또는 애완동물로 사용되는 '외래 종(Exotic Species)'의 국제적 거래가 국가적 질병 전파의 주요 경로이다.

여섯째, 인류는 식품을 농수축산업에 주로 의존한다. 오늘날 동물위생 수준은 지난 수십 년 전과 비교해 많이 향상되었지만, 여전히 동물질병으로 인해 동물 생산성이 20% 이상 저하되고 있다.

일곱째, 동물사육 시 무분별한, 잘못된 항생제 사용은 항생제 내성균을 초래한다. 항생제 내성은 질병 치료의 효과를 떨어뜨림으로써 동물과 사람 모두에서 전염성 질병을 통제하는 것을 어렵게 한다.

여덟째, 인수공통 병원체를 포함한 동물질병 병원체는 생물학적 무기로서 테러 등에 사용될 수 있다. 생물테러에 사용될 수 있는 병원체의

---

**24** 수분(작용)은 '꽃가루 가루받이'라고도 하며, 종자식물에서 수술의 화분(꽃가루)이 암술머리에 붙는 현상을 말한다. 꽃은 이 과정을 통해서 '씨앗'을 생산한다.

80%는 동물유래 병원체다. 예를 들어, 제1차 세계대전 중에 비저병[43]
이 유럽, 러시아 및 미국에서 생물학적 무기로 사용되었다.

동물위생 정책은 동물위생 분야가 당면하고 있는 다양한 과제를 충분
히 고려하고 반영해야 한다. 이들 과제는 수의조직에 대한 사회적 요구
를 반영하고 있으며, 수의조직은 이를 충족시켜야 한다.

04
## 동물질병으로 인한 피해는 사회적 통념보다 크다

동물질병은 직간접적으로 보건의료 및 경제에 영향을 미친다. 특히
FMD, HPAI 같은 경우는 발생하면 [표 1]과 같이 피해가 막대하여 발생
농가뿐만 아니라 지역, 해당 산업 및 국가 경제에도 부정적인 영향을 준
다. 풍토성 질병으로 인한 피해도 심각하다. 미국의 경우 젖소의 유방염
으로 인해 2012년 중에 연간 20억 달러의 손실이 발생하였는데 이는
평균적으로 젖소 1두 당 485달러의 손실이다.[44]

[표 1] 과거 FMD 및 HPAI 발생 피해 현황

| 질병명 | 발생 연도(발생 기간) | 살처분 수(두,수) | 피해액(억원) |
|---|---|---|---|
| FMD | 2000.324~4.15 (23일) | 2,216 | 2,725 |
| | 2002.5.2.~6.23 (53일) | 16.6만 | 1,058 |
| | 2010.11.28.~2011.4.3 (202일) | 354.6만 | 28,695 |
| | 2014.7.23.~8.6(15일), 2014.12.3. ~2015.4.28. (162일) | 17.5만 | 655 |
| | 2016.1.11.~13, 2.17~3.29 (44일) | 16.2만 | 59 |
| | 2017.2.5.~2.11 (7일) | 243 | - |

| | | | |
|---|---|---|---|
| | 2003.12.10.~2004.3.20. (102일) | 529만 | 874 |
| | 2006.11.22.~2007.3.6. (104일) | 280만 | 339 |
| | 2008.4.1.~5.12 (42일) | 1,020 | 1,817 |
| HPAI | 2010.12.29.~2011.5.16. (139) | 647만 | 807 |
| | 2014.1.16.~7.25(195일), 2014.9.24.~2015.6.10(260일), 2015.9.14.~11.15 (62일) | 1,937만 | 2,386 |
| | 2016.11.16.~2017.4.4. (140일) | 3,787만 | 2,678 |

동물질병이 발생하면 감염된 동물을 살처분·폐기와 같이 발생 후 질병을 근절하고 재발을 막기 위한 다양한 방역활동을 수행하는 데 막대한 비용이 든다. 악성 질병일 경우는 무역상대국이 관련 동물 및 동물생산품의 수입을 중단하거나 금지함으로써 무역손실로 인한 피해도 막대하다. 인수공통질병의 경우는 공중보건, 국제무역, 그리고 농업경제 부문에도 부정적 영향을 미친다.

인류 역사상 최악의 인수공통질병 중 하나였던 '스페인 독감(Spain Influenza)'은 1918년 발생하여 5천만 명 이상이 목숨을 잃었다. 참고로 제1차 세계대전으로 죽은 사람이 1,500만 명 정도였다.

동물질병은 사람의 영양 측면에도 부정적 영향을 초래한다. 현재 세계 인구의 약 50%가 만성적인 영양실조와 굶주림에 시달리고 있으며, 이로 인해 매일 수천 명이 목숨을 잃는다.[45] 이러한 영양실조는 사람들이 단백질 등 동물성 영양성분을 주로 의존하고 있는 가축에서 동물질병이 대규모로 발생하였을 때 훨씬 심해진다.

경제적 관점에서, 인수공통질병으로 인해 아프거나 목숨을 잃는 것은 인류의 경제 활동에서 노동력 손실에 따른 생산성 감소를 초래하여 가정, 업체, 나아가 국가 경제에도 상당한 손실을 입힌다. 동물질병도 발생 시는 해당 가축 시설이 폐쇄되고, 관련 노동자들이 일자리를 잃기도 한다. 수출의존도가 높은 동물생산품의 경우는 특히 수출 중단에 따른 시장 손실로 인해 경제적인 피해가 크다.

많은 저개발국에서 가축은 농부의 가장 소중한 자산 중 하나로 단 한 마리의 죽음도 농가에 상당한 경제적 타격이 될 수 있다. OIE에 따르면,[46] 최저개발국에서는 동물질병으로 매년 가축의 약 18%가 폐사한다.

최근 수십 년간 세계적으로 동물질병 발생으로 인해 경제적 피해가 컸던 대표적인 사례로는 1990년대 EU에서 소해면상뇌증(BSE) 발생으로 920억 파운드(장기비용), 2001년 영국에서 FMD 발생으로 250~300억 파운드, 그리고 2003년 미국에서 BSE 발생으로 110억 달러의 손실을 초래한 일 등이 있다.[47]

동물질병으로 인한 피해를 크게 구분하면 ▶ 지역 농촌경제에 대한 피해 ▶ 대규모 도태 및 동물 사체 처리 ▶ 농가 및 농장 노동자들의 생계 피해 ▶ 농장 노동자들에 대한 건강상 위험 등으로 나눌 수 있다.


05
## 동물위생은 식량안보 및 빈곤과 밀접하다

2015년 기준으로 세계 인구는 약 73억 명으로 2050년에는 약 97억 명에 이를 것으로 보인다.[48] 2015년 현재 약 8억 명이 영양부족 상태이다.[49] 이를 고려할 때 동물위생 분야가 직면한 가장 큰 과제 중 하나는 세계적인 식량 공급에의 기여로 보인다.

2014년 세계은행 보고서에 따르면, 세계적으로 12억 명이 하루에

1.25 달러 이하의 극심한 빈곤 속에 살고 있다. 이들 중 10억 명이 농촌 지역에 살고 있으며, 8~9억 명이 동물을 기르고 있다.[50] 가난한 농부들에게 동물은 주요 수입원이다. 동물들은 토지를 비옥하게 유지하는 것을 돕고 토지를 쟁기질로 갈거나 무거운 짐 등을 수송한다. 2012년 FAO에 따르면, 가난한 가정의 경우 가축은 농업의 위기에 대처하고 빈곤을 탈출하기 위한 최상의 수단이다.

동물질병을 통제하는 것은 공중보건 측면에서 그리고 세계적으로 빈곤을 감소시키는 데 중요한 공헌을 한다.[51] 가축 사육은 개발도상국에서는 대부분 가난한 농촌 공동체의 생존에 중요한 역할을 한다. 이들 국가에서 동물질병은 가축을 사육하는 데 커다란 위협요소이며, 가난한 농촌사회에 심각한 경제적 위험을 초래할 수 있다.

세계적으로 급증하는 인류의 식량 문제에 있어 가축의 생산성은 중요하다. 특히 중국, 인도 등 많은 신흥 개발도상국에서 소비자의 급격한 소득 증가에 따라 식육 등 동물유래 식품의 소비가 폭발적으로 증가하고 있다. 현재 세계적으로 동물유래 식품이 전체 '식이 단백질(Dietary Protein)의 39%, 열량(칼로리)의 18%를 차지하는데,[52] 앞으로 이 비율은 계속 증가할 것이다. 그렇지만 최근 몇 년간 가축 수 증가율이 인구증가율을 따라잡지 못하고 있다.[53]

대부분 국가에서 가축의 생산성 향상은 사육체계가 '조방적'에서 '집약적'으로 전환된 것과 관련이 깊다. 반면에 이에 따른 높은 사육밀도는 동물질병의 발생 및 전파 위험을 높인다. 동물위생 분야는 질병 통제방안을 제공함으로써, 최종 제품의 영양적 품질을 높이기 위한 품종 개량을 통해, 그리고 동물의 신진대사를 개선함으로써 생산성 향상을 뒷받침한다.

축산업을 포함한 농업이 국가 경제에서 가장 큰 비중을 차지하는 대부분의 저개발국은 빈곤 감소를 위해 농업 생산성을 높여야 한다. 농업 생산성 향상은 20세기 신흥국가들의 경제적 성장에 주요한 토대를 형성했다. 갤럽(Gallup) 등의 연구에 따르면[54] 농업 생산성을 높이지 않고 농촌의 빈곤을 줄인 국가는 아직 없다. 농업 국내총생산(GDP) 1% 성장은 극빈층의 수입을 1.61% 증가시켰지만, 제조업 및 서비스 분야에서 GDP 1% 성장은 각각 1.16% 및 0.79% 증가시키는 데 그쳤다. 그간 세계적으로 농업의 성장은 비농업 분야의 성장보다 빈곤 감소에 더 크게 공헌하고 있음을 보여준다.[55]

2008년 FAO 자료에 따르면[56] 66개의 저수입 및 중수입 국가들로부터 얻은 자료에 근거하여 거의 모든 국가에서 가축이 1인당 GDP의 성장을 위한 하나의 중요한 추진력이었다. 가축사육은 사육농가에 높은 소득을 가져다주어 저축 등을 통해 빈곤탈출을 가능하게 한다. 1970~80년대의 우리 시골도 비슷한 풍경이었다. 소 한 마리는 농사일의 최대 일꾼이었으며, 송아지를 팔아 아들, 딸의 대학등록금을 댔다. 우골탑이라 하지 않았던가. 농가에 입장에서 소는 자식을 공부시키는, 그래서 자식 세대를 빈곤에서 벗어나게 하는 특별한 수단이었다.

## 06
## 새로운 접근법이 필요하다

2013년 FAO 보고서에 따르면[57] 세계적인 인구증가, 농업 팽창, 그리고 식품공급 사슬의 세계화가 동물과 사람에서 질병의 출현, 질병이 종간 장벽을 뛰어넘는 것, 그리고 동물에서 사람으로의 질병 전파방법을 크게 바꾸고 있다. FAO는 '동물-사람-환경의 접촉면(Animal-Human-

Environment Interface)'에서 질병 위협들을 다루기 위해서는 새롭고, 좀 더 전체론적인 접근방식이 필요하다고 말한다. 최근 수십 년간 사람에 새롭게 출현한 질병 중 약 70%가 동물에서 유래하였다. 이는 과거와 비교해 요즘 사람들이 산업동물과 더 자주 접촉하고 동물유래 식품을 더 많이 섭취하는 것과 관련이 있다. 동물위생에 올바르게 접근하기 위해서는 동물질병을 둘러싸고 있는 다음과 같은 변화된 환경을 인식해야 한다.

첫째, 동물질병은 예전보다 요즘에 동물, 사람 및 환경에 훨씬 다양한 영향을 미친다. 대부분의 개발도상국에서는 동물질병 발생으로 인한 경제적 부담이 엄청나다. 이들 질병은 식품안전, 공중보건 측면뿐 아니라 경제개발 측면에서도 심각한 장애물이다. 모든 나라에서 지속 발생하는 가축전염병은 식량안보, 농가의 생계, 그리고 국가 및 지역 경제에 나쁜 영향을 미친다. 또한, 항생제 내성 등 동물약품과 관련되는 공중보건 및 식품안전 위해에 대한 우려가 크게 높아지고 있다. 세계화 및 기후변화로 인해 병원체, 병원체 매개체, 그리고 숙주의 지구적 분포가 변하고 있다. 사람에서 동물유래 병원체가 대유행할 위험은 중대한 공중보건 관심사이다.

둘째, 동물질병을 둘러싼 환경이 점차 더 복잡하다. 인류 활동에 따라 일어난 변화들이 매우 복잡한 세계의 질병 풍경을 만들어냈다. 특히 개발도상국에서 나타나는 지속적인 인구증가와 빈곤은 여전히 취약한 보건·위생 체계와 연결되어서 주요 질병이 계속 발생하는 주요한 동력으로 남아있다. 좀 더 많은 식품을 생산하기 위한 인간의 노력은 이전에는 야생이었던 지역을 농경지로 바꾸고 있다. 이로 인해 사람과 가축은 야생동물유래 질병에 빈번하게 노출된다. 과거에 비해 엄청나게 많은 사람이 경제 활동, 여행 등을 이유로 국제적으로 이동한다. 세계 무역자유화 추세에 따라 국제무역도 계속 늘고 있다. 이러한 사람과 물품의 국제적 이동 증가는 질병 병원체가 한 나라에서 다른 나라로 쉽게, 그리고 매우 빨리 퍼질 수 있는 주된 요인이다. 그리고 기후변화는 병원체 숙주의 서식처, 이동 양상 및 질병 전파 역학에 영향을 미쳐 질병 병원체가 환경에서 생존할 수 있는 비율에 직접 영향을 미친다.

셋째, 가축의 역할이 변한다. 지속적인 인구증가, 소득 증가 및 도시화는 사람에게 공급되는 식품의 유형을 기존의 곡물 중심에서 점차 동물성 식품 중심으로 바꾸고 있다. 급격한 가축 사육 증가는 인류에 많은 경제적 및 영양적 혜택을 제공하지만, 동시에 동물과 사람의 건강에 많은 도전과제를 낳고 있다. 대규모의 집약적 가축 사육은 유전적으로 같은 많은 숫자의 동물이 밀집된 것으로 이런 경우 보통은 강력한 차단방역, 체계적인 위생관리를 통해 전염성 질병이 발생하지 않도록 예방한다. 그러나 어떤 병원체의 병원성이 갑자기 크게 높아지거나, 병원체에 유전자 변이 등이 있어 사용되는 백신의 효과가 미흡하거나, 병원체를 제거·경감하기 위해 사용되는 항생제에 병원체가 내성을 획득하거나, 또는 병원체가 식품 사슬을 따라 전파되는 경우는 종종 동물질병이 대규모로 발생하곤 한다.

현재 동물위생 분야가 직면하고 있는 다양한 도전과제들은 예방에 더 많은 초점을 두어야 한다. 기존의 사후 대응 중심의 관행적 접근방식으로는 질병을 효과적으로 통제하기 어렵다. 수의사, 공중보건 전문가, 경제학자, 생태학자, 사회학자 등은 함께 전체론적 체계 내에서 서로 협력하여 질병을 둘러싸고 상호작용하는 요인들에 체계적으로 접근하여 분석하고 합리적인 해결방안을 찾아야 한다. 동물질병은 처음 발생하는 곳 즉, 원천인 동물단계에서 다루어질 때 가장 효과적으로 통제될 수 있다.

질병을 다루기 위한 구체적인 조치를 결정하는 경우 다음의 4가지에 유의한다. ▶ 막대한 생산성 손실 등으로 축산농가 등에 빈곤을 초래하는 풍토성 동물질병을 통제하는 것 ▶ 세계화 및 기후변화로 인한 생물학적 위협을 다루는 것 ▶ 건강한 동물로부터 좀 더 안전한 식품을 제공받는 것 ▶ 질병 원인체들이 야생동물에서 가축과 사람으로 뛰어넘는 것을 예방하는 것이다.

앞으로 동물위생 수준을 더욱 향상하기 위해서는 원헬스 체계 내에서 동물질병 등 동물위생 위험에 관해 지금보다 강력한 국제적인 정보교환 장치가 필요하다는 점도 중요하다.

## 07
## 미래는 첨단기술과의 융합이다

1989년 WHO는 역사상 최초로 사람 질병인 천연두(Smallpox)가 지구에서 근절되었다고 선언했다. 이는 인류가 자신의 힘으로 퇴치한 첫 번째 전염병이다. 2011년 OIE는 소 전염병인 우역(Rinderpest)이 지구에서 사상 최초로 근절되었다고 선언했다. 이 두 사례는 현대 의학 및 수의학의 승리이다. 현재 인류는 효과적인 치료약 덕택에 좀 더 건강한 삶을 살 수 있다. 농가 및 수의사는 치명적인 동물질병도 대부분은 효능·효과가 높은 동물약품을 활용하여 예방, 치료, 또는 통제할 수 있게 되었다.

항생제와 백신이 이들 성과를 달성하는 데 주도적 역할을 해왔다. 특히, 백신은 질병 발생을 예방하는 것을 가능하게 함으로써 질병 예방의 토대가 되었다. 백신 접종은 질병 발생 후 통제하는 것과 비교할 때 좀 더 단순하고, 쉽고, 저렴한 방법이다.

동물위생을 둘러싼 환경이 최근 많은 변화를 겪고 있어 동물위생의 미래를 정확히 예측하는 것은 어렵다. 세계적인 교역 및 인구의 이동 증가 등에 따라 세계는 좀 더 서로 밀접하게 연결된다. 일례로 세계적으로 지난 25년간 항공기를 이용한 여행은 3배 증가하였다. 결과적으로 중증급성호흡기증후군(SARS)과 같은 초국경질병에 감염된 승객은 증상이 발현되기도 전에 한 나라에서 비행기를 타고 다른 나라에 내릴 수 있다.

가축 사육도 대규모 집약적 생산체계로 더욱 강화될 것이다. 기후변화도 진행 중이다. 이러한 변화들을 고려할 때 동물위생의 미래 모습을 몇 가지 예상할 수 있다.[58]

첫째, 동물사육 시 질병 위협을 파악하기 위해 더 나은 예찰체계를 구축한다. 질병의 발생, 전파 및 출현에 관한 광범위한 정보를 수집하고 신속히 분석하는 데 '기계학습 알고리즘(Machine Learning Algorithms)'[25], '실시간 분석(Real-time Analysis)' 등을 활용하는 인공지능 기술이 스마트폰, 스마트카메라와 같은 휴대용 전자기기에 탑재되어 널리 활용될 것이다. 이러한 선진 기술은 수의당국이 질병을 신속히 파악, 보고 및 통제할 수 있는 역량을 높여준다. 농장 현장에서 인공지능 기술을 활용하여 동물 사육, 번식, 위생 등에 대해 바로 결정하는 것이 가능할 것이다. 예를 들어 농가와 수의사는

[그림 9] AI 기술 활용 소 개체별 얼굴인식 [59]

---

**25** 기계 학습은 인공 지능의 한 분야로, 데이터를 이용해서 컴퓨터가 학습할 수 있도록 하는 알고리즘과 기술을 개발하는 분야를 말한다.

스마트카메라 앱을 활용하여 아픈 가축의 모습(Image) 및 관련 자료를 공유할 수 있다. 질병에 관한 정책, 통제조치 등을 결정하는 데 경험이나 직관에 의존하는 것이 아니라 자료에 의존할 수 있도록 '빅데이터(Big Data) 기술'이 보급될 것이다.

둘째, 질병을 진단하고 치료하고 대처하는 방법을 개선하는 데 새로운 기술들을 활용한다. 예를 들어, 위성자료를 활용하여 지역별 강수량을 알아본다. 이는 기후변화에 많은 영향을 받는 리프트계곡열(Rift Valley Fever)과 같은 질병의 미래 경향을 예측하는 데 도움이 된다. 동물의 움직임을 계속 알려주는 '스마트 이표(Ear Tag)'를 이용하여 농가 또는 수의사는 임박한 질병 발생의 경고를 알 수도 있다. 왜냐하면, 아픈 동물은 상대적으로 덜 움직이기 때문이다. 동물의 오줌을 이용하여 단지 몇 분 이내에 동물의 건강에 관한 핵심적인 임상적 정보를 파악할 수 있다.

셋째, 동물복지가 더욱 강조된다. 동물복지 기준에 부합되게 생산된 동물성 식품에 대한 소비자 선호도가 계속 증가한다. 사람, 동물 및 환경의 건강은 서로 연계되어 있다는 것에 대한 소비자의 인식 증가는 동물복지에 대한 인식을 높인다. 만약 식용 또는 반려를 목적으로 키우는 동물이 합리적인 삶의 질을 누리려면, 이들의 건강을 유지하기 위한 노력은 동물복지의 필수적인 요소 중 하나이다.

넷째, 공공 및 민간 영역 사이의 협력이 확대된다. 질병 통제는 공공 및 민간 영역이 함께 노력할 때 효율성이 높고 비용도 적게 든다. 일례로 공공기관은 새로운 백신 및 항생제 개발에 관한 기초분야 연구를 수행하고, 민간은 이를 토대로 실제 제품을 개발한다.

다섯째, 수의 서비스의 전문화 경향이 더욱 강하다. 임상 진료 분야가 정형외과, 안과, 피부과, 내과, 방사선과 등으로 전문적으로 분화된다.

이러한 전문화 증가는 동물병원의 수익 등에 영향을 미쳐 임상 수의사의 선호 분야가 대동물에서 소동물로 옮겨감을 더욱 촉진한다. 이는 대동물 임상 수의사 부족과 같은 새로운 문제를 낳는다. 이를 해결하는 방안 중 하나는 지역적, 축종별 임상 수의사 네트워크를 구축하여 현장의 전문적 지식과 자원을 공유하는 것이다.

# 제6장
## 동물위생 관리는 과학이다

01
### 원칙이 중요하다

OIE/TAHC는 '동물위생 관리(Animal Health Management)'를 "동물의 신체적 및 행동상의 건강 및 복지를 최적화하기 위해 고안된 어떤 시스템"으로 정의했다.[60] 이는 개별 동물 및 축군 또는 무리에 영향을 미치는 질병들 및 상황들을 예방, 치료 및 통제하는 것을 포함한다.

2011년 영국 의회는 영국에 위협을 초래하고 있는 동물질병을 3가지로 분류하였다.[61] 첫째, 자국에는 존재하지 않으나 동물 또는 사람에 감염될 경우 피해가 큰 질병이다. ASF, 리프트계곡열 등과 같은 질병이다. 둘째, 동물에서는 임상 증상이 없을 수도 있으나 사람에서 발생하면 피해가 큰 질병이다. 살모넬라균(Salmonella)이나 대장균(Escherichia coli) 등으로 인한 감염병이 이에 해당한다. 셋째, 어떤 중대한 공중보건 위험을 초래하지는 않지만 동물복지, 생산성 및 이윤창출에 나쁜 영향을 미치는 질병이다. 돼지생식기호흡기증후군, 소바이러스설사병(Bovine Viral

Diarrhea) 등이다. 이러한 분류는 정부 수의당국이 동물질병에 대한 대응 방안을 마련하는 데 합리적인 접근 틀을 제공한다. 동물질병 유형이 서로 다르면 대응 전략과 방안도 다르다.

질병별 중요도는 여러 요인이 작용하여 정해진다. 일반적으로 정부 당국은 질병별 중요도에 따라 정부 또는 민간의 수의역량과 자원을 배분한다. 대부분 국가는 발생 시 정부 방역당국에 신고해야 할 질병을 법령으로 정한다. 보통 가축질병은 제1종, 제2종 및 제3종과 같이 중요도에 따라 차등 관리한다. 앞의 영국의회 자료에 따르면, 영국 환경식품농촌부(Department of Environment, Food and Rural Affairs)는 동물위생 사안들을 다루기 위한 정부 자원을 배분하는 우선순위를 설정할 때 4가지 기준 즉, '공중보건 보호', '동물복지 증진', '경제, 환경 및 사회의 이익 보호', 그리고 '국제무역 보호'를 활용한다.

동물질병 관리 조치는 크게 두 가지 유형 즉, 질병의 발생을 예방하는 것과 발생한 질병을 통제하는 것으로 구분할 수 있다.

우선, 질병 예방을 위한 방역 조치는 다음과 같이 다양하다. ▶ 예찰 – 이는 동물질병 위협에 대한 초기 경보 및 신속한 질병 확인을 가능하게 한다. 예찰은 주로 가축 소유자 및 임상 수의사에 의한 질병 확인 및 보고, 그리고 정부 방역당국의 예찰프로그램에 의존한다. 예찰을 통해 질병 발생 경향을 파악한다. ▶ 차단방역 조치 – 우수한 차단방역은 GAP이 현장에서 효과적으로 실행된다는 것을 의미한다. ▶ 동물 및 축산물의 이동을 추적하는 것이다. 이동 추적은 질병 전파를 감시하는 것을 가능하게 한다. ▶ 수출입 동물 및 축산물 검역 – 악성 가축전염병이 발생하는 국가로부터 관련 동물 및 생산물의 수입을 금지하는 조치 등이 대표적이다. ▶ 야생동물 통제 – 야생동물에서 가축으로 질병 병원체가 퍼지는 것을 막기 위해 감염된 야생동물을 도태[26]시킬 수 있다. ▶ 백신 접종 − 백신은 산업동물, 반려동물, 야생동물, 수생동물 등에서 널리 활용된다. ▶ 우수한 가축 사육시스템 − 적절하게 건강 보호를 받고 우수한 복지 수준에 있는 동물이 좀 더 건강한 경향이 있다.

다음으로, 질병 발생에 따라 전파를 차단하거나 최소화하는 조치들도 다양하다. ▶ 항생제 처치 − 이들은 병원체에 감염된 동물을 치료하기 위하여, 그리고 질병 감염 위험이 있는 동물들에 질병을 예방하기 위하여 사용될 수 있다. ▶ 감염동물 도태 − 감염된 동물 또는 감염된 동물과 접촉하였거나 가까이에 있는 동물을 살처분하여 폐기하는 것이다. ▶ 긴급 백신 접종 − 백신 접종은 질병이 확인되었을 때 확산을 차단하거나 추가적인 감염을 예방하는 등 질병 발생을 통제하기 위해 사용될 수 있다. ▶ 동물 이동 통제 − 질병 발생 중에는 농장, 가축시장, 도축장 등으로 동물의 이동을 막음으로써 질병 전파를 제한하는 조치이다. 이는 질병 발생 중에는 가장 흔히 사용되는 기본적인 방역수단이다.

2012년 영국동물위생복지위원회(Animal Health and Welfare Board for England)는 국가가 동물위생 및 동물복지 정책을 수립하고 실행하는 데 달성해야 할 3가지 목적과 6가지 원칙을 권고하였다.[62]

3가지 목적은 ▶ 지속 가능한 식품생산 및 산업의 경쟁력을 뒷받침 ▶ 동물관련 위협들로부터 공중보건을 보호 ▶ 사람이 관리하는 모든 동물의 건강과 복지를 증진하는 것이다.

6가지 원칙은 이들 목적을 달성하기 위한 구체적인 접근방식으로 다

---

26  2019.9월 국내에서 ASF가 발생하여 추가적인 확산방지를 위해 휴전선 인접지역을 중심으로 국가적 차원에서 집중적인 야생 멧돼지 도태 작업이 수행되었다.

음과 같다. ▶ 동물소유주와 정부의 역할과 책임이 합의되어야 하고, 동물위생 활동에 드는 비용은 공정하게 분담한다. ▶ 동물위생관리에서 동물 소유자가 더 큰 부담을 지며, 정부는 필요한 경우에 전략적 지원을 제공한다. 동물위생관리의 일차적 책임은 동물 소유자에게 있다. ▶ 동물위생과 관련된 정책 조치는 투명하고, 과학적 증거에 근거하며, 소요비용에 대비해서 최대 효과를 달성한다. ▶ 혁신과 새로운 접근방식의 채택을 조장한다. ▶ 정부, 동물 소유자와 관련 조직은 동물위생과 동물복지에 관한 법률적 의무사항들을 효과적으로 달성할 수 있도록 협력한다. ▶ 동물 소유자의 위생관리 수준 등을 고려하여 위험에 근거한 그리고 목표를 명확히 하는 동물위생 검사를 한다.

## 02
### 수단은 다양하다

2018년 한국과학기술기획평가원 보고서에 따르면,[63] 선진국 대비 우리나라의 FMD 및 HPAI 대응기술 수준은 '발생 예방' 67%(일본 대비 6.7년 기술격차), '확산방지 및 사후관리' 73%(일본, 5.6년), '백신 국산화' 62%(영국, 7.2년), '동물약품 및 방역장비' 82%(영국, 4.5년)이다.

동물위생을 관리하는 목적은 동물질병이 동물사육 및 복지, 가축 및 축산물의 무역, 공중보건, 그리고 환경에 미칠 수 있는 부정적인 작용을 최대한 줄이는 것이다. 동물위생 관리는 유행성 질병의 발생을 예방하고, 풍토성 질병을 효과적으로 관리하는 것이 중심이다. 이때 적용되는 관리방안은 투입비용 대비 효과가 높아야 한다.

동물위생 업무가 효과적으로 수행되기 위해서는 공공 및 민간 영역 모두에서 이들 업무를 실제로 수행하는 사람들의 능력이 중요하다. 이들의 업무 능력은 해당 질병에 대한 지식이 충분한지, 업무수행 시 요구되는 정보 및 관리수단을 충분히 활용할 수 있는 능력이 있는지 등에 달려 있다. 동물위생을 관리하는 수단은 크게 3가지로 구분할 수 있다.[64]

첫째, 동물위생에 관한 정보를 수집하고 공유하기 위한 수단이다. 실제 현장에서 운용되는 질병 예찰체계는 평소와 다른 어떤 질병이 발생할 경우, 이들이 어떤 위기상황으로 이어지기 전에 적절한 방식으로 처리될 수 있도록 이 질병 발생 건에 관한 충분한 정보를 이해당사자들에게 신속히 제공해야 한다. 예찰은 정부 수의조직의 핵심적인 책무 중 하나이지만, 예찰이 효과적이려면 공공 및 민간 영역에 있는 모든 정보 공급자원을 활용할 수 있는 예찰체계가 있어야 한다. 이러한 예찰체계는 정부 수의조직이 운영하는 것이 이상적이며, 예찰의 초점은 가축농장 단계에 두어야 한다.

이를 위해서는 체계적인 정보관리시스템이 필수적이며, 이를 통해 수집된 정보는 효율적으로 취급돼야 한다. 수집된 정보는 국제기구에 통보하는 것에서부터 해당 정보를 제공한 모든 사람에게 처리결과를 피드백하는 것까지 모든 단계에서 적절한 형식으로 소통되어야 한다. 이해당사자들은 이러한 시스템에 쉽게 접근할 수 있어야 한다. 수집된 질병 정보를 정확히 진단하기 위해서는 과학적인 검사에 필요한 장비와 숙련된 검사원이 적절하게 있어야 하며, 필요할 때는 언제든지 전문적인 검사를 할 수 있는 수의실험실이 필요하다. 이러한 수의실험실은 국제적 또는 국가적 수준에서 공인받은 실험실이어야 한다.

둘째, 질병 예방 및 통제에 관한 전략적 계획을 수립하고 이에 대한 평가를 뒷받침하기 위한 수단이다. 동물위생 전략 수립을 뒷받침하고 동물위생 조치를 감시·평가하기 위한 다양한 기술이 그간 세계적으로 개발되었다. 이들 중에는 '위험분석(Risk Analysis)' 기법이 대표적이다. 위험분석은 동물위생 위험을 파악하고, 파악된 위험 중 잠재적인 부정적 결과가 심각한 것으로 판단되는 위험을 제거하거나 최소화하는 조치를 실행하기 위한 것이다. 최근에 많은 국가에서 가축 가치사슬(Value Chain)의 전 과정에 위험분석 기법을 적용한다.

주요 질병 발생 시 효율적, 체계적, 신속한 대응을 위해 질병별 '긴급대응 계획(Contingency Plan)'을 운용하는 것이 바람직하다. 특히 FMD와 같은 악성 질병의 경우, 긴급대응 계획은 국가적 차원에서 이해당사자들의 역할과 책임을 구체적으로 정한다. 이 계획의 핵심은 계획이 실제 방역현장에서 융통성 있게 실행될 수 있느냐 하는 점이다. 선진국의 경우 동물위생 분야에서 '수학적 모델링 기법'[27]의 사용이 증가하고 있다.[65) 이 기법은 긴급상황에서 시행되는 질병 통제조치들이 과연 당시 상황에서 가장 효과적이고 경제적인 방안인지를 점검하기 위한 것으로 해당 조치의 가치를 측정하고 다른 방안들과 비교하는 데 특히 유용하다.

셋째, 질병을 통제하기 위해 사용되는 수단이다. 이에는 '백신 접종', '동물약품 사용', '차단방역 조치', '위생 수준이 나쁜 동물 격리', '동물 및 동물유래 물품의 무역 제한', '동물 개체확인', '추적조사' 등이 있다. 모든 환경에서 모든 방역수단이 적용될 수 있는 것은 아니다. 어떤 질병을 적절히 통제하기 위해서는 대부분의 경우 다양한 방역 조치 중 당시 방역상황에 적합한 몇 가지를 조합하여 사용한다.

---

**27** 수학적 개념과 언어를 사용한 시스템으로 자연과학, 공학, 사회과학에 사용된다.

## 03
## 예방이 중심이다

가축이 질병에 걸려 임상 증상이 나타난 이후에 방역 조치를 하는 것은 보통은 피해를 예방하거나 최소화하기에는 너무 늦다. 질병 대응은 예방에 중점을 두어야 한다.

동물 전염병은 흔히 3가지 범주로 구분된다. 첫째, 주요한 유행병으로서 법적으로 중점관리대상으로 지정된 질병이다. FMD, HPAI, ASF 등이 이에 속한다. 보통 이들 질병은 발생이 없거나 매우 적다. 그러나 발생하는 경우 농가, 지역 또는 국가에 커다란 경제적 피해를 일으킨다. 이들 질병에 대한 일반적인 관리전략은 근절이다. 둘째, 법정 전염병은 아니나 경제적 측면에서 주요한 질병과 인수공통전염병이다. 이들에 대한 관리전략은 발생 및 경제적 피해를 최소화하기 위한 통제다. 셋째, 풍토성 질병으로 이들 질병은 동물질병 발생 건의 대부분을 차지한다. 이들 질병을 관리하기 위한 기본적인 접근방식은 예방이다. 수의당국은 전통적으로 경제적 중요성, 발생빈도 그리고 서로 다른 질병들의 역사적 경험 등에 근거하여 질병별 범주를 구분한다. 국가적 차원에서 수립되는 방역 관련 법령 및 정책은 주로 주요한 유행병에 초점을 두지만, 최근에는 주요 식품유래 인수공통질병에도 초점을 두고 있다.

법률에 따라 질병 발생을 통제하거나 예찰하는 과정에서 드는 비용을 국가 또는 공공기관이 부담하는 경우는 보통은 FMD, 돼지열병(Classical Swine Fever)과 같은 법정 전염병에 한정된다. 따라서 질병에 대한 법적인 분류는 해당 질병을 다루기 위해 수행되는 일련의 방역 조치의 책임이 공공기관 또는 민간 중 어디에 있는지를 결정하는 데 중요하다.

일반적으로 풍토성 질병은 가축 사육 농가가 발생으로 인한 경제적 부담뿐만 아니라 예방 및 통제에 관한 모든 책임을 진다. 또한, 가축 생산자는 동물유래 인수공통질병이 동물에서는 실제로 중대한 임상적 장애나 경제적 손실을 거의 발생시키지 않음에도 불구하고 이들 질병의 통제에 대한 책임도 진다. 가축 사육과정에서 통제되지 않은 인수공통질병은 공중보건 및 경제적 측면에서 사람에 커다란 피해를 초래하기 때문이다. 최근 동물복지 및 AMR에 관해 높아진 사회적 관심도 풍토성 질병에 대한 통제의 중요성을 부각한다. 인수공통질병을 포함한 전염성 동물질병으로 인한 세계적 부담은 대부분 풍토성 질병에 의한 것이다.[66]

동물 전염병을 제대로 통제하기 위해서는 두 가지 기본적 요건이 있다. 하나는 적절한 과학적 기술을 이용한 올바른 진단이다. 질병 예방 및 통제를 위한 모든 조치는 올바른 진단에 근거한다. 진단능력을 충분히 갖춘 실험실뿐만 아니라 진단실험실 검사자의 기본적인 임상 훈련 및 진단능력이 매우 중요하다. 또 하나는 질병 발생상황에 관한 정확한 기록이다. 동물질병을 효율적으로 통제하기 위해서는 질병 발생에 대한 통찰이 필요하다. 이를 위해서는 질병 발생에 관한 모니터링과 예찰을 위한 시스템이 확립되어야 하며, 모든 결과는 정확히 기록되어야 한다. 질병 기록체계는 도축장에서의 병변 기록과 같은 관찰 기록, 농장에서 체중증가, 임신 및 출산 비율과 같은 동물사육 자료 등에 근거한다. 이러한 자료는 특정한 전염성 질병과 관련이 있는지를 추가로 평가하는데 중요하다.

질병을 예방하는 것은 대상 동물이 병원체에 노출되지 않도록 보호하는 것으로 크게 두 가지로 나눌 수 있다.

첫째, 질병 병원체를 동물과 접촉하기 이전에 미리 근절하는 것이다.

이는 전염성 질병을 예방하기 위한 가장 극적이고 안전한 방법이다. 이 접근방식은 보통은 국가적 수준에서 매우 중요한 유행성 질병에 적용된다. 근절 조치의 요건은 해당 전염병의 역학을 정확히 파악하는 것이다. 근절 조치는 병원체에 오염된 동물 또는 동물시설을 파악하는 것을 가능하게 하는 수준 높은 질병 모니터링 및 예찰 시스템과 신뢰할만한 질병 진단 역량에 근거해야 한다. 감염을 막기 위해서는 감염의 근원을 제거하는 것이 가장 중요하다.

근절 정책의 대상이 되는 질병은 보통은 경제적 중요성 및 전염성 정도에 근거해서 국가적 차원에서 결정된다. 일례로 돼지열병, 뉴캣슬병(Newcastle Disease) 등이다. 이들 질병에 대한 통제 및 근절 조치들은 질병별 역학 및 병원체 특성에 근거해서 수립되어야 한다. 근절 정책은 오늘날 OIE 기준 등에 따라 질병 비발생 지위를 얻은 지역으로 병원체가 다시 유입되는 것을 예방하기 위해서 뿐만 아니라 질병 발생을 통제하거나 근절하는 과정 모두에 적용할 수 있는 정책이다.

법적으로 근절대상 질병이 아니더라도 과학적으로 가능하고 경제적으로 타당성이 있는 경우는 근절 정책을 시행할 수도 있다. 국제적인 사례로 돼지오제스키병(Aujeszky's Disease), 소전염성비기관염(Infectious Bovine Rhinotracheitis), 소바이러스설사병 등이 있다. 질병 모니터링 결과 농장, 지역 또는 국가 단위에서 이들 질병의 발생이 없다는 것을 입증할 때, 그리고 이러한 지위를 유지하기 위하여 방역 당국은 근절 정책을 채택한다.

특정 가축질병에 대한 정부 방역당국의 근절 정책은 동물 및 축산물의 국제무역에 커다란 영향을 미친다. 왜냐하면, 근절 정책을 유지하는 국가는 해당 질병과 관련되는 동물 또는 동물유래 생산물을 자국으로 수출하고자 하는 국가가 있는 경우, 해당 국가에 이들 상품을 수출하기 이전에 해당 농장, 지역 또는 국가 수준에서 해당 질병이 발생하지 않는 다는 것을 공식적으로 증명할 것을 요구하기 때문이다. 근절 정책을 요구한다는 것은 해당 국가에 관련 질병이 발생하지 않는다는 것을 국제 적으로 인정받아야 한다는 것을 의미한다. 수입국은 수출국이 국제기준 및 수입국 기준에 따라 근절대상 질병의 비발생을 보증하지 못하는 경우, 관련 동물과 그 생산물의 수입을 금지한다. 이러한 근절 정책은 종종 무역상대국과 무역 충돌을 일으킨다.

둘째, 대상 동물에 노출되는 병원체를 부분적으로 제거하거나 노출을 최소화하는 것이다. 이 방법은 적어도 풍토성 전염병에는 항상 적용되어야 한다. 이 개념은 병원체 노출을 동물에 질병을 일으키는 감염량 이하로 최소화하는 것이거나 병원체에 노출된 동물에 면역이 생겨 임상적 질병을 일으키지 않을 정도로 병원체 노출을 줄이는 것이다. 이것은 해당 병원체에 최초로 노출된 동물에서 나오는 병원체가 다른 동물에 접촉하여 추가적인 전파를 하더라도 접촉 동물에서 이차적인 임상적 발생으로 이어지는 것을 예방하는 것을 가능하게 한다.

질병 예방 개념을 조장하는 방안은 다음과 같이 다양하다. ▶ 동물이 사육되는 환경의 위생 수준을 최적화한다. 기본적인 위생 개념을 적용하는 것은 목표 동물에 병원체가 노출되는 것을 가능한 한 예방하기 위한 것이다. ▶ 아프거나 병든 동물은 정상적인 동물과 별도의 공간에 격리한다. 이러한 격리는 이들로부터 배출된 병원체가 같이 사육되고 있는 축군 내의 다른 동물에 노출되는 것을 막기 위한 가장 기초적인 조치다. ▶ 외부로부터 아프거나 병든 동물이 정상적인 축군 내로 유입되는 것을 차단한다. 수송은 그 자체가 준임상적 전염병을 임상적 상태로 갑자기 전환시킬 수 있는, 그리고 병원체 배출을 초래하는 계기가 될 수 있는 요인 중 하나이다.[67] 불가피한 경우는 새로운 동물이 축군에 들어오기 이전에 적어도 잠복 기간 중 별도의 장소에서 이들 동물을 격리하는 것이다. 또 하나의 방법은 기존 축군으로 새롭게 들어오는 동물은 위생 수준이 해당 축군과 같거나 더 높은 위생 수준을 가진 축군에서 유래한 경우에만 허용하는 것이다. ▶ 항생제는 신중하게 그리고 책임감 있게 사용한다. 그렇지만 AMR과 관련되는 위험 및 문제점이 항생제 사용의 변화를 요구한다.

동물위생에서 '예방이 치료보다 낫다'는 원칙은 다음과 같은 다양한 사항을 고려한 것이다. ▶ 질병 발생으로 인해 직간접적인 재정적 손실이 발생한다. ▶ 임상 증상이 없는 질병으로 인해 발생하는 손실은 엄청남에도 잘 알려지거나 인식되지 못하고 있다. ▶ 농장에서 동물을 사육하고 관리하는 수준은 동물의 건강에 지대한 영향을 미친다. 농장의 사육 및 위생관리 기준을 바꾼다든지 사육시설을 개선하는 것이 질병을 예방하는 데 필수적인 경우가 많다. ▶ 최근 질병을 예방하는 분야에서 많은 발전이 있었다. 예를 들어 백신 사용이다. ▶ 아픈 동물을 치료하는 것은 일반적으로 항생제 사용과 관련이 있으나, 오랜 기간 효과를 보증하는 항생제는 없다. ▶ AMR은 현재 세계적으로 중대한 공중보건 위협 중 하나이다. ▶ 치료보다 예방이 낫다는 관점이 일부의 경우는 예방적 목적의 항생제 사용을 증가시키는 결과를 초래했다. ▶ 농장에 상대적으로 적은 손실을 초래하는 동물질병 중에는 사람건강에 심각한 영향을 미치는 질병도 있다. ▶ 동물 이동은 동물질병을 전파하는 가장 큰 위험을 초래한다. ▶ 동물사료는 동물위생 및 공중보건에 큰 영향을 미친다. ▶ 신종질병의 위험에 대한 이해당사자들의 적절한 이해가 있어야 합리적인 예방 조치를 마련할 수 있다.

　가축전염병예방법령은 예방에 초점을 둔 다양한 질병관리 수단을 규정한다. 같은 법 제5조의2에 따라 10만 마리 이상의 닭 또는 오리를 사육하는 농가는 가축전염병의 발생을 예방하고 확산을 방지하기 위하여 방역관리 책임자를 선임하도록 하는 것도 질병은 예방이 핵심이기 때문이다. 방역관리 책임자의 주된 업무는 가축전염병 예방관리에 관한 교육, 가축전염병 예방을 위한 소독 및 교육, 그리고 가축의 백신 접종 등이다. 법 제17조의6에 따라 가축의 소유자 등이 ▶ 죽거나 병든 가축의 발견 및 임상관찰 요령 ▶ 축산관계시설을 출입하는 사람, 차량 등에 대한 방역 조치 방법 ▶ 야생동물의 농장 내 유입을 차단하기 위한 요령 ▶ 가축의 신규 입식 및 거래 시에 방역 관련 준수사항 등을 준수토록 하는 것도 비슷하다.

## 04
## 기초는 예찰이다

　OIE는 예찰을 "동물위생과 관련되는 정보를 체계적으로 수집, 비교 및 분석하고 필요한 조치가 수행될 수 있도록 해당 정보를 시의적절하게 확산시키는 것"으로 정의한다. 「가축전염병예방법」에 따라 예찰의 방법·절차 등을 세부적으로 정하고 있는 「가축전염병 예찰 실시요령(농림축산식품부고시)」은 예찰을 "가축전염병의 발생 및 역학에 관한 정보수집·분석을 위한 조사·탐문·임상검사·검진·혈청검사 및 병성감정 등의 방역활동"으로 정의한다. 예찰은 동물위생 당국이 동물위생 상황을 정상적 상태와 비정상적 상태로 구분할 수 있게 해주고, 일반적 현상으로부터 어떠한 변동사항이 있는지를 알게 하는 기초정보를 제공해 준다.

동물질병을 다루는 데 성공의 열쇠는 해당 질병을 조기에 검출하는 것이다. 만약 어떤 질병이 질병 발현 단계 중 매우 초기에 정부 당국에 의해 파악될 수 있다면, 질병이 실제로 큰 피해를 주기 이전에 필요한 조치를 함으로써 추가적인 진행을 막고 조기에 근절할 수 있다. 여기서 중요한 점은 조기검출은 질병이 처음으로 나타날 때 이를 즉시 파악할 수 있는 예찰체계가 운영 중이라는 전제가 있어야 한다는 점이다. 질병 조기검출은 축산농가 등 이해당사자들에게 질병 발생을 조기에 알려줄 수 있어 신속한 대응을 가능하게 한다. 결국, 조기검출을 가능하게 하는 평상시의 체계적인 예찰이 효과적인 질병관리의 핵심 열쇠이다.

예찰은 원래 질병의 조기검출이 목적이지만, 또 다른 역할이 있다. 즉, 질병을 효과적으로 관리할 수 있도록 질병의 전파를 감시하는 것이다. 질병이 얼마나 빨리 어느 방향으로 전파되는지, 질병의 위험에 노출된 축군의 크기가 얼마나 되는지 등을 알 수 있게 한다. 예찰을 통해 파악된 모든 정보는 해당 질병에 효율적으로 대처하기 위해 정부 또는 민간업계가 보유하고 있는 자원을 어떤 수준으로 가동할지를 결정하는 데 중요한 고려 요인이다.

예찰은 질병 통제 및 박멸 프로그램의 실행에서 진전 상황을 파악하는 데 중요한 역할을 한다. 질병의 박멸 단계에서는 질병의 존재를 찾는 것보다 부재를 입증하는 것이 필수적이므로 방역당국은 과학적, 효과적인 예찰프로그램을 시행한다. 국가적 예찰체계는 이해당사자들이 활용할 수 있도록 모든 잠재적 예찰 자료 공급원을 통합하고, 이들이 보유한 모든 예찰 자료를 분석한다.

예찰 계획을 수립하거나 시행할 때 다음 사항을 고려한다. ▶ 예찰은 신종질병을 조기에 찾아내고, 풍토성 질병의 발생을 확인하고, 현 상황에서의 질병 발생에 어떤 변화를 알 수 있게 한다. ▶ 확고한 과학적 원칙에 근거한 예찰은 질병을 둘러싸고 있는 복잡한 사안들에 대한 정부 방역당국의 분석 및 해결방안의 타당성에 대한 신뢰를 높인다. ▶ 예찰로 확보된 정보는 국제 무역경쟁력을 뒷받침한다. 이들 예찰 정보는 중요한 무역 제한 대상 질병의 국경유입을 찾아낼 수 있는 역량이 국가에 있다는 것을 증빙서류로 무역 상대방에 제공하는 것을 가능하게 한다. ▶ 예찰 정보는 동물위생 사안을 관리하는 데 대중적 신뢰를 높인다. ▶ 예찰은 질병에 관한 연구 및 위험관리에 있어 정부 또는 업계의 투자 우선순위를 설정하는 데 객관적인 자료를 제공한다.

정부 방역당국은 예찰체계를 구축할 때 다음 사항을 유의한다. ▶ 예찰 내용에 이해당사자의 개인적 및 독점적 정보가 있는 경우 이를 보호한다. ▶ 예찰은 무료가 아닐 수 있다. 예찰프로그램 마련, 시료 채취·검사, 자료 수집·분석, 예찰 결과의 분석·보고 등과 관련하여 비용이 발생할 수 있고, 이해당사자에게 청구될 수 있다. ▶ 예찰 자원을 분배할 때는 비용대비 효과가 가장 큰 것을 우선한다. ▶ 예찰체계는 질병 통제에 어떠한 새로운 과제나 변화가 있는 경우 이를 신속히 반영할 수 있도록 유연하고 탄력적이어야 한다. ▶ 예찰 계획은 가능하면 이해당사자들이 매년 재검토한다.

모든 예찰 활동에서 보통은 가축 또는 애완동물의 소유자와 일상적으로 접촉하는 임상 수의사가 핵심 역할을 한다. 따라서 임상 수의사는 동물소유주 또는 관리자가 동물에서 주요한 질병이 의심되는 증상이 있는지 알 수 있도록 이들을 평상시에 적절하게 교육해야 한다. 특히 질병이 우려되는 경우, 이를 즉시 방역당국에 신고할 수 있도록 주지시켜야 한다.

「가축전염병예방법시행규칙」 제3조는 가축전염병 예찰에 관한 기본적 사항을 규정한다. 이에 따르면 농식품부장관, 시·도지사 및 시장·군수·구청장은 방역 조치를 신속히 시행하기 위하여 가축전염병을 예찰할 수 있으며, 이 경우 그 실시 방법과 예찰 결과에 따른 방역 조치에 관하여 축산 관련단체, 관련기업의 대표, 가축방역 전문가 등의 의견을 듣도록 한다.

05
## 질병별 통제프로그램이 있어야 한다

「가축전염병예방법」에서 법정 가축전염병을 지정하는 목적은 이들 질병을 국가적 차원에서 통제하기 위함이다. 가장 일반적인 통제 방법은 질병별로 통제프로그램을 마련하여 시행하는 것이다. 질병 통제프로그램은 보통은 국가 수준에서 해당 질병을 근절하는 것을 궁극적인 목표로 한다. 그러나 대부분 질병에서 근절은 현실적으로 또는 경제적으로 불가능하므로, 질병의 부정적 영향을 최대한 줄이는 방안이 요구될 수도 있다. 통제프로그램은 목표를 명확히 하는 것이 중요하며, 목표는 질병의 영향을 단순히 줄이는 것에서부터 해당 질병의 근절에 이르기까지 범위가 넓을 수 있다.

OIE는 2014년 '동물질병통제지침(Guidelines for Animal Disease Control)'[68]에서 국가적 차원의 동물질병 통제에 관한 세부적인 방안을 밝혔다. 동 지침에서 질병 통제프로그램을 수립하는 과정은 일반적으로 아래의 5가지 과정으로 진행된다. 정부 방역당국은 이러한 과정을 통해 주요 질병별로 국가 차원의 중·장기 방역대책을 수립하여 시행하고, 매년 시행실태를 점검하고 평가한 후 필요하면 개선조치를 하는 것이 바람직하다. 「가축전염병예방법」 제3조에 따라 국가 및 지방자치단체는 가축전염병 예방 및 관리대책을 3년마다 수립하여 시행한다.

## 근본적 이유 파악

국가는 질병 통제프로그램을 수립하는 근본적인 이유를 명확히 한다. 동물위생에 더하여 공중보건, 식품안전, 동물복지, 식량안보, 생물다양성 및 사회경제적 영향을 고려한다. 질병 통제프로그램은 다음과 같은 몇 가지 중요한 판단 기준에 관한 최신 정보를 토대로 필요성을 입증받는다. ▶ 국가 차원에서 해당 질병의 발생상황이 어떠한지 정확히 파악한다. ▶ 해당 질병으로 인한 동물위생, 공중보건, 식품안전, 식량안보, 동물복지, 생물다양성 및 사회경제적 영향이 무엇인지 제시한다. ▶ 해당 질병 발생과 관련되는 이해당사자들이 누구이고, 해당 질병에 대한 이들의 이해 수준이 어떤지, 그리고 통제프로그램 하에서 이들 이해당사자의 구체적인 관여 수준이 어떠한지 명확히 한다.

## 전략적 목표 및 달성 수단 설정

통제프로그램이 달성하고자 하는 목표가 처음부터 분명히 설정되어야 한다. 비록 전통적으로 통제프로그램의 목표는 대부분 질병 근절이었지만, 이것은 항상 달성 가능한 것은 아니다. 목표를 근절로 할 것인지 아니면 어느 정도의 발생 수준으로 할 것인지는 많은 요인의 영향을 받는다. 해당 질병의 역학 사항, 활용 가능한 기술적인 통제수단, 그리고 공중보건, 사회적, 환경적 및 경제적 사항 등이 충분히 고려되어야 한다. 특정한 상황에서는 해당 질병이 초래하는 위생상, 또는 경제적인 영향을 줄이는 데 프로그램의 중점을 둔다. 어떤 경우는 수립하고자 하는 프로그램이 현실성이 없거나 비용대비 효과가 낮은 것으로 결론이 날 수도 있다. 해당 프로그램을 성공으로 이끄는 구체적인 수단 및 지표들이 설정되어야 한다.

통제프로그램의 목표를 정하는 데 고려해야 할 요인은 다양하며, 이들 요인을 정확히 평가해야 계획을 수립하고 실행하는 데 올바른 방향을 제시할 수 있다.

**프로그램 수립**

수의당국은 이해당사자들과 협력해서 통제프로그램의 목표에 근거해서 프로그램을 수립한다. 프로그램에 포함되는 통제방안은 유효성, 실행의 용이성 및 비용, 기대 효과 등에 근거해서 선택된다. 인수공통질병의 경우, 프로그램을 수립하고 실행하는 데 공중보건 당국과의 긴밀한 협조 및 조정이 필수적이다. 가장 적절한 통제방안을 결정할 때는 특정한 일련의 질병 통제 조치의 성공 가능성과 관련하여 비용대비 효과를 고려한다.

프로그램 마련 시는 이의 실행과 관련되는 기관, 조직 또는 분야를 파악하고, 이들 간의 연관성 및 상호작용을 파악한다. 이해당사자들 간에 협력이 필요한 분야를 구체적으로 파악하고, 세부적인 협력 방안도 명기한다.

통제프로그램에 적용되는 구체적인 통제방안의 효과를 계속 평가하는 방법을 포함한다. 즉, 해당 질병 통제방안이 효과가 있는지를 프로그램 운영 중에 계속 점검한다. 왜냐하면, 프로그램 운영 중에도 질병 발생 양상 등 역학 사항, 방역 주체들의 방역활동 수행 정도 등 주변 상황이 달라질 수 있기 때문이다.

통제프로그램은 서로 다른 이해당사자 사이에서 동 프로그램의 시행에 따라 수반되는 비용과 혜택의 배분을 고려한다. 그리고 프로그램 활동에 이해당사자의 참여를 제한하는 요인들을 반영한다. 이들 요인은 최적의 통제방안을 선택하는 데 영향을 미친다. 동 프로그램은 이해당사자의 참여를 촉진하기 위한 유인책, 적절한 보상체계, 최종 제품에 대한 가치 부여, 그리고 공중보건 보호에 관한 내용을 포함할 필요가 있다. 또한, 통제프로그램에 대한 인식을 높이고, 방역 조치에 따른 동물 이동제한 등 방역 준수사항을 보증하는 조치들을 포함하는 것이 중요하다.

또한, 질병 통제프로그램은 이에 직접적인 영향을 받는 가축 사육 농가와 해당 지역 공동체의 생계 및 복지에 영향을 미치는 사회적, 문화적, 종교적 측면들도 충분히 고려한다. 이들 요인은 이들이 프로그램에 참여하는 수준에 커다란 영향을 미치게 되어 결국 프로그램의 성공 여부에 실질적인 영향을 미친다.

## 프로그램 실행

질병 통제프로그램을 실제로 실행하기 위한 세부적인 계획이 있어야 하며, 이는 정부 수의당국을 중심으로 가축 사육 농가 등 이해당사자들의 적극적인 참여하에 실행한다. 세부적인 실행계획은 통제프로그램이 성공할 수 있도록 다음과 같은 요소들을 다룬다.

첫째, 법적인 규제 체계이다. 질병 통제프로그램은 법적으로 효력이 뒷받침되어야 하며, OIE/TAHC와 같은 국제기준에 부합해야 한다. 해당 질병은 법적으로 의무 보고대상 질병이어야 한다.

둘째, 통제프로그램 관리체계이다. 정부 수의당국, 민간 또는 공공 단체 중 하나가 또는 모두가 연계되어 이 프로그램을 실행할 수 있지만,

프로그램을 감독하는 전체적인 책임은 수의당국에 있다. 동 프로그램은 표준작업절차(SOP)를 만들어서 실행하는 것이 가장 효과적이다.

셋째, 역학적 상황이다. 세부적인 실행계획에는 '감수성 동물의 분포 및 밀도', '동물 사육 및 유통 체계', '해당 질병의 시간적 및 공간적 분포', '인수공통전염병 여부', '병원체 매개체, 전파자 및 보균자', '질병 통제 조치의 영향', '인접 및 관련 국가의 질병 발생상황', '방역대 설정' 등을 반영한다.

넷째, 해당 질병 예찰이다. 통제프로그램을 뒷받침하는 것은 방역 조치들을 적용하는 데 우선순위 및 목표에 관한 지침을 제공하는 효과적인 예찰이다. 예찰체계는 '질병 보고', '역학적 및 실험실적 조사', '자료 수집 및 시료 채취', '분석 및 정보소통', 그리고 '정보 관리'와 같은 핵심적 요소들을 포함한다.

다섯째, 진단 역량이다. 통제프로그램은 해당 질병을 정확히 그리고 충분히 진단할 수 있는 역량을 갖춘 정부 또는 민간 진단기관이 뒷받침한다. 진단기관은 진단실적을 정부 수의당국에 시의적절하게 제공한다.

여섯째, 백신접종 등 통제조치다. 통제프로그램에 백신 접종과 같이 특별한 방역 조치가 있는 경우 이에 관한 세부사항을 기술한다.

일곱째, 추적조사다. 질병 발생의 근본 원인, 병원체 전파경로, 감염 위험에 노출된 집단 등을 신속하고 정확하게 파악할 수 있는 효과적인 추적조사 체계를 포함한다.

여덟째, 국제협력이다. 초국경동물질병은 국제적 차원의 접근을 요구한다. 필요한 경우, 관련 국가들과 위생협정 등 협력 관계를 구축한다.

아홉째, 사회적 참여다. 프로그램이 성공하기 위해서는 프로그램에 관한 이해당사자들의 정보소통 및 인식 수준이 중요하다. 가장 효과적인 방법은 프로그램을 개발, 입안, 실행, 관리 및 개선하는 일련의 과정에 이해당사자들을 참여시키는 것이다.

끝으로, 교육 및 훈련이다. 동 프로그램의 실행과 관련되는 정부 또는 민간 관계자들은 프로그램에 대한 충분한 지식을 갖추고 이를 실제 현장에서 효과적으로 운영할 수 있는 역량을 갖추도록 적절한 교육·훈련을 받는다.

**모니터링, 평가 및 재검토**

질병 통제프로그램은 지속적인 재검토 과정을 거친다. 주요 재검토 대상은 적용 중인 방역 조치들이 효과가 있는지, 프로그램이 목표를 달성할 수 있도록 새로운 또는 발전된 수단과 방법을 채택할 필요가 있는지 등이다. 해당 질병의 역학적, 경제적, 사회적 영향에 관한 자료가 이러한 재검토의 토대가 된다. 정부 방역당국은 통제프로그램을 진행하는 과정에서 프로그램에 영향을 미치는 지표들에 관한 자료를 계속 수집한다. 이들 자료는 수행되는 방역 조치가 효과적인지를 판단할 수 있도록 한다.

06
## 신종질병에 역량을 집중한다

신종질병은 피해가 크다. 일반적으로 신종질병은 보건관계자들도 정보 부족 등으로 잘 알지 못하고, 다루어본 경험이 적거나 없어 대응능력이 대체로 미흡하기 때문이다. 따라서 신종 또는 재출현 질병에 대한 조기검출 및 신속 대응은 이들에 관한 모든 정책에서 가장 핵심적인 요소이다. 신종질병에 대한 한 나라의 대응역량은 대체로 우수한 수의 하부

조직, 전문적인 기술, 진단실험실, 그리고 전반적인 예찰 역량에 달려 있다. 세계 각국은 신종 또는 재출현 질병을 다루는 데 국가적 차원에서 역량을 집중한다.

## 신종 및 재출현 동물질병 정의

OIE/TAHC 정의[28]에 따른, 신종 및 재출현 동물질병은 최근 몇 년간 동물위생 및 공중보건에 심각한 결과를 초래한 발생 건과 연관되어 있다. 우리의 경우 2000년 FMD, 2003년 HPAI, 2019년 ASF 발생은 당시 시점에서 신종질병이라 할 수 있다. 1980년대 유럽에서 발생한 BSE도 대표적 신종질병 사례이다.

최근 수십 년간 급격한 세계적 인구증가는 전례 없는 축산식품에 대한 수요증가를 가져왔다. 이것은 축산농가가 사육하려는 동물 종을 선택할 때 질병에 대한 저항성보다는 대량 밀집 사육에 적합한 종을 우선시하게 되었고, 점차 더 복잡한 가축 사육시스템의 출현을 이끌어왔다. 농장에서의 차단방역 강화, 국가적 차원의 질병 근절 정책 시행 등도 역설적으로 사육되는 가축을 면역적으로 취약하게 만들고, 결국은 병원체 유입 위험을 높이는 요인으로 작용하였다. 세계적인 관점에서 볼 때 토지 수요증가, 집약적 축산형태 심화, 그리고 동물 및 축산물 무역 증가는 병원체 자체의 진화 및 변이와 맞물릴 때 앞으로 더 심각한 팬데믹이

---

28 신종질병을 "① 기존의 병원체가 진화 또는 변이되어 야기되는 새로운 감염 또는 만연 ② 새로운 지리적 지역 또는 집단으로 전파되는 알려진 감염 또는 만연 ③ 처음으로 진단된 그리고 동물 또는 공중보건에 심대한 영향을 미치는 이전에는 알려지지 않은 병원체 또는 질병"으로 정의한다. 알려진 또는 특정 지방에 유행하는 질병이 만약 지리적 장소를 바꾸거나, 숙주범위를 확장하거나, 또는 발병률이 심각하게 증가한 경우라면 '재출현'으로 판단한다.

발생할 가능성을 높일 것이다. [그림 10]을 포함한 미국 CDC 자료[69])에 따르면, 최근 수십 년간 세계적으로 다양한 신종 또는 재출현 질병이 발생하였다.

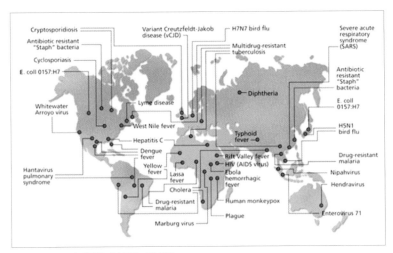

[그림 10] 신종 및 재출현 인수공통질병 현황

## 신종질병 통제의 중요성

신종 및 재출현 질병은 보통 동물위생 및 공중보건 측면에서 심각한 피해를 초래하므로 발생 위험을 최소화하는 것이 중요하다. 인구증가, 세계화, 기후변화 등에 따라 신종 및 재출현 질병이 발생할 가능성이 더 커지고 있다. 이들 질병으로 인한 미래의 위기들을 예방하기 위해서는 지금보다 좀 더 엄격한 예찰, 예방 및 통제를 위한 조치들이 요구된다.

질병의 일차적 영향은 폐사 등으로 인해 감염된 축군 등 동물무리가 없어지거나 크기가 줄어드는 것이다. 또한, 질병은 임신율 저하와 같이 동물사육체계 전반에 걸쳐 오래 지속하는 부정적 결과를 낳는다. '장애

보정 손실 연수(DALY)'[29]에서 인수공통질병이 차지하는 비율은 세계적으로 모든 DALY의 10%를 차지한다.[70]

동물질병은 '예찰, 예방 및 통제와 관련된 소요 비용', '시장 폐쇄, 무역 제한 및 해당 산업 붕괴로 인한 수익 손실', '관광 및 농촌경제에 대한 부정적 영향과 관련된 비용' 등을 초래할 수 있다. 또한, 사람에서 인수공통질병을 진단하고 치료하는 비용은 대부분 정부나 환자 자신이 부담하기 때문에, 이들 질병을 동물단계에서 효과적으로 통제함으로써 이들의 재정적 부담을 줄일 수 있다.

질병 발생으로 인한 경제적 부담도 엄청나다. 세계은행에 따르면,[71] BSE, SARS, HPAI(H5N1) 및 인플루엔자 A(H1N1) 발생으로 인한 직접적인 경제적 손실이 200억 달러 이상, 그리고 무역, 관광 그리고 세금 수입 손실과 같은 간접적 경제적 손실이 2000년 기준으로 과거 10년간 2천억 달러를 넘는다. 게다가 인수공통질병의 전파 및 결과에 대한 불확실성은 소비자들 사이에 축산물 소비를 크게 꺼리게 한다. 축산물 무역에도 심각한 부정적 영향을 미칠 수 있다.

대부분의 동물위생 전문가는 앞으로도 신종질병이 계속 발생할 것으로 예상한다. 확고한 예찰, 예방 및 통제 시스템만이 이들 질병으로 인한 동물과 사람의 피해를 최소화하고, 지속 가능한 경제성장을 조장할 수 있다.

## 기존 주요 질병통제 조치

동물 소유자나 정부 방역당국은 질병이 발생하는 것을 예방하고, 발

---

29 DALY(disability-adjusted life years)는 질병으로 인한 사망 또는 건강문제로 인한 손실 연수를 말한다. DALY는 손실정도를 측정하는 것이다. 평균기대수명으로부터 얼마나 더 손해 보냐를 나타내는 지표이다.

생했을 때 대응하고, 미래의 발생 가능성을 줄이기 위해 다양한 수단을 활용할 수 있다. 이러한 조치들은 크게 농장 수준 또는 국가 수준으로 구분할 수 있다.

먼저, 농장 수준에서 활용 가능한 주요 통제조치는 다음과 같다. ▶ 질병이 발생하였을 때 감염동물을 치료하거나 병원체 확산을 방지하기 위해 동물약품을 사용한다. ▶ 백신을 접종한다. 백신은 동물질병 발생을 예방하고 높은 전염성을 가진 동물질병의 전파를 통제하는 데 모두 효과적이다. ▶ 가축 사육단계에서 높은 수준의 위생관리기준을 적용한다.

다음으로, 국가 수준에서 수행되는 주요 통제조치는 다음과 같다. ▶ 신종 및 재출현 질병에 대한 예찰이다. 사육동물 및 야생동물에 대한 예찰은 새로운 질병의 출현을 최대한 정확히 예측하고, 조기에 발생 여부를 파악하기 위한 것으로 필수적인 질병 통제조치다. ▶ 관련되는 동물, 동물유래 생산품, 사람, 차량, 분변 등에 대한 이동통제 조치이다. ▶ 근절(Stamping-out) 즉, 살처분·폐기 조치다. 살처분·폐기는 감염된 또는 감염 의심 동물을 도태하는 방법이다.

**이해당사자의 대응**

정부 당국, 민간 수의조직, 축산농가 등은 신종 및 재출현 질병을 통제하는 데 장애물들을 최소화하기 위하여 다음과 같은 방안을 선택할 수 있다.

첫째, 질병에 대한 통제 권한을 수의조직에 명확히 부여한다. 중앙정부 수의조직은 지방자치단체 수의조직이 이들 질병을 잘 다룰 수 있도록 이들에 행정 단위별 역학적 상황을 제공한다. 또한, 수의조직은 위험 수준에 근거한 질병 예찰 및 조기검출 방안을 시행한다. 이는 수의당국이 질병의 출현을 조기에 알아내고 좀 더 신속히 대응하는 것을 가능하게 한다. 신종 및 재출현 질병의 발생에 대한 사전대응적 통제조치를 마련하는 것은 비록 이들이 예상하기 어렵고 실제로 일어나지 않을지라도 국가 방역당국이 우선해야 할 중요한 사항이다.

둘째, 이들 질병에 대한 국가적 차원의 검사 및 연구 역량을 높인다. 이는 정확하고 신속한 진단을 위해 매우 중요하다. 현장에서 요구가 많은 백신을 개발하면 질병 통제 측면에서도 중요하고, 수입대체, 수출 추진 등 동물약품 산업에도 큰 도움이 된다.

셋째, 동물위생 및 공중보건 분야 사이에 긴밀한 협력을 유지한다. 인수공통전염병은 인의 및 수의 분야의 전문가들 사이에서 예찰 자료 등 모든 정보를 통합적으로 비교할 것을 요구한다.

넷째, 축산농가, 산업계 및 정부 사이의 협력을 강화한다. 산업계와 정부의 협력은 공공–민간 동반자적 관계 설정을 통해 제도화될 수도 있다.

## 07
## 인수공통질병 관리는 동물단계에 집중한다

가축에서 직접 또는 고기, 우유, 알 등 축산식품을 통해 인수공통 병원체가 사람에게 전파될 수 있다. 이로 인한 피해도 크다. 예를 들어, 세계적으로 결핵으로 인한 사망자가 연간 160만 명 이상인데 이중 2~3%는 소에서 유래한 결핵균에 의한 것이다.[72] 특히 반려동물은 일상에서 사람과 직접 접촉하므로 인수공통질병에 걸렸을 경우 사람도 걸릴 위험이 크다. WHO에 따르면,[73] 인수공통 전염병인 광견병으로 인해 세계적으로 연간 26,400~61,000명이 사망하며 60억 달러의 경제적 손실이 발생한다.

인수공통질병은 사전예방의 관점에서 동물 사육단계부터 과학적, 체계적으로 통제되어야 한다. 이것이 가장 효과적이다. 사람에서 인수공통질병의 발생이 증가한 근원은 인류 역사에서 농업발전, 가축의 순화 등에 따라 인류가 다른 척추동물과 함께 같은 곳에서 살기 시작하면서 이들 동물과 밀접하게 접촉했기 때문이다.

우리나라의 경우, 동물 사육단계에서 인수공통질병 관리에 대한 법적 근거가 미약하여 수의정책 측면에서 이들에 대한 관리가 매우 미흡하다. 동물 사육단계에서 발생하는 이들 질병으로 인한 사람의 건강상 피해도 아직 체계적으로 파악된 바 없다. 특히 축산관련 종사자, 반려인과 같이 동물과 직접 접촉하는 사람들은 고위험군이다. 정부 수의당국이 시행하는 동물 사육단계에서의 인수공통질병 통제프로그램도 없다.

선진 각국[30]은 동물 사육단계에서 인수공통질병을 관리하는 법률적 체계를 갖고 있다. EU의 경우 동물위생에 관한 기본법(Animal Health Law)[74)]에서 동물에 문제가 되는 인수공통질병이 사람에 전파되어 공중보건 및 식품안전에 큰 문제가 될 수 있음을 강조한다. 또한, 동 법의 적용 범위가 인수공통질병을 포함한 전염성 질병이며, 동 법이 동물질병 및 인수공통질병 모두에 대한 통제조치를 규정함을 명확히 밝힌다.

「가축전염병예방법」의 제1종, 제2종 및 제3종 가축전염병은 모두 가축의 전염성 질병으로 동 법에는 인수공통전염병에 관한 규정이 없다. 물론 이들 가축전염병 중 일부 질병(64종 중 8종)이 「감염병 예방 및 관리에 관한 법률」에 따른 인수공통질병이나, 이 법에서 가축전염병 중 발생

---

**30** Animal Health Protection Act(미국), Animal Health Act 1981(영국), Health of Animals Act(캐나다), 동물보건법(Tiergesundheitsgesetz, TierGesG)(독일), Animal Diseases and Animal Pests Act(호주) 등

시 '질병관리본부장'에 즉시 통보하도록 규정한 인수공통감염병은 탄저, HPAI, 광견병 및 동물인플루엔자로 한정한다. 반려동물도 마찬가지이다. 반려동물에 관한 법령으로는 「동물보호법」이 있으나 동 법은 동물을 적정하게 보호·관리하기 위하여 필요한 사항을 규정하는 것을 목적으로 하고 있고 인수공통질병은 다루지 않는다.

정부 수의당국은 「가축전염병예방법」과 「동물보호법」을 개정하여 이들 법의 포괄범위에 인수공통질병을 포함하는 것이 바람직하다. 천명선 등은 연구보고서[75)]에서 가축 단계에서 인수공통감염병을 관리할 수 있는, 그리고 반려동물과 공유하는 인수공통 병원체를 관리할 수 있는 법적 근거를 마련할 것을 제시하고, 우선 7종[31]의 인수공통감염병을 법정전염병으로 지정할 것을 건의하였다. 또한, 현재 가축전염병은 인수공통감염병의 개념을 포함하도록 확장할 필요가 있고, 독일의 '동물보건법'에서는 동물전염병을 "동물전염병 병원체에 의해 직·간접적으로 발생하는 감염으로 동물이나 인간에게 전염되는 질병"으로 정의하고 있음을 지적하였다.

정부도 범정부 차원의 인수공통질병 관리의 중요성을 인식하여 2011.6.15. 농림축산검역본부와 질병관리본부가 '인수공통전염병 대책위원회'를 구성하였다. 동 위원회는 SARS, BSE 등 세계적인 신종 및 재출현 인수공통전염병 발생에 사전 대비하여 막대한 사회적, 경제적 손실을 방지하고, 국민의 건강을 보호하는 것이 목적이다. 동 위원회는 8개의 질병별 전문분과위원회를 둔다. 동 위원회는 해양수산부, 환경부,

---

31 중동호흡기증후군, 마버그출혈열, 중증급성호흡기증후군, 에볼라 바이러스, 장출혈대장균
   감염증, 흑열병 및 올드월드아메리카파리유충

교육부, 국방부 등 인수공통질병과 관련되는 다른 부서들의 추가적인 참여를 통해 더욱 활발한 활동을 도모할 필요가 있다.

## 08
## 통합적 관리가 필요하다

현재 동물질병에 대한 법적인 규제는 동물 유형별로 이루어진다. 모든 동물에 공통적, 통합적으로 적용되는 법령은 없다. 이로 인해 동물질병 관리체계, 접근방식, 통제수준이 각양각색이다. 가축은 「가축전염병예방법」, 수생동물은 「수산생물질병관리법」, 야생동물은 「야생생물 보호 및 관리에 관한 법률」, 그리고 실험동물은 「실험동물에 관한 법률」이 적용된다. 사실상 법적 통제를 받지 않거나 모호한 부분도 많이 있다. 가정에서 기르는 반려동물은 가축이 아니다 보니 관련되는 전염병을 규제하는 법령이 사실상 없는 실정이다.

정부는 가칭 '동물위생기본법'과 같은 동물질병 관리에 관한 근본적 사항을 통합적으로 규정하는 법령을 제정할 필요가 있다. 동 법에서는 '질병관리 대상 동물의 유형', '동물질병 관리 기본원칙', '정책 방향', '동물 소유자, 국가 등 이해당사자의 책임과 역할', '교육·훈련' 등을 규정한다. 또한, '질병 연구', '국제협력', '긴급대응', '원헬스' 등도 포함한다. '동물위생기본법'에서 규정하는 기본원칙, 정책 방향 등은 산업동물, 반려동물, 수생동물, 야생동물, 실험동물 등 동물 유형별 특성에 맞게 개별법령에서 구체적으로 반영한다. 식품안전정책의 수립·조정 등에 관한 기본 사항을 규정하는 「식품안전기본법」을 참고할 수 있다. 이러한 신규 법 제정이 힘들 경우, 현행 「가축전염병예방법」을 '(가칭)동물위생관리법'으로 전면 개정하여 적용 범위를 가축에서 동물 전체로 확대하는 것도 고려할 수 있다.

EU의 동물위생에 관한 기본법인 'Animal Health Law'는 동물위생 법령이 다음의 3가지를 고려할 것을 제시한다. ▶ 동물위생과 공중보건, 기후변화, 환경(생물다양성과 유전자원 포함), 식품과 사료의 안전성, 동물복지, AMR, 그리고 식량안보와의 연관성 ▶ 질병 통제 및 예방적 조치들의 적용으로 인해 생기는 경제적, 사회적, 문화적 및 환경적 영향 ▶ 관련되는 국제기준이다.

야생동물질병 관리에 관한 법적 규제는 환경부 주관으로 최근에 마련되었다. 2014.3.24. 기존의 「야생생물 보호 및 관리에 관한 법률」에 '제5절 야생동물질병 관리'를 신설하여 '야생동물질병관리 기본계획 수립', '야생동물질병 연구 및 구조ㆍ치료', '야생동물 치료기관', '죽거나 병든 야생동물의 신고', '질병 진단', '역학조사', '살처분' 등을 규정한다. 동 법은 야생동물질병에 관한 업무를 수행하는 기관으로 국립환경과학원만을 지정한다. 농림축산검역본부를 야생동물질병 관리기관으로 추가하여 야생동물질병 관리에 관한 국가적 역량을 확대할 필요가 있다.

2014년 이전부터 일부 수의업계에서 야생동물질병 관리에 관한 문제 제기가 있었다. 하지만 수의업계의 관심 및 노력 부족으로 야생동물질병 관리에 관한 법령을 마련하는 과정에 수의업체의 참여가 미미하였고 그 결과 관련 법령에 수의학적 전문성과 특성이 충분히 반영되지 않았다. 수의업계가 대오각성해야 한다. 지금부터라도 수의업계는 야생동물질병 관리에 깊은 관심을 기울여야 하며, 관련 법령 및 제도를 수립하고 시행하는 과정에 주체의식을 갖고 활발히 참여해야 한다.

수생동물의 경우, 2007.12.31. 제정된 「수산생물질병관리법」에서 수산동물의 병성감정, 역학조사, 수산질병관리사, 수산생물진료업 등 수생동물의 질병관리에 관한 세부사항을 규정한다. 2011년부터는 동 법 (제37조의2 및 제37조의12)에 따라 수생동물을 진료하는 영업을 하려는 자는 수산질병관리원을 개설해야 하며, 개설이 가능한 자는 해양수산부장관으로부터 '수산질병관리사' 면허를 받은 자이다. 문제는 수의사는 이 법에 따른 수생동물을 진료하는 영업을 할 수 없다는 것이다. 다만, 수의사는 「수의사법」에 따라 동물병원에서 수생동물 질병을 진료할 수 있다. 「수산생물질병관리법」에서도 수의사가 수생동물을 진료할 수 있음을 규정하여야 한다.

실험동물에 관한 법령은 2008.3.28. 제정된 「실험동물에 관한 법률」이다. 제1조는 "이 법은 실험동물 및 동물실험의 적절한 관리를 통하여 동물실험에 대한 윤리성 및 신뢰성을 높여 생명과학 발전과 국민보건 향상에 이바지함을 목적으로 한다."라고 규정한다. 동 법은 실험동물의 과학적 사용, 실험동물시설, 실험동물의 공급 등을 규정하고 있으나, 실험동물의 질병 등 수의 의료 규정은 없다. 이는 법적 사각지대로 보완이 필요하다.

최근에는 동물원 동물 등 오락 및 전시동물에 대한 위생관리를 요구하는 목소리가 커지고 있다. 동물위생뿐만 아니라 동물복지, 인수공통 질병 등 다양한 접근을 요구한다. 현재 이 분야에 대한 수의조직의 관심과 노력은 농장동물 등과 비교할 때 크게 미흡한 실정이다. 적극적인 관심과 개입 등 노력이 요구된다.

수의사는 수의 관련 법령을 마련하고 운용하는 데 적극적인 역할을 해야 한다. 그간 수의사의 활동은 대부분 가축과 반려동물에 한정되었다. 수생동물, 야생동물, 전시동물, 실험동물에 관한 법령은 수의조직의 주도로 이루어진 것이 아니다.

# 제7장

# 긴급대응체계 구축은 국가 책무이다

## 01
### 핵심은 신속함이다

신종 또는 재출현 질병에 대한 긴급대응은 사전 준비가 중요하다. 사전 준비가 잘 되어있어야 신속한 대응이 가능하다. 이를 위해 국가는 질병별 '긴급대응 계획'을 미리 수립하여 운영한다. 농식품부 〈FMD 긴급행동지침〉[그림 11]에서 보듯이 질병 발생상황에 따라 대응 단계별로 적용할 긴급조치 사항을 미리 설정한다.

실제 발생 시에는 관련되는 사람, 동물, 물품 등에 대한 방역당국의 개체확인 및 추적조사 역량이 충분히 있느냐가 긴급대응의 성공 여부를 판가름한다. 관련 지역에서 신속하고 효과적인 동물 이동통제도 중요하다. 긴급대응 체계에는 파악된 질병 위험의 보고와 관련하여 이해당사자 간의 책무를 알기 쉽게 명기해야 한다.[76]

질병 발생 초기에 정확한 질병 확인 및 신속한 보고는 긴급대응의 성공 여부를 결정하는 핵심적 요인 중 하나이다. 긴급대응이 효과적이려면 긴급대응 체계의 일부로 대상 질병에 대한 효율적 예찰체계가 필수적이다. 긴급대응계획은 축종별, 농장별, 지역별 특성 등을 고려하여 세부적으로 미리 수립된다. 실제 긴급사건이 발생하는 경우, 이 계획에 따라 즉시 방역 조치들이 시행된다. 이 계획은 정부와 이해당사자들 사이에 미리 합의된 다양한 상황별 보상기준, 보상 대상 및 규모 등을 포함한다. 축산업계 등 이해당사자들도 스스로 정부 자원들을 뒷받침하여 긴급대응계획의 수립·시행에 기여해야 한다. 이해당사자들은 긴급대응 시 담당해야 할 구체적인 역할과 책임을 숙지해야 한다. 이들은 실제 긴급상황 시 맡은 역할을 훌륭히 수행할 수 있는 역량을 확보하기 위해 평소에 필요한 교육 및 훈련을 받아야 한다.

긴급대응에서 중요사항 중 또 하나는 질병 발생이 확인되면, 방역당국은 긴급대응에 필요한 자원들을 즉시 효과적으로 배치할 수 있도록 이들 자원을 미리 파악해 관리하고 있어야 한다는 점이다.

긴급대응 시에는 관련되는 정보 및 자료가 효율적으로 관리되는지, 방역당국과 이해당사자 간의 정보소통체계가 잘 구축되어 있는지가 대응역량 측면에서 결정적으로 중요하다. 실제 질병 발생 시 신속하고 효과적인 대응을 하는 데 명확하고 효과적인 정보소통이 핵심적이기 때문이다.

실제 긴급대응 시에 현장 대응팀의 최우선 고려사항은 현장 상황에 맞게 대응조치가 최대한 신속히 시행되느냐이다. 긴급대응은 신속함이 핵심이다. 긴급대응팀은 주변 현실여건을 고려하여 대응조치를 가장 신속히 실행하는 방안을 찾아야 한다. 이때 창의적 사고와 과거의 해법에 머물지 않는 특단의 대책이 필요하다. 이를 위해서는 기존의 경험과 상식을 뛰어넘는 유연한 사고가 필수적이다.

[그림 11] FMD 방역 발생 상황별 긴급조치 사항

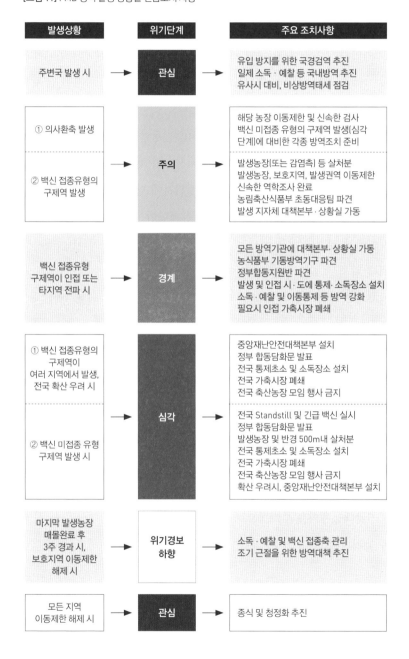

| 발생상황 | 위기단계 | 주요 조치사항 |
|---|---|---|
| 주변국 발생 시 | 관심 | 유입 방지를 위한 국경검역 추진<br>일제 소독·예찰 등 국내방역 추진<br>유사시 대비, 비상방역태세 점검 |
| ① 의사환축 발생<br><br>② 백신 접종유형의<br>구제역 발생 | 주의 | 해당 농장 이동제한 및 신속한 검사<br>백신 미접종 유형의 구제역 발생(심각<br>단계)에 대비한 각종 방역조치 준비<br><br>발생농장(또는 감염축) 등 살처분<br>발생농장, 보호지역, 발생권역 이동제한<br>신속한 역학조사 완료<br>농림축산식품부 초동대응팀 파견<br>발생 지자체 대책본부·상황실 가동 |
| 백신 접종유형<br>구제역이 인접 또는<br>타지역 전파 시 | 경계 | 모든 방역기관에 대책본부·상황실 가동<br>농식품부 기동방역기구 파견<br>정부합동지원반 파견<br>발생 및 인접 시·도에 통제·소독장소 설치<br>소독·예찰 및 이동통제 등 방역 강화<br>필요시 인접 가축시장 폐쇄 |
| ① 백신 접종유형의<br>구제역이<br>여러 지역에서 발생,<br>전국 확산 우려 시<br><br>② 백신 미접종 유형<br>구제역 발생 시 | 심각 | 중앙재난안전대책본부 설치<br>정부 합동담화문 발표<br>전국 통제초소 및 소독장소 설치<br>전국 가축시장 폐쇄<br>전국 축산농장 모임 행사 금지<br><br>전국 Standstill 및 긴급 백신 실시<br>정부 합동담화문 발표<br>발생농장 및 반경 500m내 살처분<br>전국 통제초소 및 소독장소 설치<br>전국 가축시장 폐쇄<br>전국 축산농장 모임 행사 금지<br>확산 우려시, 중앙재난안전대책본부 설치 |
| 마지막 발생농장<br>매몰완료 후<br>3주 경과 시,<br>보호지역 이동제한<br>해제 시 | 위기경보<br>하향 | 소독·예찰 및 백신 접종축 관리<br>조기 근절을 위한 방역대책 추진 |
| 모든 지역<br>이동제한 해제 시 | 관심 | 종식 및 청정화 추진 |

2019.9.16. 국내에서는 처음 발생한 ASF에 대한 방역과정에서도 다음과 같이 신속함이 성공적인 대응을 이끈 핵심적 요소였다. 첫째, 최초 발생 신고 농가는 감염 의심 돼지 발견 즉시 이를 방역당국에 신고하였다. 농장주는 ASF라는 확신은 없었지만 신고가 늦으면 국가적 문제가 될 수 있다고 생각해 망설이지 않고 신고했다고 한다.[77] 둘째, 발생 초반에 발생 지역과 인근 지역의 모든 돼지농장을 대상으로 ASF 바이러스 감염 여부를 검사하기 위한 시료를 신속히 채취하기 위하여 농식품부는「수의사법」[32]에 따라 해당 지역 수의사에 대한 동원령을 발동하였다. 셋째, 2019.10.12. 기준 ASF 발생 지역인 연천, 파주, 김포, 강화 지역에서 채취된 검사 시료는 신속한 검사를 위해 차량이 아닌 헬기로 경북 김천시 소재 농림축산검역본부로 수송되었다. 넷째, 중앙정부 및 지자체 간에 신속한 방역활동 현황 파악 및 정보 공유를 위해 중앙 관계 부처(농식품부, 행정안전부, 환경부, 국방부, 식약처, 소방방재청 등)와 모든 지방 자치단체(시·도 및 시·군·구 단위)가 참여하는 영상회의를 매일 개최하였다. ASF는 돼지농장의 경우 2019.10.9.까지 총 14건이 발생하였다. 이러한 사례는 긴급대응에 있어 신속성의 중요성을 보여준다.

## 02
## 긴급대응은 유연해야 한다

긴급대응계획은 주기적으로 재검토되고 필요할 경우 갱신된다. 질병을 둘러싼 주변 환경이 계속 변하기 때문이다. 법령도 변하고, 이해당사

---

32 농식품부장관, 시·도지사 또는 시장·군수는 동물진료 시책을 위하여 필요할 때 또는 공중위생상 중대한 위해가 발생하거나 발생할 우려가 있을 때는「수의사법시행령」제20조(지도와 명령)에 규정되어 있는 수의사 동원명령을 할 수 있다.

자의 요구도 변하고, 새로운 방역기법이 개발되기도 한다. 질병의 발생 양상이 변하기도 한다. 이 모든 것을 주기적으로 고려할 필요가 있다.

긴급대응계획을 실행하는 과정은 비용을 수반한다. 긴급대응 실행 비용이나 보상금은 매년 국가 예산으로 준비되어 필요할 때 집행된다. 국가는 긴급대응 조치가 신속하고 성공적으로 실행됨을 보증한다. 이를 위해서는 동 계획의 시행과 관련되는 모든 관계자(지원부서 포함)에 대한 일련의 업무 협력 및 지휘 체계가 잘 구축되어야 한다.

긴급대응 계획은 기본적으로 악성 동물질병이 발생할 경우, 이에 신속하고 효과적으로 대응하는 데 긴급히 요구되는 조치들과 질병 근절, 비발생 선언 등과 같은 중장기적 조치들을 포함하는 일련의 활동을 포괄한다. 이 계획을 마련하는 과정은 크게 3가지로 ▶ 관계 정부 당국 등 관련 이해당사자(집단)를 대표하는 긴급대응 준비팀 구성 ▶ 긴급대응 조치를 효과적으로 시행하는 데 요구되는 핵심적인 자원 및 기능 파악 ▶ 긴급대응을 마친 이후 정상 상태로 회복하기 위한 계획 마련이다. 동 계획은 서류화되고, 단순하면서도 실행 가능해야 하며, 실효성 여부가 주기적으로 재평가되어야 한다. 그리고 평가내용 및 변화된 환경을 토대로 규칙적으로 갱신되어야 한다. 동 계획은 수의당국이 총괄하여 준비하지만 지방자치단체, 관련 공공·민간 기관, 민간분야가 참여하여 수립한다. 인수공통질병의 경우는 공중보건당국이 추가로 참여한다.

긴급대응 계획의 핵심 요소는 '지휘 명령계통 체계', '긴급사태 여부 신속 파악 및 질병 확증 체계', '긴급사태 발생상황 조사 절차', '세부적인 긴급대응 조치', '긴급사태 중 정보소통 방안' 등이다.

긴급사태 중에 취해지는 질병 통제조치는 보통 경제적 영향이 크므로 축산농가 등 이해당사자의 적극적인 협조를 보증할 수 있도록 필요한 경우 적절한 경제적 보상 장치를 가동한다. 긴급방역 조치로 인해 불가피한 피해를 본 자에 대한 보상이 부족한 경우는 이들이 긴급대응 조치 및 관련 법령을 준수하지 않으려는 요인으로 작용한다. 긴급대응 계획을 실행하는 과정에서 발생하는 비용은 정부와 민간이 동반자적 정신을 바탕으로 적절히 분담한다.

악성 가축질병 특히 '초국경동물질병'은 주변국 및 무역상대국과 직간접적으로 관련이 있는 경우가 대부분이므로 긴급대응 계획에는 이러한 점을 적절히 반영한다. 일반적으로 이들 질병이 발생한 경우는 세부적인 발생 정보를 OIE 및 관련 국가에 신속히 통보한다.

「가축전염병예방법」 제3조는 국가 및 지방자치단체의 책무로서 '가축전염병별 긴급방역대책의 수립 · 시행' 및 '가축전염병 비상대응 매뉴얼의 개발 및 보급'을 명시한다. 질병 발생에 따른 긴급대응은 [그림 12]의 'FMD 방역 체계도'[78)]에서 보듯이 많은 이해당사자가 관련되는 복잡한 과정이다. 정부는 악성 가축전염병에 대해서는 질병별 '긴급행동지침'을 마련하여 운영한다.

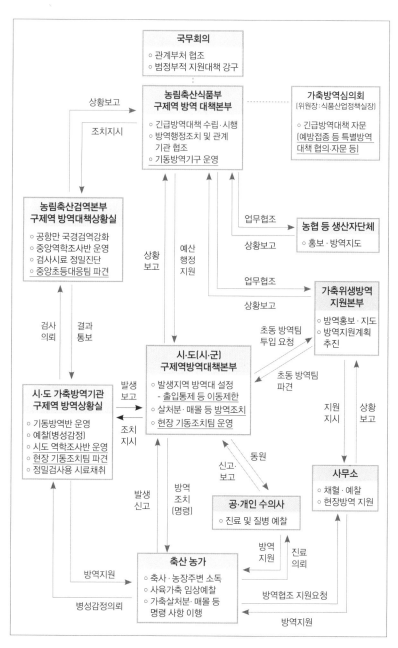

[그림 12] FMD 방역 체계도

# 제8장
## 백신은 최고의 질병 통제수단이다

<br>

### 01
### 백신의 이점은 모두가 인식한다

백신(동물에 특정 질병 또는 병원체에 대한 후천성 면역을 부여하는 의약품)은 에드워드 제너(Edward Jenner, 1749~1823)가 1796년 우두(Cowpox)[33]로 사람에서 천연두(Smallpox)를 예방할 수 있는 종두법[34]을 개발한 것이 최초이다.[79] 그는 1798년 〈우두 백신의 원인과 효과에 관한 연구Inquiry into the Variolae vaccinae known as the Cow Pox〉라는 논문을 발표하였다. 이 논문에서 나오는 'Vaccination'이란 단어는 '우두 접종'이란 의미이다. 'Vacca'는 '소'를 의미하는 라틴어이며, 'Vaccinia'는 '우두'라는 뜻이다. 이후 백신은 질병을 예방하고 통제하는 데 오랫동안 성공

---

**33** DNA 바이러스의 일종으로 고양이, 사람, 소 등 다양한 동물을 숙주로 한다. 증상으로는 여드름, 물집 등을 유발시킨다.

**34** 천연두 균을 소에게 감염시켜 약화시킨 뒤 이를 다시 사람에게 감염시켜 면역력을 얻게 하는 방법이다

적으로 활용되었다.

동물은 바이러스, 박테리아, 기생충 등이 일으키는 다양한 질병에 걸릴 수 있다. 백신은 이들 질병을 예방하거나 질병 감염으로 인한 손실을 줄이기 위해 사용된다. 백신은 특히 해당 질병에 대한 치료방안이 복잡하고 제한적이거나, 활용 가능한 치료방안이 없는 경우에 중요하다.[80]

현재는 많은 중요한 동물질병에 대해 효과적인 백신이 개발되어 활용된다. 백신이 접종되는 질병 중 상당수가 풍토성 질병이다. 현대에 동물위생 분야에서 이룩한 가장 큰 성과 중 하나는 OIE[81] 및 WHO가 2011년에 가축에 있어 가장 파괴적인 질병 중 하나인 우역이 세계에서 완전히 근절되었다고 공포한 것이다. 우역 근절에는 백신이 결정적인 역할을 하였다.[82]

FMD를 중심으로 외국의 백신 정책을 살펴보면, 영국은 기본적으로 '살처분 정책(Stamping-out Policy)'을 채택하고 있지만, 부가적으로 수의학적 위험평가를 통해 상황에 맞는 '백신 정책'을 융통성 있게 운용한다. 네덜란드는 2001년 FMD 발생 당시 있었던 대규모 살처분에 대한 국민적 거부감과 엄청난 경제적 손실 등을 이유로 방역 조치의 중심을 '살처분'에서 '백신 접종'으로 전환하였다. 대만은 전국적인 백신 접종을 통해 '백신접종청정국'이 된 후 2020년 '비백신접종청정국'이 되었다. 일본은 FMD 백신을 접종하지 않으며, 철저한 사전 대비를 위해 농가에서 축종별 사양 위생관리기준을 준수토록 한다. 미국은 향후 FMD 발생 시 백신 수요에 대비하여 국가항원백신은행을 운영한다. 우리나라도 2010년 이후 상시 백신접종 정책을 실행 중이다.

비록 많은 질병이 백신 접종을 통해 효과적으로 통제되고 있지만, 일부 질병의 경우는 효능·효과가 높은 백신을 개발하는 데 기술적인 어려움에 종종 직면한다. 질병을 100% 예방하는 백신은 없으며, 모든 질병에 사용 가능한 백신도 없다. 이것은 백신 개발의 복잡한 특성 그리고 일부 병원체의 내재하는 특성들 때문이다. 동물의 건강과 복지를 잘 유지하기 위해서는 뛰어난 백신이 필수이다. 이를 위해서는 지속적인 연구·개발을 위한 충분한 투자가 있어야 한다.

백신의 혜택은 다음과 같이 매우 많다.[83] ▶ 많은 전염성 질병의 잠재적 위험으로부터 동물과 사람을 보호하는 수단으로 적용하기에 편리하고 효과적이다. ▶ '깨끗한 물' 다음으로 20세기에 사람의 사망률을 극적으로 줄인 두 번째 기여자로 비용대비 효과가 가장 좋다. ▶ 동물에서 사람으로, 동물에서 동물로 질병이 전파되는 것을 예방 또는 최소화하는 데 가장 효율적인 수단 중 하나이다. ▶ 동물에 일반적으로 안전하고 효율적이다. ▶ 동물질병 통제에 기여함으로써 중요한 농업자원 손실 및 심각한 재정적 손실로부터 농가와 정부를 보호한다. ▶ 축산농가에서 높은 동물복지 수준을 유지하는 데 도움이 된다.

A. Roth는 동물위생에 있어 백신의 중요성을 다음과 같이 제시한다.[84]

첫째, 동물을 건강하게 유지하고 생산성을 개선한다. 계속 증가하는 세계 인구를 고려할 때, 앞으로 동물성 단백질을 인류가 요구하는 수준으로 생산할 수 있느냐는 아주 중요한 문제로 백신은 이러한 시대적 요구를 충족시키는 데 큰 도움을 준다.

둘째, 신종 및 외래성 동물질병을 통제하는 데 크게 기여한다. 세계적인 무역자유화 및 여행 증가에 따라 이들 질병이 국가 간, 지역 간 전파될 기회가 증가한다.

셋째, 질병을 예방 또는 치료하기 위한 항생제 사용을 줄이는 데 기여한다. 질병이 발생하지 않거나 발생하더라도 소규모 발생으로 제한된다면, 이들 질병을 치료하기 위한 항생제 수요가 줄기 때문이다. 동물 소유자는 보통 동물질병을 통제하는 데 비용대비 효과에 근거하여 백신과 항생제 중 하나를 선택한다.

넷째, 사람과 삶의 공간을 공유하는 반려동물이나 신체적 접촉이 많은 말을 사람이 안심하고 접촉할 수 있게 한다.

백신은 대부분 전염성 질병을 예방하기 위해 사용된다. 동물용 백신은 사람용보다 용도가 다양하다. 동물용 백신은 사람용 백신보다 훨씬 더 신속하게 그리고 적은 비용으로 개발될 수 있다. 가축용 백신은 일차적으로 산업동물의 생산성을 높이기 위해 사용된다. 반려동물용 백신은 개별 동물의 건강 및 복지가 우선 고려사항이라는 점에서 사람용 백신과 유사하다. 야생동물용 백신은 일반적으로 광견병과 같은 인수공통질병을 대상으로 개발되고 사용된다.

최근 세계적으로 백신 개발에 많은 발전이 있었지만, 여전히 많은 도전과제가 있다. 백신은 안전하고, 효능이 좋고, 효과적이고, 경제적이어야 한다. 그렇지 않으면 널리 사용되기 어렵다.

오늘날 백신은 산업동물, 반려동물, 야생동물, 수생동물 등 거의 모든 동물에서 사용된다. 2013년 기준, 세계 동물약품 시장 규모 약 229억 달러 중 26%인 60억 달러가 백신 시장이었다. 21세기에 들어 등장한 원헬스 개념도 백신 접종에 영향을 미친다. 인의, 수의 및 환경부문의 상호 협력적인 작용을 통해 전염성 질병을 관리하는 것이 합리적이고 비용대비 효과적이다.[85] 수의 백신은 앞으로도 동물위생, 공중보건, 동물복지, 식품안전 그리고 식량안보에 기여하는 중요한 수단 중 하나일 것이다. OIE도 TAHC(Article 4.18.1)에서 백신 접종이 동물과 사람 위생,

동물복지, 농업의 지속 가능성 향상에 공헌할 수 있고, 동물에 항생제 사용을 줄이는 데 도움이 될 수 있다고 밝히고 있다.

백신 접종은 기본적으로 동물 소유자의 필요로 행해진다. 그러나 FMD, 광견병과 같이 일부 질병은 국가적 차원에서 행해진다. 국내의 경우는 주로 농식품부의 '동물질병 방역사업'[35]에 따른다.

02
## 백신은 인수공통전염병을 통제한다

그간 전염병의 위험성 및 백신의 중요성을 알린 영화들이 많다. 2007년 윌 스미스(Will Smith) 주연의 〈나는 전설이다(I Am Legend)〉와 2011년 스티븐 소더버그(Steven Soderberg) 감독이 제작한 〈컨테이젼 (Contagion)〉 등이다. 두 영화 모두 인수공통 팬데믹으로 인해 멸망의 위기에 처한 인류를 결국에는 백신이 구한다.

백신 접종은 인수공통전염병으로부터 사람을 보호하는 데도 중요하다.[86] 백신 접종은 동물 숙주들 사이에 전염성 병원체의 전파를 줄여주며, 이는 사람에 병원체를 전파할 수 있는 동물군에 있는 감염된 동물의 숫자를 줄인다. 가축 또는 애완동물이 야생동물과 사람 사이에서 중간 매개자로서 작용할 때 이들 동물에 대한 백신 접종은 인수공통질병의 전파를 막는 장벽을 만드는 역할을 한다. 이는 사람이 야생동물에 비해 자신들의 애완동물 및 가축과 훨씬 더 자주 밀접히 접촉하기 때문에 매우 중요하다.

---

**35** 2019년 국비 지원 접종대상 질병은 FMD, 탄저, 기종저, 전염성비기관염, 유행열, 아까바네병, 소설사병, 부저병, 일본뇌염, 유행성설사병, 돼지써코, 광견병, 뉴캣슬병 등이 있다. 지자체는 필요 시 자체적인 접종프로그램을 운영한다.

2015년도, 광견병으로 인해 세계적으로 17,400명이 사망하였다.[87] 많은 야생동물이 광견병을 전파한다. 모든 포유동물이 광견병 바이러스에 감수성이 있지만, 개, 고양이, 박쥐, 너구리 등이 주요한 보균 동물이다. 개는 역사적으로 사람에 광견병 바이러스를 감염시키는 가장 흔한 원인이었다. 이것이 개에 대한 광견병 백신 접종이 가장 흔한 이유이다. 정부는 매년 '광견병 의무 예방접종 기간'을 설정하여 백신 접종 캠페인을 벌인다. 야생동물로부터 광견병 유입 위험도 차단해야 한다. 이를 위해 우리나라, 유럽, 캐나다 등에서 야생동물에 대한 경구용 광견병 백신을 사용한다.

소에 대한 대장균 O157 백신은 공중보건 측면에서 또 다른 사례이다. 심각한 식중독을 일으킬 수 있는 이 세균은 무증상으로 감염된 소의 분변을 통해서 배출된다. 도축 중에 이 세균은 식육을 오염시킬 수 있고, 이러한 경우는 해당 식육제품 회수 등 소비자의 공중보건 공포로 인해 심각한 경제적 피해를 낳는다. 미국에는 이와 관련하여 소 등이 이 세균을 방출하는 것을 상당히 줄일 수 있는 여러 백신이 개발되었다. 그렇지만 이들 백신은 아직은 널리 사용되지 않고 있다. 왜냐하면, 이들 백신은 동물보다는 주로 사람에 혜택이 있지만, 접종하는 비용은 가축 사육 농가에서 부담하기 때문이다.

가금에서 살모넬라균을 통제하기 위한 백신도 사용된다. '살모넬라 엔터라이티디스균(Salmonella enteritidis)'과 같은 일부 살모넬라균은 가금 육이나 알을 통해 사람에 감염될 수 있으며, 식중독 등 심각한 건강상 부작용을 일으킨다.

동물로부터 유래하는 새로운 전염성 질병을 통제하기 위해 백신이 사용되기도 한다. 호주에서 헨드라바이러스(Hendra Virus)³⁶를 통제하기 위해 개발한 백신이 하나의 사례이다. 연구자들은 말을 통하여 박쥐로부터 사람에게 바이러스가 전파되는 연결고리를 차단하기 위해 말 헨드라바이러스 백신을 개발하였다.

위의 예들은 동물에 백신을 접종함으로써 이들 동물로부터 사람으로 관련 인수공통 병원체가 전파되는 것을 예방하기 위한 경우들이다. 이와 유사한 예로는 브루셀라병, 리프트계곡열, 베네수엘라말뇌염(Venezuelan Equine Encephalitis) 등이 있다.[88]

또 다른 유형으로 사람과 동물 모두에 사용될 수 있는 백신도 있다. 웨스트나일바이러스(West Nile Virus) 백신이 대표적이다. 마지막 유형으로는 야생동물에서 사람, 가축 또는 애완동물로 질병이 퍼지는 것을 예방하기 위해 사용되는 백신이다. 이에는 광견병, 소결핵, 라임병(Lyme Disease) 등이 있다.

앞으로 공중보건 측면에서 중요한 결핵병, 만성소모성질병(Chronic Wasting Diseases : CWD)을 포함한 다양한 질병에 대한 백신이 개발될 것이다. 항생제의 대안으로서 식용동물 질병을 통제하기 위한 백신 접종은 또 하나의 중요한 위생관리 수단이다. 항생제로 치료하는 것보다 세균성 질병을 예방하는 것이 항생제 사용을 줄여 항생제 내성을 제한하는 데 효과적이다. 사람에서 크게 문제되는 인수공통 감염병에 대해 동물을 백신 접종하는 것은 공중보건을 향상하기 위한 보다 합리적이고 유용한 방법으로 점점 더 인식되고 있다.

---

**36** 박쥐에서 유래하여 종종 말에 전파되어 심각한 병을 일으킨다. 말은 바이러스를 말 소유주 및 아픈 말과 밀접한 접촉하는 수의사 등에 전파할 수 있다.

03
## 백신은 동물복지에 기여한다

백신은 동물을 건강하게 만들며, 건강은 동물복지의 핵심적 요소이다. 백신은 질병 발생을 예방함으로써 동물위생을 증진하는 것이 일차적 목적이다. 동물에게는 나쁜 동물위생 상태 그 자체가 복지문제이다. 가축은 질병이 없더라도 나쁜 복지 상태는 생산성에 부정적인 영향을 끼친다.

백신은 동물위생 및 동물복지 모두를 촉진하는 데 효과적이다.[89] 이는 동물복지 농장, 유기축산 농장 등과 같이 가축 사육형태가 특별한 경우에 더욱 효과적이다. 왜냐하면, 이런 농장은 유해 잔류물질을 최소화하고, AMR 세균의 발현을 예방하는 데 전통적인 치료법의 사용이 제한되기 때문이다. 대부분 축산농가는 높은 생산성을 창출하고 동물유래 식품의 안전성을 보증할 수 있도록 동물위생 및 동물복지를 높은 수준으로 유지하기 위해 노력한다. 더불어, 사회는 농장 동물을 인도적으로 취급할 것을 요구한다. 이러한 환경 속에서 갈수록 더 많은 동물 소유자가 자신의 동물을 보호할 의무가 바로 자신에게 있다는 것을 인식한다.

백신 접종이 활용되고 있는 또 다른 분야로는 농장 동물에 대한 면역 거세, 임신 억제, 해충 개체 수 통제 등이 있다. 예를 들어, 면역적 거세 백신의 경우, 외과적 거세에 따른 통증 예방, 스트레스 해소, 폐사감소 등의 효과가 있어 동물복지 측면에서도 긍정적이다. 그러나 활용 정도는 아직은 매우 낮다.

동물질병은 가축의 생산성에 나쁜 영향을 미친다. 예를 들면, FMD에 감염된 소는 혀에 궤양이 생겨 먹거나 삼키는 데 어려움을 겪으며, 발굽이 손상되어 걷기가 힘들어 절뚝거린다. 백신 접종은 그러한 부정적 영향을 줄이는 데 도움을 준다. 전체적으로 동물위생 상태가 나쁘면, 특히 가축이 FMD, 돼지열병과 같은 전염성 질병에 걸린 경우는 같이 동거하는 가축도 쉽게 감염될 수 있으므로 백신 접종을 적극적으로 고려한다. 백신 접종을 통해 질병이 예방되는 것은 질병의 고통으로부터의 해방 즉, 동물의 복지를 보증할 수 있다.

최근 백신 접종이 동물복지에 기여한다는 인식은 보편적이다. 2016~2017년 HPAI 발생에 따른 대규모 가금류 살처분 사태 당시 동물보호시민단체 카라는 성명을 통해 "대규모 농장의 조류독감 백신 의무접종과 링백신 방역 정책을 요구한다."라고 했다.[90] 백신 접종을 통해 HPAI 감염을 최대한 예방함으로써 살처분 정책에 따른 가금류 살처분을 최소화할 수 있기 때문이다. 이는 「동물보호법」에서 규정하고 있는 동물보호의 기본원칙 중 하나인 '동물이 고통ㆍ상해 및 질병으로부터 자유로울 것'에도 부합한다.

## 04
## 백신은 항생제 내성을 해결한다

백신은 항생제 내성균이 동물, 사람 또는 환경에 퍼지는 것을 예방하거나 최소화하는 데 도움이 된다. 동물을 건강하게 유지함으로써 동물에 항생제를 사용할 기회를 없애거나 최소화하여 동물이 항생제 내성을 발현할 기회를 예방 또는 최소화할 수 있기 때문이다.[91],[92] 많은 연구에서 동물사육 시 백신을 사용하는 것이 항생제 소비를 상당히 줄일 수 있고, 훌륭한 항생제 대체재가 될 수 있다는 것이 밝혀졌다.[93]

기존의 백신을 잘 활용하고 새로운 백신을 개발하는 것은 AMR에 맞서 싸우는 데, 그래서 질병 감염으로 인한 경제적 피해 및 인명 손실을 줄이는 데 효과적이면서도 중요한 방법이다. 현대사회는 항생제 내성이 큰 세균들에 의해 야기되는 인수공통전염병 또는 식품유래 질병을 막을 수 있는 새로운 백신을 시급히 요구한다. 다만, 효과가 좋은 새로운 백신을 개발하는 것은 오랜 시간이 걸리는 복잡한 문제이다. 약품업계 및 과학계는 어떤 새로운 백신이 AMR에 가장 큰 영향을 미치는지 우선순위를 설정하고 이들에 연구개발을 집중할 필요가 있다.

WHO는 2015년 〈항생제 내성에 관한 지구적 실행계획(Global Action Plan on Antimicrobial Resistance)〉에서 지구적 차원에서 AMR 문제에 대응하는 5가지 전략적 목표를 제시했는데 그중 하나가 "모든 국가의 요구를 고려하여 지속 가능한 투자를 할 수 있는 실용적인 사례를 개발하고, 모든 약품, 진단수단, 백신 등에 대한 투자를 늘리는 것'이다. 즉, 백신을 AMR에 대응하는 주요 수단으로 제시하였다.

미국은 2015년 〈항생제 내성균 대응 국가실행계획(National Action Plan for Combating Antibiotic-Resistant Bacteria)〉[94]에서 실행계획이 추구하는 5가지 지향점을 제시하였다. 이 중 하나로 "새로운 항생제 및 치료약, 그리고 백신에 관한 기초 및 응용 연구 및 개발 촉진"을 제시하였다. 2015년 국가백신자문위원회(National Vaccine Advisory Committee)는 항생제 내성균에 관한 국가적 대응 전략에서 백신의 역할을 더 많이 고려할 것을 권고하였다.[95]

영국 정부의 짐 오닐(Jim O'Neill) 보고서[96]에 따르면, 백신은 전염성 질병을 예방할 수 있어 항생제 사용의 필요성을 줄일 수 있으므로 사람과 동물 모두에 필요할 경우 적극적으로 사용해야 한다.

백신에 대해 병원체가 내성을 갖는 경우는 거의 없으므로 백신은 질병을 예방하는 데 오랫동안 지속 가능한 접근방식이다.[97] 백신은 AMR

과 싸우는 전략의 한 축이 될 수 있다. 백신은 미생물이 증식하거나 진화할 기회를 줄이기 때문에 약물내성 병원균의 등장을 지연시킬 수 있다. 또한, 백신은 내성을 거의 초래하지 않는다는 점에서 항생제보다 우위에 있다. 왜냐하면, 항생제는 감염이 시작된 이후에 투여되는데 이때는 미생물의 밀도가 높아져 새로운 내성균이 진화할 수 있기 때문이다. 그에 반해 백신은 감염을 초기에 제압하므로 그럴 염려가 없다.

## 05
## 백신 접종은 의료행위이다

백신은 동물이 태어날 때부터 보유한 면역 수준을 초과하는 질병에 대한 어느 정도의 저항성을 제공함으로써 동물을 보호한다. 백신의 효능 및 면역 지속기간에 영향을 미치는 요소들은 다양하며, 현실적으로 모든 요인을 정확히 예측하기는 매우 어렵다. 더군다나 모든 동물에 모든 상황에서 완벽하게 안전하고 효과적인 백신은 없다. 농장 또는 지역 상황에 적합한 백신 접종 세부계획을 수립하여 시행하는 것이 접종대상 동물에서 해당 질병의 발생을 예방하거나 감염을 최소화하는 가장 적절한 방법이다. 이러한 세부계획은 정부 또는 민간의 동물질병 모니터링 및 예찰 자료 등 다양한 수의학적 지식에 근거하여 수립된다.

백신은 동물의 건강에 중대한 영향을 끼친다. 백신 종류, 투여 방법, 투여 대상 등을 포괄하는 백신 접종프로그램은 복잡하며 높은 수준의 수의학적 전문성을 요구한다. 접종프로그램은 국가, 지역 또는 농장 단위로 마련될 수 있다. 접종프로그램의 세부적인 내용은 수의사, 동물소유주, 대상 동물 및 주변 상황을 고려하여 결정된다. 수의사는 FMD 발생과 같은 특별한 상황에서는 자신이 활동하는 지역에 있는 관련 동물에 적용하기 위한 구제역 이외 다른 백신 접종대상 질병에 대한 별도의 백신 접종프로그램을 만든다. 또한, 수의사는 각기 다른 개별 농장의 질병 발생상황이나 외부로부터의 질병 유입 위험 정도 등을 고려하여 농장별 맞춤형 접종프로그램을 만들어 농장에 제공한다. 접종프로그램은 적용대상 농장 또는 지역 내에서 일어나는 관련 동물의 모든 이동상황을 고려한다. 그리고 주변 환경에 존재하는 임상적으로 관련이 있는 위험요인을 고려한다. 또한, 백신 접종프로그램은 정부의 모든 관련 법령에 부합해야 한다.

백신 취급자와 사용자는 보관온도, 유통기한, 휴약기간 등과 같은 백신 취급과 관련된 제품 표시사항 및 권고사항을 충실히 따라야 한다. 백신 제조업자가 제공하는 이들 정보는 백신의 효능 및 안전성을 보증하는 데 필수적이다. 다만, 명확한 수의학적 근거가 있고 모든 법적 요건들에 부합되는 경우에 수의사는 백신의 사용 및 취급에 관해 자유재량의 판단을 할 수 있다.

백신접종은 동물이 죽을 때까지 최적의 건강 및 생산성을 유지하는 것을 보증하는 데 중요하다. 백신 접종된 동물의 면역형성 수준은 해당 동물의 질병 이력, 백신 접종 이력, 접종 방법, 대상 동물 종류와 나이 등 다양한 요인에 영향을 받는다. 최상의 접종 효과를 얻기 위해서 동물의 소유자 또는 취급자는 세부 백신접종 계획을 수의사와 협의하고 수의사의 처방을 따라야 한다.

백신 접종프로그램은 백신 접종으로 인한 부작용을 최소화하면서도 동물들의 건강 및 공중보건을 보증해야 한다. 부작용은 동물 종류, 백신 종류 등에 따라 다르나 보통 발열, 의기소침, 식욕부진, 구토, 설사, 주사 부위 팽만 등이다. 심한 경우 과민성 쇼크도 있다.

수의사는 개별 동물이나 축군에 백신을 접종하기 전에 백신 접종의 위험 대비 혜택을 평가한다. 세부적인 접종 계획은 동물의 사육관리 실태, 해당 지역의 대상 질병 발생상황, 지리적 위치, 동물의 질병 감수성 및 면역상태 등을 고려하여 수립된다. 게다가 접종대상 동물의 건강상태, 백신 특성(항원/부형제 조합), 접종 방법, 접종 시 같이 투여하는 약품 등을 추가로 고려한다.

수의사는 세부적인 백신 접종프로그램을 수립할 때는 백신 제조업체, 정부 기관, 학계 등으로부터 얻는 정보를 적극적으로 활용한다.

동물에 백신을 접종하는 것은 수의 의료행위이다. 수의사는 질병별 위험평가를 통해서 어떤 동물에 백신 접종이 필요한지, 언제 어떠한 백신을 접종해야 하는지 결정할 수 있는 전문가이다. 백신을 잘못 접종할 경우 동물위생, 동물복지 및 공중보건에 부정적 영향을 미치며, 동물의 생산성 저하에 따른 경제적 손실도 초래한다.

수의사는 접종대상 동물이 건강상 위험이 있는지를 검사 및 평가한 후에 필요한 경우 적절한 백신을 처방한다. 수의사는 백신이 최고의 효과를 낼 수 있도록 최상의 접종프로그램을 마련한다. 백신은 대상동물 종과 이들의 건강상태, 나이, 임신 여부 등에 따라 접종 시기, 접종 부위, 접종 용량 등에 많은 영향을 받으므로 각별한 주의가 필요하다. 접종 후 부작용이 있거나 효과가 없는 경우, 이에 관한 세부내용을 기록한다. 법적으로 백신 접종 의무대상 질병의 경우, 수의사가 접종 여부를 확인 및 증명한다.

백신 접종이 전문적 수의 행위인 이유는 다양하다. 접종대상 동물질병에 대한 검사 · 진단 및 통제, 질병 통제프로그램 수립, 접종 권고 사항, 그리고 백신 처방 세부사항은 모두 서로 밀접히 연계된다. 백신 접종은 동물의 건강상태에 대한 적절한 검사 및 백신에 대한 충분한 과학적 지식을 토대로 시행된다. 백신 접종은 동물위생관리의 한 부분이다. 수의사는 농장주와 협력해서 효과적인 위생관리 계획을 수립하기 위하여 농장을 정기적으로 방문한다. 수의사는 위험평가를 통해 개별 동물 또는 농장에 가장 효과적인 백신이 무엇인지, 언제, 어느 동물에 백신을 접종할 것인지 등을 농장주에 권고한다.

수의사는 백신 보관방법, 접종방법, 기록유지 등 백신 접종에 관한 수의학적 전문성이 있다. 수의사는 정부 당국의 약사 감시 등을 통해 약품 사고를 적절하게 감시하고 기록하도록 훈련을 받는다. 드물지만 백신 접종된 동물이 과민성 쇼크를 일으켜 죽는 경우가 있다. 백신을 접종했음에도 백신의 효과가 없거나 미흡할 수도 있다. 이러한 백신 부작용을 모두 기록하는 것은 중요하다. 이유는 해당 백신에 의해 보호되지 않는 어떤 새로운 병원체 균주가 유행하는 것을 발견할 수도 있기 때문이다.

동물질병 위기상황 시에는 긴급 수입된 백신이 일시적으로 방역당국의 승인을 받은 후 사용될 수 있다. 수의사는 수의학적 전문성을 바탕으로 백신을 접종하여 효과를 극대화한다. 또 이들 백신을 사용하는 과정에서 어떠한 부작용이 있는지를 자세히 감시하고, 있는 경우 이를 기록한다. 긴급상황 시 백신접종의 효과는 신속히 최상의 수준으로 나타나야 하며, 이를 위해서는 올바른 백신접종 등 수의학적 전문성을 요구한다. 이 점은 위기대응에 있어 매우 중요한 측면이다.

일상적인 백신 접종도 전문성 및 신뢰 측면에서 수의사가 해야 한다. 법적인 접종대상 질병의 경우, 수의증명서는 동물의 건강상태를 보증하고 특정 질병이 없다는 것을 공적으로 증명한다. 수의사는 자신의 지식

범위 내에서 입증할 수 있는 경우에만 증명한다. 법정 전염병의 경우 정부 수의당국이 질병 통제를 담당하고 책임을 진다. 질병 박멸프로그램은 보통 어떠한 백신을 언제, 어느 동물에 사용할 것인지 등 구체적인 백신 사용 기준을 포함한다.

## 06
## 백신에 대한 잘못된 인식이 있다

백신은 과학적으로 실제 효과가 분명히 있다. 그러나 백신에 대한 잘못된 인식이 우리 주변에 소수이지만 있다. 이러한 잘못된 인식은 동물위생 및 수의공중 분야에서 백신 접종의 다양한 이점을 누릴 수 없게 만들어 사회적, 경제적 측면에서 큰 손실을 초래할 수 있다. 대표적으로 잘못된 인식은 다음과 같다.

첫째, 백신 접종은 실제로는 효과가 없다. 사람의 경우 백신 접종은 20세기에 생존율을 극적으로 높였다. 사람의 생존율에 백신보다 더 큰 영향을 미친 것은 오직 '사람들이 깨끗한 물을 마실 수 있게 된 것'밖에 없다.[98] 백신 접종은 1982년에 천연두, 2011년에 우역을 세계적으로 근절하는 성과를 가져왔다. 고양이백혈병 바이러스(Feline Leukemia Virus)는 세계적으로 널리 퍼져있던 치명적인 바이러스였지만, 광범위한 백신 접종 덕택에 세계적으로 발생률이 1~2% 수준이다.[99] 백신 접종은 또한 고양이 파보바이러스와 같이 치명적일 수 있는 병원체로부터 반려동물을 보호한다.

둘째, 백신 접종은 모든 동물은 결국은 죽는다는 자연의 법칙을 거스른다. 그렇지 않다. 백신은 오히려 동물이 자연적 수명을 다할 수 있도록 도움을 준다.

셋째, 동물이 질병에 대한 면역 수준을 높이기 위해서는 질병에 노출되는 것이 꼭 필요하다. 백신은 개별 동물이 어떤 전형적인 증상을 겪지 않고서도 특정 질병에 대한 면역력을 높인다. 일부 질병의 경우는 동물에 있어 자연적 감염이 자연적 면역을 제공하지 않는다. 백신 접종은 동물 체내의 자연적인 면역체계를 자극함으로써 자연적 감염을 흉내 낸다. 백신 접종은 축군 위생관리에서 동물의 자연적 면역성을 자극하는 중요한 한 부분이다. 농장 동물의 경우, 우수한 사육규범에 따라 길러질 때라도 여전히 아플 수도 있고, 또 전염성이 높은 질병은 급속히 전파되어 엄청난 피해를 낳을 수도 있다.

넷째, 백신 접종은 혜택보다는 부정적인 작용이 더 많다. 백신은 질병을 예방하고, 동물의 건강을 지키고, 동물의 복지를 보호할 목적으로 동물의 자연적 질병방어시스템을 자극하는 하나의 안전하고 쉬운 방법이다. 또한, 백신은 전염성 질병으로부터 가축을 보호함으로써 식용에 안전하고 품질 좋은 식육, 알, 우유 등의 공급을 보증한다. 백신은 안전하고 효율적이며 부작용이 거의 없다.

다섯째, 사람이 먹는 축산식품에 백신의 잔존물이 남아 사람의 건강을 해할 수 있다. 가축에 사용되는 약품은 관계당국으로부터 허가를 받은 제품으로 동물에 사용 시 준수해야 할 휴약기간이 설정된다. 백신은 사람에 안전하다.

여섯째, 백신 접종은 축산식품을 먹는 사람들만 관련된다. 동물 백신 접종은 공중보건에서 중요한 역할을 한다. 예를 들어 세계적으로 성공적인 백신 접종 덕분에 많은 국가에서 광견병이 발생하지 않고 있다.[100] 지역에 있는 개의 70%에 대해 백신 접종을 함으로써 사람에서 광견병 발생이 거의 없어졌다는 연구결과도 있다.[101] 개에 광견병 백신을 접종함으로써 세계적으로 매년 6만 명(대부분이 어린이)의 목숨을 구하는 것으로 추정된다. 반려동물에 백신을 접종하는 것은 동물질병 및 인수공통질병을 예방함으로써 동물의 건강을 보호하고, 이들과 함께 생활하는 인류의 건강을 보호하는 중요한 부분이다.

일곱째, 동물에 백신을 접종하는 것은 사람의 건강과 관련이 없다. 사람에서 새롭게 출현하는 질병의 70% 이상이 동물에서 유래한다. 백신 접종은 세계적으로 보건에 있어 인수공통질병을 예방하는 데 꼭 필요한 역할을 한다.

여덟째, 반려동물은 가정에만 있으므로 백신 접종이 필요 없다. 집에 있는 개나 고양이도 광견병, 비강기관염, 범백혈구감소증 등과 같은 치명적인 질병에 대한 백신 접종이 필요하다. 개, 고양이 등 일부 반려동물은 산책, 운동 등 외부활동도 한다.

아홉째, 백신은 비싸서 가난한 나라에서는 사용할 수 없다. 백신은 보건분야 역사상 가장 비용대비 효과가 높은 과학적 업적이다. 백신은 가축과 같은 생계수단의 손실로 인한 심각한 경제적 피해로부터 농가뿐만 아니라 국가의 경제를 보호한다. 수단에서 FMD 백신 접종의 비용대비 효과를 연구한 결과 1달러를 투자하면 11.5달러의 수익이 보였다.[102]

백신에 대한 잘못된 인식이 아직도 우리 주변에 많이 있다. 백신에 대한 올바른 인식을 가지는 것이 중요하다. 이를 위해 이해당사자들에게 백신에 관한 적절한 교육·홍보가 중요하다. 백신은 최고의 질병 통제 수단 중 하나이기 때문이다.

# 제9장

# 방역활동은 보상을 수반한다

01
## 보상은 방역의 효율성을 높인다

일반적으로 보상이란 정부 방역당국이 특정한 질병을 통제할 목적으로 동물의 소유자 등에게 살처분, 이동제한 등의 명령을 내리는 경우 해당 조치에 따른 경제적 피해를 벌충해주는 것이다. 이는 동물 소유자 등이 동물에서 동물질병 의심증상을 최초로 확인할 때 이를 관계당국에 신고할지를 결정하는 데 큰 영향을 미친다.

보상의 이유는 크게 3가지다. 첫째, 가축 소유자 등이 동물질병 발생을 신속히 신고하도록 촉진한다. 둘째, 동물 소유자 등이 질병에 걸린 동물을 도태하는 것을 조장한다. 셋째, 정부가 공익을 위해 국민의 자산을 폐기하는 경우 이를 보상하는 것은 정부의 책무이다.

OIE는 질병 발생 보고체계를 개선하고 질병 전파를 예방하기 위하여 정부 수의조직이 고려해야 할 중요한 요소로 경제적 보상을 든다. 이러한 측면은 어떤 외래성 질병의 국내 유입 또는 기존에 근절된 질병의 재유입과 관련해서는 결정적으로 중요하다. 특히 보상체계는 ASF와 같이 악성 전염병이 걸렸거나 걸린 동물과 접촉한 동물, 그리고 이들 동물의 주변에 있는 동물들에 대한 통제의 필수적인 요소로서 살처분 조치가 권고되는 경우에 매우 중요하다. 2006.11월 'OIE 아메리카지역위원회 회의(Conference of the OIE Regional Commission for the Americas)'에서 OIE 사무총장은 "동물이 질병에 감염되었을 때 살처분이 없이는 이를 효과적으로 통제 또는 박멸하기가 매우 어렵다. 이 정책은 정부에 의해 확고하게 뒷받침되는 적절한 보상체계가 동반되는 경우에만 효과적일 수 있다."라고 했다.

정부 방역당국의 명령에 따라 사육하던 가축을 모두 살처분하고 보상을 받은 농가가 관련 법령 또는 정책에 따라 질병 통제를 위해 일정 기간 가축을 농장에 새로 반입하지 못하는 때 정부는 이들의 생계 보호를 위한 생활 안전망(보험, 생계지원 등)을 제공해야 한다. 「가축전염병예방법」 제49조는 국가 또는 지자체는 시장·군수·구청장의 살처분 명령을 이행한 가축의 소유자에게 예산의 범위에서 생계안정을 위한 비용을 지원할 수 있도록 규정한다.

여기서 이해당사자들 간에 경제적 위험을 공유하는 문제는 중요하다. 만약 정부가 질병 발생 등 어떤 일이 잘못될 때마다 생계 안전망을 제공한다면, 이것은 민간 개개인이 위험을 줄이기 위한 자율적인 조치를 하는 것을 소홀히 할 소지가 있다. 그러므로 질병 발생에 따르는 위험은 정부, 농가 등이 분담한다. 예를 들어 가축 소유자가 방역활동을 소홀히 하거나, 발생 건을 신고하지 않는 등 질병 발생에 따른 피해 발생의 귀책사유가 농가에 있는 경우 살처분 보상금을 지급하지 않거나 일정 비율을 삭감할 수 있다.

끝으로 정부 방역당국은 위의 사항과 같은 축산업계의 특수한 현황 등을 고려하여 세부적인 보상 프로그램을 평상시에 마련해야 한다. 해당 질병이 발생하는 긴급상황 시 이를 즉시 적용한다. 보상 프로그램은 각 질병 통제 긴급대응계획의 한 부분일 필요가 있다.

## 02
## 선의의 피해자는 보상받는다

보상받는 사람은 보상 이유에 달려 있다. 질병 발생 신고를 조장하기 위한 경우는 신고하는 사람에게 보상한다. 정부의 보상체계에 적극 참여하도록 도태되는 모든 가축의 소유자에게 보상해야 한다. 보상에는 살처분 대상 농가가 가축을 사육할 수 없는 기간에 대한 생계지원 비용, 가축이 살처분되어 얻을 수 없는 우유, 알 등 이차적인 생산손실 등을 포함할 수 있다. 그러나 이것은 상당히 복잡하고 어려운 문제이다.

방역 조치로 인해 관련 동물과 물품의 이동이 제한되는 지역 내에 있는 다른 농가의 동물에 대해서도 보상이 있을 수 있다. 소유주가 이들을 시장 등 다른 곳으로 수송하거나 판매할 수 없지만, 이동제한 기간에 동물은 계속 사육되어야 하고, 일부 물품은 쓸모가 없어지기 때문이다. 이런 형태의 보상은 농가들이 동물을 불법적으로 이동하는 것을 막고, 동물의 복지를 유지하기 위한 것이다. 이러한 보상이 없으면, 동물 소유자는 이동제한 중에 재정적 곤경으로 사료를 살 여력조차도 없을 수 있다.

질병 발생 중에 가격 하락, 생산손실과 같은 간접적인 피해는 보통 보상 대상이 아니다. 예를 들어 소규모 농가가 살처분된 개별 동물에 대해 일련의 보상금을 받을 수 있지만, 미래에 살처분 대상인 닭이 낳을 알이나 젖소가 생산할 원유로 얻게 되는 수익은 보상 대상이 아닌 것이 일반적이다. 이는 보험의 경우도 마찬가지이다.

「가축전염병예방법」 제48조는 국가나 지방자치단체가 보상금을 지급하여야 하는 경우를 규정한다. 주요 사항으로는 ▶ 가축전염병의 확산을 막기 위하여 중점방역관리지구[37] 내에서 해당 가축의 사육제한을 명령받아 이로 인해 손실을 본 자 ▶ 시장·군수·구청장의 '살처분 명령'[38]에 따라 살처분한 가축의 소유자 ▶ 가축방역관의 지시에 따라 가축전염병의 병원체에 오염되었거나 오염되었다고 믿을 만한 역학조사·정밀검사나 임상 증상이 있는 물건을 소각하거나 매몰한 자 ▶ 병명이 불분명한 질병으로 죽은 가축이나 가축전염병에 걸렸다고 믿을 만한 임상 증상이 있는 가축을 신고한 자 중에서 병성감정 실시 결과 가축전염병으로 확인되어 이동이 제한된 자 ▶ 시장·군수·구청장이 가축전염병 확산방지를 위해 필요하다고 인정하여 사용정지 또는 사용제한의 명령을 받은 도축장의 소유자 등이다. 또한, 같은 법 제21조에 따라 시장·군수·구청장은 자신의 명령에 따라 살처분된 가축과 함께 사육된 가축으로서 격리·억류·이동 제한된 가축에 대하여 그 가축의 소유자 등에게 도태를 목적으로 도축장 등에 출하할 것을 권고할 수 있다. 이 경우 출하된 가축의 소유자에게는 예산의 범위에서 장려금을 지급할 수 있다.

---

**37** 농식품부장관은 제1종 가축전염병이 자주 발생하였거나 발생할 우려가 높은 지역을 중점방역관리지구로 지정할 수 있다. 시장·군수·구청장은 가축전염병의 확산을 막기 위하여 중점방역관리지구 내에서 해당 가축의 사육제한을 명할 수 있다.

**38** 대상 질병은 제1종 가축전염병은 우역, 우폐역, FMD, ASF, 돼지열병 및 HPAI로 6종이며, 제2종 가축전염병은 브루셀라병, 결핵병, BSE, 돼지오제스키병, 돼지인플루엔자, 광견병, CWD 및 스크래피로 8종이다.

## 보상기준은 법령으로 정한다

중요한 부분 중 하나는 어떻게 보상금 지급대상 동물의 숫자를 정확하게 파악하여 등록할 것인지를 미리 정하는 것이다. 예를 들어 지방자치단체의 살처분 보상금 지급팀이 도태되는 동물의 숫자를 등록할 수 있다. 또한, 지방자치단체, 생산자단체, 그리고 제3자로 독립적인 보상금 지급팀을 구성할 수도 있다. 중요한 것은 정부는 보상 문제를 신속하게 처리해야 한다는 점이다. 그렇지 않으면 가축 소유자 등이 자체적으로 자신들의 동물을 도태하고 지급대상 동물의 숫자를 주장할 수도 있다.

보상금을 어디에서 지급할 것인지 정해야 한다. 기존의 조직을 활용한 단순한 보상체계가 필요하다. 일례로 유럽국가는 보상금을 농가들이 자신들의 거래은행에 예치할 수 있도록 수표로 지급한다. 우리나라는 보통 수령인의 은행 계좌로 지급한다.

보상금은 직접적 손실에 한정되는 것이 기본이다. 일반적으로 보상금액은 살처분되는 동물, 폐기되는 동물유래 축산물, 농장 보유 사료 등에 대한 시장 평가 가격에 근거한다. 동물소유주는 여기서 '공정한'이란 의미를 '정부가 평가한 것보다 더 많이'로 생각하는 경우가 종종 있지만, 이와 같은 불만은 면밀한 보상계획 수립 및 준비를 통해 최소화될 수 있다.

보상률을 어떻게 설정할 것인지는 매우 민감한 문제이다. 가축 소유자는 정부의 살처분 지시로 인해 발생했다고 생각하는 모든 피해를 최대한 보상받으려 한다. 정부는 살처분 지시의 근본적 귀책사유가 사육농가의 방역활동 소홀 등 이해당사자에게 어느 정도 있다면 해당 정도

만큼을 지급대상에서 제외하려 한다. 따라서 보상금 지급비율은 이해당사자들이 모두 참여하는 가칭 '보상금 지급비율 결정위원회'에서 축종별, 범주별로 객관적, 합리적으로 설정하는 것이 바람직하다. 이를 통해 설정된 보상 대상, 보상비율 등은 계속 변화하는 외부환경 등을 고려하여 주기적으로 다시 평가한다.

보상률을 어떻게 설정할 것인가에 관한 일반적 합의가 더 많을수록 실제로 보상금을 산정할 때 이해당사자의 불만은 더 적다. 보상 대상을 설정할 때는 소규모 농가, 농가 단체, 축산물 생산자단체 등과 긴밀히 협력해서 최선의 보상 범주 목록을 마련한다.

보상금 산정 방식은 크게 두 가지이다. '시장가격' 또는 '생산비용'이다. 시장가격이 좀 더 일반적이다. 우리나라도 시장가격(산지거래가격, 축산물 도매시장 경락가격 등) 중심이다. 보통 보상금액이 시장 가치보다 낮을수록, 농가들은 정부 당국과 질병 발생 보고 등의 협력을 적게 한다. 생산비용 방식은 일반적으로 시장으로 판매가 자주 일어나지 않거나 대규모 판매가 일어나지 않는 유형의 가축들, 예를 들면 산란계나 번식용 축군의 경우에 활용된다. 어떠한 보상금 산정 방식을 채택하든 농가, 생산자와 정부 당국이 가능한 최대한도로 합의할 수 있는 보상금 산정 기초 자료를 확보하는 것이 중요하다.

보상률은 국가적 차원에서 전국적으로 똑같이 일관되게 적용한다. 그렇지 않으면 보상률을 높게 적용하는 지방자치단체를 중심으로 가축을 이동시키는 일이 발생한다. 축종별 그리고 나이, 용도 등 범주별로 가격이 서로 다르지만, 너무 많은 범주로 구분하지 않아야 한다. 그러면 보상금을 집행하기 어렵다. 시장가격의 몇 %를 지급할 것인지를 미리 결정한다. 이때 정부가 얼마나 지급 가능한지, 이해당사자가 얼마나 수용 가능한지를 잘 고려할 필요가 있다. 일반적으로는 시장가격의 100%를 지급한다. 이때 시장가격을 어떻게 결정할지를 미리 정한다. 월 또는 주 평균가격일 수도 있고 도태 당시 날짜의 가격을 기준으로 할 수도 있다.

방역과정에서 발생하는 다양한 피해에 대한 보상금 사안에 접근하는데 핵심은 "보상은 조기 신고를 조장하기에 충분한 수준이어야 하지만, 반대로 적절한 수준의 차단방역 노력의 의욕을 떨어뜨릴 만큼 많지 않아야 한다."는 것이다.[103]

「가축전염병예방법」은 보상금의 지급 및 감액 기준을 구체적으로 정하고 있으며, 보상금의 지급기준에 의한 가축 등에 대한 평가의 기준 및 방법, 가축의 종류별 평가액의 산정기준 그 밖의 가축 등의 평가에 관한 세부적인 사항은 농식품부장관이 고시[39]한다.

## 04
## 민간주도의 보상금 지급을 고려할 때이다

보상금을 지급하는 주체는 다양할 수 있다. 정부가 가장 일반적이다. 이상적으로는 보상금에 쓰이는 자금은 공공 및 민간 모두의 자원에서 유래하는 것이 좋다. 가장 좋은 것은 정부와 민간 영역이 함께 가축질병 긴급사태에 대비한 보상기금을 조성하는 것이다. 이것은 공공 및 민간 영역 모두가 동물질병 발생 위험을 줄일 수 있는 조치를 할 수 있도록 서로 재정적 위험을 공유하게 한다.

EU 국가는 살처분, 도체 및 관련되는 오염물질의 처분, 그리고 작업장 및 농장 소독에 쓰이는 비용의 50%를 제공한다. 이러한 자금을 위해

---

39 「살처분 가축 등에 대한 보상금 등 지급요령」(농식품부고시 제2019-458호)

서 EU 회원국은 연간 농업분담금을 부담한다. 네덜란드는 동물질병을 통제하기 위해 동물을 살처분하거나 관련 품목을 폐기하는 경우 동물위생복지법에 따라 '동물위생기금(Animal Health Fund)'에서 보상금을 지급한다.[104] 살처분 대상 동물 중 건강한 동물은 시가의 100%, 질병에 걸린 동물은 50%를 지급한다. 질병 발생 이전에 죽은 동물은 보상 대상이 아니다. 호주는 Animal Health Australia[40]이 '정부와 민간의 보상비용 분담에 관한 서약[41]에 근거해서 보상 관련 지침[42]에 따라 정부와 민간이 제공하는 연간기부금을 활용하여 보상금을 지급한다.

　농가가 가입한 민간보험이 보상금 일부를 담당할 수도 있다. 이런 경우 보험회사는 가입조건으로 농가에 질병관리계획을 실행할 것을 요구할 수 있다. 칠레의 경우 농가는 돼지열병으로 인한 손실에 대해 민간보험에 가입할 수 있지만, 보험회사는 농장 질병관리계획을 운용할 것을 요구하며, 가입 이후 운영실태를 조사한다.

---

40　1996년 1월 Australian Corporations Law에 따라 설립되었다. 2018 기준으로 34개 회원이 있다. 비영리 기관으로 동물위생, 수의공중보건, 검역, 동물복지 등에 관한 50개 이상의 국가적 프로그램을 운영한다.

41　Government and Livestock Industry Cost Sharing Deed in Respect of Emergency Animal Disease Response (Emergency Animal Disease Response Agreement)

42　Australian Veterinary Emergency Plan (AUSVETPLAN), Valuation and Compensation Manual (Version 4.0, 2017)

ONE HEALTH
ONE WELFARE

# PART Ⅲ
# 수의공중보건

# 제10장

# 수의공중보건이 공중보건의 핵심이다

## 01
## 공중보건은 수의학의 중심이다

1951년 WHO/FAO 인수공통질병전문가그룹(Joint WHO/FAO Expert Group on Zoonoses)의 보고서[105]에서 수의공중보건을 "질병의 예방, 생명의 보호, 사람의 건강과 신체 역량의 증진에 적용되는 수의학적 기술과 과학에 영향을 미치거나 영향을 받은 모든 공동체의 노력"으로 최초로 정의하였다. WHO는 1993년 회의[43]에서 "수의공중보건은 수의학에 대한 이해와 적용을 통하여 사람의 육체적, 정신적, 사회적 복리를 위한 모든 기여의 총합"이라 정의했다. OIE/TAHC (Article 6.1.1.)는 수의공중보건을 "수의학의 적용에 초점을 두는 공중보건의 한 구성요소이며, 동물, 동물 생산품 및 부산물과 직간접적으로 연관이 있는 모든 조치를 포

---

43 WHO Study Group on Future Trends in Veterinary Public Health이 1993년 3월 이태리 Teramo에서 개최된 회의를 말한다.

함하는 것으로서, 인류의 육체적, 정신적 및 사회적 복리를 보호하고 증진하는 것에 공헌하는 것"으로 규정한다.

수의공중보건학은 수의학의 한 분야로서 인류의 생명을 연장하고 건강을 증진하는 기술 및 학문이다. 수의학은 동물의 건강을 촉진함으로써 사람 건강에 기여하고, 동물유래 생산품의 품질을 높이고 생산량을 증가시킨다. 수의공중보건은 동물 또는 동물생산품에 있는 공중보건 위해들이 사람에 노출되는 것을 줄임으로써 사람건강을 보호한다. 식품에 대한 높은 수준의 동물위생 및 품질 보증은 국가적 수준의 식량안보에 기여한다.

동물질병과 사람질병이 서로 연계되어 있다는 인식은 문명사회만큼이나 오래되었다. 《구약성서 출애굽기》에 이집트에서 퍼진 7가지 역병 중 하나로 탄저가 기록되어 있다.[106] 수의공중보건의 핵심적 분야로 '인수공통질병에 대한 진단, 예찰, 역학, 통제, 예방 및 박멸', '식품 보호', '실험동물시설 및 진단실험실 위생관리', '생의학 연구', '보건 교육 및 컨설팅', '생물학적 제품 및 의료 장비의 생산 및 통제' 등이 있다. 수의공중보건은 수의사가 중심이지만 의사, 간호사, 미생물학자, 환경전문가, 위생학자, 식품기술자, 농업학자 등도 관련된다.

수의공중보건 분야는 여타 다른 분야와 연계되어 다양한 역할을 하지만 주된 역할은 다음의 4가지이다.

첫째, 인수공통질병을 예방하고 통제한다. 수의공중보건은 사람들이 동물에서 전파되는 질병에 노출되는 것을 보호함과 동시에 이들 질병으로부터 동물을 보호한다. 또한, 동물유래 식품 소비자에게 인수공통질병으로부터 자신들을 보호하는 방안을 알려준다. 동물에서 질병의 근본 원인을 찾아내고, 전파를 일으키는 동력 및 경로를 찾아내 추가적인 확산을 차단하거나 최소화하기 위한 역학적 활동을 수행하기도 한다. 또한, 평상시에는 이들 질병을 예찰하고 발생하였을 때 이를 통제하고 조기에 종식하기 위한 박멸프로그램을 운용하기도 한다.

둘째, 동물유래 식품이 유해물질에 오염되지 않거나 허용 가능한 수준 이내로 유지되도록 통제한다. 즉, 동물유래 식품의 안전성을 보증한다. 수의공중보건 활동은 식품의 물량, 품질 및 안전성을 생산자와 소비자가 희망하는 수준으로 유지하는 데 중요한 역할을 한다. 식품의 안전성은 위생검사와 같은 다양한 공중보건 조치들을 통해 유지될 수 있는데, 이러한 위생검사에는 식용목적 동물을 생산 · 도축 · 가공하는 과정에서 적용하는 도축검사, 병원성 미생물 검사, 유해 잔류물질 검사 등이 있다.

셋째, 동물사육 시 발생하는 해로운 물질이 주변 환경에 유입되는 것을 예방 및 통제함으로써 환경을 보호하고, 반대로 환경으로부터 유입될 수 있는 농약, 중금속 등 환경오염물질로부터 사람과 동물을 보호한다. 자연환경에 공중보건상 문제가 없도록 동물이나 동물성 산물을 위생적으로 폐기할 필요가 있다. 또한, 가축 밀집사육으로 인해 대량으로 발생하는 가축의 분뇨, 폐수 등으로 농촌 및 도시 환경에 야기될 수 있는 공중보건상 부정적 작용들을 예방 또는 최소화하기 위한 자문 등과 같은 활동들도 이에 해당한다.

넷째, 동물이 사회에 미치는 긍정적인 역할을 촉진한다. 이는 주로 동물의 복지문제와 관련이 있다. 특히, 반려동물, 맹인안내견, 장애인 도움견 등에 대한 적절한 치료는 중요한 수의 사안 중 하나이다. 공중보건 위해들을 파악하기 위한 동물 모니터링도 이에 포함된다. 유전공학 기술을 이용한 유전자 이식 동물, 이종 동물 간 장기이식 등도 최근의 주된 관심사이다. 지역 공동체의 건강 및 복지를 위해 동물을 활용하는 데 수의 전문성을 제공하는 활동 등도 이 범주에 포함된다.

정부 수의조직은 수의공중보건이 본질적으로 공공재임을 충분히 인식해야 한다. 모든 사람에게 수의공중보건이 적절히 제공됨을 공적으로 보증할 일차적 책임은 정부에 있다.

## 02
## 수의공중보건은 전문성을 요구한다

수의공중보건은 사람의 건강을 다루는 분야로 그 중요성이 날로 높아진다. 적절하고 효율적인 수의공중보건 정책을 시행하기 위해서는 이의 중요성을 올바르게 인식하는 것이 필요하다.

인류는 역사적으로 많은 치명적 전염병을 겪었다. 이들 대부분은 동물에 있던 병원균이 사람에 옮겨져 발생한 것이다. 1997년에서 2009년 사이 세계적으로 인수공통질병으로 인한 비용은 약 800억 달러이며, 사람에서 매년 약 25억 건이 발생하여 270만 명이 사망하였다.[107]

미국 공익과학센터(Center for Science in the Public Interest) 보고서[108]에 따르면, 2003년부터 2012년까지 발생한 식품유래질병을 분석한 결과, 원인이 밝혀진 것 중 5대 단일 식품은 신선농산물, 해산물, 가금육, 쇠고기, 유제품 순으로 이들이 전체 발생 건의 57%, 발병건의 58%를 차지하였다. 가장 흔한 병원체는 살모넬라균(19%), 클로스트리디움균(11%), 바실러스균(5%), 대장균(5%) 등의 순서였다. 5대 식품군 모두가 수의와 관련이 있다. 신선농산물 오염의 근본 원인도 축산에 의한 경우가 많다. 식중독균에 오염된 축산분뇨가 논밭에 뿌려져 농작물을 오염시키기 때문이다.

동물, 사람 및 환경이 상호작용하는 영역에서 전염성 질병을 효과적으로 통제하는 것은 동물과 사람에서 인수공통질병 전파를 예방하고, 식량안보를 촉진하고, 빈곤을 줄이는 데 매우 중요하다. 동물위생의 투명성을 높이는 것은 공중보건을 보호하는 데 공헌한다. 동물학(Animal Science)의 모든 활동은 직접적으로는 생물의학(Biomedicine) 연구 및 공중보건을 통해서, 간접적으로는 사육동물, 야생동물 또는 환경의 건강을 다룸으로써 사람건강에 영향을 미친다.

수의연구는 동물 종의 경계를 넘나들며, 사람-동물의 접촉면에서 자연적으로 발생하는, 또는 실험적으로 발생시킨 질병 모델에 관한 연구를 포함한다. 수의연구는 식품안전, 야생동물 및 생태계 건강, 인수공통질병 및 공공정책 관련 분야를 포함한다. 수의학은 기본적으로 비교 학문이어서 비교 해부학, 비교 생리학, 비교 병리학 등 기초의학 분야의 토대이다.

수의공중보건 분야에서 수의사는 식량안보를 증진하고, 동물유래 식품의 건강상 안전성을 보증한다. 도축검사, 원유검사와 같은 위생검사를 통해 동물유래 식품의 모든 생산과 유통 단계에서 안전성을 보증한다. 특히, 수의조직은 축산물작업장에서 위해요소중점관리기준(HACCP)[44] 실행, 사람과 식품생산동물에 대한 인수공통질병 예찰, 동물에서 인수공통 병원체 경감, 항생제 내성 최소화 등의 분야에서 강력한 지도력을 발휘한다.

---

44 「식품위생법」, 「축산물위생관리법」에서는 식품안전관리인증기준으로 칭한다. Codex는 "Hazard Analysis and Critical Control Point (HACCP) System and Guidelines for Its Application"은 HACCP을 "식품안전에 있어 중요한 위해들을 파악하고, 평가하고, 통제하는 시스템"으로 정의한다.

최근 수의공중보건에서 중요성이 새롭게 높아지는 분야는 다음과 같다. ▶ 인수공통질병이 아닌 질병에 대한 역학조사 및 통제 분야 ▶ 사람과 동물 상호관계에 있어 행동에 관한, 사회적, 정신적 측면을 다루는 분야 ▶ 비전염성 질병에 대한 역학 및 예방과 관련된 분야 ▶ 공중보건 및 환경 관련 기관에 대한 리더십, 관리 및 행정 분야 ▶ 보건업무의 가치를 평가하는 위험분석, 비용대비 효과 분석, 보건 경제 분야이다.

사람이 최적의 건강을 얻기 위해서는 사람, 동물, 그리고 환경 사이에서 지속 가능한 연계가 필요하다. 수의공중보건 문제를 해결하기 위한 프로그램을 만드는 경우 다음 사항을 유념한다.[109] ▶ 인수공통질병, 전반적 동물위생과 복지, 동물유래 식품의 위생, 그리고 동물사육에서 공중보건 필요성을 평가한다. ▶ 수의공중보건을 동물위생 향상을 위한 기술들과 결합하기 위한 전략을 결정한다. 이때는 동물약품 잔류물질의 통제나 AMR과 같은 약리적 사안들을 특별히 고려한다. ▶ 여타 자원들에 대한 기술적인 요구 및 활용 가능성을 파악하고, 행정 및 법령과 관련된 문제점을 분석하고, 서로 다른 분야들로부터 자원을 동원한다. ▶ 관련 공동체의 적극적 참여를 장려한다. ▶ 수의공중보건에 적합한 교육적 활동을 분석하고 개발한다. ▶ 동물위생 및 동물유래 식품의 안전성을 감시하고 평가한다.

수의공중보건 조직의 핵심 업무는 동물과 관련된 공중보건 위험을 평가하고 관리하는 것, 그리고 이들 위험에 대해 이해관계자들과 정보 소통하는 것이다. 즉, '위험평가', '위험관리' 및 '위험 정보소통'으로 구성된 '위험분석' 기법을 실행하는 것이다. 이 기법은 사회적으로 과학적, 체계적 및 투명한 접근을 요구받는 공중보건상 위험 사안들에 대한 국가적 정책을 수립하고 시행하는 데 가장 효과적인 기법으로 세계적으로 인정받고 있다.

동물과 관련된 많은 공중보건 위험은 식품 또는 다른 매개물을 통해 동물에서 사람으로 전파되는 다양한 경로와 복잡하게 관련이 있다. 이러한 복잡성은 종종 질병 통제를 위한 최적의 개입 시점을 선택하는 데, 그리고 다양한 위험관리방안의 영향 또는 비용을 결정하는 데 어려움을 가중한다. 수의조직은 합리적인 공중보건방안을 결정하기 위해서 과학적 증거, 경제적 분석, 사회적 가치 등에 근거해서 투명하고 공개적인 의사결정 과정을 거칠 필요가 있다.

정부 중앙부처 중 수의공중보건 업무를 어디에서 담당하는 것이 가장 바람직한지에 대한 논란이 있다. 가능한 부서는 농업부서 또는 보건부서이지만 농업부서가 일반적이다. OECD 회원국을 포함한 선진국에서 이 업무는 이탈리아를 제외한 대부분 국가의 경우 농업부서에서 담당한다. 그러나 중요한 점은 이 업무를 어디에 두든지 간에 보건, 소비자 보호, 환경과 같은 업무를 담당하는 행정부서들은 업무수행에 있어 항상 상호협력에 초점을 두어야 한다는 것이다. 이 업무는 보통 여러 부처가 관련되기 때문에 이들 부처 간에 효율적인 업무 조정 및 협의가 늘 활발해야 한다.

## 03
## 주변 환경의 변화를 고려한다

세계적인 인구증가, 상품과 사람의 국제적 이동 증가, 도시화, 개도국에서의 빈곤 증가 및 선진국과의 기술격차 확대, 그리고 토지 사용, 환경 및 기후의 변화 등으로 인해 세계는 격변하고 있다. 이러한 상황에서 수의공중보건 분야 또한 계속해서 변한다. 이러한 변화들은 공중보건 시스템의 한 부분으로서 수의공중보건에 새로운 도전이 되고 있다.

앞으로 수의공중보건 활동에 지속적인 영향을 미칠 다음과 같은 주요한 변화를 주시하고, 수의공중보건 정책을 수립하고 시행할 때 이들을 고려할 필요가 있다. ▶ 세계 인구가 계속 증가할 것이다. 1990년 52억 명, 2000년 60억 명, 2019년 77억 명으로 증가했으며, 2040년에는 90억 명을 넘을 것으로 예측된다. ▶ 환경오염과 관련되는 보건문제가 계속 늘어날 것이다. ▶ 지구온난화는 계속될 것이고, 이는 지구환경을 계속 변화시킬 것이다. ▶ 인수공통질병도 신종질병과 재출현 질병을 중심으로 발생이 계속 증가할 것이다. ▶ 높은 인구밀도, 국가 간 사람의 왕래 증가, 생활양식 변화 등으로 사람 질병의 발생 양상도 달라질 것이다. ▶ 국가보건업무가 분권화되고 민간으로 이양되는 추세인데 이는 더욱 확대될 것이다.

수의공중보건이 동물 및 동물유래 생산품의 국제무역에 미치는 영향, 반대로 국제무역이 수의공중보건에 미치는 영향은 모두 더욱 커질 것이다. 그간 동물 및 동물유래 생산품의 국제무역 증가는 세계적으로 신종 및 재출현 질병의 증가를 자극하는 요인이었다. 예를 들어 장출혈성 대장균은 1990년대 중반까지만 해도 북미에 한정되었으나 이제는 세계 곳곳에서 발견된다.

수의공중보건 분야의 전문성은 신종 및 재출현 인수공통전염병에 대한 공중보건 대응에서 핵심적 사항으로 이들 질병을 찾아내고 통제하고 예방하는 능력을 향상한다. 공중보건 예찰은 보건 자료를 지속적, 체계적으로 수집, 분석하고 그 분석된 자료를 전파하는 것이다. 예찰의 핵심적 요소는 수의 임상 및 수의 진단실험실에서 나오는 인수공통질병 보고이다. 신종전염병을 예방하고 통제하는 것은 여러 관련 분야의 다양한 노력을 요구한다.

## 04

# 식품안전은 기본권이다

식품유래 감염병에 걸린 사람 중 대부분은 특별한 건강상 장애가 없이 회복하지만, 일부는 신부전, 만성 관절염, 신경 손상과 같은 장기적인 부작용을 겪는다. 2015년 5월 미국농무부 농업연구청(USDA/ERS)은 미국에서 가장 흔한 15개 식품유래 병원체가 연간 155억 달러의 경제적 손실을 초래한다고 측정했고, 같은 해 미국식품의약품청(FDA)은 식품유래 감염병과 연관된 건강 비용이 연간 약 360억 달러에 이른다고 했다.[110]

오늘날 식품안전은 헌법상 '건강권', '안전권', '소비자권' 등으로 대변되는 인간의 기본권이다.[111] 식품안전은 국민의 생명과 신체 건강을 지키는 데 필수적이다. 국가는 안전한 식품을 국민에 제공할 의무가 있다. 최근 헌법에 식품안전에 관한 국민의 권리를 명시하는 방안에 대하여 논의와 연구가 진행 중이다.[112] 실제로 프랑스의 경우 헌법에 안전보장을 위한 '예방원칙'을 명문화했으며, 스위스 헌법은 건강권을 규정하고 이를 보장하기 위해 식품, 의약품 등에 대한 안전의 책무를 규정한다.[113]

우리의 경우 「소비자기본법」 제4조에서 소비자의 기본적 권리를 명시한다. 소비자의 권리 중 하나로 '물품 또는 용역으로 인한 생명·신체 또는 재산에 대한 위해로부터 보호받을 권리'를 규정한다. 여기서 말하는 물품에는 식품도 포함된다.

사람들은 자신이 먹는 식품이 건강상 안전하고 식용에 적합하다는 것을 기대할 권리가 있다. 「식품안전기본법」 제4조는 국가 및 지방자치단체의 책무를 다음의 4가지로 규정한다. ▶ 국민이 건강하고 안전한 식생활을 영위할 수 있도록 식품의 안전에 관한 정책을 수립하고 시행한다. ▶ 식품안전 정책을 수립 · 시행할 경우 과학적 합리성, 일관성, 투명성, 신속성 및 사전예방의 원칙을 유지한다. ▶ 식품의 생산 · 제조 · 가공 · 조리 · 포장 · 보존 및 유통 등에 관한 기준과 식품의 성분에 관한 규격을 정함에 있어 국민의 생명과 안전을 고려한 과학적 기준을 세워야 하며, Codex의 식품규격 등 국제적 기준과 조화를 이루도록 노력한다. ▶ 중복적인 출입 · 수거 · 검사 등으로 인하여 사업자에게 과도한 부담을 주지 아니하도록 노력한다.

식품유래 질병에 걸리거나 식품 중에 있는 유해물질을 섭취하면 최악의 경우 목숨을 잃을 수도 있다. 식품유래 질병의 발생은 대외적으로 무역 및 관광산업에 손실을 끼칠 수 있다. 또한, 식중독 등으로 인해 병원에 장기간 입원하는 환자는 노동력 상실로 인해 경제적 수입에 악영향을 받으며, 심한 경우 직장을 잃을 수도 있다. 이러한 원인을 제공한 식품업체는 민형사상의 법적 처벌을 받을 수도 있다. 식중독균이나 유해물질에 오염된 식품은 폐기 · 처분에 비용이 많이 소요된다. 이러한 일련의 식품안전 사고는 무역과 소비자 신뢰에 부정적 영향을 미칠 수 있다.

소비자는 안전한 식품을 소비할 권리가 있고, 식품업체는 안전한 식품을 생산 · 유통 · 판매할 의무가 있다. 정부는 안전한 식품을 소비자에게 공급할 수 있는 정책을 시행할 책무가 있다. 소비자단체의 역할도 중요하다. 과거에는 식품 제공자와 소비자는 식품안전 정책의 수동적 대상이었으나 이제는 정책 참여와 협력의 주체이다. 정부가 매년 5월 14일을 '식품안전의 날'[45]로 기념하는 것도 이러한 변화된 환경에 부합하기

---

45 2002년 식품의약품안전처가 제정하였다. 식품안전에 대해 국민의 관심도를 높이고 식품 관련 종사자들의 안전의식을 촉구해 식품안전사고 예방과 국민보건 향상을 목적으로 한다. 2016.12.2. 식품안전기본법 개정에 따라 매년 5월 14일 '식품안전의 날'이 법정기념일로 지정되었다.

위한 노력의 하나이다.

식품 생산자, 소비자, 정부 등 이해당사자들 사이에서 식품안전에 관한 효과적인 소통은 매우 중요하다. 식품 위해 정보는 상호 간에 신속히 전달되어야 하고, 이해당사자의 합리적인 의견은 식품안전 정책에 반영되어야 한다. 또한, 이해당사자들이 식품안전 정책의 실행과정을 주기적으로 평가하고 개선방안을 모색할 수 있는 제도적 틀이 운용되어야 한다. 수의조직이 식품안전 사안을 다루는 데 가장 바람직한 접근 자세는 안전한 식품을 소비할 권리를 가진 소비자의 요구를 최우선으로 고려하는 것이다.

## 05
## 수의조직은 동물유래 식품의 안전성을 보증한다

수의조직은 동물유래 식품의 안전성을 보증함으로써 식품 전체의 안전성을 보증하는 데 중추적인 역할을 한다. 식품안전 사고에서 가장 많은 비중을 차지하는 것은 동물유래 식품이다.

수의조직은 가축사육 농장주와의 적절한 협력을 통하여 가축이 위생적인 상태에서 사육되는지를 파악하고, 동물질병 및 인수공통질병에 감염되지 않도록 예방하거나 감염된 동물을 예찰 등을 통해 조기에 찾아낸다. 수의조직은 가축 사육자에게 사육단계에서 식품안전 위해들을 어떻게 피하고, 통제하는지 등에 관한 정보, 자문 및 훈련을 제공한다. 또한, 수의조직은 동물사육 단계에서 동물약품이 사용자들에 의해 책임성 있고 신중하게 사용되는지를 보증하는 데 중심적인 역할을 한다.

도축검사의 목적은 동물질병에 대한 역학적 예찰과 식육의 안전성 및 적합성을 보증하는 것이다. 도축검사는 수의조직의 핵심적 업무 중 하나로서 질병발생 상황, 사회적 식품안전 이슈 등 시대적 요청을 고려한 도축검사 프로그램을 통해 이루어진다.

수의조직은 직접 또는 다른 정부 기관이나 다른 이해당사자에 위탁하여 수의 업무를 수행한다. 다만, 수의 업무 중 일부가 수의당국 외로 위임된 경우는, 수의조직은 이들 위임된 업무가 적절하게 실행되는지를 검증할 수 있는 세부적인 체계를 마련하여 시행하고, 위임 기관에 필요한 자문을 제공한다. 수의사는 식품 사슬의 모든 과정에서 동물유래 식품의 안전성을 보증하는 데 다른 관련 분야 전문가들과 협력한다.

수의조직이 동물유래 식품의 안전을 보증하는 데 최대한 공헌하기 위해서는 조직 구성원 모두에게 최고 수준의 관련 교육과 훈련을 계속 제공할 수 있는 국가적 차원의 프로그램이 필요하다.

수의조직은 동물의 건강과 복지를 담당함으로써 '농장에서 식탁까지' 동물유래 식품 사슬의 전 과정에 안전성을 보증한다. 동물의 건강과 복지의 수준이 높을수록 동물유래 식품의 안전성 수준이 높아진다.

수의조직은 수출·수입되는 동물유래 물품이 식품안전에 관한 국가적 기준에 부합되는지 점검하고 증명한다. OIE/TAHC(Chapter 6.2)에 따르면, 정부 수의 담당 부처는 수의조직이 식품안전에 필수적인 정책 및 기준들을 실행할 수 있도록 필요한 제도적 환경을 적절히 제공해야 하고, 소관 업무를 지속 가능한 방법으로 수행할 수 있도록 적절한 자원을 제공해야 한다. 또한, 국가적 차원의 식품안전시스템을 마련하고 실행하는 데 수의조직의 제도적, 조직적 참여를 보장해야 한다. 수의조직은 동물유래 식품에 대한 안전보증시스템을 실행하는 과정에서 실제 식품업계 현장에 적용되고 있는 식품안전 조치들이 제대로 수행되는지를 검증 및 심사하는 권한이 있어야 한다. 수의조직은 식품유래 질병 사고,

식품 테러, 재난 관리와 같은 식품안전 관련 활동에서, 그리고 동물성 식품 유래 병원체에 대한 예찰 및 통제프로그램을 마련·운영하는 과정에서 적극적인 역할과 책임을 다해야 한다.

06
## 2008년 광우병 사태 때 수의사의 역할은 미흡했다

보통 광우병으로 불리는 BSE는 1986년에 영국에서 처음 발생이 보고된 이후 세계적으로 엄청난 공포를 불러왔다. BSE를 일으키는 프리온(Prion)[46]이 고기 등을 통해 사람에 전이될 경우 치명적인 변형크로이츠펠트야콥병(vCJD)을 유발할 수 있다는 사실이 알려졌기 때문이다. vCJD는 인간광우병으로 불리면서 사람들에게 커다란 공포심을 불러일으켰다. 이후 BSE는 세계적으로 1992년에 3만 7,316건, 1996년에 8,310건, 2008년에 125건, 2016년에 2건이 발생하였다. 지금 BSE는 세계적으로 거의 문제가 되지 않으며, 많은 전문가는 BSE가 근절된 단계라고 보고 있다.

우리나라는 2008년 미국산 쇠고기 수입과 연계된 BSE 사태로 엄청난 사회적 혼란을 겪었다. 당시 매년 미국에서 많은 양(2002년 약 23만 톤, 2003년 약 25만 톤)의 쇠고기를 수입하였으나 2003년 미국에서 BSE가 발생하면서 수입이 전면 중단되있다가 2006년에 '30개월령 미만, 뼈를 제거한 쇠고기'에 한하여 수입이 재개되었다. 2007년 4월 한미 자유무역협정(FTA)이 타결된 후 10월부터 양국 간 쇠고기 협상을 시작하여,

---

46 RNA와 DNA 없이 단백질로만 구성된 전염원으로 유전물질이 없는 병원체임에도 전염할 수 있다.

한·미 정상회담을 하루 앞둔 2008.4.18.협상이 타결되었다. 2008.5.19.에는 한미 쇠고기 협상에 대한 추가적 협의를 하여 합의문을 채택하였다.

양국 정부의 협상 결과에 따라, 모든 나이의 소에서 유래한 살코기, 뼈, 내장, 분쇄육의 수입이 허용되었다. 다만, 특정위험물질(Specified Risk Materials, SRM)[47]의 경우 30개월령 미만의 소에서 유래한 척추를 제외한 척수, 머리뼈, 뇌, 눈, 편도 및 소장끝은 수입이 금지되었다. 이러한 협상 결과에 대해 미국산 쇠고기의 안전성에 의문을 제기한 소비자들을 중심으로 전국적인 촛불시위가 발생하였다. 민주화를위한변호사모임은 2008년 6월 청구인단 10만여 명의 이름으로 '미국산 쇠고기 수입위생조건 고시'에 대한 헌법소원을 헌법재판소에 청구하였다. 사유는 정부 고시가 검역주권을 미국에 넘겨 헌

[그림 13] 2008.6.10. 서울시청 앞 촛불시위
(출처: 2008년 촛불집회, 나무위키)

법 제1조[48]의 국민주권을 침해했다는 것 등이었다.

BSE 문제는 질병의 문제로 과학의 사안이다. 미국산 쇠고기를 통해 BSE가 국내에 유입될 수 있는 위험이 있는지, 있다면 얼마나 있는지 등

---

**47** 반추동물의 부위 중 프리온 질병을 전염시킬 가능성이 큰 부분으로, 「가축전염병예방법」에 따르면, BSE 발생 국가산 소의 조직 중 ⓐ 모든 월령의 소에서 나온 편도와 회장원위부, ⓑ 30개월령 이상의 소에서 나온 뇌, 눈, 척수, 머리뼈, 척주 등을 말한다.

**48** 헌법 제1조제1항은 "대한민국의 주권은 국민에게 있고, 모든 권력은 국민으로부터 나온다."이다.

은 모두 과학의 영역이다. 과학의 문제는 과학의 관점에서 접근하고 해결하는 것이 최선이다. 2008년 BSE 사태는 그렇지 못했다. 과학이 아닌 정치가 개입되었다. 이것이 BSE 문제가 전국적인 촛불시위로 확대되어 사회적, 경제적, 국제적으로 엄청난 문제가 된 근본 이유이다.

수의학계는 BSE 사태 당시 미국산 쇠고기의 안전성에 대한 과학적 의견을 일반 국민과 이해당사자들에게 충분히 제시했어야 했다. BSE 문제에 최고의 과학자, 전문가는 수의사이기 때문이다. 그러나 당시에 국민이 공감할만한 수의학계의 과학적 목소리는 크게 미흡했다. 서울대 수의대 우희종 교수, '국민건강을 위한 수의사연대' 박상표 수의사 등 극소수가 미국산 쇠고기의 BSE 위험성을 주장했다. 반면에, 이들보다 훨씬 소수의 수의사만이 위험성이 없다고 주장했다. 서울대 수의대 이영순 교수가 "광우병은 전염병이 아니며, '반추동물용 사료 내 육골분 사용 금지' 등 방역 조치를 고려할 경우 곧 사라질 질병이다."라고 주장한 것이 대표적이다. 절대다수의 수의사는 침묵했다. 간혹 있어도 서로 달랐다.

OIE는 당시 BSE에 대한 국가별 위험수준에서 미국을 우리나라와 같은 '무시할 만한 위험 수준(Negligible BSE risk)' 국가 즉, 청정국가로 평가하였다. 미국산 쇠고기의 BSE 위험 수준은 무시할 만하다는 의미이다. OIE 기준에 따르면, 'SRM'을 제거한 쇠고기는 식용에 안전하다. 설령 BSE 발생국에서 유래하는 쇠고기라도 문제가 없다. 2008년 BSE 사건은 국민의 안전과 관련된 수의 문제가 언제든지 전 국민적 관심사가 될 수 있다는 것을 보여준다. 그러나 지금도 국내에서는 미국산 쇠고기를 통한 BSE 유입에 대한 우려의 목소리가 간혹 언론을 통해 보도되곤 한다.

수의 집단은 동물위생 또는 공중보건 측면에서 위험성이 있는 사안에 대해 이해당사자들과 정보 소통할 수 있는 체계를 미리 구축하고 평상시에 이를 활용한다. 사회적 논쟁거리가 되는 수의 사안에 대해서는 과학적 사실에 근거해서 수의 분야의 통일된 입장을 마련하고 이를 사회에 활발히 알려야 한다. 그래야 불필요한 혼란을 예방하거나 최소화할 수 있다. 수의 문제로 인한 사회적 혼란을 최소화하는 것은 수의 분야의 책무이자 의무이다.

# 제11장

## 최고의 식품 안전관리체계가 요구된다

01
### 법적, 제도적 뒷받침이 중요하다

　국가적 식품안전 관리체계는 법률로 정해진 식품의 안전성 및 품질에 관한 요건들이 적용대상에서 적절하게 준수되는지를 보증하는 체계이다. 이에는 규제적, 비규제적 접근방식이 있다. 또한, 이러한 체계와 밀접하게 연관된 다른 요소들로는 업계의 자율적인 기준, 민간 인증기구의 인증메커니즘 등이 있다.

　국가적 식품안전 관리체계의 목적은 크게 3가지다. ▶ 식품유래 질병의 위험을 감소시켜 사람의 건강을 보호한다. ▶ 비위생적인, 건강에 나쁜, 제품 정보가 잘못 표시된, 기타 건강에 나쁜 영향을 미치는 식품으로부터 소비자를 보호한다. ▶ 식품에 대한 소비자의 신뢰를 유지하고, 국내외 식품시장에서 식품이 건전하게 유통될 수 있는 규제의 틀을 제공함으로써 경제발전에 공헌한다.

　선진적인 식품안전 관리체계는 몇 가지 특징이 있다. ▶ 원료 식품을 생산하는 자(1차 생산자)에게 식품안전을 보증하는 책임을 더 많이 부여한다. ▶ 식품의 원료 생산에서부터 소비자가 제품을 소비할 때까지의 모든 과정에 식품안전 개념을 적용한다. ▶ 식품안전 조치는 위험에 근거한 과학적인 증거에 기초한다. ▶ 식품안전관리는 예방을 최우선으로 한다. ▶ WTO/SPS 협정, Codex 식품규격 등 국제기준에 부합한다.

식품 사슬에는 산업계, 정부 당국, 소비자 등 많은 이해당사자가 관련되므로 이들 간의 조화된 접근만이 식품이 식용에 안전하고 적합하다는 것을 보증할 수 있다. 과학적, 효과적, 효율적 국가적 식품안전 관리체계는 다음과 같은 요소를 포함한다.[114)]

첫째, 식품안전관리에 관한 국가의 정책, 법령 및 규정이 잘 갖추어져 있다. 법령은 소비자의 건강과 경제적 이해를 보호하는 데 초점을 둔다. 시장에 안전한 식품을 공급해야 할 생산자의 일차적 책무(식품안전계획, 이력 추적, 회수 등)를 규정한다. 정책, 법령 및 규정은 '위험분석', '투명성', '예방', 그리고 '국제기준 준수'와 같이 국제적으로 인정되는 식품안전 원칙들을 반영한다. 더불어 식품안전 관련 정책 및 법령은 모두 과학에 근거한다.

둘째, 식품안전관리 활동을 효과적으로 수행할 수 있는 공적 조직이 있다. 중앙부처 및 지자체의 역할과 임무가 명확히 정의되며, 이들 간에 중복이나 빈틈이 없다. 이들 조직이 담당하는 의무는 구체적이고 기술적인 권한으로 뒷받침된다. 식품안전 관련 조직 및 기관은 서로 간에 효과적인 업무 협력체제가 있다.

셋째, 식품안전을 현장에서 감시하고 통제하기 위한 구체적인 프로그램이 있다. 이들 프로그램은 식품업계 보유 자료, 정부 관계당국의 검사 및 모니터링 자료, 식품안전 사고 관련 자료 등을 기초자료로 활용한

'위험분석' 틀을 통해 마련된다. 또한, 이들 프로그램을 운용하기 위한 인적 및 물적 자원들도 해당 프로그램 내용에 포함한다.

넷째, 식품안전 보증을 위한 정부 당국의 위생검사 체계가 구축되어 있다. 중앙정부와 지자체 위생검사기관은 '분명한 업무 분담', '효과적인 업무협조', 그리고 '충분한 의사소통'을 통해 업무의 중복을 막는다. 수입산 식품과 국내산 식품에 대한 위생관리 수준은 서로 차별이 없고 조화된다. 위생검사를 수행하는 기관은 충분한 기술적 역량과 훈련된 직원을 보유한다. 공공기관에서 관련 자원이 부족하거나 일시적으로 필요한 경우는 민간기관 또는 제3의 기관에 관련 검사업무를 위임·위탁하는 것을 고려한다.

다섯째, 식품 사슬의 모든 과정에서 식품 중에 공중보건상 해로운 물질이 허용 가능한 수준 이상으로 있는지를 찾아내기 위한 실험실 분석 업무가 있다. 언제 어디서나, 어떠한 분석 항목이든 필요한 양만큼 분석이 수행될 수 있도록 적절한 분석 자원이 있다. 실험실도 일반 실험실과 표준 실험실이 있어야 하며, 이들 간에는 네트워크가 구축되어 있다. 이들 실험실은 정부 관계당국 또는 공적 공인기관에 의해 해당 업무를 수행할 수 있는 기관으로 공인받는다.

여섯째, 시민사회 등 민간 영역과 소통하기 위한 정책과 통로가 있다. 특히, 소비자와 정보소통 프로그램을 마련하는 것이 중요하다. 식품업체의 품질관리자, 종업원 등에게 지속적인 전문적 교육을 제공하는 것도 중요하다.

Codex는 국가적 식품관리체계가 갖추어야 할 13가지[49] 원칙을 규정

---

49 '소비자 보호', '식품 사슬의 모든 과정을 포괄', '투명성', '역할 및 책임', '일관성 및 공정성', '위험, 과학 및 증거에 근거한 의사결정', '상호협력 및 조정', '예방 조치', '자체 평가 및 재검토', '다른 시스템 인정', '법률적 근거', '조화', '자원'에 관한 사항이다.

한다.[115] 정부는 국가적 식품관리체계를 구축할 때 이를 고려한다. 국가적 식품관리체계는 보통 정부의 조직상 직제, 규정, 국가적 목표 및 목적에 근거를 두고 마련된다. 여러 부처가 관계되는 경우에는 각 부처의 역할과 임무가 명확해야 하며, 중복이나 빈틈이 없도록 최대한 조정되어야 한다. 국가적 식품관리체계를 마련하고 실행하는 과정은 합리적이고 투명한 과정이어야 하며, 이해당사자와 충분히 소통하면서 추진되어야 한다. 또 하나 중요한 점은 국가적 식품관리체계는 '정책 설정', '관리체계 마련', '실행', 그리고 '모니터링 및 재검토'로 이루어지는 하나의 순환하는 연속적인 과정으로 이를 통해 식품안전수준이 계속 향상될 수 있는 틀이어야 한다는 점이다. 일부는 식품안전관리 체계를 구성할 때 꼭 고려해야 할 요소로 '법령', '관리 조직', '공적인 통제 및 검사', '모니터링, 역학, 예찰, 실험실', '정보, 소통, 교육 · 훈련'을 제시한다.[116]

우리나라는 식품안전 관리체계에 관한 기본적 사항을 「식품안전기본법」에서 규정한다. 이 법에서는 '국가 및 지방자치단체의 책무', '국민의 권리와 사업자의 책무', '식품안전관리 기본계획 등 식품안전 정책의 수립 및 추진체계', '긴급대응, 추적조사 및 회수', '식품안전관리의 과학화', '정보 공개', '소비자와 사업자의 의견 수렴', '관계행정기관 간의 상호협력', '소비자 등의 참여' 등을 규정한다.

## 02
## 정책은 투명한 과정을 거쳐 수립한다

「식품안전기본법」 제4조는 다음 4가지를 국가 및 지방자치단체의 책무로 규정한다. ▶ 국민이 건강하고 안전한 식생활을 영위할 수 있도록 식품의 안전에 관한 정책을 수립하고 시행한다. ▶ 식품안전 정책을 수립·시행할 경우 과학적 합리성, 일관성, 투명성, 신속성 및 사전예방의 원칙을 유지한다. ▶ 식품의 안전에 관한 기준·규격을 정할 때 과학적 기준을 세우며, Codex의 식품규격 등 국제적 기준과 조화를 이룬다. ▶ 중복적인 출입·수거·검사 등으로 인하여 사업자에게 과도한 부담을 주지 않는다.

효과적인 식품안전체계를 구축하는 것은 시장에 공급되는 모든 식품의 안전성을 보증하는 데 중추적인 역할을 한다. 합리적인 식품안전 조치들을 개발하고 시행하기 위한 환경을 조성하기 위해서는 적절하고 실행 가능한 식품안전 정책과 법령이 있어야 한다. 이러한 국가적 법률적 틀은 식품안전 확보에서 중요한 요소인 이해당사자들의 식품안전관리 역량에 큰 영향을 미친다.

국가적 차원의 식품안전 정책과 전략을 개발하는 데 첫 번째 필수적인 단계는 국가의 식품안전 관리체계 현황을 면밀하게 분석하는 것이다. 이러한 분석은 기존의 법률적, 조직적, 행정적 그리고 기술적 한계점 및 문제점뿐만 아니라 이들의 근본적 원인을 파악하는 데 중요하다. 이러한 분석은 현행 식품안전시스템의 상태 및 성과를 평가하는 데 기준이 되는 귀중한 정보를 제공한다. 현황 분석의 일반적인 목적은 식품관리체계를 강화하기 위한 국가적 식품안전 정책, 전략 그리고 실행계획의 개발을 손쉽게 하기 위한 기초정보를 얻는 것이다. 이러한 상황분석 결과는 적절한 대중적 토론의 장을 통해 소통하는 것이 매우 중요하다. 그렇게 할 때 해당 분석에 대한 신뢰를 구축할 수 있고 최종적으로 마련되는 식품안전 정책에 대한 이해당사자들의 공감대를 충분히 형성할 수 있다.

식품안전 정책은 사회적인 식품안전 관심사들이 정책적으로 우선하여 다루어진다는 것을 보증해야 한다. 정책은 이해당사자가 정부의 중장기 방침, 가치 기준, 목표와 주요 실행방안을 파악할 좋은 기회이다. 또한, 정책은 국가적인 식품안전 목표들, 요건들 그리고 식품 사슬의 각 영역에 적용하기 위한 세부지침들을 설정하는 데 강력한 근거가 된다.

식품안전 정책은 국가적 식품관리체계를 향상하고, 식품안전 사안들을 국가적 차원에서 다루기 위한 공론의 성과물을 의미한다. 정책은 식품안전관리에 대한 이해당사자들의 인식을 파악하고, 분야별 우선 사항을 설정하는 중요한 기회를 제공한다. 식품안전 정책은 국가보건정책의 전체적 틀에 부합해야 하고, 식품업계 상황에 대한 분석, 과학적 증거, 그리고 국가적 식품안전 목표에 근거한다. 식품안전 정책은 주요한 사회적 식품안전 사안들을 다루는 데 '정책수립 사유', '정책의 배경', '정책의 임무·목표', '정책 방향', '실행 구조', '정책목표 달성을 위한 조직적 구조', '정책 진행 과정 모니터링 및 평가', '자금조달 구조' 등에 관한 구체적인 내용을 포함한다.

정책을 수립하는 과정은 합리적인 절차에 따라 투명하게 진행한다. 일반적으로 정책을 수립할 때는 제일 먼저 당면한 시기의 식품안전 상황을 분석하고, 이를 토대로 정책의 초안을 마련한 후, 이에 대한 이해당사자들의 의견을 수렴한다. 이후 수렴된 의견을 고려하여 최종안을 만들어 내부적인 공식적 승인을 받은 후 최종적으로 해당 정책을 공포한다. 이러한 절차에 있어 무엇보다도 중요한 것은 모든 이해당사자를 정확히 파악하여 이들이 정책수립 과정에 참여하여 자신들의 이해를 충분히 표명하고 협의할 기회를 공개적으로 보장하는 것이다. 이럴 때만 정책을 실행할 때 이해당사자와 지속적인 동반자적 관계를 유지할 수 있으며, 해당 정책이 원하는 목표를 달성할 수 있다.

「식품안전기본법」제25조에서도 "관계 중앙행정기관의 장은 소비자 및 사업자의 의견을 수렴하여 식품 등의 안전에 관한 기준·규격을 제정하거나 개정하여야 하고, 제정하거나 개정할 때는 그 사유 및 과학적 근거를 구체적으로 공개하여야 한다."고 규정한다.

## 03
## 과학적 접근이 중요하다

식품안전에 관한 국제적 기본 틀은 식품안전에 관한 국제기준·규격을 정하는 Codex의 다양한 국제규범이다. 국가 수준의 식품관리시스템을 운용할 때는 이들 규범을 고려한다. WTO/SPS 협정은 국제적으로 교역되는 식품안전 등에 관한 기준은 Codex 기준에 부합되어야 함을 규정한다.[117] Codex가 그간 마련한 수많은 '기준(Standards), 지침(Guidelines) 및 실행규범(Code of Practice)'은 국제적으로 교역되는 식품의 안전성 및 품질을 보증한다. 수의공중보건과 관련해서는 OIE/TAHC(Section 6)에서 규정하는 식품안전 기준에도 부합해야 한다.

국가 차원의 식품안전관리 시스템이 직면한 과제는 국가별 상황에 따라 다르지만, 공통으로 해당하는 사항들이 있다. 예컨대 현실과 맞지 않는 오래된 또는 새로운 상황을 반영하지 않은 식품 법령이 있을 수 있다. 국가적인 식품안전 전략이 없거나, 있는 경우라도 범위 등이 제대로 정의되어 있지 않고 관련되는 기관들 사이의 임무가 중복되거나 모호할 수 있다. 식품을 검사하고 감시하는 데 과학적, 기술적 자원이 미흡할 수 있다. 식품안전 보증 체계를 운용하는 담당기관의 역량이 부족할 수도 있다. 이 경우는 HACCP, 이력 추적, 위험분석 등과 같이 새롭게 적용되는 식품안전관리 기법에서 특히 자주 나타날 수 있다. 끝으로 국내 식품업계 중 일부는 관련 국제기구의 규정 또는 국제적 협정을 충분히 준수하는 데 어려움을 겪을 수 있다.

식품안전 정책을 수립할 때는 다음과 같은 다양한 요소를 조화롭게 반영한다. ▶ 세부적인 식품안전 조치를 실행하는 책임이 중앙정부, 지방정부 또는 민간 중 어디에 있는지, 이들이 서로 어떻게 연계되는지다. ▶ 수출입 식품에 대한 위생관리 수준이다. 국제기준에 부합되는 식품을 수출한다든지, 국내 식품 기준에 부합되는 식품만을 수입 허용할 수 있다. ▶ 정책수립 당시 진행 중인 식품안전 관련 연구 프로그램이나 교육프로그램을 고려한다. ▶ 환경의 지속 가능성이다. 이는 유기 농장, 친환경 농장 등과 같이 식품안전에 직간접적으로 관련되는 요소들이 포함될 수 있다. ▶ 농산물 생산과정에서 사용되는 비료, 농약 등 투입재이다. ▶ 식량 수급 정책이다. 국가의 식량안보를 위한 정책 중에 식품안전 부분을 포함한다.

FAO의 캐서린 베씨(Catherine Bessy)는 식품안전 정책을 마련하거나 시행할 때 반영해야 할 다음의 5가지 원칙을 주장했다.[118]

첫째, '식품 사슬의 모든 과정에 대한 접근방식'이다. 식품안전은 식품 사슬의 모든 과정에서 관련되는 모든 주체가 자신의 근본적인 역할과 책임을 인식하고 공동의 목표 즉, "식품 사슬의 모든 단계에서 식품의 안전성을 보증하는 것"을 공유할 것을 요구한다. 이 접근방식은 최근 GHP, GAP와 같은 위생관리 필수요건과 HACCP와 같은 감시시스템을 통해 실현할 수 있다.

둘째, '위험에 근거한 접근방식'이다. 공중보건상 부정적 영향을 끼칠 수 있는 위험이 있는지, 있다면 어느 수준인지를 과학적으로 분석하고, 이를 근거로 합리적인 정책을 수립하는 것이다. 이 방식은 위험관리자가 위험의 정도에 비례하여 정책 사안을 결정하는 것을 돕는다. 정책의 우선순위는 위험의 수준에 근거하는 것이 가장 합리적이다.

셋째, '투명성'이다. 투명성은 이해당사자들이 정책결정 과정에 효과적으로 기여하도록 한다. 투명성이 높으면 정책 수행의 효율성이 높아지고, 이해당사자들이 관련 법령을 준수하는 수준이 향상된다. 높은 투명성은 식품의 안전성 및 품질에 대한 소비자의 신뢰를 이끈다. 특히 식품안전 정보에 대한 소통을 높이는 것이 투명성을 높이는 데 중요하다.

넷째, '추적조사'이다. 추적조사 역량을 높이기 위해서는 식품생산 중 작업별로 투입된 모든 것을 기록으로 유지하는 것이 중요하다. 이는 식품 오염 또는 식품유래 질병의 근원을 추적하여 오염되거나 감염된 제품을 통제하는 것을 가능하게 한다. 이러한 이력 추적은 생산자에게 부가적인 비용을 초래할 수 있지만, 식품의 안전성 확보를 위해서는 매우 중요하다.

다섯째, '식품안전 긴급대응 계획'이다. 식품 중에 공중보건상 중대한 위해 요인이 있거나 있다고 의심되는 경우, 해당 식품을 식품 사슬에서 신속히 제거하거나 최소화하여 건강상 또는 경제적 피해를 최소로 줄여야 한다.

## 04
## '농장에서 식탁까지' 접근방식이 효과적이다

OIE/TAHC(Chapter 6.2)는 식품안전에 있어 수의조직의 역할을 규정한다. 식품안전은 식품 사슬의 모든 과정을 고려하는 여러 전문분야의 통합적인 접근방식에 의해 가장 잘 보증된다.[119] Codex도 '식품위생 일반원칙(General Principles of Food Hygiene)'[120]에서 "식품위생 규범은

1차 생산에서 최종 소비까지의 식품 사슬의 전 과정에 적용된다."라고 했다.

식품안전 위해들을 근원에서 제거하거나 통제하는 예방적 접근방식이 최종 제품에 대한 품질검사에 의존하는 전통적인 방식보다 건강상 부작용을 줄이거나 제거하는 데 훨씬 더 효과적이다.

'농장에서 식탁까지' 접근방식은 예방적 접근방식에 가장 부합한다. 2010년 유럽수의위생연맹(Union of European Veterinary Hygienists)은 '농장에서 식탁까지' 접근방식을 다음과 같이 몇 가지로 특징지었다.[121] ▶ 식품 사슬의 모든 단계에서 식품의 안전성에 영향을 미칠 수 있는 모든 요소를 포괄하는 전체론적 관점에 입각한 접근방식이다. 이 접근방식은 동물사료업자로부터 최종 식품 소비자에 이르기까지 전체 식품 사슬에 있는 모든 참여자 사이에서 상호작용의 필요성을 강조한다. ▶ 농장에서 소비자까지의 정보소통이 핵심적 요소이다. ▶ 모든 공적 자원의 이용을 극대화하면서 가장 효과적인 방법으로 식품안전 통제를 가능하게 한다. ▶ 식품 사슬의 한 단계에서 식품안전 문제가 발생할 경우, 이를 해결하기 위한 가장 적절한 개선조치를 취함으로써 소비자에게 식품안전을 최고 수준으로 보증한다.

'농장에서 식탁까지' 접근방식에서는 개별 소비자 또한 핵심적 구성요소이다. 소비자는 궁극적으로 식품의 올바른 보관, 취급 및 요리에 책임이 있다. 안전한 식품도 소비자에게 도달한 이후 부적절하게 보관, 취급 또는 요리된다면 안전하지 않을 수 있다. 식품의 보관, 취급 및 요리에서 소비자의 식품안전에 관한 역할과 책무는 강화되어야 하며 이에 관한 교육·훈련은 필수적이다.

또한, 이 접근방식은 소비자에게 '추적역량(Traceability)'을 제공하고,

소비자들이 식품의 동물복지 관련 정보와 윤리적, 환경적 고려사항을 알 수 있도록 함으로써 소비하는 식품에 대한 올바른 이해와 관심을 가지도록 한다. 이러한 접근방식의 결과로서, 소비자는 자신이 구매하는 식품의 성분 및 생산방법에 관한 정확한 정보를 받을 수 있다고 기대할 수 있다.

'농장에서 식탁까지' 접근방식은 최고 수준의 식품안전 및 소비자 보호를 달성하기 위하여 식품의 건전성과 안전성을 높이는 것을 목표로 한다. 동물사육 시에 동물약품을 신중하게 사용하고, 위생적인 사육체계를 적용하고, 높은 동물복지 수준을 유지할 때만 고품질의 동물유래 식품을 생산할 수 있다. 따라서 이러한 접근방식은 동물의 건강과 복지를 충분히 융합할 때 효과적이다.

사육단계에서 가축이 인수공통질병 병원체에 감염되어 이들 병원체가 이후 도축 등을 거쳐 사람에 전파될 위험성은 언제나 존재한다. 축산물 중 유해 잔류물질도 마찬가지이다. 항생제나 호르몬제 등은 사육단계에서 잘못 처치되어 가축 체내에 잔류하여 식육, 우유 등을 통해 사람에 위험을 초래하는 경우가 있다. 따라서 가축 사육단계에서 공중보건상 위해요인을 예방하거나 최소화하기 위한 사양관리기준(백신 접종, 감염된 동물 격리·치료 등), 공중보건상 위협요인 통제방안 · 기준 등이 시행되어야 한다. 가축 사육단계에서 과학적, 효과적, 그리고 합리적인 위생조치가 적용되고 적절히 통제될 때만이 축산식품의 안전성이 원천적으로 보증될 수 있다.

Codex '식품위생 일반원칙'은 "가축사육 등 1차 생산은 식품이 원래의 용도에 맞게 안전하고 적합하다는 것을 보증하는 방법으로 관리되어야 한다."라고 규정한다. 또한, 동 규범은 식품의 안전성 또는 소비 적합성에 부정적으로 영향을 미칠 수 있는 어떤 위해를 유입할 가능성을 줄이는 3가지 방안을 제시한다. 이는 ▶ 식품의 안전성에 위협을 초래할 수 있는 환경을 피하는 것 ▶ 식품 안전성에 위협을 초래하지 않는 방법으로 오염물질, 동식물의 해충과 질병을 통제하는 것 ▶ 위생적 상황에서 식품이 생산되었음을 보증하기 위한 규범 및 조치를 채택하는 것이다.

## 05
## 사전주의 원칙이 필요한 때도 있다

식품 중에 있을 수 있는 특정한 공중보건상 위험에 관한 정보가 알려지지 않았거나 부족한 상황에서, 해당 위험에 관해 소비자가 크게 우려하거나, 전문가들이 그러한 상황에 대해 공중보건상 위험이 클 것으로 예측하는 때도 있다. 이러할 경우, 그 위험의 정도에 대한 과학적인 평가가 아직 없거나 부족하더라도 '사전주의 원칙(Precautionary Principle)'[50]에 근거하여 해당 위험이 사람에 유입되는 것을 예방하는 조치를 적용할 수 있다.

'사전주의 원칙'은 식품안전뿐만 아니라 보건, 환경, 수의 등 많은 분야에 적용된다. WTO/SPS 협정(Article 5.7)에 따르면, 어떤 위험과 관련되는 과학적 증거가 충분하지 않은 경우, WTO 회원국은 활용 가능한 정보에 근거해서 잠정적인 위생 조치를 할 수 있다. 다만, 이 경우 회원국은 해당 위험을 좀 더 객관적으로 평가하기 위해 추가로 필요한 정보

---

50 위험의 파급효과가 매우 높고, 비가역적일 가능성이 있을 경우 위험에 대한 과학적 증거의 부족에도 불구하고 사전조치를 해야 한다는 원칙이다.

를 얻기 위해 노력해야 하고, 합리적인 기간 이내에 그에 맞는 해당 위생 조치를 재검토해야 한다. 회원국은 과학적 불확실성을 다루기 위해 '안전 우선' 접근방식의 일종이라 할 수 있는 '사전주의 원칙'을 적용할 수 있다.

국제사회에서 '사전주의 원칙'을 최초로 명기한 것은 1982년 UN 총회에서 채택된 '세계자연헌장(World Charter for Nature)'이다. 국제적으로 이 원칙이 최초로 실행된 것은 1987년 오존층 파괴물질에 관한 '몬트리올 의정서(Montreal Protocol)'를 통해서다. 이후 이 원칙은 1992년 환경과 개발에 관한 '리오선언(Rio Declaration)', 1997년 기후변화 협약에 관한 '교토의정서(Kyoto Protocol)'등 많은 국제 협약에 반영되었다.[122]

EU의 '식품안전에 관한 기본법'[123]은 '사전주의 원칙'을 규정한다. 동법(제7조)은 이 원칙이 적용 가능한 경우로 ▶ 받아들일 수 없는 수준의 건강상 위험 수준이 존재한다는 합리적인 우려가 있는 경우 ▶ 어떤 위험에 대해 현존하는, 활용 가능한 정보 및 자료가 충분하지 않아 포괄적인 위험평가를 할 수 없는 경우를 제시한다. 이러한 특별한 상황에 직면하는 경우, 정책 입안자 또는 위험관리자는 좀 더 완벽하고 과학적인 자료를 찾는 동안 우선 동 원칙에 근거하여 필요한 조치를 할 수 있다. 다만, 이들 조치는 해당 위험에 관해서 좀 더 폭넓은 정보가 수집되고 분석될 때까지 잠정적이어야 한다.

'사전주의 원칙'은 국제교역 식품에 대한 위험관리에 적용될 수 있다. 일부 국가에서 국제법에서 금지한 불필요하고 정당하지 않은 무역장벽을 만들기 위하여 이 원칙을 활용한다는 우려가 있다.[124] 그래서 SPS 협정은 사전주의 조치들이 실질적인 잠재적 위해를 확인할 때까지 잠정적이어야 한다는 점, 그리고 본 원칙이 투명하고, 절제되고, 무역 차별적이지 않은 방법으로만 사용되어야 한다는 점을 명확히 한다.

'사전주의 원칙'을 적용할 것인지를 결정하는 자는 해당 위험에 대해 아무런 조치를 하지 않는다면 환경 사람, 동물 또는 식물의 건강에 중대한 부정적 결과를 초래할 수 있다는 것을 알게 되었을 때, 적절한 보호 조치를 마련해야 할 책임이 있는 자이다.

'사전주의 원칙'에 근거한 잠정적인 조치들을 적용하기 위해서는 해당 위험이 자연, 동물, 사람 등에 얼마만큼의 위험을 초래할 것인지를 과학적으로 측정한 결과, 어떠한 조치도 실행하지 않았을 경우 중대한 부정적 결과를 초래할 것으로 판단되어야 한다. 이러한 경우에도 이 원칙에 근거한 조치들은 ▶ 선택한 보호 수준에 비례하고 ▶ 적용이 비차별적이며 ▶ 이미 취해진 유사한 조치들과 일치하며 ▶ 조치가 있을 때와 없을 때의 잠재적인 비용대비 혜택에 대한 조사에 근거하며 ▶ 새로운 과학적 자료가 있으면 재검토하며 ▶ 좀 더 포괄적인 위험평가를 위해 필요한 과학적 증거를 생산할 책임을 부여해야 한다.[125]

## 신종질병은 예방적 접근이 더욱 필요하다

최근 수십 년간 세계적으로 동물에서 사람으로 전파되어 공중보건상 심각한 문제를 초래하는 질병이 많이 발생하였다. 대표적으로 SARS, 코로나바이러스(Corona Virus)[51], 니파바이러스(Nipah Virus)[52], 에볼라바이러스(Ebola Virus) 등이다. 특히 2002년 중국 광둥성에서 처음으로 발생

---

[51] 사람을 포함한 동물계에 광범위한 호흡기 및 소화기 감염을 일으키는 바이러스로, 표면을 현미경으로 관찰했을 때 특징적인 왕관 모양의 돌기들 때문에 '코로나(왕관)'라는 이름이 붙었다.

[52] 말레이시아에서 유행하여 약 100명의 사망자를 낸 뇌염의 원인인 신종 바이러스다. '니파'는 이 바이러스를 분리한 지명이다.

한 SARS는 21세기 중에 확인된 최초의 주요 신종 인수공통 감염병이다.[126) 그간의 많은 연구에 따르면, SARS가 최초로 사람에 감염된 원인은 환자가 '살아있는 동물 판매시장' 중 한 곳에 있던 SARS 바이러스에 감염된 사향고양이와 가까이 접촉한 것으로 추정된다.

최근 발생한 신종 인수공통질병은 대부분 유병률(질병 발생률)과 사망률이 상당히 높았다. 이들 질병은 세계적으로 수백억에서 수천억 달러의 피해를 낳았다. 신종질병은 대부분 적절한 예방법, 치료법, 그리고 통제방안을 찾기까지 상당한 시간이 소요되어 이 기간에 피해가 집중된다. 따라서 이들 질병은 발병이 확인된 이후 대응하는 것보다 근원에서 발생을 예방하는 것에 초점을 두어 사람에서 발생을 예방 또는 최소화할 필요가 있다.

최근 세계적으로 발생한 신종 인수공통전염병은 공중보건정책 관계자, 수의사, 축산농가, 무역업자 등의 당면한 중요 관심사이자 도전과제이다. 에볼라바이러스, 마버그출혈열(Marburg Hemorrhagic Fever)과 같은 일부 신종질병은 열대지방에 한정되어 발생하고 있지만, SARS, 중동호흡기증후군(MERS)[53], 신종독감 등은 세계 많은 지역에서 발생하고 있다.

MERS는 우리나라에서도 2015년 5월 바레인에서 입국한 남성에게서 최초로 확진된 이후 같은 해 12월 WHO 기준에 따라 '메르스 상황 종료'를 발표할 때까지 186명이 감염되어 38명이 사망하였다.[127) 이 사건은 신종전염병에 대한 과학적이고 효율적인 긴급대응 체계를 구축하는 중요한 계기가 되었다.

---

**53** Middle East Respiratory Syndrome은 MERS 코로나바이러스(MERS-CoV)에 의한 바이러스성, 급성 호흡기 감염병이다. 낙타나 박쥐 따위의 동물이 바이러스의 주요 매개체로 추정된다.

신종 인수공통질병의 출현을 초래하는 잠재적 경로는 다양하다.[128]
▶ 토지이용의 변화 − 인구증가 및 도시화에 따라 사람들이 기존에는
사람이 살지 않던 야생지역에 점점 더 많이 정착하였다. ▶ 축산업 및
식품유통 체계의 변화 − 대규모 집약적 가축사육체계가 보편적이다. 동
물유래 식품에 대한 수요가 계속 증가한다. 식품 무역이 자유화되었다.
▶ 사람들의 행동 양상의 변화 − 해외여행이 일반화됨에 따라 여행지역
의 사람, 동물 및 자연과 접촉할 기회가 증가한다. ▶ 환경적인 변화 −
기후변화, 자연재해 등은 기존에는 발생하지 않던 질병들이 새롭게 발
생하는 기회를 제공한다.

　　Bruno B. Chomel에 따르면,[129] 신종 인수공통질병을 효과적으로
예방 및 통제하기 위해서는 '질병에 대한 인지', '역학 사항 조사', '관련 기
관의 상호협력', '진단 및 예찰', '국제적인 조치', '역학적 및 생태학적 응
용 연구', '교육(훈련 및 기술이전)', '정보 소통' 등의 조치들이 필수적이다.

　　위와 같이 동물을 둘러싸고 있는 환경의 변화에 따른 동물유래 인수
공통질병의 급증은 다음과 같은 새로운 접근방식을 요구한다.

　　첫째, 근본 원인을 파악하고 필요한 예방조치를 실행하는 데 초점을
둔다. 그간 발생하였던 신종질병 발생 사례를 분석하여 동물과 사람 간
의 종간 장벽을 뛰어넘게 만든 것으로 추정되는 위험요인 또는 결정요
인을 파악한다. 이들 요인을 적절히 완화할 수 있다면, 미래에 새로운
질병이 출현하는 위험을 줄일 수 있다.[130]

　　둘째, 신종질병의 발생에 영향을 미치는 다양한 요인을 충분히 인식
한다. 일례로 세계화 및 기후변화는 병원체, 병원체 매개체, 그리고 숙
주를 세계적으로 재분배한다.

　　셋째, 동물질병 및 인수공통질병을 둘러싼 환경이 점점 더 복잡해진

다는 점을 고려한다. 인류는 이전에는 야생지역이었던 많은 지역을 농업지대로 바꾸어 놓았고, 이는 인류와 가축이 야생동물질병과 쉽게 접촉할 수 있는 환경을 초래하였다. 실제로 1940년대 이래 사람에서 새롭게 발생하였던 전염성 질병의 대부분은 그 근원이 야생동물이다.[131] 세계적인 상품무역 및 해외여행객 급증은 병원체가 쉽게 이들을 통해 세계에 퍼질 수 있는 위험을 높이고 있다. 기후변화도 질병 발생 환경을 복잡하게 만든다.

넷째, 인수공통질병 및 식품안전에서 가축은 사람에게 위험 수준을 높이는 주요 요인 중 하나이다. 급속한 축산업 성장은 보건과 관련된 다양한 도전과제를 낳는다. 많은 인수공통질병이 사람에 전파되기 전에 동물에서 먼저 발생이 확인되는 점을 고려할 때, 가장 효과적인 통제방안은 이들 질병을 동물단계에서 먼저 통제하여 사람으로의 전파를 예방 또는 최소화하는 것이다.

신종질병에 대한 국가적 접근방식은 기존의 '발생 대응'에서 '발병 예방'으로 바뀌어야 한다. 이를 위해서는 원헬스와 같이 관련 분야 간에 상호 협력하는 접근방식이 필수적이다.[132] 또한, 질병 통제를 위한 조치는 유효성, 효율성 및 지속 가능성이 입증되어야 한다. 이럴 때만이 동물과 사람 모두에게 더 나은 건강상 보호를 제공할 수 있고, 보건 자원들을 보다 효율적, 경제적으로 사용할 수 있다.

## 07
### 식품안전 전략은 주기적 재검토가 필요하다

국가적 식품안전 전략은 보통 식품안전조직이 국가적 식품안전 정책이 추구하는 목표를 달성하기 위해서 현장에서 필요한 구체적인 조치들을 설정하기 위해 수립한다. 식품안전은 사람, 동물 및 환경뿐만 아니라 이와 관련된 산업들, 즉 축산업, 식품산업, 농업, 보건산업, 의료산업, 약품산업 등에 직간접적으로 큰 영향을 미친다. 식품산업은 안정적인 식량 확보, 빈곤 감소, 기후변화 대응 등과도 밀접한 관련이 있다. 따라서 적절하고 효과적인 식품안전 전략을 마련하는 것은 국민의 복지 및 건강, 지속적인 경제발전, 그리고 자연환경과 조화로운 삶을 위해 필수적이다.

미국 회계감사원(GAO)[54] 보고서[133])에 따르면, 식품 분야에서 다음의 세 가지 주요한 경향이 식품안전에 도전과제를 주고 있다. ▶ 식품공급에서 수입품이 차지하는 비중이 계속 증가하고 있어, 이들의 안전성을 보증할 수 있는 정부의 능력이 더 많이 요구된다. ▶ 일반적으로 소비자들이 식품유래 병원체의 영향을 많이 받는 '신선하고 최소한으로 가공된 식품(Raw and Minimally Processed Food)'을 점점 더 많이 먹는다. ▶ 노인, 면역결핍환자와 같이 식품유래 감염병에 특히 취약한 인구집단이 계속 증가한다. 이들 경향은 우리나라에서도 비슷하다.

식품안전을 담당하는 정부 부처와 기관은 관련되는 많은 법령[55]을 운용한다. 국가적 식품안전 전략을 만들기 위해서는 관련 정부 기관 간에 적절한 협력 및 조정이 중요하므로 각 기관은 이를 위한 구체적인 방안이 필요하다. 참고로 GAO는 2017년 보고서[134])에서 미국의 식품안전 관리체계에 대한 분석을 토대로 식품안전 전략을 마련할 때 포함해야

---

[54] Government Accountability Office는 의회 산하의 회계, 평가 및 수사를 하는 기관으로, 미국 의회의 입법 보조기관 중 하나이다.

[55] 「식품안전기본법」 제2조에서 '식품안전법령'을 「식품위생법」, 「축산물위생관리법」 등 30개의 개별 법률과 그 밖의 식품 등의 안전과 관련되는 법률로 규정한다.

할 6가지 핵심사항을 다음과 같이 제시하였다.

첫째, 전략의 목적, 범위 및 수립 방법이다. 전략에는 목적이 있어야 한다. 전략이 포괄하는 주요 기능, 임무 분야 및 활동 범위도 명확해야 한다. 전략 수립을 이끌어 온 원칙 및 이론을 포함한다. 법적 조건이나 전국적인 식품안전사고와 같이 전략을 만든 계기도 언급한다. 또한, 전략이 어떠한 과정을 거쳐 어떠한 방법으로 수립되었는지를 제시한다.

둘째, 과거, 현재 및 미래의 식품안전 문제에 대한 정의 및 이들 문제로 인한 공중보건 위험 수준에 대한 평가이다. 어떠한 문제가 있고, 이들 문제의 원인이 무엇이고, 이러한 원인이 발생하는 환경을 정의하고 논한다. 또한, 공중보건상 위협요인들과 이들에 감수성이 높은 집단들에 대한 위험을 평가한다. 이러한 위험평가의 근거로 활용되는 자료들은 객관적이어야 하고 투명하게 공개되어야 한다.

셋째, 전략이 달성하고자 하는 구체적인 목표, 이들 목표를 달성하기 위한 단계들, 그리고 목표의 결과를 측정하기 위한 중요사항들, 판단지표 및 세부 실행조치들이다. 전략이 계획대로 실행되는지를 파악하기 위해 시행과정에 대한 모니터링 및 결과 보고에 관한 절차도 있어야 한다.

넷째, 전략을 수립하고 실행하는 데 소요되는 자원, 투자 및 위험관리 부분이다. 이는 전략 실행에 비용이 얼마나 드는지, 자원의 공급원이 중앙정부, 지방정부, 민간업계 등 어디인지 분명해야 한다. 자원 유형에는 예산, 인적 자본, 정보기술, 연구·개발, 그리고 계약 등이 있는데 관련되는 부분을 구체적으로 제시한다. 다른 기관, 부서의 자원과 연계되는 경우는 이 부분도 포함한다. 동 전략을 실행하는 데 비용대비 효과도 포함한다. 전략이 현장에서 올바르고 효율적으로 실행될 수 있도록 하는 정부의 정책수단에는 법적 명령이나 유인조치(인센티브)도 포함한다. 또한, 식품안전 전략을 실행하는 과정에서 식품안전 위험을 관리하는 원칙을 명확히 제시한다.

다섯째, 관련 중앙 행정기관, 지자체, 민간 및 국제 조직의 구체적인 역할, 책무 및 상호협력 방안이다.

여섯째, 통합 및 실행에 관한 부분이다. 여기서는 식품안전전략이 국가의 다른 유관 전략들의 목표, 활동 등과 어떻게 서로 연관되는지를 다룬다. 정부와 민간의 구체적인 전략 및 계획에 관한 세부사항, 실행지침, 그리고 실행계획을 다룬다.

식품안전 전략은 정책이 달성하고자 하는 것이 무엇인지, 그리고 정책을 어떻게 실행할 것인지 등을 정교하게 만든 것이다. 특히 중요한 것은 정부 관계당국은 여러 관련 분야의 전문가가 참여하는 공적인 조직(위원회, 점검반 등)을 구성하여 전략 실행과정을 주기적으로 점검하고 평가해야 한다는 점이다. 이유는 두 가지이다. 하나는 전략을 둘러싼 주변 환경이 끊임없이 변화하기 때문에 필요하면 이를 정책에 다시 반영해야 하기 때문이다. 다른 하나는 전략이 적절하게 실행되는지 평가하고 문제점이나 개선해야 할 사항이 있는 경우 이를 반영할 필요가 있기 때문이다. 점검과 평가는 이해당사자들 간에 사전에 합의된 지표를 활용한다.

「식품안전기본법」 제6조에 따라 중앙행정기관의 장은 5년마다 소관 식품 등에 관한 안전관리계획을 수립하여 국무총리에게 제출하여야 하고, 국무총리는 이들을 토대로 식품안전 정책의 목표 및 기본방향 등을 포함한 '식품안전관리 기본계획'을 수립한다. 관계중앙행정기관 및 지방자치단체의 장은 이러한 기본계획을 근거로 하여 매년 식품안전관리시행계획을 수립·시행한다.

## 축산식품 안전관리체계는 일원화가 필요하다

[그림 14]에서 알 수 있듯이 오늘날 식품체계는 복잡하다. 식품에 대한 수요와 공급을 둘러싸고 농축수산업을 중심으로 하는 식품의 원료를 생산하는 영역, 식품을 제조, 유통하는 영역, 식품을 소비하는 영역 등 다양한 영역이 존재한다. 이들 영역에서는 생물학적 시스템뿐만 아니라 경제적, 사회적, 정치적 시스템이 상호작용한다.

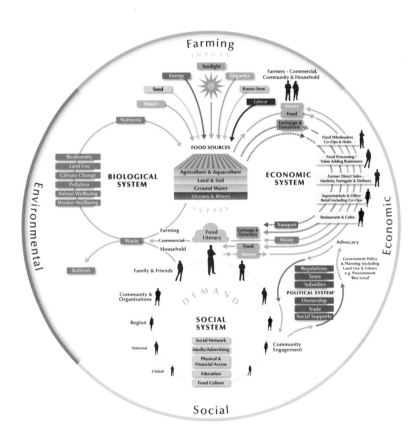

[그림 14] 식품시스템 지도(출처: Nourish Food System Map, www.nourishlife.org, 2019)

이러한 식품체계에서 특히 축산식품의 안전성을 보증하는 체계는 무척 중요하다. 축산식품은 인류가 건강하고 행복한 삶을 누리는 데 필수적이다. 안전한 축산식품은 축산업에 지속 가능한 발전을 가져다주며, 식품사슬의 모든 과정에서 식품업자 이윤창출의 필수요건이다. 또한, 축산식품은 생산, 유통, 판매 및 소비 과정에서 공중보건, 동물위생, 동물복지 및 환경위생과 밀접히 관련이 있다.

참고로 축산식품은 2018년 기준으로 전체 농림업 생산액에서 차지하는 비중이 약 37%를 차지하며, 농림업 상위 10개 품목 중 6개(돼지, 한우, 닭, 우유, 오리 및 달걀)가 축산식품이다.[135]

현대사회에서 식품안전 문제는 몇 가지 특징이 있다. 첫째, 통제하기 어렵다. BSE, 유전자변형 농축산물, AMR에서 알 수 있듯이 식품안전 문제는 축산업이 발전하는 과정에서 불가피하게 사용된 기술의 산물인 경우가 많다. 둘째, 식품안전 사고의 확산 및 피해 규모가 세계적이다. 특히 1995년 출범한 WTO 체계 이후 식품 등 상품의 국제무역 증가에 따라 공중위생상 위험요인이 있는 식품이 세계 어디로도 퍼질 수 있고, 세계 어느 국가로부터도 유입될 수 있다. 셋째, 식품안전 사고가 일어났을 경우 근본적인 책임규명이 매우 어렵다. 왜냐하면, 현대의 식품은 원료 생산에서부터 소비자의 최종 소비에 이르기까지의 전체 식품 사슬이 매우 복잡하고 이 과정 중에 언제든 식품이 오염될 수 있기 때문이다.

식품의 안전성을 확보하는 데는 두 가지 축이 있다. 하나는 안전성 기준에 부합해야 한다. 이는 과학적 판단에 근거하는 것으로 안전성 평가, 규제적 검사 및 규제를 위반하는 경우 처분 등에 따라 공공기관이 제시하는 명확한 수치에 의해 뒷받침되어야 한다. 또 하나는 식품에 대한 소비자의 신뢰 기준에 부합하여 소비자를 안심시키는 것이다. 안심의 문제는 주관적인 신뢰 기준 및 판단에 주로 의존한다. 소비자들은 보통 국가적 식품안전관리 시스템이 잘 구축되었는지, 식품에 관한 정보가 잘 소통되는지, 제공되는 정보가 투명한지 등을 근거로 식품에 안심할 수 있는지를 판단한다. 즉, 한 축에서는 식품이 안전해야 하고, 다른 한 축에서는 소비자가 식품에 안심해야 한다. 안전은 생산자의 관점이, 안심은 소비자의 관점이 강하다.

1990년대 후반 세계적인 BSE 사태 이전 정부의 역할은 식품의 안전을 확보하는 것이었다. 그러나 BSE 사태를 계기로 식품의 안전성 확보만으로는 충분치 않게 되었다. 소비자들이 정부 또는 생산자가 제공하는 식품안전 정보를 그대로 믿지 않게 된 것이다. 소비자 관점에서 볼 때 공급자가 주장하는 식품의 안전성을 과연 신뢰할 수 있느냐의 문제가 중요하게 대두되었고, 식품안전 당국은 이러한 소비자의 욕구 즉, 소비자를 안심시킬 수 있는 정책을 마련하는 게 중요하게 되었다. 선진국은 식품안전과 관련된 정책을 수립하고 실행하는 데 '안전 정책'에서 '안심 정책'으로, '산업 정책'에서 '소비자 정책'으로 접근방식을 전환하였다.

식품안전에 있어 '안전'과 '안심'을 모두 달성하기 위해서는 다음과 같은 식품안전에 대한 올바른 관점이 중요하다. ▶ 소비자의 건강 보호를 가장 우선한다. ▶ 식품에서 유래될 수 있는 건강상 위험을 과학적으로 평가하고 이를 근거로 대응한다. ▶ 이해당사자들 상호 간에 식품안전 정보를 충분히, 효율적으로 그리고 공개적으로 소통한다. ▶ 식품안전 정책은 투명한 과정을 거쳐 수립한다.

식품안전에 관한 여러 원칙 중에서도 사전 예방적 접근방식은 특히 중요하다. 사전예방의 주체는 원료 식품을 생산하는 자, 원료 식품을 가공하는 자, 완제품을 보관·운반 및 판매하는 자, 그리고 소비자 모두이다. 이들이 건강상 부작용을 일으킬 수 있는 위해 요인들이 식품 사슬 중 어느 단계에서도 유입되지 않도록 스스로 역할과 책임을 다할 때 식품의 안전성은 확보될 수 있다. 강제적인 규정은 한계가 있다. 식품안전 관리방안은 도입과정에서 업계의 공감과 지원을 얻어야만 식품 사슬의 현장에서 효과적으로 실행될 수 있다. 일례로 미국에서 HACCP 체계는 최대한 자율성에 기반을 두고 민간주도로 운용되고 있어 성공적인 결과를 낳고 있다.

축산식품은 공중보건 관점에서 매우 중요하다. 식품유래 질병의 주요 원인 식품이 바로 축산식품이다. 축산물은 그 특성상 풍부한 단백질, 지방 그리고 적당한 수분 등을 유지하고 있어 병원성 미생물이 생존하기에 적당하다. 미생물뿐만이 아니다. 항생물질, 중금속, 농약, 환경호르몬 등이 사육과정에서 가축에 노출되어 축산식품을 통해 사람에게 유입될 수 있다. 유해 미생물 및 화학물질에 오염된 식품은 설사에서 암에 이르기까지 200종 이상의 질병을 유발한다.

축산식품을 통한 공중보건상 위험은 가축 사육단계에서 사전 예방적 접근방식을 통해서 가장 효과적으로 차단 또는 최소화할 수 있다. 하나의 축산 가공식품에는 다양한 식품 성분이 첨가되어 있다. 축산식품의 이러한 특성을 고려할 때 제조, 유통 및 소비 과정 중에서 식품안전 위험요인을 모두 통제한다는 것은 사실상 불가능하다. 가축 사육단계에서 GAP과 같은 우수위생관리규범을 준수한다면, 이들 동물에서 유래하는 축산식품이 항생물질 등 유해물질이나 대장균 등 인수공통 병원체에 오염될 위험성은 거의 없다.

축산농가 등 1차 생산자는 식품안전을 보증할 수 있는 다양한 방안을 갖고 있다. 첫째, 식품안전을 위협하는 축사나 주변 환경을 미리 피한다. 둘째, 식품안전에 위협을 초래하지 않는 방법으로 오염물질, 동물의 해충 및 질병을 통제한다. 셋째, 적절하고 위생적인 상황에서 식품을 생산함을 보증하기 위한 규범이나 위생 조치를 채택하여 시행한다.

동물위생은 식품안전, 공중보건, 동물복지 그리고 환경 건강과 연관성이 깊다. 인수공통질병, 유해물질 오염, 항생제 내성균, 밀집 사육, 야생동물에 의한 질병 전파 등은 이들 간의 연관성을 잘 보여준다. 또한, 한 국가의 동물위생 상황은 동물 및 축산물의 국제교역에 중대한 영향을 미친다. 대부분 국가는 ASF와 같은 경제적 피해가 큰 '초국경동물질병'이 발생하는 국가로부터는 관련 동물 및 축산물의 수입을 금지하거나 엄격히 제한한다.

축산식품은 동물복지와 관련이 깊다. 소비자들은 자신들이 먹는 축산물의 공급원인 가축이 어떻게 사육되고 취급되었는지에 관심이 높다. 가축의 복지는 축산식품의 품질 및 안전성과 밀접하게 연계된다. 복지 수준이 높은 가축은 생산성 및 축산식품 안전성을 높여 농가에 경제적 이득을 준다.

앞에서 언급한 축산식품의 여러 특성을 고려할 때 식품의 안전성을 과학적, 효과적, 체계적으로 보증하기 위해서는 식품산업을 담당하는 부처를 중심으로 정부 식품안전조직을 통합하는 것이 바람직하다. 주된 이유는 다음과 같다.

첫째, 식품생산업계가 스스로 책임지고 안전성이 확보된 식품을 생산할 때만 식품의 안전성이 보증될 수 있다. 식품안전 보증의 가장 강력한 주체는 식품업계 자신이다. 둘째, 식품업계가 예방적 접근방식을 실행하는 일에 가장 적합하다. 가축을 사육하거나 식품을 생산, 유통, 판매하는 식품업계는 자신들이 취급하는 식품(원료)이 어떠한 공중보건상 위해요인에 어느 수준으로 노출될 수 있는지, 이들을 사전에 막을 수 있는 구체적인 방법이 무엇인지 등을 가장 잘 안다. 식품업계는 식품의 안전과 관련된 모든 자료를 갖고 있으므로 이를 기반으로 가장 효과적인 식품안전 확보 방안을 미리 찾아 시행할 수 있다. 그리고 식품업계는 식품안전 위험요인을 최대로 줄일 수 있는 인적, 물적 자원을 생산·유통 현장에서 직접 갖고 있다. 셋째, 식품산업 부처는 축산식품의 안전성 보증과 밀접한 관련이 있는 가축위생, 동물복지, 공중보건, 그리고 환경위생을 담당하고 있거나 긴밀히 연계되어 있다.

2018년 10월 기준으로 OECD 회원국 36개 국가 중 26개 국가(전체의 72.2%)가 축산식품 안전업무를 농업부서에서 담당한다. 보건부서에서 담당하고 있는 국가는 3개국, 여러 부처에서 담당하고 있는 부서는 2개국이다. 또한, 중앙부처 이름에 식품을 포함하고 있는 국가는 15개국으로 41%를 차지한다.

## 제12장

# 식품 사고는 무소식이 희소식이다

01
### 사고는 항상 일어난다

Codex는 '식품안전 긴급사고'를 "법적 권한이 있는 정부 당국의 긴급한 조치가 필요한, 공중보건상 식품 유래 위험을 초래하는 것으로 확인된 심각하지만 통제되지 않는 어떤 우연한 또는 의도적인 상황"으로 정의한다.[136]

식품안전 긴급사고에 대한 정의는 시대마다, 국가마다 다를 수 있다. 식품사고는 작은 사고에서부터 중대한 위기에까지 다양하고, 식품사고를 일으키는 상황도 계속 변하며, 식품사고 결과의 심각성 정도도 다양하고, 무역 등 국제적 상황에 의한 영향 또한 다양하기 때문이다. 식품사고에 어떻게 접근할 것인지는 사고로 인한 피해자 수, 사고 원인의 심각성, 관련 식품 유통물량, 국제무역 환경 등 여러 요인의 영향을 받는다.

긴급사고는 항상 일어날 수 있고 이에 즉각 대응할 필요가 있다는 것을 인식하는 것이 중요하다. 긴급사고는 보통 다음과 같은 특성이 있다. ▶ 예측 불가이다. 언제, 어디서, 어떤 식품에서 사고가 일어날지 예측 하기 어렵다. ▶ 혼란을 야기한다. 사고가 발생하면 사람의 건강상태에 따라 생명에 직접적인 영향을 미칠 수 있어 사회적인 혼란이 일어난다. ▶ 정보가 부족하다. 사고가 발생할 경우, 신속하고 정확한 대응이 긴급 히 요구되나 대부분의 경우 사고 원인, 역학적 사항, 유통경로 등에 관 한 정보가 부족하다. ▶ 시간이 부족하다. 식품은 보통 유통기한이 짧아 관련 식품을 회수하거나 추적하는 데 어려움이 크다. ▶ 사회적 압력이 있다. 사고 발생 시 사회는 정부 위생당국 및 해당 업체에 신속한 조치 를 압박한다. ▶ 통제가 상실된다. 긴급사고는 일반적으로 사회적 공포 를 수반한다.

긴급대응 계획을 수립하여 긴급사고에 대비하는 이유는 다음과 같이 다양하다. ▶ 긴급사고 중에 결정해야 할 사항들을 줄인다. ▶시의적절 하고 조화된 대응을 가능하게 한다. ▶ 이해당사자들 사이에서 혼란 및 의견 불일치를 줄인다. ▶ 합의된 구조, 역할 및 책무를 미리 설정한다. ▶ 관련 기관과 이해당사자들의 권한 및 한계를 이해한다. ▶ 긴급사고 발생 시 대응에 활용되는 표준작업틀(Template), 의사결정 계보(Decision Trees) 등의 대응 수단들을 통해 긴급대응의 효율성을 높인다. ▶ 건강에 대한 부정적 영향 및 무역에의 혼란을 최소화한다.

「식품안전기본법」(제15조)에 따라 정부는 식품으로 인하여 국민건강에 중대한 위해가 발생하거나 발생할 우려가 있는 경우 국민에 대한 피해 를 미리 예방하거나 최소화하기 위하여 긴급히 대응할 수 있는 체계를 구축·운영한다. 관계 중앙행정기관의 장은 식품이 유해물질을 함유한 것으로 알려지거나 그 밖의 사유로 위해 우려가 제기되고 그로 인하여 불특정 국민 다수의 건강에 중대한 위해가 발생하거나 발생할 우려가 있다고 판단되는 경우는 긴급대응방안을 마련하고 필요한 조치를 한다. 「식품위생법」(제17조)은 판매하거나 판매할 목적으로 채취 · 제조 · 수입 · 가공 · 조리 · 저장 · 소분 또는 운반되고 있는 식품이 과학적 근거에 따라 국내외에서 식품위해 발생 우려가 있는 경우, 그 밖에 식품으로 인하여 국민건강에 중대한 위해가 발생하거나 발생할 우려가 있는 경우는 식품의약품안전처장이 긴급대응방안을 마련하고 필요한 조치를 하도록 규정한다.

그간 대표적인 식품안전 긴급사고로는 1989년 공업용 우지 라면 원료 사용 사건, 1997년 미국산 수입쇠고기 대장균(E. coli O157:H7) 오염사건, 1998년 호주산 수입 쇠고기 농약(Endosulfan) 오염사건, 2006년 남양유업 분유 사카자키균(Enterobacter sakazakii) 오염사건, 2008년 미국산 수입쇠고기의 BSE 오염 우려 사건, 2017년 국내산 달걀의 살충제 오염 사건 등이 있다.

## 02
### 긴급대응 계획은 한 편의 시나리오이다

긴급대응 계획은 공중보건에 미치는 긴급사고의 영향을 최소화하기 위하여 식품안전 사건들을 다루는 데 미리 조정된, 효율적이고 일관된 접근방식을 제공한다. 긴급대응 계획이 중요한 이유는 동 계획이 식품을 통해서 사람에 유입될 수 있는 잠재적인 또는 확인된 위험에 대한 통합적인 대응을 보증한다는 것이다.

식품안전 사고는 갈수록 점점 더 심각하고 복잡해지고 있으며, 이를 관리하기 위해서 더 많은 자원이 필요하다. 일부 식품사고는 다양한 기관 또는 국제무역과 관련될 수 있다. 사고의 정도에 따라 대응해야 할 단위는 지역 단위에서부터 국가 단위까지 다양하다.

긴급대응 계획을 수립할 때는 일상적으로 일어나는 사고와 발생이 매우 드물거나 없는 긴급사고를 구분하는 기준을 설정하는 것이 중요하다. 긴급대응 여부를 결정하는 때에는 해당 사건의 심각성뿐만 아니라 지역 및 전국에 미치는 영향, 국제무역, 국가 정책 등도 고려한다.

긴급사고 대응계획은 보통 식품관리시스템의 한 부분으로 수립된다. 대응계획은 동 계획의 유지 및 주기적 재검토, 그리고 계획 내에 포함된 정보의 갱신 방안 등을 포함한다. 일단 계획이 수립되면, 관련되는 사람들이 해당 계획을 숙지하고 신속하고 효율적으로 실행할 수 있도록 적절한 교육·훈련이 있어야 한다. 모의훈련을 통해서 대응계획의 미흡한 점이나 재검토가 필요한 부분을 찾아낸다. 대응계획은 이러한 교육·훈련에 관한 사항도 포함한다.

긴급사고 상황에 관한 세부적인 정보를 모으고 전파하는 데 시의적절한 정보소통 및 정보 공유는 중요한 요소들이며, 이들은 긴급대응에서 효율적인 의사결정 과정을 돕는다.

계획수립 과정은 기존의 정보소통 통로를 파악하고, 사건에 관한 정보가 어떻게 전파될 수 있는지를 파악하는 과정이기도 하다. 긴급대응 계획이 수립되면, 이와 관련되는 모든 국가 기관과 이를 공유한다. 식품업계 및 소비자집단과 같은 이해당사자들에게도 동 계획을 신속하고 충분하게 알린다.

정부당국은 식품안전 긴급사고를 다룰 때, 사고의 틈새 및 한계를 파악하고 이를 어떻게 다룰지를 고려하기 위해 식품과 관련된 과거 사건들을 검토한다. 이때 고려할 사항으로는 식품유래 질병 예찰, 식품검사

역량, 식품유래 질병과 관련된 의료적 접근 등이 있다. 긴급대응 계획을 운영하는 데에 필요한 자원이 한정된 경우는 동 계획을 효과적으로 실행하는 것이 어려울 수 있다. 이런 경우는 긴급사고를 처리하기 위한 대안 방안이 필요하다.

긴급대응계획은 SPS 협정, 국제보건법(International Health Regulation)[56] 등 관련 국제규범에 부합되어야 한다. 국제보건법은 식품안전사고에 관한 대표적인 국제적 대응체계[57] 등을 규정한다.

## 03
### 사전 준비가 최선이다

식품안전 긴급대응 계획의 세부적인 내용은 식품업계, 소비자, 지자체 등 이해당사자들의 충분한 이해와 공감이 있어야 한다. 그렇지 않은 계획은 실제 긴급사고 발생 시 효율적으로 시행되기 어려워 원하는 효과를 얻기 힘들다. WHO 및 FAO 자료에 따르면,[137] 긴급대응 계획을 마련하는 데는 3가지 예비단계가 있다.

첫째, 기관의 최고위층으로부터 긴급대응 계획에 대한 지지와 지원을 확보한다. 긴급대응 계획은 해당 정부 기관의 공식 승인과 지원을 받아 마련되어야 한다. 고위급의 지원 또는 업무 지시를 받는 과정에서 이 계

---

56 법적 구속력이 있는 국제법의 하나로 첫째, 회원국들이 질병 및 여타 건강 위험들의 국제적 전파에 의해 위험에 처한 생명 또는 삶을 구하는 것을 돕는 것, 둘째, 국제무역 및 여행에 불필요한 규제를 하지 않는 것을 목표로 한다. 1951년에 WHO가 International Sanitary Regulations를 제정하였고, 1969년에 국제보건법으로 명칭이 바뀌었다.

57 대표적으로 'International Food Safety Authorities Network', 'Global Early Warning System for Major Animal Diseases, including Zoonoses', 그리고 'FAO Emergency Prevention System for Food Safety' 등이 있다.

획을 실행하는 데 참여 또는 협력해야 할 다양한 정부 기관을 파악한다. 이는 식품안전에 대한 책임이 보통 여러 정부 기관에 걸쳐 있기 때문이다.

둘째, 긴급대응에 필요한 핵심 협력대상을 파악한다. 성공적인 긴급대응을 위해서는 대응계획을 개발하는 과정에 식품안전에 책임이 있는 모든 분야와 관련 정부 기관이 참여하는 것이 중요하다. 이들의 참여는 모든 이해집단에 의한 협력 및 공조를 보증하고, 담당기관들 사이에서 정보 공유를 촉진한다. 핵심 참여 대상은 보건, 축산, 수산, 또는 무역을 담당하는 정부 기관과 지방자치단체이다.

셋째, 긴급대응 계획을 수립할 작업반을 구성한다. 이 작업반에는 관련되는 다양한 분야와 핵심 정부 기관 모두가 참여한다. 동 작업반의 구성원들은 국가적 및 국제적 긴급대응 정책에 대한 적절한 인식을 보유해야 한다. 작업반의 주된 기능은 긴급대응 계획의 적용 범위를 결정하고, 동 계획의 준비를 감독하고, 핵심적 참여자들과의 적절한 검토 및 협의를 보증하고, 그리고 작업반이 마련한 긴급대응 계획에 대한 관계 당국의 승인을 얻는 것이다. 또한, 작업반은 관련되는 모든 법률적 사항들을 확인하여 검토하고, 해당 긴급대응 계획이 국가의 다른 긴급대응 계획과 충돌하지 않고 적절하게 실행될 수 있다는 것을 보증할 필요가 있다. 작업반은 또한 대응계획의 개발 및 실행을 위한 재정적 및 인적 자원을 파악한다.

식품안전 긴급사고에 대응하는 데는 사전 준비가 최선이다. 긴급사고 중에 사용하기 위한 간결한 참고자료, 자료 수집 표준양식, 상황보고서 표준양식, 그리고 의사결정 흐름도와 같은 다양한 수단들을 미리 준비해둔다. 그래야 실제로 긴급사고가 발생할 경우, 정부 식품안전 당국이 제한된 시간 속에서 결정해야 할 사항들의 숫자를 줄일 수 있다. 이는 긴급대응팀이 현장 긴급상황에 집중할 수 있도록 하고, 사건 진행 중에 제기되는 핵심적 질문들에 관한 결정을 신속히 할 수 있도록 한다.

식품업무를 담당하는 정부 기관은 식품안전 사고가 발생할 것에 대비하여 체계적인 긴급대응 계획을 마련하여 운영한다. 식약처의 〈식품사고 위기대응 매뉴얼〉이 대표적으로 이의 목적은 3가지이다. ▶ 각종 식품안전 사고 및 그 피해 우려가 큰 경우 선제적으로 신속한 위기대응을 함으로써 위기확산 방지 및 국민의 피해를 최소화한다. ▶ 식품관련 위기 발생 시 일사불란한 대응이 가능토록 식약처, 지자체 등의 신속대응 절차 및 조치사항과 농식품부 등 유관기관과의 협력사항 등을 규정한다. ▶ 평상시 식품 안전관리 조직을 위기대응체제로 신속히 전환하기 위한 운영체계 · 업무처리 요령 등을 정한다.

## 04
## 대응은 신속이 생명이다

긴급사고 발생 시 긴급대응 조치에는 다양한 사항이 포함될 수 있으나 반드시 포함해야 할 사항은 다음의 세 가지이다.

첫째, 위해 식품에 대한 긴급 회수 및 폐기이다. 식품안전 긴급사고를 유발한 식품은 사람에서 식용으로 사용되지 않도록 식품 사슬에서 긴급하게 회수하여 폐기한다. 「축산물위생관리법」 제31조의2 및 제36조, 그리고 같은 법 시행규칙 제51조의2, 제51조의3, 제54조의2 및 제54조의3에서 이에 관한 세부사항을 규정한다. 식약처는 매년 '식품안전 관리 지침(축산물위생 분야)'을 발표하는 데 이 지침에서 '위해 축산물 회수'에 관한 프로그램을 명기한다. 2018년도 지침에 따르면, 회수는 법 제31조의2(위해 축산물의 회수 및 폐기 등)에 근거한 '영업자 회수', 법 제36조(압류·폐기 또는 회수)에 근거한 '정부 회수', 그리고 영업자 회수와 정부 회수 이외의 위생상 위해우려가 의심되거나 품질 결함 등의 이유로 영업자가 스스로 실시하는 회수인 '자율 회수'로 구분한다. 회수 등급은 위해요소의 종류, 인체건강에 영향을 미치는 위해의 정도, 위반행위의 경중 등을 고려하여 1, 2등급으로 분류한다.

둘째, 위해 식품에 대한 생산·판매 등의 금지 조치이다. 긴급사고와 관련되는 위해 식품을 생산, 보관, 운반, 판매하는 영업과 관련되는 영업자 및 수입자는 해당 제품을 판매하거나 판매의 목적으로 처리·가공·포장·운반·수입하는 것이 금지된다. 축산식품에서 이와 관련된 세부사항은 「축산물위생관리법」 제33조에서 규정한다.

셋째, 위해 식품에 대한 추적조사이다. 정부 식품안전 당국은 국민건강에 중대한 위해가 발생하거나 발생할 우려가 있는 식품을 추적조사한다. 여러 중앙부처가 관계되는 경우는 합동조사 등의 방법으로 함께 이를 수행한다. 추적조사를 통해 파악된 위해 식품은 식품 생산·유통·판매 및 소비의 전 과정에서 배제된다. 추적조사가 원활히 수행될 수 있도록 '농장에서 식탁까지'의 전 과정에서 사업자는 식품의 생산·판매의 과정을 확인할 수 있도록 필요한 사항을 기록·보관하여야 한다. 「축산물위생관리법」은 축산식품에 대한 추적조사에 관한 사항을 제31조의3(축산물가공품이력추적관리의 등록 등), 제31조의4(축산물가공품이력추적관리 정보의 기록 등), 그리고 제31조의5(축산물가공품이력추적관리시스템의 운영 등)에서 규정한다.

위의 3가지 긴급대응 조치에서 핵심은 신속함이다. 긴급상황에서는 아무리 좋은 조치라도 신속하지 않으면 효과를 발휘하기 어렵다. 긴급사고에 따른 피해를 최소화하고 추가적인 피해를 예방하기 위해서는 효과적인 조치를 신속하게 하는 것이 가장 중요하다.

정부는 식품안전 긴급사고가 발생하였을 경우 이에 체계적이고 효과적으로 대응하기 위하여 2005년부터 〈식품사고 위기대응 매뉴얼〉을 마련하여 시행한다. 주요 내용으로는 '위기 단계별 주요 추진사항', '위기 시 언론대응', '위기대응 지침 및 판단/고려 요소', '위기관리 평가 및 복구', '상황별 위기대응 조치 및 절차', '위기 소통 전략 및 시나리오' 등이다.

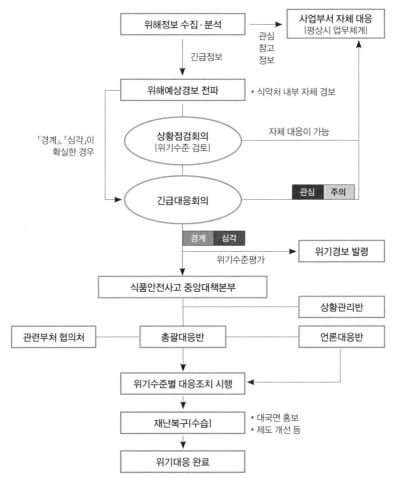

[**그림 15**] 식품사고 위기대응 체계도[출처: 식품사고 위기대응 매뉴얼, 식품의약품안전처, 2016.11]

## 긴급대응 계획은 5대 요소로 구성된다

「식품안전기본법」 제15조는 긴급대응 계획에 '해당 식품으로 인하여 인체에 미치는 위해의 종류 및 정도', '생산·판매의 금지가 필요한 사항', '추적조사가 필요한 사항', '소비자에 대한 긴급대응 대처요령 등의 교육·홍보에 관한 사항', '다른 관계행정기관의 장의 협조가 필요한 사항', '식품의 위해방지 및 확산을 막기 위한 사항' 등을 포함할 것을 규정한다.

WHO 및 FAO 자료에 따르면,[138] 국가적 차원의 식품안전 긴급대응 계획에 포함되어야 할 핵심적 요소는 다음의 5가지이다.

### 핵심적 배경 정보

긴급대응 계획은 전체적인 목적 및 목표가 명확해야 한다. 동 계획을 마련하는 목적은 긴급사고가 일어날 때 이에 대응하기 위한 틀을 설계하는 것이다. 이는 식품사고를 예방하거나 발생 시 대응하는 데 나름의 역할을 맡은 사람들에 실무적인 지침을 제공한다. 계획의 목표는 소비자에게 건강상의 위험을 줄이고, 공중보건 측면의 영향을 최소화하고, 시장으로부터 연관되는 제품들을 제거하기 위해 모든 정부 관계기관이 조화된 접근방식을 가지는 것이다.

긴급대응 계획은 이의 실행을 뒷받침하는 법률적 근거를 명기한다. 동 계획은 긴급사고에 대응하는 데 다양한 국가 기관이 관련되는 경우 이들 각각의 역할 및 책무를 기술한다. 국가적 대응을 조정할 수 있도록 관련 정부 기관들이 모두 참여하는 별도의 '합동 대응팀'을 운영하는 것이 효율적일 수도 있다.

## 사고 파악

식품안전 사고는 일반적으로 식품업계의 자율적인 신고, 무역 상대방의 통보, 실험실의 발생 보고, 소비자 신고, 국가적 모니터링 및 예찰, 국제적인 사고 발생 통보, 언론 보도 등과 같이 다양한 경로를 통해 파악된다.

식품안전 감시시스템은 보통 식품안전 및 공중보건에 관여되는 여러 정부 기관 각자의 담당 책무 속에서 작동된다. 이들 기관의 감시보고서를 종합 분석한다면 식품안전 사고들을 좀 더 전체적으로 그리고 쉽게 파악할 수 있다.

정부 당국은 특이한 식품안전 사고를 확인한 때는 이에 관한 상황을 평가하고, 필요한 후속 조치를 결정하기 위해 먼저 관련 정보가 정확한지를 확인할 필요가 있다. 이를 위해 해당 사고와 관련된 더 많은 정보를 신속히 수집하여 '위험분석'과 같은 위험에 근거한 분석 틀을 활용하여 위험 수준을 평가한다. 「축산물위생관리법」 법 제33조의2 및 동법시행령 제27조에서 '위험평가 대상'[58] 등 세부사항을 정한다.

모든 이해당사자는 긴급대응 계획을 적용하는 구체적인 기준을 함께 개발해야 한다. 이들 기준은 위해들의 특성, 이들 위해와 관련된 위험들, 긴급사고의 복잡성, 연관되는 식품의 분포 및 물량, 건강상 부작용의 심각성, 위험에 노출된 사람 집단, 긴급사고에 대응하기 위해 활용

---

58 ▶ Codex 등 국제기구 또는 외국의 정부가 인체의 건강을 해칠 우려가 있다고 인정하고 판매 또는 판매의 목적으로 처리 · 가공 · 포장 · 사용 · 수입 · 보관 · 운반 · 진열 등을 금지하거나 제한한 축산물 ▶ 국내외의 연구 · 검사기관에서 인체의 건강을 해칠 우려가 있는 원료 또는 성분 등을 검출한 축산물 ▶ 새로운 원료 · 성분 또는 기술을 사용하여 처리 · 가공되거나 안전성에 대한 기준 및 규격이 정해지지 아니하여 인체의 건강을 해칠 우려가 있는 축산물 등

가능한 자원 등을 고려해서 마련된다.

긴급대응 계획은 해당 사고와 관련이 있는 모든 정보 및 서류들이 중앙집중식으로 기록된다는 것을 보증하는 방법을 포함한다. 이들 기록은 긴급대응과정에서 소집된 모든 회의 기록 특히 회의 때 취해진 결정 등을 포함한다.

## 사고 관리

사고 관리는 사고 통제방안, 처리 방향 그리고 협력 방안을 어떻게 설정하느냐에 달려 있다. 개별 사고에 대한 전체적인 통제는 보통은 앞에서 언급한 '합동 대응팀' 차원에서 이루어진다. 긴급사고 대응계획은 이 합동대응의 모든 측면을 기술할 필요가 있다.

해당 사고와 관련되는 일차적인 정보에는 이 사고로 인해 공중보건 측면에서 위험에 처한 인구집단에 관한 정보를 충분히 포함한다.

사고의 특성에 따라 해당 사고를 처리하기 위해 다른 기관이 관여하거나 추가적인 자원 및 인력이 필요할 수도 있다. 평상시에 사고 대응을 지원하기 위해 임시 배치될 수 있는 직원들을 미리 파악하고 이들을 훈련한다. 긴급대응 시에는 조사의 한 부분으로서 종종 실험실검사를 위한 시료 채취를 늘리는 것이 필요하다. 이런 경우를 대비하여 협조를 받을 수 있는 검사기관을 미리 설정한다.

공중보건상 유해물질에 오염된 식품의 유통을 막고, 유통 중인 경우는 이들을 신속히 회수하는 등 긴급히 조치할 사항이 구체적으로 규정되어야 하며, 이들 조치를 결정하고 실행하기 위한 적절한 절차를 확립한다.

긴급대응 중 일정한 단계에서 대응수준을 일상적 수준으로 축소하는 것이 필요하다. 이는 해당 대응계획에서 규정한 기준에 따라 공중보건에 더는 어떤 위험이 없고, 모든 관련되는 식품 제품이 통제되고 있을 때 '합동 대응팀'이 결정한다.

### 상황 재검토 및 평가

긴급사고가 종료되었을 때, 해당 사고가 어떻게 관리되었는지를 자세히 재검토하고, 잘한 점, 개선해야 할 점 등을 평가한다. 이러한 재검토 및 평가 과정은 긴급대응 계획의 한 부분이다.

이러한 재검토 및 평가는 공중보건 보호를 위해 취해진 대응조치들, 서로 다른 정보소통 수단들, 관련된 식품의 생산 및 유통을 막기 위해 취해진 조치들, 실험실들의 검사 역량, 그리고 제품 유통 중단과 회수의 효율성에 초점을 둔다.

해당 사고에 대한 재검토 및 평가의 결과에 따라, 긴급대응 계획은 수정될 수도 있다. 또한, 국가적 식품안전관리체계를 개선하기 위한 권고사항을 만드는 것이 적절할 수도 있다.

### 정보소통

긴급대응 계획은 집행 주체(관계부처 등)와 이해당사자들(공중보건 서비스 제공자, 언론 및 일반 대중 포함) 간의 원활한 정보소통을 위한 전략을 포함한다. 정보소통 전략의 목표는 해당 긴급사고의 위해에 관한 정확하고 시의적절한 정보를 제공하고 해당 문제점에 대한 공동의 이해를 보증하는 것이다.

긴급대응 계획의 핵심적 구성요소 중 하나는 이 계획을 실행하는 데 중추적인 역할을 하는 모든 사람과 이해당사자의 세부적인 연락처 목록이다. 이 목록은 쉽게 활용할 수 있어야 하며, 정기적으로 갱신되어야 한다.

또한, 긴급사고에 대응하는 중에 생성된 정보 및 정보소통 내역을 관리하기 위한 표준작업절차(SOP)가 있어야 한다.

정보소통 전략에는 언론 보도 표준양식, 사고 보고 표준양식, 회수·유통금지 통보 표준양식, 사전 준비된 질의 및 응답, 그리고 상황전파 양식 등이 포함될 수 있다. 정보를 전파하는 수단은 전용 웹사이트, 인쇄출력물, 언론 보도 등이 있다. 일반 대중이 정부 관계당국이 제공한 정보에 쉽게 접근할 수 있음을 보증하는 것이 중요하다.

일반 대중을 위한 정보소통은 이해하기 쉽고, 관련되는 위험 및 제품에 관하여 사실에 근거하며, 권고 사항을 포함한다. 또한, 해당 문제점을 해결하기 위해 긴급사고 발생 이후 무엇을 해왔고, 무엇이 앞으로 행해질 것인지에 관한 정보를 제공한다.

식품안전 문제는 국제적인 사안이 되는 경우가 종종 있는 점을 고려하여 국제사회와의 효율적인 정보소통을 위한 시스템이 있어야 한다. 식품 사고 발생 시는 해당 국가에 관련 내용을 즉시 통보할 뿐만 아니라, 세계적으로 식품안전 사안들에 관한 중요한 정보의 확산을 목표로 하는 FAO/WHO의 '국제식품안전당국네트워크(International Food Safety Authorities Network, INFOSAN)'[59]를 활용하여 관련 정보를 공유하는 것이 바람직하다.

---

59 FAO와 WHO가 공동관리하는 국제적 네트워크로서 2019년 기준 186개국의 식품안전당 국이 참여하고 있으며, 사무국은 WHO에 있다. INFOSAN은 식품안전 긴급사고 중에 한 나라에서 다른 나라로 오염된 식품이 전파되는 것을 막을 수 있도록 식품안전 위험들을 관리하고, 관련 정보의 신속한 공유를 보증하는 데 회원국을 지원한다.

## 제13장
# 항생제 내성 문제는 심각하다

### 01
#### 항생제 불용 시대이다

항생제는 질병을 예방, 통제 및 치료하는 데 필수적이며, 사람과 동물의 건강과 생명을 보호하는 데 크게 기여한다. 그러나 일부 세균이 항생제에 내성 즉, 저항성을 보여 문제이다. '항생제 내성(AMR)'이라 불리는 이러한 현상은 공중보건 및 동물위생 모두에서 큰 문제이다. AMR은 식량안보, 농촌경제 등에도 밀접한 영향을 미친다.

AMR은 세균, 바이러스, 균류, 기생충과 같은 미생물이 스스로 동물에서 일으키는 감염병을 치료하기 위해 사용되는 항생제를 효과가 없게 만드는 방법으로 바뀔 때 일어난다. 특히 대부분 항생제에 내성을 가져 어떠한 항생제에도 저항하는 균을 '슈퍼박테리아(Super Bacteria)'라 한다. 항생제 내성균 문제는 감염병 발생 등으로 개인과 사회에 커다란 사회적, 경제적 비용을 초래하는 등 세계적 차원의 심각한 공중보건 사안이다. 2015년 WHO 사무총장 마가렛 찬(Margaret Chan)은 WHO 총회에서 "세계는 단순 감염만으로도 사망에 이르는 '항생제 불용 시대(Post-antibiotic Era)'에 들어서고 있다."라며 국제사회의 즉각적인 대응을 촉구했다.

식품은 AMR 세균의 발현 및 전파에 중요한 역할을 한다. 식품에 존재할 수 있는 AMR 미생물은 잠재적인 식품안전 위해이다. 사람이 병원성 AMR 미생물에 오염된 식품을 섭취하면, 이들 미생물이 사람에서 질병을 초래할 수 있다. 또한, 이들 AMR 미생물은 다른 미생물에 AMR을 보이는 유전적 인자들을 전달하여 이들 미생물도 AMR을 갖도록 한다.

AMR 세균은 동물과 사람의 직접적인 접촉이나 식품 사슬 및 환경을 통하여 동물에서 사람으로 전파될 수 있다. 사람에 AMR 세균이 감염되면 이를 치료하기 위해 항생제를 투여하더라도 약효가 없거나 떨어지기 때문에 질병 감염 기간이 더 길어지고, 좀 더 빈번하게 병원에 입원하게 되고, 치료가 가능하지 않거나 실패하여 사망에 이르는 경우가 더 많이 일어날 수 있다.

Codex에 따르면,[139] 사람에서 심각한 감염병을 일으키는 세균 중 상당수가 상업적으로 판매되는 모든 치료용 항생제에 이미 저항성을 발현한다. 이에 반하여 [그림 16]에서 보듯이 1970년대 이후 내성 문제를 피할 수 있는 새로운 항생제 개발은 급격히 줄었다.

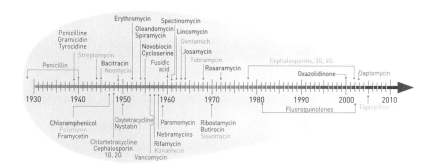

[그림 16] 연도별 항생제 개발 역사[140] (출처: WHO, 2015)

WHO는 사람을 치료하는 데 항생제의 효과를 유지할 수 있도록 식품 생산동물에서 항생제 사용을 전체적으로 줄일 것을 권고한다. 특히, 2017년 '식품생산 동물에서 의학적으로 중요한 항생제 사용에 관한 지침(Guidelines On Use Of Medically Important Antimicrobials in Food-producing Animals)'[141]에서 WHO는 식품생산 동물에서 임상적으로 진단되지 않은 질병을 예방할 목적으로 '사람에서 의학적으로 중요한 모든 유형의 항생제' 사용을 전면 금지할 것을 권고하였다. 일부 국가에서는 의학적으로 중요한 항생제의 전체 소비량 중 80%가 건강한 동물에서 성장을 촉진하기 위해 사용된다.[142]

WHO에 따르면,[143] 세계적으로 연간 세계 인구 10명 중 1명인 6억 명이 오염된 식품을 섭취한 후 아프고, 이들 중 약 42만 명이 사망한다. 이러한 상황에서 식품유래 질병을 일으키는 세균이 항생제에 내성을 보인다면, 이들 세균에 감염된 사람을 치료하는 것은 사실상 어렵게 되어 더 많은 사람이 죽게 될 것이다.

OIE에 따르면,[144] 오늘날 일부 선진국 등 많은 국가에서 어떠한 제한도 없이 항생제를 구할 수 있다. OIE가 조사한 130개 국가 중에서 110개 국가 이상이 항생제를 포함한 동물약품의 수입, 제조, 유통 및 사용에 관한 법적인 규제가 크게 미흡하였다.

AMR 세균은 모든 국가에 존재한다. 현재까지 항생제가 세계적으로 어떻게 유통되고 사용되는지에 관한 종합적인 감시시스템은 없다. 이제는 이러한 시스템이 필요하다. 왜냐하면, AMR 문제는 세계적 사안으로서 체계적, 효과적으로 대응하기 위해서는 항생제 제조를 감시·통제하고, 항생제 수입에 관한 신뢰할만한 자료를 얻고, 유통 중인 항생제를 추적하여 품질을 평가할 필요가 있기 때문이다.

Codex 자료에 따르면,[145] 약품에 저항성을 보이는 세균에 의해 야기되는 감염병에 걸린 환자들은 보통 그렇지 않은 환자들보다 임상적 경과가 더 나쁘고, 사망의 위험이 더 크며, 치료에 더 많은 의학적 도움을 받는다. 예를 들면, '메티실린 내성 황색포도상구균(methicillin-resistant Staphylococcus aureus, MRSA)'[60]에 감염된 사람은 내성을 보이지 않은 형태의 같은 세균에 감염된 사람들보다 사망률이 64%나 높다. 콜리스틴(Colistin)은 장내세균에 감염되어 생명을 위협하는 감염병들에 대한 마지막 희망이었으나 최근 이에 대한 내성이 여러 국가에서 확인되고 있다.

OECD 자료에 따르면,[146] 세계적으로 매년 70만 명이 항생제 내성균 감염으로 사망한다. 이 숫자는 인플루엔자, 결핵, 후천성면역결핍증(Acquired Immune Deficiency Syndrome : AIDS)으로 인한 사망자를 합친 것보다 많다. 미국 CDC에 따르면, 매년 항생제에 내성을 보이는 세균의 감염병으로 인해 미국에서 매년 2만 3천 명이 사망하며, 연간 200억 달러를 넘는 비용이 든다고 한다.[147]

WHO에 따르면, 2014년에 48만 건의 새로운 '다제약내성 결핵(Multidrug-resistant Tuberculosis)'이 있었으며, 이들은 2개의 가장 강력한 항결핵 약품에 저항성을 보이는 결핵의 형태였다. 2014년에 다제약내성 결핵 환자들은 겨우 절반만이 치료에 성공했다. 핵심적인 항결핵 약품 중 적어도 4개에서 내성을 보이는 결핵의 형태인 '광범위 약제 내성 결핵'이 105개 국가에서 확인되었다.

2016년 5월 영국 Jim O'Neil 보고서[148]는 AMR 문제에 적절히 대응

---

60 사람에서 폐렴, 균혈증, 심내막염, 수술 창상 감염 등 감염증의 중요한 원인균으로, 젖소, 닭, 돼지 등 가축에서도 크게 문제된다.

하지 못할 경우, 2050년에는 AMR로 인해 세계적으로 연간 1,000만 명이 사망할 것으로 예측했다. 이는 3초마다 1명이 사망하는 수준으로 암으로 인한 연간 사망자 820만 명을 넘어선다. 또 향후 35년간 세계 GDP의 3.5%에 해당하는 약 100조 달러의 누적 경제적 비용이 발생한다고 밝혔다. 2017년 3월 세계은행은 자체 보고서[149]에서 2050년까지 약품 내성 감염병으로 인해 2008년 세계 경제 위기 때와 동등한 수준으로 세계에 경제적 피해를 초래할 수 있다고 경고하였다.

2016.9.21. 세계 각국 정부의 수반 또는 대표자들이 UN 본부에 모여 AMR에 관한 회의를 한 후 '고위급 정치적 선언'[61]을 채택하였고, 이 선언문은 2016.10.5. UN 총회에서 결의문으로 채택되었다. 각국 대표는 이 선언문을 통해 15가지 사항을 선언하였다. 각국 대표는 AMR 문제 때문에 21세기의 많은 업적 즉, 사회적 및 경제적 발전을 통해 '전염성 질병 발생 및 사망의 감소', '접근 가능한 풍부한 보건 서비스', '안전하고 효능이 좋은 저렴한 의약품 공급', '지역사회의 질병 예방 수준 제고', '새로운 항생제의 도입' 등이 이제는 심각한 도전에 직면하고 있다는 데 인식을 함께 했다. 또한, 이들은 AMR 때문에 치명적인 감염병들에 가장 취약한 사람들 특히, 산모, 신생아, 특정 만성질환 환자, 입원치료 환자 등을 치료하는 데 효과가 있는 항생물질이 별로 없다는 것을 인정했다.

AMR은 동물유래 식품의 국제무역에도 미치는 영향이 크다. 미국 등 일부 국가는 수입 식육에 대한 항생물질 내성균 검사를 한다. 'AMR에

---

61 Political declaration of the high-level meeting of the General Assembly on antimicrobial resistance

관한 유럽 원헬스 실행계획 관련 유럽의회 결의'[62]에서는 EU 집행위원회(EU Commission) 및 EU 회원국이 제3국과 무역협정을 맺을 때 AMR에 관한 EU 기준 및 조치들을 옹호할 것과 WTO를 통하여 AMR 문제를 제기할 것을 요구하였다. 유럽의회는 EU 내에서는 2006년부터 식품생산동물에서 성장촉진 목적으로 사료에 항생제를 첨가하는 것을 금지하였음을 언급하고, EU 집행위원회에 제3국에서 유럽으로 수입되는 모든 식품은 성장촉진 목적으로 항생제를 사용하여 사육된 동물에서 유래되지 않아야 한다는 것을 요구하는 조항을 모든 FTA에 포함할 것을 요구하였다. 또한, 유럽의회는 집행위원회에 항생제를 처치 받은 동물에서 생산된 모든 식품의 수입을 금지할 것을 요구하였다.

　　WHO는 내성 문제 측면에서 최우선으로 관리가 필요한 중요 항생제인 퀴놀론계(Quinolones), 제3 · 4세대 세파계(Cephalosporins, 3rd, 4th generation), 마크로라이드계(macrolides), 폴리펩타이드계(polypeptides) 항생제에 대하여 동물에서 성장촉진과 질병 예방을 목적으로 사용하는 것을 금지하고, 가능한 한 치료용으로도 사용을 제한할 것을 권장한다.[150] OIE도 마크로라이드계를 제외한 이들 항생제에 대해 '임상 증상이 없는 동물에서 질병 예방목적으로 사료나 음수로 사용하는 것을 금지', '1차 치료 약제로 사용을 금지하고, 2차 약제로 사용할 때는 항생제 감수성 검사를 하고 이를 근거로 사용', '오프라벨(Off-label)[63] 사용제한', 그리고

---

62 European Parliament resolution of 13 September 2018 on a European One Health Action Plan against Antimicrobial Resistance (AMR)

63 '허가사항 외 사용'을 말한다. 의약품을 허가한 용도 이외의 적응증에 의사가 약을 처방하는 행위이다. 적응증에 맞는 적절한 약이 없어서 대체 조제약으로 처방되는 경우, 그 이외 환자의 특이적 상태를 보고 처방하는 때도 있다.

'성장촉진 목적 사용 금지'를 권장한다.[151]

세계적으로 AMR 문제에 적극적으로 대응하기 위한 노력이 많이 진행되고 있다.[64] 2015년 WHO는 〈AMR에 관한 글로벌 실행계획Global Action Plan on Antimicrobial Resistance〉[152]을 제시하고 국가별 대책 마련과 국제공조를 강력히 촉구하였다. 2016년 4월 일본 동경에서 개최된 'AMR 아시아 보건장관회의' 공식 성명에서도 '국가별 범부처 AMR 관리대책'을 수립할 것을 촉구한 바 있다.

2016년 9월 중국 항저우에서 개최되었던 G20 정상회의 및 2016년 11월 제71차 UN 총회에서 각국 정상회의 의제 중 하나로 AMR 문제를 논의하였다. UN 총회에서 AMR과 같은 보건문제가 안건에 오른 것은 AIDS, 에볼라, MERS 이후 4번째로 이는 세계가 AMR의 심각성에 공감한다는 증거이다. 당시 UN은 원헬스 접근방식 및 WHO의 'AMR 글로벌 실행계획'에 따른 국가별 실행계획 수립, 국가 실행계획에 인체, 동물용 항생제 사용에 대한 모니터링 및 규제 포함 등을 내용으로 하는 총회 결의안을 발표하였다.

## 02
## 범정부 차원의 대응이 필요하다

2016년 기준, 국가별 항생제 사용량 보고서 및 통계청 자료에 따르면, 전체 동물 수(소, 돼지, 닭에 한함) 대비 항생제 사용량(kg/마리)을 비교

---

**64** 2011년 "EU Action Plan on Antimicrobial Resistance", 2015년 "US National Action Plan for Combating Antibiotic-Resistant Bacteria", "Canada Federal Action Plan on Antimicrobial Resistance and Use", "China National 5-Year Action Plan for Comprehensive Control of Antibacterials" 등이 있다.

하면, 우리나라는 일본의 약 1.5배, 덴마크의 약 1.3배 수준이다. 덴마크와 동물별 개체수 대비 항생제 사용량(kg/마리)을 비교하면, 우리나라가 양돈은 약 7.6배, 양계는 약 8.2배, 그리고 젖소는 약 2.4배 높다.

강원대학교 윤장원 교수에 따르면,[153] 국내 MRSA 분포율은 농림축산검역본부의 검사결과를 토대로 젖소에서 2012~2016년간 6.2%, 돼지에서는 2012~2013년간 5.8%였다. 특히 국내 젖소의 경우 축주, 우유, 축산환경에서 MRSA 유전형이 ST72−t034로 모두 같은 점을 고려할 때 축주, 젖소, 환경에서 MRSA가 상호 간에 전파된 것으로 추정하였다.

질병관리본부 보고서[154]에 따르면, 항생제 내성균과 관련하여 국내의 사회경제적 파급효과를 분석한 결과, 연간 손실금액은 최소 3조 6,100억 원에서 최대 12조 8,000억 원으로 추정되었다. 인의 분야의 경우 항생제 내성균도 2016년 기준으로 이전 7년간 최대 3배 이상 증가하였다. 2018.5.13. 보건복지부 발표에 따르면,[155] 2014년 기준 우리나라의 항생제 사용량은 30.1 DDD(국민 1,000명 중 매일 항생제를 복용하는 사람 수)로 OECD 평균 21.1 DDD 보다 50% 정도 높다. 축산분야도 선진국에 비해 항생제 내성률이 높다. WHO 지정 최우선 중요 항생제 중 플로로퀴놀론계(Fluoroquinolones), 3세대 세파계의 내성률이 닭에서 특히 높다. 2016년 농림축산검역본부 자료에 따르면,[156] 2015년 기준으로 닭에서 분리한 대장균의 플로로퀴놀론계는 한국 79.7%, 덴마크 6%, 일

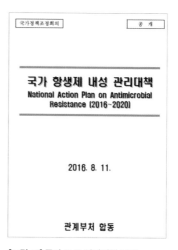

[그림 17] 국가 AMR 관리대책 표지

본 5.4%, 3세대 세파계는 한국 9.1%, 덴마크 2%, 일본 4.8%이다.

우리나라도 2000년대 들어 AMR이 사회적으로 크게 문제 됨에 따라 노무현 정부는 〈범정부 항생제 내성관리 종합대책(2008~2012)〉을 수립하였다. 박근혜 정부도 2016년 8월 〈국가 항생제 내성 관리대책〉[157]을 발표하였다. 이 대책은 농축수산 분야에서 세부 추진방향과 이를 달성하기 위한 6가지의 세부적인 방안을 포함한다.

첫째, 항생제를 적절하게 사용한다. 이를 위해 수의사 처방대상 항생제 확대, 처방대상 항생제에 대한 판매 규제 강화, 기존 허가 항생제에 대한 안전성·유효성 재평가, 항생제 사용지침 개발·보급 등을 실행할 수 있다. 둘째, 항생제 내성균 확산을 방지한다. 이를 위해 노후화된 축사 등 사육환경을 개선하여 항생제 사용 필요성을 줄일 필요가 있다. '동물질병 방역 통합정보시스템'을 구축하여 운영하는 것도 이에 도움이 된다. 셋째, 항생제 내성균 감시체계를 강화한다. 이를 위해 농축수산물의 항생제 내성균 오염 여부에 대한 모니터링을 확대하고, 반려동물과 환경분야에 있어 항생제 내성균 감시체계를 마련한다. 또한, 국가적 차원에서 항생제 내성균 국가표준실험실 구축 등 내성균 검사 역량을 강화하고, 농축수산물의 항생제에 대한 '국가 잔류검사 프로그램(National Residue Program)'을 확대한다. 넷째, AMR에 대한 인식을 개선한다. 항생제 사용자인 수의사, 농축수산업 종사자를 대상으로 항생제 사용에 관한 인식 개선을 위해 필요한 교육·훈련을 하고 지도·점검한다. 다섯째, AMR 관리를 위한 인프라 및 연구·개발을 강화한다. 범정부 차원에서의 AMR 관리 추진체계 구축, 담당 부처별·기관별 항생제 대응체계 강화, 웹기반 항생제 포털 시스템 구축, 내성균 대응을 위한 전략적 연구·개발 투자 등이 이에 해당한다. 여섯째, 국제협력을 강화한다. 국제적 차원의 AMR 감시체계에 적극 참여하는 등 국제적 협력을 강화한다.

[그림 18] 축·수산 AMR 모니터링 개요
[출처: 2018년 "국가항생제 사용 및 내성 모니터링"-동물, 축·수산물]

축산물 및 수산물의 AMR 모니터링은 농식품부, 해양수산부, 식약처, 시·도 및 민간기관이 합동으로 시행한다. 국내 축산분야 AMR 모니터링은 축산농가의 가축과 도축장에서의 가축 도체를 대상으로 2003년부터 농림축산검역본부에서 "축산용 항생제 관리시스템 구축" 사업으로 수행되었으며, 2008년부터는 농식품부가 주관하는 "축산 항생제 내성균 감시체계 구축" 사업으로 확대되었다. 본 사업의 목적은 축산용 항생제 사용량을 조사하고, 가축 및 식육 유래 세균에 대해 AMR을 조사하는 데 있다. 이러한 항생제 사용 및 내성 모니터링 결과는 가축에서 사용하는 항생제가 공중보건에 미치는 영향을 평가하고, 축산용 항생제 관리 정책 결정, AMR 연구 방향 설정 등의 기초자료로 활용될 수 있다.

한국은 2017년부터 4년간 활동한 'Codex 국가간항생제내성특별작업위원회(Ad hoc Codex Intergovernmental Task Force on Antimicrobial

Resistance)' 의장국이다. 동 위원회는 WHO, FAO, OIE 등의 국제기준, WHO의 〈AMR에 관한 글로벌 실행계획〉, 원헬스 접근방식 등을 고려하면서 식품유래 AMR 관리에 관한 과학적 지침을 만든다. Codex는 이 지침을 통해 회원국들이 식품 사슬의 모든 과정에서 AMR 문제를 일관되게 관리할 수 있기를 기대한다.

우리나라는 농축수산 분야의 AMR 대응에 있어 여전히 미흡한 부분이 많다.

첫째, AMR 연구 역량이 미흡하다. 정부는 AMR 연구 인력 및 예산을 크게 늘려야 한다. 가축사육 및 도축ㆍ집유 등 생산단계의 항생제 내성균을 연구하는 곳은 농림축산검역본부 세균질병과의 "항생제내성 연구실"로 연구직이 2명에 불과하다. 현재는 조직역량이 미흡하여 주로 축산물 중 항생제 내성균을 감시하는 업무에 집중하고 있다. AMR 업무는 최소한 과 단위로 강화되어야 한다.

둘째, AMR에 대한 동물 소유자들의 인식 수준이 낮다. 국가적 차원에서 내성을 예방하거나 최소화하기 위해 AMR 대응요령 등 구체적이고도 현실적인 방안을 마련하여 동물 소유자 등 이해당사자들에게 적절한 교육ㆍ훈련을 제공해야 한다.

셋째, AMR 통제에 관한 법령이 미흡하다. 이해당사자들이 AMR 문제에 올바르게 접근하고 통제할 수 있도록 관련 법령을 강화해야 한다. 인의에 매우 중요한 항생제는 동물에서 사용을 법령으로 금지하거나 엄격히 제한한다. 동물에 사용되는 모든 항생제는 수의사의 처방을 받아서 사용하는 것이 최선이다. 항생제를 사용하는 사람들이 따라야 할 사항을 법령으로 규정한다. 가축사육 단계에서 항생제 내성균을 체계적으로 통제할 수 있도록 「가축전염병예방법」에 AMR 관련 규정을 신설해야 한다. 「감염병의 예방 및 관리에 관한 법률」(제8조의3)은 보건복지부장관이 내성균 발생 예방 및 확산방지를 위하여 '내성균 관리대책'을 5년마다 수립·추진하도록 규정하고 있지만, 이는 사람에 한정된다는 한계가 있다.

넷째, 관련 기관, 조직 및 분야 간의 협력 및 정보소통이 미흡하다. AMR 문제는 다양한 영역에 걸쳐 있는 복합적 사안이라는 인식을 바탕으로 많은 전문분야의 통합적인 접근방식을 활용할 때만 합리적인 대응방안을 모색할 수 있다. 최근 국내 축산분야에 이와 같은 인식이 확산되고 있으나 실제적인 활동은 미흡한 실정이다.

## 03
### 수의사의 선도적 대응이 요구된다

항생제는 1940년대 초, 사람에서 세균성 질병을 통제하기 위해 처음 개발되었고, 수의 분야에는 1950년대에 도입되었으며, 지금은 산업동물, 반려동물 등 거의 모든 동물에서 사용된다. 일부 항생제는 질병 통제를 위해 식물에 사용된다. 동물에서 항생제는 질병 예방, 치료 및 통제, 그리고 성장촉진을 위해 사용된다. 동물에서 항생제 사용 증가는 항생제에 내성을 가진 병원성 미생물의 출현을 초래한다. 식품생산 동물 및 수산양식에서 사용되는 항생제는 사람에서 AMR 문제의 주된 원인 제공 요인 중 하나로 인식된다.[158]

동물과 사람에서 AMR 문제에 체계적, 과학적으로 접근하고, 효과적인 해결방안을 마련하기 위해서는 수의, 인의 및 환경 분야 간에 긴밀한 공동의 노력이 필요하다. 왜냐하면, 동물 또는 사람에 존재하는 항생제 내성균이 직접적인 접촉이나 식품을 통해서 또는 자연환경을 통하여 상호 간에 전파될 수 있기 때문이다. AMR 문제를 과학에 근거해 이해하기 위해서는 동물과 사람에 사용되는 항생제에 관한 자료와 동물, 식품과 사람에 존재하는 항생제 내성균에 관한 자료가 필요하다. 항생제 내성균 문제들을 조사하고, 이 내성균이 동물에서 사람으로 그리고 그 반대로 전파되는 것을 효과적으로 예방하거나 줄일 수 있는 과학적인 방안을 마련해야 한다. 이에는 원헬스 접근방식이 필수적이다.

동물위생 수준을 향상하기 위한 대부분 조치는 우수한 동물약품, 특히 항생제의 적절한 사용이 요구된다. 그러나 질병 병원체가 항생제에 내성을 갖게 될 위험은 이들 항생제가 사용될 때마다 매번 더 증가한다. 그러므로 항생제가 현재와 미래에도 효과가 있으려면 사용이 엄격히 통제되어야 한다. 항생제가 특정한 조건에서 어떠한 동물을 치료하는 데 가장 적합한지에 대한 결정은 수의학적 전문성을 토대로 감수성(반응) 검사 등을 통해 과학적으로 이루어져야 한다.

수의사는 수의학적 지식 및 경험을 토대로 과학적이고 합리적으로 항생제를 관리하기 위한 최적의 방안을 찾는 데 중추적인 역할을 한다. 수의사는 항생제가 사용될 수 있는 환경 즉, 동물의 질병 상태, 항생제의 특성, 병원균에 대한 항생제의 내성 정도 등에 대한 과학적인 자료를 토대로 신중하고 책임감 있는 항생제 사용을 보증할 수 있는 최상의 역량을 갖추고 있다.

수의사의 통제를 벗어난 항생제는 오남용될 위험이 크며, 이는 항생제 내성균이 출현하는 주된 원인이다. 수의사는 검사와 진단을 통해서 아프거나 아플 위험이 큰 동물에만 항생제를 제한적으로 사용한다. 필요하면 동물소유주 등과 협의한 후 사용을 중단한다. 특히, 관행적인 사용은 금지한다. 우리나라는 2011년에 질병예방 및 성장촉진을 위해 항생제를 사료에 첨가하는 것을 금지하였다. 다만, 축산농가가 가축을 스스로 치료할 목적으로 항생제를 동물약품 판매업소에서 구하는 것은 허용된다. 이는 AMR 관리 측면에서는 문제가 많다. 수의당국은 자가치료를 이유로 항생제가 무분별하게 사용되지 않도록 축산농가에 필요한 지침 및 교육·훈련을 제공한다.

항생제 사용관련 국내 법령[65] 및 국제기준[66]을 준수해야 한다. 수의사는 신중하고 책임감 있게 항생제를 사용해야 한다. 정부 관계당국은 항생제 사용 및 내성 발현을 효과적으로 평가하기 위하여 수의사의 항생제 처방기록을 효율적으로 추적해야 한다. 수의사는 정부 당국이 요구하는 경우 자신의 항생제 처방기록을 제공한다. 수의사는 처방한 항생제가 효과가 없거나 미흡한 경우 또는 처방한 동물에서 폐사, 알레르기 등 부작용이 있는 경우 이를 관계당국에 즉시 신고해야 한다.

규제기관은 항생제 사용실태를 지속 감시한다. 정부 기관은 AMR 통제에 있어 약품 제조업자, 유통업자, 수의사, 축산농가 등의 역할과 책무를 정한다. 이들에 대한 주기적인 교육·홍보가 중요하다.

수의사는 AMR 문제와 싸우는 데 최전선에 있다. 수의사는 항생제가 올바르게 사용되도록 고객 등에 용법, 용량, 휴약기간 등 관련 정보를 정확히 알려줘야 한다. 'OIE 항생제 캠페인'[159]은 다음의 경우에만 항생제를 사용토록 한다. ▶ 수의사 등 동물위생 전문가가 동물에 대한 임상 검사를 한 후 ▶ OIE가 수의에서 중요 항생제로 선정한 'OIE 항생제 목

---

65 "동물용의약품의 안전사용기준"(농림축산검역본부) 등이 있다.

66 OIE/TAHC 중 Chapter 6.10. Responsible and Prudent Use of Antimicrobial Agents in Veterinary Medicine 등이 있다.

록'[67]을 고려하면서 꼭 필요할 때 ▶ GAP, 위생, 차단방역 그리고 백신 접종프로그램에 더하여 추가로 필요한 경우 ▶ 임상적 경험 및 진단실험실 정보에 근거해서 적절한 것으로 선택된 항생제 ▶ 세부 치료계획 및 휴약 시기 등 세부적인 처치계획이 있는 경우이다.

우리나라의 경우 「수의사법」에 따라 동물에게 처방대상 동물약품을 투약할 필요가 있을 때는 수의사가 처방전을 발급한다. 농식품부장관은 처방대상 동물약품을 효율적으로 관리하기 위하여 "수의사처방관리시스템"을 구축하여 운영한다. 동 시스템은 ▶ 처방대상 동물약품에 대한 정보의 제공 ▶ 처방전의 발급 및 등록 ▶ 처방대상 동물약품에 대한 사항의 입력 관리 ▶ 처방대상 동물약품의 처방, 조제, 투약 등 관련 현황 및 통계 관리를 처리한다.

## 04
## AMR은 동물, 사람 및 환경에서 상호작용한다

2015년 5월 제68차 WHO 총회에서 채택된 〈항생제 내성에 관한 글로벌 실행계획〉은 AMR 문제를 다루는 데 원헬스를 적용할 것을 강조한다. FAO와 OIE도 2015년에 WHO의 실행계획을 뒷받침하는 결의안을 채택하였다. WHO는 2017년 4가지[68]를 권고하였다.[160]

---

**67** "List of Antimicrobials of Veterinary Importance"는 2006년 5월 제74차 OIE 총회에서 결의한 것으로 이후 수차례 개정되었다.

**68** ▶ 의학적으로 중요한 모든 유형의 항생제 사용을 전체적으로 줄일 것 ▶ 성장촉진을 위해 인의학적으로 중요한 모든 유형의 항생제 사용을 완전히 제한할 것 ▶ 아직 임상적으로 진단되지 않은 전염성 질병의 예방을 위해 인의학적으로 중요한 항생제 사용을 완전히 제한할 것 ▶ WHO가 '인의에서 매우 중요한 것으로 분류한 항생제'는 식품생산 동물에서 확인된 전염성 질병의 전파를 통제하거나 동물을 치료할 목적으로 사용하지 말 것

수의에서 항생제 내성균이 외부에서 사람에 전파되는 경로는 크게 다음의 3가지이다.[161] ▶ 가축과의 직접적인 접촉이다. 가축에게서 흔히 발견되는 항생제 내성균이 농장 주인이나 가족에게서 발견된 적이 있으며, 이렇게 전파된 내성균은 이들을 통해 지역사회로 확산할 가능성이 있다. ▶ 식품공급 과정을 통한 전파이다. 가축에 있던 항생제 내성균은 도축 및 후속처리 과정에서 축산식품에 남아 사람에게 전파될 수 있다. 또한, 항생제 내성균을 가진 가축의 분뇨 또는 물은 주변 토양 및 수자원을 오염시킬 수 있으며, 이러한 토양 및 물을 사용해 재배한 과일, 채소, 곡물 등을 통해 항생제 내성균이 사람에 전파될 수 있다. ▶ 환경을 통한 전파이다. 항생제 내성균은 토양, 담수 등 환경을 통해 사람에게 전파될 수 있다.

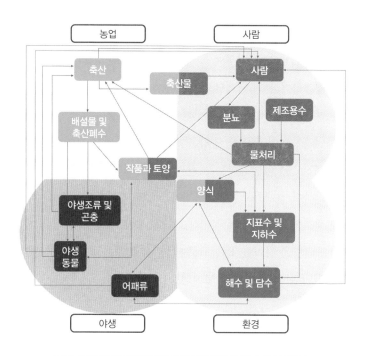

[그림 19] 항생제 내성의 잠재적 전파경로[162] [출처: FAO, 2016, 번역 ]

앞에서 언급한 2016년 Jim O'Neil 보고서는 AMR에 대하여 결론을 지었다. 즉, "우리는 약품 내성을 주제로 하는 논문 192개를 확인하였다. 이들 중 114개(59%) 논문이 농업에서 항생제 사용이 사람에서 항생제 내성균 감염병 숫자를 증가시킨다는 것을 공개적으로 언급하고 증거들을 제시하였다. 오직 15개 논문(8%)만이 항생제 사용과 내성 사이에 연관이 없다고 주장하였다. 나머지 63개 논문은 입장이 명확하지 않았다.", "134개 학계 논문 중에서 7개(5%)가 동물에서 항생제 소비와 사람에서 저항성 사이에 연관성이 없다고 주장했고, 100개(72%) 논문이 관련이 있다고 주장했다."

AMR 문제는 다면적이고 여러 분야가 관련되는 복잡한 문제이다. 따라서 접근방식도 해당 AMR 문제와 관련되는 모든 측면이 고려되고, 모든 관련 분야가 참여하는 통합적인 방식이어야 한다. WHO는 2011.4.7. '세계보건의 날(World Health Day, WHO 설립일)'을 맞아 AMR 문제를 해결하기 위해 이해당사자가 함께 실행해야 할 종합정책을 제시하였다.[163) 동 자료에 따르면, 첫째, 정부는 AMR 문제를 잘 다루기 위해 이해당사자들의 책임을 명확히 하고, 시민사회가 참여하는, 그리고 국가가 재정으로 뒷받침하는 포괄적인 종합계획을 수립한다. AMR 정책을 수립하여 실행하고, 이들 정책이 적절하게 수행되는지를 감시하는 데 시민사회의 참여는 필수적이다. 둘째, AMR 미생물에 대한 예찰 및 모니터링 역량을 강화한다. 참고로 미국, 유럽 등은 1990년대 중반부터 국가 차원의 항생제 내성균 모니터링 프로그램을 운용한다.[69] 덴마크,

---

69 U.S. National AMR Monitoring System; Danish Integrated AMR Monitoring and Research Programme; Canadian Integrated Program for AMR Surveillance; Japanese Veterinary AMR Monitoring System 등.

캐나다 등은 모니터링 결과를 위험평가, 항생제 관련 정책 결정, 내성균 연구 방향 설정 등에 활용한다.[164] 셋째, 합리적인 항생제 사용에 관한 세부방안을 마련하고 이해당사자들이 이를 준수할 수 있도록 조장한다. 넷째, 정부 보건당국은 감염병을 예방하고 통제하기 위한 역량을 높인다.

　AMR을 초래하는 요인들은 서로 연계되어 있으므로 해결방안도 서로 연결된다. 한 분야만 관련되고 다른 분야와는 동떨어진 조치는 효과가 거의 없다. 강력한 지도력과 정책적 의지가 있어야 정책을 대담하게 바꿀 수 있고, 현장의 요구수준에 맞게 보건 체계 및 법률 구조를 만들고, 지식과 권고 사항을 현실로 옮길 수 있다.

　OIE/TAHC[165]는 동물과 사람에서 항생제 내성균이 출현할 위험을 줄이기 위해 항생제에 대한 통합적인 접근방식 및 신중한 사용에 관한 지침을 제시한다. WHO는 2000년에 식용동물에서의 AMR 통제원칙[166]을 제시한 바 있으며, 2001년에 식품생산 동물에서 항생제의 오남용을 줄이기 위한 6가지[70] 사항을 권고하였다.[167]

05
## 사용 최소화가 내성 최소화이다

　AMR은 인류가 항생제를 사용하기 때문에 발생한다. 항생제에 노출

---

70 ▶ 동물질병 통제를 위해 사용되는 모든 항생제는 수의사 처방을 받을 것 ▶ 사람에 쓰이는 항생제를 성장촉진 목적으로 동물에 사용하지 말 것 ▶ 식품생산 동물에서 항생제 사용을 감시하기 위한 국가적 체계를 만들 것 ▶ 사람에서 쓰이는 식품생산 동물용 항생제는 허가 이전에 내성 문제 등 안전성을 평가할 것 ▶ 새로운 공중보건 문제가 있으면, 적절한 개선조치를 할 수 있도록 내성을 감시할 것 ▶ 식품생산 동물에서 항생제의 오남용을 줄일 수 있도록 사용지침을 마련할 것

된 미생물이 자기복제 과정에서 내성을 갖는 형질을 선택하게 되고, 이렇게 생겨난 저항성 유전자를 다른 미생물에게 전달해 이들도 같은 내성을 갖게 하는 것이다. 또한, 여러 항생제가 같은 성분을 공유하기 때문에 미생물이 한 항생제에 내성을 갖게 되면 동시에 다른 여러 항생제에도 내성을 갖게 된다. 인류가 항생제를 사용하는 것이 미생물이 항생제 내성을 갖게 되는 근본 원인이므로 사람과 동물 모두에서 항생물질의 오남용을 방지하고 사용을 최소화하는 것이 내성 문제를 최소화하는 가장 효과적인 방법이다.

2016년 Jim O'Neil 보고서는 영국 정부의 〈5개년 AMR 관리전략〉[168]의 한 부분으로, 축산을 포함한 농업 분야에서 항생제 사용을 줄일 것을 권고하였다. 영국에서 2016년 전체 항생제 판매량 중 33%는 농업 분야가, 8%는 반려동물 분야가 차지하였다.[169]

동물에서 항생제 사용을 줄일 수 있는 현실적인 방안은 다음과 같이 다양하다.

첫째, 동물을 건강하게 키운다. 이는 '축사 주변 환경 청결 유지', '적절한 축사 내부 온도 유지', '적절한 사육밀도 유지', '가축의 좋은 영양 상태 유지', 그리고 '효과적인 가축 질병 모니터링' 등을 통해 가능하다.

둘째, 훌륭한 사육시설에서 동물을 기른다. 시설이 좋은 곳에서 사육되는 가축은 질병에도 강하다. 새로운 축사를 지을 때는 환기, 급수, 축군 관리 등의 효율성을 고려한다. 예를 들어, 딱딱한 바닥은 소와 돼지에서 발굽 질병을 일으킬 수 있다.

셋째, 효과적인 축군 위생관리계획을 시행한다. 농가는 효과적인 위생관리 계획을 마련하여 시행하고, 이를 수의사와 주기적으로 재검토한다. 수의사는 가축사육 농가 등에 질병 예방에 관한 자문을 제공하고,

질병 발생의 유형 및 발생 정도를 예측한다. 수의사는 종종 농장의 과거 질병 이력에 근거해서 미리 항생제 등 약품을 처방하기도 한다.

넷째, 백신을 적절히 사용한다. 네덜란드에서 40개 농장에 대한 연구 결과, 어린 송아지에서 호흡기 질병에 대한 백신 접종이 항생제 사용을 14.5% 정도 줄였다.[170]

다섯째, 악성 질병을 근절한다. 개별 농장, 지역 또는 국가 단위에서 어느 한 질병을 근절할 수 있다. 이를 위해 흔히 사용되고 있는 수단으로는 백신 접종, 차단 방역, 감염동물 도태 등이 있다.

여섯째, 소비자가 생산자에게 항생제가 없는 축산식품을 생산하도록 압박한다. 미국에는 '무항생제' 표시 축산식품 시장이 계속 커지고 있다. 우리나라도 유기축산물 및 무항생제 축산물 인증표시제와 같은 '친환경 축산물 인증제도[71]'를 운영한다. 소비자는 정부에 가축 사육농장의 항생제 사용을 감시할 것을 요구한다.

일곱째, 항생제 사용 습관을 바꾼다. 항생제를 사용하고자 하는 사람들의 심리적 요인을 연구한 결과, 사람들이 보통 항생제를 질병 또는 죽음에 대한 '보험'으로 간주한다.[171] 영국의 경우 수의사의 60% 정도는 고객들이 애완동물을 치료하는 데 항생제 사용을 기대한다고 밝혔다.[172] 농장에서도 유사한 압력이 있다.[173] 만약 수의사가 불필요한 항생제를 처방하는 것을 거부한다면, 고객은 다른 수의사를 찾아갈 것이라는 우려가 수의사들에게 있다. 정부나 수의업계 차원에서 항생제 사용을 줄이기 위한 캠페인을 벌이는 것도 바람직하다. 2018년 영국 정부

---

71 「친환경 농어업육성 및 유기식품 등의 관리·지원에 관한 법률」에 따라 전문인증기관이 친환경 농축산물을 엄격한 기준으로 검사하여 정부가 안전성을 인증해주는 제도이다.

가 시작한 '수의사 신뢰 캠페인(Trust Your Vet Campaign)'[72]이나, 영국수의사회(British Veterinary Association)가 개발한 '책임성 있는 처방의 7가지 방안(7-Point Plan of Responsible Prescribing)'[73]이 좋은 사례이다. 농가나 수의사가 항생제 처방비율이 평균보다 높을 경우, 이를 통보해주는 방안도 고려할 수 있다. 백신 접종 필요성에 대한 농가의 인식을 높이는 것도 중요하다.

여덟째, 항생제 사용을 줄일 수 있는 세부적인 방안에 관해 이해당사자를 교육하고 훈련한다. 예를 들어 GAP과 같이 농장에서 뛰어난 위생관리기준을 적용하여 가축을 기르는 방안에 관한 교육과 훈련은 가축사육 시에 질병이 발생할 기회를 최소화할 수 있어 결과적으로 항생제 사용의 기회를 줄일 수 있다.[174]

아홉째, AMR 경감 방안에 관한 정부와 민간의 연구를 강화한다. 이때 수의사와 농가의 참여가 중요하다. 미국, 유럽, 캐나다, 인도, 중국 등 많은 국가에서 새로운 항생제 또는 항생제 대체재를 개발하기 위한 다양한 연구가 정부와 민간 차원에서 수행되고 있다.

이외에도 동물을 사육할 때 항생제 사용을 줄이는 방법이 다음과 같이 몇 가지 더 있다. ▶ 동물질병에 대한 철저한 차단 방역이다. 질병의 발생과 전파의 위험을 최소화함으로써 항생제 사용 필요성을 최소화한다. ▶ 동물 생애의 전 과정에 높은 동물복지 수준을 유지하는 것이다.

---

**72** 동물병원에서 동물소유주를 대상으로 반려동물에 항생제를 사용할 것인지에 관해 수의사를 믿자는 캠페인이다.

**73** 수의 진료 시 수의사들이 항생제를 신중하게 사용하기 위해 7 가지 사항(항생제를 사용할 필요가 없도록 고객과 노력, 부적절한 사용 금지, 병원체에 맞는 약품 선택, 항생제 감수성 검사, 사용 최소화, 사용방법 준수, 부작용 사례 신고)을 준수하자는 운동이다.

낮은 복리 수준은 동물에 스트레스를 낳고 면역체계를 망가뜨린다.[175] ▶ 분만 후 새끼에 초유를 꼭 먹이고 이유(젖떼기) 시기를 적절히 조정한다. 초유는 영양성분 및 면역증강 항체들이 농축되어 있다. 너무 어릴 때 이유하는 것은 어린 동물에서 스트레스를 증가시키며, 이유 후 면역이 낮은 수준으로 형성되는 원인이 된다.[176],[177] ▶ 서로 다른 나이 또는 동물을 함께 사육하는 것은 피한다. 섞어 사육하는 것은 동물 간의 사회적 유대를 떨어뜨려 스트레스를 일으키고 새로운 질병을 가져올 수 있다.

동물에서 항생제 사용을 줄이는 가장 현실적인 방법은 성장을 촉진하거나 질병을 예방할 목적으로 건강한 동물에 항생제를 사용하는 것을 엄격히 제한하는 것이다. WHO는 건강한 동물의 경우는 오직 같이 동거하고 있는 집단에서 어떤 특정 질병이 진단된 경우에만 해당 질병을 예방하기 위한 목적으로 항생제를 처치 받을 것을 관련 지침으로 권고한다.[178] WHO는 동물에서 성장촉진을 목적으로 하는 항생제 사용을 전면 금지하는 조치가 동물에 미치는 잠재적인 부정적 영향은 상대적으로 적거나 없다고 말한다. WHO 권고 사항은 동물에서 불필요한 항생제 사용을 줄임으로써 인의에서 중요한 항생제들의 효능을 보존하는 것을 목표로 한다. 상기 WHO 지침을 마련하는 계기가 된 한 연구결과에 따르면,[179] 식품생산 동물에서 항생제 사용을 제한하는 조치는 이들 동물에서 항생제 내성균을 최대 39%까지 줄였다.

EU 회원국은 동물에서 성장촉진 및 질병 예방을 목적으로 하는 항생제 사용을 금지하는 정책을 실행한 결과 사람 환자에서 항생제에 대한 임상적 내성 비율이 급격히 떨어졌다.[180] 영국은 2014년부터 2017년까지 가축에서 항생제 사용량을 40% 줄였다.

정부는 2005년 사료관리법령을 개정하여 배합사료 내 항생제 첨가를 단계적으로 축소하였고,[74] 2011년 7월 전면 금지하였다. 2013년 8월 에는 동물약품 수의사 처방제를 도입하였다. 이와 같은 항생제 사용에 대한 강력한 법적인 규제 조치를 도입한 이후 가축 사육두수는 계속 증 가함에도 항생제 판매량은 감소 추세를 보였다.[75]

질병 감염 등으로 아픈 동물에 항생제를 불가피하게 사용할 수밖에 없다면, 가장 효과적인 항생제가 무엇인지를 알아내기 위해 사용하고자 하는 항생제에 대한 해당 질병 병원균의 내성을 평가하는 것이 바람직 하다. 이는 무분별한 항생제의 사용을 막고 꼭 필요한 범위 내에서만 최 소한으로 항생제를 사용할 수 있도록 돕는다.

## 06
## 축산농가 자가진료를 엄격히 제한한다

2016년 정부 보고서에 따르면,[181] '03년부터 '15년까지 국내 축산용 항생제 및 항콕시듐제 판매량(추정치)을 축종별(소, 돼지, 닭, 수산용) 및 항 생제 종류별로 조사한 결과, 2015년 항생제 전체 판매량은 910톤이었 다. 동물용 항생제는 '03년부터 '07년까지 약 1,500톤 내·외, '11년부 터 '15년까지 5년 연속 1,000톤 이하로 판매되었다. 하지만, 국내 축수 산물 유래 미생물의 AMR을 조사한 결과, 내성이 증가하고 있는 것으로

---

**74** 1997년 apramycin, spiramycin, olaquniodox 등 6종, 2005년 oxytetracycline HCl, erythromycin 등 28종, 2009년 oxytetracycline, chlortetracycline 등 7종, 2011년 virginiamycin 등 9종을 금지하였다.

**75** 2008년 1,211톤, 2010년 1,047톤, 2012년 936톤, 2014년 893톤 등으로 감소하였다. 다만, 2016년 964톤, 2018년에 983톤으로 다시 약간 증가하였다.

나타났다. 내성 문제가 더욱 나빠진 원인으로 '자가진료 동물용 의약품 사용 증가'가 지목되었다.

식약처 연구보고서에 따르면,[182] 2003년부터 시작된 '국가항생제내성 안전관리 사업'에 따라 항생제 내성률은 최근 감소 추세였음에도 불구하고 2013년에는 전반적으로 증가했다. 대장균의 경우, 2004년 87.6%였던 내성이 점차 감소하여 2012년 50.8%를 기록했지만, 2013년에는 57.9%로 상승세를 보였다. 황색포도상구균(Staphylococcus aureus)의 페니실린(penicillin)과 테트라싸이클린(Tetracyclines) 내성률은 2012년보다 약 10% 증가해 각각 70.5%와 29.5%를 기록했다. MRSA도 돼지고기와 닭고기에서 분리됐다.

농림축산검역본부 자료에 따르면,[183] 국내 소·돼지·닭고기 1톤을 생산하는 데 사용되는 항생제는 2011년 기준 0.39kg으로 이는 2003년 0.72kg에 비해 크게 개선된 수치지만 당시 미국 항생제 사용량(0.24kg)보다 높은 수치이다. 축산 선진국인 덴마크(0.04kg), 스웨덴(0.03kg)과 비교하면 10배 이상 많은 항생제를 사용한다. 이처럼 상대적으로 항생제를 많이 사용하기 때문에 테트라싸이클린, 암피실린(Ampicillin) 등 주요 항생제에 대한 내성률도 더 높은 상황이다.

축수산물에서의 AMR 문제가 심각한 것은 농가 또는 어가(물고기를 기르는 농가)에서 동물질병이 발생하였을 경우 항생제를 구하여 스스로 치료를 시도하거나 질병을 예방할 목적으로 스스로 항생제를 사용하는 경우가 늘고 있는 것과 관련이 있다. 배합사료에 혼합 가능한 항생제가 53종에서 9종으로 축소된 2009년을 기점으로 자가치료용 항생제 사용량은 점점 늘고 있다. 수의사의 처방 없이 질병 자가치료 및 예방용으로 사용되는 항생제는 2009년 669톤, 2010년 723톤, 2011년 773톤,

2012년에는 800톤으로 계속 증가하였다.

정부는 항생제 오·남용을 막기 위해 2011년에 배합사료에 항생제를 첨가하는 것을 전면 금지했지만, 농가가 자가진료를 목적으로 동물약국 등에서 항생제를 구하여 사용하는 물량은 늘고 있다. AMR 문제에 효과적으로 대응하기 위해서는 축산농가가 수의사의 처방이 없이 항생제를 구매하여 사용하는 것을 시급히 금지하거나 엄격히 통제할 필요가 있다. 이때까지는 항생제에 대한 처방제의 지속적인 적용 범위 확대 등 추가적인 정책 조치가 필요하다.

## 07
## 축산에서 AMR은 과도한 우려라는 인식도 있다

일부 보건전문가는 농수축산 분야에서 항생제를 너무 많이 사용하기 때문에 사람에서 AMR 문제가 심각한 것이라 주장한다. 이는 사실과 다른 측면이 있다. 동물과 사람에서 항생제가 더 많이 사용될수록 항생제 내성균이 더 많이 출현하는 것은 맞다. 그러나, 동물유래 항생제 내성균이 사람에게 실제로 전파되는지, 어느 내성균이 전파되는지, 전파 수준은 어느 정도인지, 사람에서 발생하는 항생제 내성균 중 동물에서 유래한 내성균의 비중이 얼마인지 등에 대해 지금까지 알려진 과학적 사실은 매우 부족하다. 한 연구결과에 따르면, AMR을 보이는 세균의 96% 이상이 사람에서 사람으로 옮겨진다.[184] 2013년 미국 CDC도 사람에서의 과도한 항생제 사용이 AMR을 일으키는 주된 원인이라 했다.[185]

동물에 사용되는 항생제가 사람에서 AMR 문제의 주된 원인이라는 증거는 별로 없다. EU에서 AMR로 매년 약 2.5만 명이 사망한다.[186] 2009년에 살모넬라균, 캠필로박터균(Campylobacter), 리스테리아균

(Listeria)과 같은 식품 또는 동물과 직접 연계될 수 있는 세균 때문에 사망한 사람은 이들 세균이 AMR을 보였는지와는 별개로 270명에 불과하다.

많은 축산관계자는 항생제를 허가조건에 따라 사용하고, 안전사용기준을 준수한다면 가축에서 AMR은 크게 문제 되지 않으며, 특히 이로 인해 사람에서 문제가 될 가능성은 극히 낮다고 본다. 성장촉진, 질병 예방 등의 목적으로 항생제를 오남용할 경우가 문제이지만, 이는 법적으로 엄격히 규제된다는 점도 이러한 주장의 근거이다. 항생제는 올바로 사용되었을 때는 내성균을 거의 초래하지 않으며, 사람에게도 해롭지 않다. 세계적으로 축산업계 및 동물약품 업계는 "가능한 한 적게, 필요로 하는 만큼(as little as possible, as much as necessary)"을 표어로 하여 신중한 항생제 사용에 강조점을 둔다.

동물에서 항생제를 사용하는 것이 사람에서 항생제 내성균이 출현하는 것에 잠재적으로 영향을 미칠 수 있지만, 영향의 정도는 크지 않다. 사람에서 항생제 내성균이 출현하는 주된 이유는 대부분 사람에서 항생제를 과도하게 사용한 것이다. 오히려 사람에서 항생제 오·남용이 동물에게 훨씬 더 큰 피해를 준다.[187] 다만, WHO는 가축에서 과도한 항생제 사용이 인류의 건강에 심각한 영향을 미치며 약물내성을 키우는 데 원인이 되었다고 말한다.

## 08
## 모든 이해당사자의 노력이 중요하다

공중보건, 동물위생, 그리고 환경위생을 담당하는 정부 당국은 사람과 동물에서 AMR을 예방하거나 최소화할 수 있도록 다양한 국가적 정책수단을 마련하고 활용한다. 모든 이해당사자는 AMR 위험을 예방 또는 최소화할 수 있도록 관련 법령 또는 제도에서 부여된 역할과 책임을 다해야 한다.

첫째, 공중보건 분야에서이다. 우리는 일상생활에서 항생제 내성균에 감염되지 않도록 필요한 예방조치를 해야 한다. 이에는 손 씻기와 같은 좋은 위생 습관이 중요하다. 항생제는 수의사 등 전문가의 권고, 감독하에서 필요할 때만 사용되어야 한다. 항생제를 공급하는 업체나 사람은 관련 법령에 따른 자격이나 권한이 있어야 한다. 축산 농장주, 종업원 등 항생제 사용과 관계가 깊은 사람들은 항생제 사용에 대한 올바른 인식을 가질 수 있도록 적절한 교육 또는 훈련을 받는 것이 매우 유익하다.

둘째, 식품안전 분야에서이다. 식품 사슬의 모든 과정에서 식품이 인수공통질병 병원체에 오염되지 않도록 '우수위생규범(GHP)'[76]을 적용하는 것이 바람직하다. 축산물작업장의 영업자와 종업원은 「축산물위생관리법」(제8조)에 따른 '위생관리기준'도 지켜야 한다. 식품 생산자는 정부 관계당국 등으로부터 올바른 항생제 관리방법에 관한 교육을 정기적으로 받아야 한다. 소비자는 항생제를 신중하게 사용하는 등 소비자 지향적인 식품안전 지침을 따르는 생산자와 유통업자를 적극적으로 옹호해야 한다.

셋째, 동물위생 분야에서이다. 가축이 질병에 걸리면 이를 치료하기 위해 항생제 등을 사용하게 되므로 AMR 위험은 커진다. 따라서 동물위생에서 AMR 관리의 핵심은 질병 예방 및 통제이다. 가축 사육농장에는

---

76 Good Hygiene Practices는 소비자에게 안전한 식품을 제공하기 위하여 식품의 오염을 방지하는 데 요구되는 일련의 조건들로 HACCP의 선행요건이기도 하다.

GAP이 시행되는 것이 바람직하다. GAP는 차단 방역, 위생관리, 동물약품 사용, 백신 접종 계획 등을 포함한다. 항생제는 수의사의 처방에 따라 신중하게 사용되어야 하며, 용법·용량과 휴약기간과 같은 제품 표시사항이 준수되어야 한다.

넷째, 환경위생 분야에서이다. 동물약품 제조회사, 동물병원, 축산농가 등에서 유래하는 폐기물로부터 항생제 잔류물질이 동물 또는 사람으로 넘어오는 것을 예방하기 위해 적절한 폐기물관리규범이 실행되어야 한다. 축산관계자 및 농장에서 나오는 분뇨, 폐수 등은 주변 환경으로 방출하기 이전에 관련 법령에 따라 적절하게 처리되어야 한다. 특히 항생제 처리는 구체적인 처리지침에 따라 처리되어야 한다.

OIE/TAHC[188]는 정부 당국, 동물약품 제조업자 및 도·소매업자, 수의사, 축산농가, 동물사료 제조업자 등 모든 이해당사자가 준수해야 할 항생제 사용에 관한 구체적인 기준을 정한다. 정부 당국의 책무로 판매 허가, 품질관리, 치료 효능평가, AMR 발현 가능성 평가, 식품생산동물에서 일일섭취허용량(Acceptable Daily Intake), 최대잔류허용기준(Maximum Residue Limit) 및 휴약기간(Withdrawal Period)의 설정, 환경보호, 개별 제품설명서 확인, 판매 허용 후 항생제 예찰, 공급 및 투약 통제, 광고 통제, 항생제 사용방법 교육과 훈련, 그리고 새로운 항생제 연구 등을 제시한다.

Codex는 AMR을 최소화하기 위한 다양한 실행규범[189]을 마련하고 이를 지킬 것을 회원국에 권고한다. 항생제 제조 또는 수입 허가를 담당하는 정부 당국은 허가조건을 상세히 설정하고, 제품 표시사항 등을 통해 수의사, 가축사육 농가 등에 신중하고 책임성 있는 동물약품 사용에 관한 적절한 정보를 제공한다.

동물위생 및 공중보건 정부당국은 전문가들과 협력해서 동물 및 사람에서 AMR을 통제하기 위한 국가적 전략을 개발하고 실행한다. 이때 정부는 국가전략의 한 요소로 식품생산 동물에서 항생제가 신중하고 책임감 있게 사용될 수 있도록 '사전 대응의 접근방식'을 채택한다. 국가전략의 다른 중요한 요소들로 가축 사육단계에서 GAP, 백신 접종, 동물위생 계획 등이 있다. 이들은 모두 항생제 치료를 요구하는 동물질병의 발생을 줄이는 데 보탬이 된다.

정부 수의당국은 항생제 내성균의 발생률 및 유병률을 조사하기 위한 체계적인 방안을 마련한다. 이의 하나로 마련되는 항생제 내성균 예찰 프로그램은 관련 국제기준에 부합해야 한다. 특히 OIE 지침들[190], [191], [192]을 참고할 필요가 있다.

정부 수의당국은 동물약품이 불법적으로 제조, 판매, 유통, 광고 및 사용되는 것을 체계적으로 점검할 수 있는 감시체계를 운영한다. 수의사 등 관련 전문가는 그간 사용된 동물약품 사용량 등을 고려하여 식품생산 동물에서 AMR을 보이는 세균에 대한 역학적 예찰을 수행한다. 수의당국은 동물약품의 부정적 작용(약효 부족 등)을 감시하고, 부적합 사항을 신속히 보고하기 위한 프로그램 즉, '동물약사감시계획'을 마련하여 시행한다. 이 프로그램을 통하여 수집된 정보는 AMR을 최소화하기 위한 포괄적인 전략의 한 부분으로 활용된다. 정부 관계당국은 제조업체 등의 동물약품 광고가 관련 법령에 부합하는지 감시한다.

동물유래 식품의 공중보건상 안전성을 보증하기 위해서는 관련되는 모든 전문가 조직, 정부 규제기관, 수의 약품 업계, 수의과대학, 연구기관, 생산자단체, 소비자단체, 가축 사육 농가 등에 대한 정기적인 교육과 이들 간의 정보소통이 중요하다. 이 교육은 '동물약품 사용 필요성을 줄이기 위한 질병 예방 및 통제방안', '수의사의 신중하고 책임감 있는 동물약품 사용을 가능하게 하는 약동학적 및 약역학적 정보', '책임성 있는 동물약품 사용을 위한 유의사항 및 권고사항', 그리고 '동물사육 시 관련 법령 및 수의사 자문에 따른 올바른 동물약품 사용방법' 등에 초점을 둔다.

동물에서 항생제 사용과 관련하여 유의할 점은 동물 또는 사람에서 단 한 번의 항생제 사용도 사람에서 항생제 내성균이 출현할 위험을 높인다는 것이다. 동시에 간과해서는 안 될 점은 동물에서 항생제를 사용하더라도 휴약기간 준수 등 안전사용기준을 준수하고, 열처리 후 섭취 등 올바른 식품 취급기준을 준수하는 경우 이러한 위험은 크게 낮아진다는 점이다.

ONE HEALTH
ONE WELFARE

PART IV

# 동물복지

## 제14장
# 동물복지는 모두의 관심사이다

<br />
<br />

**01**
### 동물은 자의식이 있는 존재이다

동물복지의 사전적 의미는 '사람을 제외한 동물의 복지'이다. 동물의 복지를 존중하는 근본적 이유는 사람 이외의 동물들도 '지각력이 있는 존재(sentient being)'라는 사실에 근거한다.

OIE/TAHC는 용어풀이(Glossary)에서 동물복지를 "어떤 동물이 자신이 살고 죽는 주위의 상황과 관련하여 겪고 있는 육체적, 정신적 상태"로 표현한다. OIE/TAHC(Article 7.1.1.)에 따르면, 만약 동물이 건강하고 안락하며, 영양공급을 잘 받으며 안전하고, 고통, 공포 및 괴로움과 같은 불편한 상태로 인해 고통을 겪지 않고, 그리고 동물 자체의 육체적 및 정신적 상태에서 중요한 행위들을 표현할 수 있다면, 동물은 복지 상태가 좋은 것이다.

<br />

동물은 국제적으로 동물복지의 근본적 원칙으로 인정받고 있는 '5대 자유(Five Freedoms)'[77]와 조화를 이루면서 물, 먹이, 적절한 관리, 건강 그리고 동물의 종류와 용도에 적합한 환경을 제공받아야 한다. 5대 자유 개념은 1965년 영국 〈Brambell 위원회[78] 보고서〉[193]에서 유래했다. 이 보고서는 1964년에 루스 헤리슨(Ruth Harrison, 1920.6.24.~2000.6.13.)이 공장식, 집약적 가축사육 농장의 비참한 실태를 묘사한 《동물 기계Animal Machines》을 출간한 것이 계기가 되었다. 영국의회는 현대적 농장사육 방식의 문제점을 조사하고 동물복지 방안을 제시하여 줄 것을 Brambell 위원회에 요청하였다.

[그림 20] Brambell 위원회 보고서 표지[194]

'5대 자유'는 농장 동물에 대한 '유럽 복지 품질(European Welfare Quality)'과 같이 세계적으로 다양한 동물복지 기준 및 평가 프로그램에서 동물복지의 기본원칙으로 활용된다. OIE/TAHC(Article 7.1.2.)와 국내 「동물보호법」 제3조도 '5대 자유'를 규정한다.

OIE/TAHC(Chapter 7.1.)는 동물복지 지도지침으로 다음의 8가지를 제시한다. ▶ 동물위생과 동물복지는 서로 연관성이 깊다. ▶ '5대 자유'는 동물복지에 귀중한 지침이다. ▶ 동물실험 시 지켜야 할 국제적 동물복

---

77 ▶ 배고픔과 갈증으로부터 자유 ▶ 불편함으로부터 자유 ▶ 고통, 부상 및 질병으로부터 자유 ▶ 정상적인 행위를 표출할 수 있는 자유 ▶ 두려움과 괴로움으로부터 자유

78 현재는 UK Farm Animal Welfare Council로 명칭을 바꿔 계속 활동한다.

지 규범인 '3R', 즉, 감소(Reduction)[79], 대체(Replacement)[80], 그리고 개선 (Refinement)[81]은 귀중한 지침이다. ▶ 동물복지에 대한 과학적인 평가는 다양한 요소들이 함께 고려된다. ▶ 농업, 교육 및 연구, 그리고 교제, 여흥 및 오락에서 동물은 사람의 행복에 크게 이바지한다. ▶ 동물 이용자는 실행 가능한 최대한도로 동물의 복지를 보증할 윤리적 책무가 있다. ▶ 농장 동물복지의 향상은 생산성과 식품 안전성을 향상하여 경제적 이득을 유발한다.

국제표준화기구(ISO)는 OIE/TAHC의 동물복지 지도지침 8가지를 실행하는 데 필요한 조건들을 구체적으로 제시하고, 세부 실행지침을 제공하기 위하여 2016년에 ISO 기술규격[195])을 마련하였다. 다만, 이 규격은 식품이나 사료를 생산하기 위해 번식되거나 사육되는 육상동물에 한정하여 적용된다. 연구 및 교육 활동에 사용되는 동물, 동물원 동물, 반려동물, 야생동물, 수생동물, 그리고 공중보건이나 동물위생 목적으로 살처분되는 동물은 적용대상이 아니다.

UNESCO 세계동물권리선언(The Universal Declaration of Animal Rights)[196])은 "모든 동물은 생태계에서 존재할 평등한 권리를 갖는다. 이 권리의 평등은 개체와 종의 차이를 가리지 않는다."(제1조), "모든 동물의 삶은 존중받을 권리가 있다."(제2조) 등을 선언한다. 인간은 동물의 한

---

**79** 가능한 실험에 사용되는 동물의 수를 줄이는 것으로, 보다 적은 수의 동물을 사용하여 필적할 만한 정보를 얻거나, 동일한 동물 수로부터 더 많은 정보를 얻는 방법을 모색한다.

**80** 동물실험을 하지 않고도 연구목적을 달성할 방법이 있다면 이것으로 동물실험을 대신하는 것이다. 동물실험을 하더라도 좀 더 하등한 동물 종으로 대체한다.

**81** 동물실험을 대체할 수 없어 최소한으로 동물을 이용할 경우 동물에게 가해지는 비인도적 처치의 발생을 줄이는 것이다. 실험계획서, 실험방법 등을 개선하여 동물실험의 필요성을 줄이는 동시에 동물에 가해지는 통증이나 고통을 줄인다.

종으로서 다른 동물을 멸종시키거나 비윤리적으로 착취하는 등 다른 동물의 권리를 부당하게 침해해서는 안 된다.

AVMA는 동물복지 정책, 결정 및 조치를 개발하고 평가하는 데 다음 8가지 원칙을 제시하였다.[197] ▶ 동물과 사람의 교제, 동물유래 식품생산, 오락, 노동, 교육, 전시, 연구 등을 목적으로 사람이 동물을 이용할 때는 '수의사 신조'에 부합한다. ▶ 동물복지와 관련되는 결정은 윤리적, 사회적 가치와 과학적 지식, 전문적인 판단 사이의 균형을 맞춰 내린다. ▶ 동물의 사육, 관리, 사용 등과 관련되는 조치는 적절한지 시종일관 평가되고 필요 시 개선된다. ▶ 동물은 살아가는 일생에 걸쳐 존중과 존엄으로 취급된다. ▶ 수의사는 연구, 교육, 상호협력, 법령 개발 등을 통하여 동물의 건강과 복지 향상을 위해 계속 노력한다.

최근 많은 세계적 동물보호단체를 중심으로 '동물복지세계선언(Universal Declaration on Animal Welfare)'[82]을 UN 차원에서 채택하기 위한 운동이 진행 중이다.[198] 이 선언은 동물은 '지각력이 있는(sentient)' 존재임을 인정받기 위해, 잔혹 행위를 예방하고 괴로움을 줄이기 위해, 그리고 동물(농장 동물, 반려동물, 연구용 실험동물, 사역동물, 야생동물 및 오락용 동물)의 복지에 관한 기준을 증진하기 위해 각국 정부의 협정으로 제안된 것이다. 핵심 내용은 다음과 같다. ▶ 동물은 지각력이 있는 존재로서 이들의 복지는 존중받는다. ▶ 동물복지는 동물의 신체적, 정신적 상태 모두를 포괄한다. ▶ 국가는 동물에 대한 잔혹 행위를 예방하고 이들의 고통을 줄이기 위해 모든 적절한 조치를 한다. ▶ 국가는 동물의 복지에

---

82 World Animal Protection 등 국제적 동물복지단체에 의해 시작되었다. 2007년 OIE, 2009년 FAO가 지지 표명하였다. 2014년 현재 63개국이 지지 표명하였다.

관한 적절한 정책, 법률 및 기준을 추가로 개발하고 가다듬는다.

동물복지 선진국인 독일은 민법 제90a에서 "동물은 물건이 아니다"라고 정의한다.

## 수의사는 동물복지 선도자, 옹호자이다

수의사는 동물 소유자, 관리인 등 동물 취급자와 정책 입안자들이 동물의 복지를 증진하는 데 적절히 도움을 줄 수 있는 위치에 있다. 수의사는 높은 수준의 동물복지에 대한 사회적 요구를 옹호하고 선도하는 역할을 충분히 할 수 있도록 지속적인 노력이 필요하다. 동물을 질병이나 괴로움 등으로부터 보호하고, 동물의 복지를 증진하기 위한 수의 활동은 원칙적으로 생명에 대한 존중과, 동물은 존엄성 있는 존재라는 인식에 근거한다. 동물보호에 대한 관심 수준은 보통 해당 동물의 사회적, 경제적 가치에 따라 다르다.

'우수 동물복지 기준'을 설정하고 실행하는 것은 동물의 필요, 사람의 필요, 사회의 기대, 그리고 환경적 관심사를 서로 연계시키는 일종의 균형을 잡는 행위이다.[199] 동물의 복지를 향상하기 위한 구체적인 조치들은 수의학, 동물행동학, 생태학 그리고 윤리학적인 고려사항들을 충분히 검토한 후 결정되어야 한다.

수의사는 다양한 분야의 현장에서 활동하기 때문에 동물복지에서 역할이 독특하다. 임상 수의사는 동물의 복지 수준을 규칙적으로 평가하고, 우수한 동물복지를 보증하는 데 동물 소유자 또는 동물 관리자에게 직접적인 도움을 준다. 수의사는 동물이 있는 시설에 대한 심층적인 평가를 수행하고, 해당 시설에 부합하는 최상의 동물복지 실행방안을 권고한다. 수의과대학은 동물복지에 관한 과학적, 윤리적 지식을 갖춘 미래의 수의사를 양성한다. 수의사는 동물복지 수준을 향상하는 방안을 연구하는 데에도 가장 적합하다. 공공기관 또는 민간 수의사는 동물복지 기준을 개발, 시행 및 증명한다. 수의사는 동물복지 전문가로서 축산농가 등에서 실행되고 있는 동물복지 보증프로그램을 평가하는 데 최상의 적임자이다.

수의사는 동물, 동물 소유자, 그리고 사회로 구성되는 삼각관계에서 동물복지와 관련하여 핵심적 역할을 한다. 수의사의 역할은 과학적, 객관적, 독립적, 그리고 공정하게 수행되어야 한다. 수의사는 주로 다음의 6가지 활동을 통해 동물복지에 선도적인 역할을 한다.

첫째, 수의사의 일상적 임상 활동이다. 수의사는 일상에서 동물을 다루면서 동물에 적절한 보호 및 질병 예방 방안을 제공함으로써 그리고 동물에 좀 더 온정적인 방법으로 수의 활동을 수행함을 보증함으로써 동물을 보호하는 데 주도적이다. 수의사는 동물복지 기대치와 기준이 충족된다는 것을 보증하는 데 필요한 적절한 과학적, 의학적 훈련을 지속적으로 충분히 받아야 한다.

둘째, 수의사는 동물소유주, 관리자 등이 동물복지를 적극적으로 실행하도록 교육하고 조장한다. 수의사는 동물 관리에 관한 지식 및 기술의 측면에서 그리고 동물 소유자에게 동물복지에 관한 동기를 부여하는 데 최상의 위치에 있다. 수의사는 GAP 시행을 조장한다.

셋째, 수의사는 일반 대중을 대상으로 동물복지를 교육하고 홍보한다. 수의사는 이들에게 동물복지에 관한 과학적 전문지식을 제공하고, 이들을 교육할 수 있는 충분한 역량이 있다.

넷째, 수의사는 동물복지에 관한 과학적 연구를 수행한다. 동물복지는 수의학, 윤리, 종교, 정치, 경제학 등 다양한 분야의 전문성이 필요하다. 동물복지 수준을 높이기 위한 최상의 방안을 찾아내기 위해서는 과학적 연구가 필수적이다. 수의사는 과학적, 의학적 훈련을 받았기 때문에 수의 분야 이외의 다른 분야 전문가들과 상호 협력하여 동물복지 연구를 수행할 수 있는 좋은 조건을 갖고 있다.

다섯째, 수의사는 정부 관계당국이 동물복지에 관한 법령 및 프로그램을 마련하는 과정에 참여한다. 동물복지 관련 법령은 수의조직의 적극적인 참여와 긴밀한 협력 속에서 마련되어야 한다. 동물복지 법령 및 프로그램은 현실적으로 유용하고 동물이 필요로 하는 것뿐만 아니라 사회의 요구를 실제로 충족시킬 수 있어야 하며, 수의사는 이를 보증할 필요가 있다.

여섯째, 수의사는 다른 이해집단과의 상호협력에 선도적 역할을 한다. 수의사는 동물복지 향상을 위해 축산업계, 식품업계, 동물복지 단체, 소비자단체 등 모든 이해집단과 협력하는 데 앞장선다.

수의사는 동물복지 활동을 할 수 있는 다양한 직업에 종사한다. 수의사는 동물복지와 관련하여 사회적 기대를 충족시키고 직업적 의무를 다하는 데 필요한 기술과 수단을 갖고 있다. 따라서 수의사는 사회적 요구가 무엇이고, 미래의 과제가 무엇인지를 파악하기 위해 끊임없이 노력해야 한다. 또한, 수의사는 동물복지에 관한 전문성을 충분히 발휘할 수 있도록 항상 적절하게 필요한 교육과 훈련을 받아야 한다.

동물복지와 인간존중의 가치는 생명존중이라는 면에서 서로 통한다. 생명존중의 마음은 동물만이 아닌 궁극적으로는 인간을 위한 것이다. 인간과 동물, 그리고 자연의 조화로운 세상이 우리가 꿈꾸는 세상이다. 동물이 존중받는 사회야말로 인간이 존중받을 수 있는 사회이다.

## 03
## 동물복지와 동물위생은 서로 의존한다

보건분야 국제기구인 WHO, FAO, OIE, 유엔아동기금(UNICEF)은 모두 복지의 중요성을 강조한다. WHO는 1948.4.7. 출범한 이래 '위생(Health)'을 '단순히 질병 또는 쇠약이 없는 상태가 아닌 육체적, 정신적 및 사회적으로 완벽한 복지의 상태'로 정의한다.[200] 이러한 정의를 동물에 있는 그대로 적용하는 것은 어렵지만 '동물위생(Animal Health)'도 질병 또는 병원체가 없는 상태 그 이상으로 볼 수 있다.

OIE는 〈3차 전략계획Third Strategic Plan for 2001-2005〉에서 처음으로 기관의 임무에 '동물복지 향상'을 포함하였다.[201] OIE는 그간 WHO의 '위생'에 대한 정의에 보다 부합되게 동물위생의 정의를 변경하기보다는 동물복지를 동물위생에 추가하는 것으로 동물위생의 정의를 확대해 왔다. OIE/TAHC는 동물위생과 동물복지 사이의 '중대한 연관성'을 인정하고 있고, 동물위생관리를 "동물의 신체적 및 행동상의 건강과 복지를 최적화하기 위해 고안된 어떤 시스템"이라 정의한다. 즉 위생관리의 핵심적 내용에 복지를 명확히 포함한다. 동물위생과 동물복지사이의 연관성을 인정하는 기관은 OIE 외에도 대표적으로 AVMA, 캐나다수의사회, 유럽식품안전청, ISO, 미국동물보건협회(United States Animal Health Association), 세계수의사회(WVA), FAO, 국제유기농운동연맹(International Federation of Organic Agriculture Movements), USDA/ARS 등이 있다.[202]

동물의 건강은 동물의 복지에 핵심적 요소이다. 왜냐하면, 동물의 건강을 보호하는 것, 질병을 예방하고 치료하는 것, 질병 통제 목적으로 동물을 도태하는 것 등 동물위생과 관련된 대부분의 활동은 동물의 복지에 직접적이고도 심각한 영향을 미치기 때문이다.

500여 저널에서 8,500여 논문을 분석한 결과,[203] 포유동물은 일곱 가지 정서 즉, 공포(Fear), 분노(Rage), 공황(Panic), 욕망(Lust), 탐색 (Seeking), 보살핌(Care) 및 놀이(Play)가 신경계의 토대를 이루고 있다. 과학자들은 동물이 '자의식이 있는 존재'라고 선언한다. '의식에 관한 캠브리지선언(The Cambridge Declaration on Consciousness)'[83]에서 알 수 있듯이 동물행동학 및 신경과학 분야에서의 과학적 진보는 동물의 정신적 복잡성에 대한 우리의 인식을 바꿀 것을 강력히 요구한다.[204] '지각력이 있는 존재'로서 동물은 2009년 발효된 '리스본 조약(Treaty of Lisbon)'에서 기술한 것처럼 감정을 느낄 수 있는 능력이 있는, 욕구 및 일정한 자각을 가진 존재로서 고려되어야 한다. 동물도 정서적으로 '근심', '우울', 심지어 '강박관념에 사로잡힌 혼란'을 겪을 수 있다. 그러므로 정신적 건강의 개념도 동물에게 똑같이 적용되어야 한다.

질병은 농장 동물의 복지에 중대한 부정적 영향을 미친다. 동물에서 공포, 불안, 강박충동과 같은 정신적 고통은 면역체계를 서서히 쉽게 손상할 수 있으며 그래서 동물의 육체적 건강까지 손상할 수 있다. 농장 동물이 겪은 심리적 스트레스는 그들의 육체적 건강에 나쁜 영향을 미친다는 것은 이미 명확히 입증되었다.[205]

2018년 미국 동물복지연구소(Animal Welfare Institute)는 지난 수십 년 간 수백 건의 연구결과, 농장 동물의 위생에 부정적인 영향을 미치고 있

---

83 2012.7.7.일 영국 캠브리지대학교에서 발표한 선언으로 "인간이 아닌 동물도 의식 상태의 신경해부학적, 신경화학적, 그리고 신경생리학적 기질과 아울러 의도적인 행동을 보일 능력이 있다. 의식을 생성하는 신경학적 기질을 보유한 것이 인간만이 아니다. 포유류 모두와 조류를 포함한 동물들, 그리고 문어를 포함한 다른 많은 생물은 이 신경학적 기질을 갖고 있다."라는 것이다.

음을 보여주는 대표적인 사육 관행을 제시한 바 있다.[206] 젖소의 경우 콘크리트 바닥은 파행, 발굽 이상, 그리고 성장 호르몬 투여는 유방염, 파행과 관련이 있다. 육우에서 고농도 먹이는 산독증, 간농양, 파행, 그리고 불결한 우리는 파행, 발 질환과 관련이 있다. 하나의 사육틀에 과도한 수의 암퇘지를 사육하면 근골계에 문제가 생긴다. 닭에서 밀집사육은 발바닥 피부염, 상처, 부상을 많이 초래한다. 산란계에서 강제환우(인위적인 털갈이)는 살모넬라균 감염병과 관련이 있다.

<br>

## 04
## 동물복지가 축산업의 미래를 이끈다

대부분 축산농가는 자신이 키우는 동물의 복지가 언제 침해받는지 쉽게 인식하며, 동물의 행동이 평소와 다르거나 생산성이나 번식률이 떨어지는 것을 초기에 안다. 신체적, 정신적 건강상태가 나쁜 동물은 양호한 동물보다 번식, 성장 및 생산이 더 나쁠 수 있다.

동물이 축사, 사료, 물, 환기, 보살핌 등과 같이 생존에 필요한 것들을 적절히 받지 못하는 환경에 놓여 있을 때, 해당 동물의 몸은 미흡한 부분을 벌충하려고 필요한 행동을 한다. 즉, 부적절한 환경에 맞서기 위한 육체적 및 행동상의 메커니즘이 에너지를 성장, 번식 및 생산과 같은 비필수적인 기능으로부터 동물의 내적 환경을 유지하는 쪽으로 전환한다. 그러므로 나쁜 동물복지는 성장, 생산 및 번식에 나쁜 영향을 미친다.

비록 축산농가들이 가축을 기르는 데 나쁜 환경이 동물의 복지에 미치는 영향을 어느 정도 이해할지라도 이들은 환경이 갖는 다양한 영향을 충분히 알지 못한다. 많은 연구결과, 사람이 동물을 잘못 취급하면, 동물은 사람을 두려워한다. 나쁜 취급을 받는 동물은 좋은 취급을 받는 동물보다 스트레스를 더 많이 받으며, 해당 동물이 갖는 사람에 대한 두려움은 복지, 임신, 번식 및 성장에 부정적인 영향을 미친다. 일례로 미국 및 호주에서 높은 수준의 두려움이 돼지에 미치는 영향을 연구한 결과, 미국에서 7%, 호주에서 5%의 성장 저하가 있었고, 번식의 경우 미국에서 4%, 호주에서 7%가 감소하였다.[207]

지난 수십 년간 축산식품 소비자들은 동물복지의 중요성에 대해 점차 더 많이 알게 되었고, 동물복지 측면에서 부정적인 사안들을 더 크게 걱정하게 되었다. 영국 왕립동물학대방지학회(RSPCA)[84], 윤리적동물취급을위한사람들(People for the Ethical Treatment of Animals : PETA)[85] 등과 같은 동물보호단체들은 가축사육 체계에서 동물복지에 대한 우려를 계속 많이 제기해왔다.

동물복지에 대한 소비자들의 인식 증가는 자신들이 구매하는 동물유래 생산품이 동물복지를 추구하도록 계속 조장한다. 이것은 우리나라의 경우, 이마트, 롯데마트와 같은 대형 슈퍼마켓이나 대형할인점, 그리고 프랜차이즈 업소에 축산물의 동물복지 적용 여부를 표시하도록 촉진해왔다.

축산식품업계는 자신들이 생산한 제품이 동물복지 기준에 부합하는 원료로 만들어졌다는 것을 소비자에게 인식시키지 못하면 '동물복지 인증 식품시장'을 잃을 수 있다는 우려가 있다.

---

84 RSPCA는 1824년 영국에서 창립된 학회로 동물복지를 증진하는 것을 목적으로 하는 자선단체이다. 2017년 RSPCA는 141,760건의 잔인한 동물학대 행위를 조사하여 1,492건의 유죄 판결을 이끌었다.

85 PETA는 1980년 미국에서 창립된 비영리조직으로 동물권리를 주장하는 세계 2백만 명의 회원이 있는 세계적 규모의 동물권 단체이다.

국제적으로 거래되는 동물 및 동물생산품에 동물복지 기준을 적용하여 무역을 제한하려는 움직임도 있다. EU는 EU 동물복지 기준에 부합되는 동물 및 동물생산품만 수입을 허

[그림 21] 동물복지 인증 표시 축산물

용해야 한다는 움직임을 계속 강화하고 있다.

정연호 등은 2014년 연구보고서[208]에서 동물복지가 축산에서 경제성이 있는 이유 4가지를 제시하였다. 첫째, 높은 '가격 프리미엄(Price Premium)'[86]이다. 동물복지 축산은 관행 축산과 비교해 생산물의 가격 프리미엄이 높다. 동물복지 축산물의 단위당 생산비는 일반 축산물에 비해 한우 비육우 1.03배, 한우 번식우 1.05배, 양돈 1.03배, 육계, 1.03배, 달걀 1.116배가 높았다. 반면에 동물복지형 축산의 1두당 순이익은 일반 축산물보다 한우 3.57배, 양돈 2.07배, 육계 2.6배, 산란계 3.1배가 높다. 둘째, 생산성 향상이다. 동물복지는 공장식 사육으로 인해 발생할 수 있는 품질저하의 문제를 해결할 수 있어 가축의 생산성 향상으로 잠재적 수익이 발생할 수 있다. 셋째, 노동력 절감이다. 동물복지 축산은 관행 축산과 비교할 때 사료 비용, 환경조성 비용이 상대적으로 낮으며, 노동력도 적게 필요하다. 넷째, 소비자의 식품 안전성 및 구매 만족도 증가이다. 농산물 안전성에 대한 인식이 높아지고 있는 실정에서 동물복지를 통한 축산물은 소비자의 구매 만족도를 높일 수 있다.

---

86 생산자 입장에서는 평균 이상의 수익을 가져오게 하는 높은 가격이고, 소비자 입장에서는 제품의 실제 가치를 초과해 지불하는 가격이다

농장동물 복지정책이 성공하기 위해서는 동물복지 기준을 실행하는 농가에 대한 현실적 지원 대책이 있어야 한다. 동물복지 축산물에 대한 시장의 수요에 적절히 맞추면서 농가들이 능동적으로 동물복지에 참여하는 방향으로 정책이 실행되어야 한다. 이와 관련하여 정연호 등은 위 연구보고서에서 '관행 축산'에서 '동물복지 축산'으로의 전환을 위해서는 기존의 직접지급금[87] 지급 방안 외에 동물복지 참여 농가가 축산물을 납품할 경우 발생하는 상품 로스율(상품기준 이하 축산물)에 대한 정책적 지원, 동물복지 축산물 전용 유통구조 마련, 동물복지 축산물에 대한 인식 제고를 위한 홍보 강화와 같이 동물복지를 실행하는 농가들에 대한 구체적인 지원 정책과 대책 마련을 제시한 바 있다.

OIE/TAHC(Article 7.1.5)는 가축사육 체계에서 동물복지에 관한 일반 원칙으로 11가지를 제시한다. 다음은 이들 중 일부이다. ▶ 육종(유전적 선택) 시 항상 동물의 건강 및 복지를 고려한다. ▶ 축사 바닥, 가축우리 표면 등 가축이 생활하는 물리적 환경은 가축에 부상과 질병 또는 기생충 전파의 위험을 최소화한다. ▶ 축사의 공기 질, 온도 및 습도는 양호한 동물위생 수준을 뒷받침한다. ▶ 동물이 충분한 사료와 물을 섭취할 수 있다. ▶ 질병과 기생충은 우수위생관리규범을 통해 가능한 최대한도로 예방되고 통제된다. ▶ 동물을 다루는 행위는 사람과 동물 사이에 긍정적인 관계를 조장한다. ▶ 동물소유주와 취급자는 동물이 이들 일반원칙에 따라 취급됨을 보증할 수 있는 충분한 기술과 지식을 보유한다.

---

[87] 정부가 가축 사육 농가에 직접 소득을 보조하는 돈을 말하며, 근거법령은 "농산물의 생산자를 위한 직접지급제도 시행규칙"(농림축산식품부령 제310호, 2018.3.20.)이다.

## 동물복지 정책을 유인하는 다양한 요소가 있다

세계 각국의 동물복지 정책은 각국의 상황에 따라 내용, 방식, 수준이 다양하다. 동물복지 정책이 필요한 근본적 이유는 인류가 다양한 이유로 동물을 이용하기 때문이다. 정부 당국이 동물복지 정책을 추진하게 만드는 힘은 일반적으로 다음과 같다.[209]

첫째, 법령이다. 이는 가장 일반적인 추진 동력으로 국가가 동물복지 정책을 시행할 것을 규정한다. 대표적인 예가 2009.12.1. 발효된 EU 리스본 협약(Treaty of Lisbon)[88]이다. 제13조에서 "동물은 지각력이 있는 존재이기 때문에, EU 및 회원국은 특히 종교적 의식, 문화적 전통 그리고 지역적 전통유산과 관련되는 회원국의 법적인 그리고 행정적인 규정 및 관심을 존중하면서, EU 정책들을 수립하고 실행하는 데 동물복지 요건들을 충분히 고려해야 한다."라고 규정한다.[210] 유럽 각국은 동물보호협약(Convention for the Protection of Animals)이 체결된 1960년대부터 EU 차원에서 동물복지 업무를 시작하였다.[211]

둘째, 종교적 규범이다. 예를 들어, 이슬람교의 경우 동물을 도축하거나 수송할 경우 동물을 인도적으로 취급할 것을 교리[89]로 정한다. 기독교의 경우 하나님은 홍수 심판 후 인간에게 육식을 허락했으나 무자비한 살생을 금지하셨다(창세기 9:2~6). 동물의 생명도 거룩하다고 했다.

---

**88** 2005년 프랑스와 네덜란드의 국민투표에서 부결된 유럽헌법을 대체하기 위해 개정한 '미니조약'이다. 유럽연합 27개 회원국 정상들이 2007.10.18. 포르투갈의 수도 리스본에서 열린 EU 정상회담에서 합의되었다.

**89** "살아있는 가축의 목, 식도, 정맥을 칼로 한 번에 그어 절단한다", "동물은 날카로운 칼을 써서 고통을 최소화하는 빠른 방법으로 도살해야 한다" 등을 규정하고 있는 할랄식 도축법으로 '다비하(Dhabihah)'라고 부른다.

기독교는 동물 사랑의 종교이다. 하나님은 사람뿐 아니라 수많은 가축이 있는 니느웨 성을 불쌍히 여기셨다(요나 4:11). 불교 가르침 중 가장 첫 번째로 손꼽히는 것이 모든 동물의 생명존중이다.

셋째, 동물복지에 대한 점증하는 사회적 요구이다. NGO 등의 요구나 주장은 정부가 새로운 또는 강화된 동물복지 정책을 시행하는 동력이다. NGO들은 사회적인 동물복지 사안들을 법령에 반영하기 위해 구체적인 동물복지 기준을 만들기도 한다. Wikipedia에 따르면, 세계적으로 세계동물네트워크(World Animal Net)[90]에 등재된 동물복지 관련 NGO[91]가 약 19만 개에 이른다.[212] 우리나라에도 동물자유연대, 카라(KARA), 케어(CARE), 한국동물보호협회, 한국동물보호연합, 어웨어(AWARE), 동물구조119 등이 있다. 제19대 및 제20대 국회에서 많은 여야 의원이 참여한 '국회 동물복지포럼'이 활발히 운영된 것도 이러한 사회적 요구를 반영한 것이다.

넷째, 동물복지 관련 국제규정이다. WTO/SPS 협정에 따라 WTO 회원국은 동물 및 축산물에 관한 OIE/TAHC를 준수하여야 할 의무가 있다. OIE/TAHC(Section 7)는 '동물복지를 위한 일반적 권고 사항', '육로, 바다 또는 항공을 이용한 동물의 수송', '동물의 도축', '질병 통제 목적으로 하는 동물 도살', '유기견 인구 조절', '연구 및 교육에서 동물의 사용' 등에 있어 동물복지 규범을 정한다.

---

**90** 세계 동물보호단체들 사이에서 정보소통 및 협력을 증진하기 위하여 1997년에 설립되었다. 100개 이상의 국가에서 3천 개가 넘는 조직들이 참여한다. 세계 최대 규모의 동물보호 단체 간 네트워크로 UN 자문기구이기도 하다.

**91** 대표적으로 World Animal Protection; RSPCA; International Fund for Animal Welfare; Friends of Animals; AssureWel; Compassion in World Farming, Vets for Change 등이 있다.

다섯째, 동물복지 개념을 적용하여 생산된 제품에 대한 시장의 요구이다. 점점 더 많은 소비자가 자신이 구매하는 축산식품이 동물복지 기준을 적용하여 사육된 가축에서 유래할 것을 요구한다. 이에 따라 국내 소매점에서 동물복지 제품들이 늘고 있다. 국제적으로 거래되는 동물성 제품에 대한 동물복지 적용 요구도 높아지고 있다. 일례로 EU는 2013.1.부터 EU로 식육을 수출하고자 하는 국가는 EU 규정213)과 동등한 방법으로 가축을 도축할 것을 요구한다.

여섯째, 동물복지에 관한 지식 증가이다. 동물복지가 동물과 사람에 미치는 보건, 사회·경제적인 영향 등에 관한 지식은 동물복지 관련 법령을 마련하고 실행하는 것에 대한 일반 시민들의 기대치를 높인다. 소비자의 동물복지에 관한 지식 증가는 축산식품이 어떻게 생산되어야 하는지에 관한 자신들의 요구 및 우려에 영향을 미친다. 지식은 사업자가 시장에서 동물복지 제품의 이점뿐만 아니라 자신들의 역할과 책임을 더 잘 이해할 수 있도록 하며, 관계 정부 당국 및 국제기구에 대한 사업자들의 태도에도 영향을 미친다. 정부 수의사가 동물복지 관련 법령을 집행하는 데 동물복지에 관한 현실적인 그리고 과학적인 지식은 매우 중요하다.

정부의 법령 또는 종교적 규율에 있는 동물보호 기준이 동물복지 기준들을 마련하는 데 중요하지만, 이들 규정만 갖고 동물복지 목표를 달성하는 것은 어렵다. 가능한 한 정부, 학계, NGO, 업계, 무역상대국 등 모든 이해당사자가 힘을 모아 동물복지 정책의 효과적인 실행을 보증하기 위한 수단들을 개발해야 한다.

법령과 더불어 동물복지 정책의 목표를 달성하기 위한 핵심적인 수단들로는 '소비자에 대한 적절한 교육과 홍보', '소비자가 구매하는 축산제품의 동물복지 수준에 대한 과학적인 측정', '동물복지에 관한 적절하고 충분한 정보 제공' 등이다. 이들 조치는 소비자가 동물복지 요인들을 고려하도록 만들고, 동물복지 개념을 적용한 제품들이 시장에서 혜택을 볼 수 있도록 한다. 이때 시장과 소비자는 동물복지를 부가가치로 인식한다.

06
## 국가마다 규제 수준이 다양하다

세계 최초의 동물보호법령은 기원전 3세기 인도의 아소카 왕 시절 만든 동물 희생 의례를 금지하는 등의 내용이 담긴 법령[92]이라 한다.[214] 그러나 이는 아소카 왕이 죽은 뒤 역사에서 사라졌으며, 이후 2000여 년간 동물보호법령은 없었다고 한다.

세계 각국은 동물복지에 관한 다양한 법령을 운용한다. Wikipedia에 따르면, 서구의 경우 동물복지에 대한 가장 초기의 법률로는 1635년 아일랜드 「An Act against Plowing by the Tayle, and pulling the Wooll off living Sheep」[93]과 1641년 미국 「Massachusetts Body of Liberties Of the Brute Creatures」[94]이다. 1822년 영국에서 「소 야만

---

[92] '아소카 왕의 칙령'으로 아소카왕 즉위 26년에 어류, 조류, 포유류 등 다양한 동물을 보호할 것을 공표했다. 특히 임신했거나 젖을 줘야 하는 암염소, 암양, 암퇘지와 이들의 생후 6개월 미만의 새끼는 보호받는다고 했으며, 생명이 숨어 있는 수풀을 태워서도 안 되며, 이유 없이 또는 동물을 죽이기 위해 숲에 불을 지르면 안 되며, 동물에게 다른 동물을 먹이로 주어선 안 된다 등을 규정한다.

[93] 동물의 꼬리로 쟁기를 끌어당기는 행위, 살아있는 면양의 털을 벗기는 것 등과 관련하여 동물의 권리를 보호하는 내용을 규정한다.

[94] 소 등이 정당한 사유가 없이 공공 노역 등에 동원돼서는 안 되며, 이로 인해 죽거나 피해를 본 경우 동물소유주는 충분한 보상을 받아야 함을 규정한다.

적 취급 금지법(Cruel Treatment of Cattle Act 1822)」이 시행되었는데 이것이 근대적 의미에서 세계 최초의 동물보호법령이라 한다. 동물보호를 위한 일반적 사항을 규정하고 있는 최초의 법령으로는 영국의 「동물잔혹행위 금지법(Cruelty to Animals Act 1835)」을 들 수 있다. 이는 나중에 현대적 의미에서 세계 최초의 동물보호법령인 「동물보호법(Protection of Animals Act 1911)」이 되었다. 1994년부터는 동물복지를 실천한 친환경 축산제품을 인증하는 '프리덤 푸드(Freedom Food)' 제도가 시행 중이다. 이후 영국에는 동물복지 관련 법률이 많이 있었으나 이들은 「동물복지법(Animal Welfare Act 2006)」으로 통합되었다.

EU의 경우 1978년 동물복지 관련 입법과 정책이 도입됐고, 구체적인 동물복지 기준 제시는 1999년 암스테르담조약(The Amsterdam Treaty)에서 EU 집행위원회가 동물복지 관련 정책을 결정한다는 의무를 부과하면서 시작됐다. 축종별로 소는 1998년, 돼지는 2001년부터 최소 기준을 마련했으며, 2009년에 도축과정, 2014년에 운송 부문에 동물보호에 관한 규칙이 각각 채택되었다. 최근 일부 EU 국가는 동물복지를 WTO/SPS 협정에 추가 반영할 것을 주장한다.

미국 최초의 국가적 동물복지법은 「동물복지법(Animal Welfare Act 1966)」이다. 이후 「인도적 도축법(Humane Methods of Slaughter Act)」과 「28시간법(Twenty-Eight-Hour Law)」이 생겼다. 「동물복지법」은 실험동물, 오락동물, 그리고 동물의 운송과 사육환경 등 넓은 범위를 규정한다. 「인도적 도축법」과 「28시간 법」은 각각 도축과 동물 운송이라는 매우 구체적인 사안을 규정한다. 이 밖에도 다양한 방식의 주(State) 법과 지역 법이 존재한다. 플로리다주는 2002년 번식 암퇘지의 크레이트 사육을 금지했으며, 애리조나주는 2006년에 번식 암퇘지와 송아지의 크레이트 사육을 금지했다.

일본은 「동물의 애호 및 관리에 관한 법률」을 운용한다. 별도의 동물복지 인증제는 없지만 2001년 유기농산물 인증제를 마련, 2005년 유기축산 인증기준에 대부분 동물복지와 관련된 내용을 포함하는 '유기축산물 일본농업규격(JSA)'을 제정해 운용하고 있다.[215]

다른 국가의 경우, 캐나다 「동물보호법(Animal Protection Act)」, 뉴질랜드 「동물복지법(Animal Welfare Act)」, 독일 「동물보호법」,[95] 스웨덴 「동물복지법」, 네덜란드 「동물위생 및 복지법」, 덴마크 「동물위생 및 복지법」, 인도 「동물잔혹행위예방법(Prevention of Cruelty to Animals Act, 1960)」 등이 있다.

세계적으로 여러 국가에서 동물복지를 헌법으로 규정한다.[216] 인도는 세계 최초로 「1950 헌법」(제48조)에서 동물복지를 규정했다. 스위스는 1994년 헌법을 개정하여 동물의 지위를 '물건(Things)'에서 '지각력이 있는 창조물(Sentient Creatures)'로 수정하였다. 독일은 2002년에 헌법을 개정하여 정부는 법률로 동물을 보호할 것을 규정하였다. 이외에도 브라질, 세르비아 등이 있다.


07
## 이제는 '하나의 복지'이다

동물복지를 위한 조치들은 다면적이고 공적인 정책 사항이다. 동물복지를 다룰 때는 과학적, 윤리적, 경제적 사안뿐만 아니라 종교적, 문

---

**95** 제1조제1항: "동물과 인간은 이 세상의 동등한 창조물이다." 독일은 이외에도 동물보호운송법, 동물보호농장동물사육법, 동물보호도살법 등이 있다.

화적 그리고 국제무역 사안들을 함께 고려한다. 동물복지는 동물과 동물의 주변 환경 사이에서 역동적인 균형 상태로 인식하는 것이 합리적이다.

집약적 가축 사육시스템이 일반적이고, 반려동물 사육이 보편화 된 오늘날 사람과 동물은 일상생활에서 서로 밀접하게 접촉한다. 이러한 접촉을 통한 사람과 동물의 상호작용은 농장 동물의 생산성 및 동물의 복지에 심각한 영향을 미친다. 동물이 일상적으로 사람과 유쾌한 접촉을 가지면 생리 기능, 행동, 건강 및 생산성에 바람직한 변화가 일어난다. 반대로 사람과 불쾌한 접촉을 하는 동물은 사람을 두려워하며 이들의 성장 및 번식성적은 떨어진다.[217] 연구결과 농장 동물, 애완동물 등 우리에 갇혀 있는 동물의 복지에 가장 결정적인 영향을 미치는 요인은 다름 아닌 사람이었다.[218]

[그림 22] 하나의 복지와 관련되는 분야들
(출처 : www.onewelfareworld.org, 그림 : R. Held)

사람의 관점에서 보면 동물의 복지는 사람의 복지와 밀접한 관계가 있다는 것을 쉽게 알 수 있다. 가정에서 반려동물이 병에 걸려 아프거나 신체적 고통이 있어서 다양한 형태로 불편한, 괴로운, 때로는 공격적인 행동을 한다면, 함께 생활하는 반려인의 마음도 많이 불편하고 아프다. 산업동물, 전시동물, 오락동물 등도 마찬가지이다. 복지 수준이 높은 산업동물은 높은 생산성을 보여 소유주에게 높은 소득을 안겨주므로 소유주의 가정에 복지 측면에서도 긍정적인 영향을 미친다.

2013년 Colonius 등에 따르면,[219] 사람, 사회, 그리고 동물의 복지 사이를 서로 분리하는 것은 인위적인 분리이다. 이들 분야는 동일한 일련의 과학적 조치들에 의존하며, 생태적으로 서로에게 크게 의존한다. 즉, '관련되는 모든 분야가 연계'된다. 이를 인식하여 Colonius는 '하나의 복지(One Welfare)'를 새롭게 주장하였다.

'하나의 복지' 개념은 동물복지, 사람복지 및 환경보존을 포함한다. 이 접근방식은 복지와 관련되는 많은 분야를 통합적으로 다룰 수 있도록 함으로써 동물과 사람의 복지를 향상할 기회를 높이는 데 도움이 된다. 사람, 동물 및 환경 요인들은 서로 연결되어 있으므로 건강과 복지를 함께 고려하는 것은 ▶ 복지와 관련되는 사안을 둘러싸고 있는 상황을 기술하고 ▶ 이들과 관련되는 요인들에 대한 이해를 깊게 하고 ▶ 보건·복지 사안들에 대한 전체론적인, 문제 해결 중심의 접근방식을 구현하는 데 도움이 된다.[220]

'하나의 복지' 개념은 원헬스의 개념과 사상에 근거한다. 동물이 건강하게 살려면 동물복지가 중요하며, 인간과 동물의 복지는 여러 관점에서 연계되어 있고, 이는 생태계 즉 환경을 전제로 한다. 이는 동물과 인간의 복지는 분리되지 않고 하나로 연결되어 있다고 인식한다. 위생적인 사육환경에서 동물의 고유한 습성을 유지하면서 자란 가축의 생산물은 식품안전에도 기여한다. '하나의 복지'는 동물복지를 기반으로 한다. 예로 들어, 동물복지 기준을 적용하여 농장동물을 사육 · 운송 · 도축한 축산물을 소비자가 높은 가격에 구매할 경우 생산자는 더 좋은 환경에서 가축을 사육할 수 있게 되어 동물복지가 더욱 향상될 것이고, 소비자역시 더 건강한 축산물을 구매할 수 있다. 반려동물도 사람으로부터 질병관리, 고통 해소 등의 복지 혜택을 누리는 동물이 반려인의 스트레스 감소와 건강증진, 정신적 위로 등에 도움을 줄 뿐만 아니라 동물 교감치료를 통해 치유효과도 제공할 수 있다.

'하나의 복지' 개념은 수의사의 활동 영역을 넓힌다. 2012년 미국과학원(National Academies of Science) 보고서[221]는 생태계, 공중보건, 생태학과 관련하여 최근 생겨난 분야들에서 수의사의 지도력에 대한 사회적 요구가 증가함을 강조한다. 사람, 공동체 그리고 동물의 복지가 서로 연계되어 있음을 인식하는 것은 동물복지 및 공중보건 분야에서 수의사의 새로운 역할을 두드러지게 한다. 이는 전통적으로는 수의학과는 연관되지 않았던 분야들에서 이제는 수의사가 새로운 역할을 떠맡게 하고 있다. '하나의 복지' 접근방식은 수의사들에게 사회적 도전과제들을 다룰 수 있는 새로운 시각과 이들 과제를 해결하는 데 선도적 역할을 할 수 있는 역량을 제공한다.

최근에 세계적으로 '하나의 복지' 개념이 계속 확산 중이다. 원헬스와 '하나의 복지' 개념은 관련되는 문제 사안에 접근하는 시각과 해결하는 방식에 있어 구조적으로 사실상 거의 같다. 2015년 스위스 다보스에서 개최된 '제3차 One Health, One Plant, One Future Summit'에서 '제1차 International One Welfare Conference'가 열린 것과 2016년

'제4차 OIE Global Conference on Animal Welfare Programme'에 '하나의 복지'를 주제로 회의가 있었던 것도 이러한 경향을 보여준다. '하나의 복지' 접근방식은 특히 사람의 복지를 향상하는 데 동물복지의 다양한 이점들에 대한 우리의 이해를 높이는 데 도움이 된다.

사람과 동물의 건강이 서로 의존적이고 이들이 생태계의 건강과 연결된 것처럼, 동물복지를 유지하고 개선하는 것은 사람복지 및 환경 사안들과 다양하게 직접적 또는 간접적 관련이 있다. '하나의 복지'는 '원헬스'와 많은 분야에서 종종 겹친다. '하나의 복지'는 '동물복지'를 대체하기 위한 것이 아니라 정보소통, 조정 및 상호협력을 향상할 수 있도록 동물복지를 국제적으로 좀 더 넓은 정책 틀 및 프로젝트로 효과적으로 끌어들이기 위한 하나의 수단이다.[222]

최근에는 '하나의 복지' 개념에 '하나의 건강' 개념을 통합하는 것에 대한 국제적인 논의가 있다. 이는 건강을 복지의 한 필수요소로 보는 시각을 토대로 한다. 이러한 통합은 동물, 인간 및 환경이라는 우리 사회의 모든 관련 사안들을 전체론적 방법으로 접근함으로써 이해당사자들 간의 연계를 강화하여 건강과 복지에 관한 통합적인 해결방안을 마련하여 실행하는 것을 가능하게 한다.

2016년 Pinillos 등은 '하나의 복지' 접근방식이 줄 수 있는 혜택을 다음과 같이 제시하였다.[223]

## 동물과 사람 학대 감소에 기여

동물 학대,[96] 가정 폭력, 그리고 사회적 폭력 사이에는 서로 연관성이

---

96 「동물보호법」에서 '동물학대'란 동물을 대상으로 정당한 사유 없이 불필요하거나 피할 수 있

있다. 동물의 복지 수준은 종종 동물소유주 또는 관리자의 건강과 복지 수준을 나타내는 지표 중 하나이다.[224]

동물을 학대하는 성향이 높은 사람은 동물에 온정적인 사람보다 상대적으로 가정이나 사회에서 더 폭력적이다.[225] 동물의 복지와 사람의 복지를 유기적으로 연계시키는 접근방식은 사회적으로 범죄나 폭력의 발생을, 특히 가정 폭력이나 노약자 학대를 줄이는 데 도움이 된다. 허약한 사람을 학대하는 사람들의 경우, 이들이 기르거나 이들 주위에 있는 동물의 복지 수준을 높임으로써 학대행위를 예방 또는 경감할 수 있다. 동물복지를 향상하는 것은 사람복지에 이득을 주는 것이고, 이는 광범위한 사회적 혜택을 더 초래한다.

## 사회적 문제 해결에 기여

뉴욕과 같은 대도시의 도심 빈민 지역의 경우, 동물 학대행위가 많이 일어나는데 이는 빈곤과 같은 사회적 문제와 관련되는 경우가 흔하다고 한다. 이들 사회적 문제는 모두 동물복지, 사회경제적 지표(빈곤, 실업 등) 및 다른 분야에서의 범죄와 관련이 있는 복잡한 영역이다. 빈민 지역에서 동물복지가 향상되면 다른 사회적 문제들을 개선하기 위한 정부 정책이 성과를 얻는 데 도움이 된다. 부랑자, 노숙자 등이 애완동물을 기르는 것은 술이나 마약에의 의존을 줄이는 계기로 작용한다.[226] 반려동물은 삶의 정서적 이유를 제공함으로써 취약계층의 복리를 개선하는 데도 중요한 역할을 한다.

---

는 신체적 고통과 스트레스를 주는 행위 및 굶주림, 질병 등에 대하여 적절한 조치를 게을리하거나 방치하는 행위를 말한다(법 제2조 정의).

## 식품안전 확보 강화

농장 동물에서 높은 복지 수준은 동물유래 식품의 안전성을 높인다. 수송 중에 또는 도축 시에 스트레스를 많이 받은 동물은 대장균, 살모넬라균과 같은 병원체를 자신의 분변 속에 더 많이 배출하여 도체(지육)와의 교차오염으로 인수공통질병 발생 위험을 높이거나 이들 병원균에 오염된 식육의 폐기 등에 따른 생산손실을 초래한다.[227] 스트레스는 호흡기 질병, 살모넬라균 감염병 등에 심대한 영향을 미친다. 동물복지를 저해하는 주변 환경은 동물위생 및 생산성에 나쁜 영향을 미치며 결국 동물유래 식품의 품질을 저해한다.[228]

AMR 문제도 사람과 동물의 복지가 연결되어 있음을 보여준다. 동물이 복지 상태가 나빠 질병에 걸리는 경우 항생제가 사용되고 이로 인한 항생제 내성균이 축산식품 등을 통해 사람에게 전파되어 사람의 건강 및 복지에 부정적 결과를 초래할 수 있다.

[그림 23] 애니멀 호더 모습
[출처: 한겨레신문 보도, 2014.7.17.]

## 사람복지 향상에 기여

동물의 복지수준이 높으면 동물과 함께 살거나 접촉하는 사람의 복지 수준도 높다. 동물을 인도적으로 취급하려는 사람의 마음은 이들 자신의 심리적 및 사회적 요인들에 긍정적인 영향을 미친다.

동물에서 '격리'로 인한 불안 행위는 주요 복지 사안 중 하나다.[229] 동물이 동종의 무리와 떨어져 홀로 지내면 보통 불안감 등으로 인해 계속 짖는 행위, 도망가려는 행위, 가재도구를 물어뜯는 행위 등 이상 행동을 한다. 이러한 행위는 해당 동물뿐만 아니라 이들과 접촉하는 사람의 복지에도 나쁜 영향을 미친다.

'애니멀 호딩(Animal Hoarding)'[97]은 동물과 사람의 복지가 서로 연계되어 있음을 보여주며, 최근 우리나라에서도 사회적 이슈 중 하나이다.[230] 최근 일부 반려동물 보호자 중에는 한 사람이 수십 심지어 수백 마리의 반려견을 키우면서 스스로는 육체적, 정신적으로 커다란 고통을 겪고 있는 사례가 언론에 수차례 보도되었다. '애니멀 호더(Animal Hoarder)'는 일반적으로 동물을 위해 자신의 건강이나 행복을 희생하는 경향이 있다. 애니멀 호딩을 파악하고 이를 해결하기 위한 노력은 애니멀 호더로 인해 해당 동물들이 겪는 고통을 끝낼 수 있어 결국은 동물복지 향상에 기여하는 것이고,[231] 동시에 애니멀 호더의 복지에도 근본적인 도움이 된다. 반려동물 문화가 정착된 많은 국가에서 '애니멀 호딩'을 강력히 규제한다. 우리나라도 2018.3.20. 「동물보호법」을 개정하여 애니멀 호딩을 동물학대 행위의 하나로 규정하고 금지하였다.

## 다양한 분야에서 접근방식 가능

많은 전문분야의 통합적인 접근방식은 좀 더 효율적이고 효과적일 수 있다. 동물복지 지표들은 농민의 건강과 복지의 상태를 알 수 있는 신호로 활용될 수 있다. 마찬가지로 농민의 나쁜 복지 상태는 농장에서 동물

---

**97** 동물학대 중 하나로 동물을 사육하는 자가 자신이 돌볼 수 있는 능력을 고려하지 않고 무책임하게 너무 많은 동물을 키우는 것을 말한다. 애니멀 호더는 애니멀 호딩을 하는 사람을 말한다.

의 복지가 위험에 처해 있다는 것을 나타낼 수 있다. 농장동물의 복지와 농민의 복지 모두를 향상하는 데 모든 관련 전문가의 참여가 요구된다.

## 범죄인 사회복귀 및 반려동물 입양에 기여

미국의 경우, 교정시설 수감자를 대상으로 정상적인 사회생활 복귀를 돕기 위해 실시하는 '반려견 입양 훈련'은 효과가 크다고 한다. 동물을 도와주는 행위들이 이들의 자존감을 높여주고, 범죄를 다시 저지르

[그림 24] 교정시설 개 입양훈련
(출처: New Leash On Life, USA)

는 행위를 줄이는 데 도움이 되었다.[232] 동물을 돌보는 것은 이들에게 책임감, 참을성, 관용, 공감 능력을 높여주어 이들이 적절한 사회적응 역량을 갖추는 데 도움을 준다. 독일의 철학자 칸트(Immanuel Kant, 1724~1804)는 "동물을 어떻게 대우하느냐에 따라 그 사람의 심성을 판단할 수 있다."라고 했다.[233]

## 농장 동물의 생산성 향상에 기여

농장 동물에 대한 동물복지 관리수준이 높으면, 농장 관리자의 복지수준도 상대적으로 높다. 동물을 잘 돌보려는 관리자의 의지만으로도 동물의 복지에 긍정적인 영향을 미친다.

자신이 돌보는 동물의 복지가 향상되면, 동물은 더 많은 동물유래 생산품을 안정적이고 지속 가능하게 생산한다. 동물을 타고난 기대수명에

맞게 건강하게 살 수 있도록 잘 돌보는 체계를 갖춘 사회일수록 인간을 위한 동물유래 식품의 공급 안정성과 지속 가능성은 커진다. 농장 동물의 복지 수준이 향상되면 '식육 수율(meat yields)'[98]도 더 높아진다. 왜냐하면, 도축 시 도축 대상 동물에서 타박 상처 부위 식육 등을 제거할 필요가 없어 도체 중량 손실이 없기 때문이다. 발굽을 잘 관리 받는 젖소는 건강을 유지하여 아픈 젖소보다 더 많은 우유를 생산한다.

세계은행 산하의 국제금융공사(International Finance Corporation)에 따르면,[234] 높은 수준의 동물복지는 소비자 기대를 충족시키고, 국내외 시장을 충족시킬 수 있도록 축산농가의 역량과 수익성을 개선하는 데 중요하다. 동물복지는 윤리의 문제일 뿐만 아니라 동시에 관련되는 시장을 계속 확보하는 데 필수적인 수단이다.[235]

## 빈곤 등 공동체 문제 해결에 기여

개발도상국의 경우 동물위생을 포함한 동물복지가 모든 공동체 개발 프로그램의 핵심적인 부분이다. 이들 국가에서는 일반적인 생계개선 프로그램의 한 부분으로 동물복지를 포함하는 것이 이들 프로그램 성공을 위한 열쇠이다.[236]

FAO는 사람과 동물의 복지는 서로 크게 연계된다고 인식한다. 많은 개도국에서 사람에게 식품을 안정적으로 공급하는 것은 동물을 잘 보호하고 영양가 높은 사료를 제공하는 등의 동물의 복지 수준에 달려 있다.[237]

---

98 가축을 도살 해체하여 생산된 원료육에서 얻을 수 있는 고기량을 백분율로 나타낸 비율을 말한다. 도체율, 지육율, 정육율이 이에 포함된 개념이다.

## 생물다양성 향상

'하나의 복지' 개념은 환경 보호·보존에도 공헌한다. 특정 지역에서 야생조류 개체수의 증가는 해당 지역 사람의 복지에 긍정적 영향을 미친다.[238] 생물다양성 손실은 사람의 복지에 매우 나쁜 결과를 초래할 수 있다.[239] 생물다양성 감소는 전염성 질병의 새로운 출현 또는 재출현의 원인이 될 수 있고, 사람의 건강과 복지, 기후변화 그리고 농촌에서 도시로의 인구 이동에 영향을 미쳐 생태계를 바꿀 수 있다.[240] 예를 들어, 강물이나 호수가 농약, 중금속 등에 오염되는 경우 그곳에 서식하고 있는 물고기나 강물을 이용하는 육지 동물과 사람의 건강에도 부정적 영향을 미칠 수 있다.

## 제15장
# 동물복지는 계속 강화된다

01
### 동물복지 수준은 그간 많이 향상되었다

우리나라는 오래전부터 불교문화권에 속해 있었다. 불교가 맨 처음 전래한 것은 고구려의 17대 왕인 소수림왕 2년, 서기 372년으로 알려져 있다. 불교는 인간이든 아니든 모든 동물은 윤회로 연결된 삶의 여정을 함께 걸어가는 동반자라 한다. 불교에서 자비는 다른 생명체에 대한 조건 없는 관심을 말한다. 불교 '오계(五戒)' 중 첫 번째가 "어떤 생명체도 죽이지 말라."이다. 불교는 인간 이외의 존재에게 깊은 관심을 쏟는다. [241]

동물을 사랑하는 우리 민족의 마음은 일상 속에 녹아 있다. 《대지The Good Earth》로 1938년 노벨문학상을 받은 펄 벅(Pear S. Buck, 1892-1973)이 1960년 우리나라를 방문했을 때 겪은 일화가 있다. [242] 해가 질 무렵, 지게에 볏단을 지고 소달구지에도 볏단을 싣고 걸어가는 농부를 보고, 펄 벅은 지게 짐을 소달구지에 싣고 소달구지를 타고 가면 편할 거라는 생각에 농부에게 물었다. "왜 소달구지를 타지 않고 힘들게 갑니까?" 농부가 말했다. "에이! 어떻게 타고 갑니까? 저도 온종일 일을 했지만, 소도 온종일 일을 했는데요. 그러니 짐도 나누어서 지고 가야지요." 펄 벅은 고국으로 돌아간 뒤 이 광경이 세상에서 본 가장 아름다운 광경이었다고 기록했다고 한다.

동물보호에 관한 국내 최초의 법은 1991.5.31. 제정된 「동물보호법」이다. "이 법은 동물에 대한 학대행위의 방지 등 동물을 적정하게 보호·관리하기 위하여 필요한 사항을 규정함으로써 동물의 생명보호, 안전보장 및 복지 증진을 꾀하고, 건전하고 책임 있는 사육 문화를 조성하여, 동물의 생명존중 등 국민의 정서를 함양하고 사람과 동물의 조화로운 공존에 이바지함을 목적으로 한다."(제1조)

이 법은 제정 이후 약 17년 동안은 선언적 수준이었다. 이 법을 실행하는 데 필요한 시행령, 시행규칙 등 하위법령이 없었기 때문이다. 시행령과 시행규칙은 2008.1.3.에야 제정되었다. 이후 동물보호관련 법령[99]은 계속 강화 추세이다.[243] 「동물보호법」도 제정 당시에는 총 12개 조항이었으나 2019.10월 기준은 54개 조항이다.

동물복지 관련 정부조직은 그간 계속 강화되었다. 2006.3월 국립수의과학검역원에 동물보호과가 신설되었다. 농식품부에서는 그간 동물복지업무를 담당하는 직원 1명에서 계(係) 단위로, 과(課) 소속의 팀 단위를 거쳐, 2018년 6월에 과 단위로 확대되었다.

---

**99** 「동물보호법」 외에도 「실험동물에 관한 법률」, 「한국진도개보호 육성법」, 「야생생물보호 및 관리에 관한 법률」, 「동물원 및 수족관의 관리에 관한 법률」, 「자연환경보전법」, 「환경영향평가법」, 「독도 등 도서지역의 생태계 보전에 관한 특별법」, 「문화재보호법」 등

정부는 동물보호법령에 '동물복지 축산농장 인증제'[100]를 도입하고 대상 축종을 2012년 산란계, 2013년 돼지, 2014년 육계, 2015년 한우, 육우, 젖소, 염소, 그리고 2016년 오리로 확대하였다. 인증농장은 2016년 114개소, 2017년 145개소, 2018년 198개소, 2019년 262개소(산란계 144, 양돈 18, 육계 89, 젖소 11)로 증가하였다.

그간 반려동물의 복지와 관련된 법령과 제도가 질적으로 많이 발전하여 학대금지, 운송, 전달방법, 등록, 맹견의 관리, 구조 · 보호, 동물보호센터, 분양 · 기증, 생산 · 수입 · 판매 · 운송 등이 법령으로 규정되었다. 규제도 강화되었다. 2017년 3월 반려동물 생산에 대한 관리를 강화하기 위하여 그간 신고업이던 동물생산업을 허가제로 전환하였다. 2020.2.11. 동물보호법을 개정하여 동물의 유기와 학대를 줄이기 위하여 등록대상동물 판매 시 동물판매업자가 구매자 명의로 동물등록 신청을 한 후 판매하도록 하고, 동물을 유기하거나 죽음에 이르게 하는 학대행위를 한 자에 대한 처벌을 강화하였다.

우리나라는 광견병 등 인수공통전염병 관리, 공중위생상 위해 및 유기 · 유실동물 발생 방지를 위해 2013년 1월부터 3개월령 이상의 개를 대상으로 동물등록제를 시행하고 있다. 농림축산검역본부에 따르면, 등록 마릿수는 2013년 70만 두, 2015년 98만 두, 2018년 130만 두로 매년 증가하였다. 2018년 기준 등록률은 50.2%이다.

농식품부에 따르면,[244] 유기 · 유실동물은 2015년 82천 두, 2016년 90천 두, 2017년 103천 두, 2018년 121천 두로 매년 증가추세이다.

---

100 이는 높은 수준의 동물복지 기준에 따라 인도적으로 소, 돼지, 닭, 오리 등을 사육하는 농장 등을 국가에서 인증하고, 인증농장에서 생산되는 축산물에 '동물복지 축산농장 인증마크'를 표시하는 제도이다.

구조된 유기·유실된 동물의 처리형태는 [그림 25]와 같이 분양 27.6%, 자연사 23.9%, 안락사 20.2%, 소유주 인도 13%, 보호 중 11.7% 수준이다. 특징적인 것은 분양비율이 일본(40~45%), 독일(90%) 등 선진국과 비교해 낮고 계속 낮아진다는 점이다.[245]

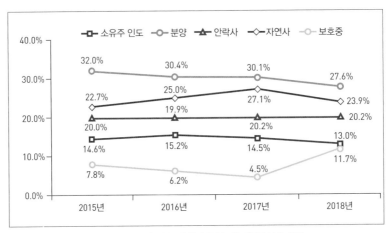

[그림 25] 연도별 동물보호센터 유실·유기동물 보호 형태

그간 정부는 민간 동물보호단체 등과 협력하여 매년 '동물보호 문화 축제'를 개최하는 등 국민을 대상으로 반려동물에 대한 인식 개선, 반려인의 책임의식 고취 등을 위해 노력해왔다. 초등학생 등을 대상으로 동물복지에 관한 교육도 꾸준히 해왔다. 동물복지에 관한 포스터, 리플릿, 동영상 등을 통한 홍보도 강화하고 있다. 이러한 노력은 성숙한 반려동물 문화가 서서히 정착되는 데 기여한다.

## 02
### 동물복지 수준은 여전히 많이 미흡하다

마하트마 간디(Mohandas Karamchand Gandhi, 1869.10.2.~1948.1.30.)는 "한

나라의 위대함과 도덕적 진보는 그 나라에서 동물이 받는 대우 수준으로 가늠할 수 있다."라고 말했다. 세계 각국의 동물복지 수준은 국가별로 사회적, 문화적, 경제적, 그리고 역사적 환경에 차이가 있어 다양하다.

동물복지 수준이 가장 높은 곳은 유럽국가들이다. 농촌진흥청 자료에 따르면,[246] 2009년 조사한 내용을 토대로 영국의 경우 달걀의 49%, 돼지고기의 28.2%, 닭고기의 5.2%가 동물복지 기준을 적용하여 생산되었다. 이들 축산물의 가격 프리미엄은 약 10% 수준이다. 스웨덴은 닭고기의 90%, 우유의 80%, 쇠고기의 5%, 프랑스는 닭고기(가정식)의 33%, 달걀의 7%, 네덜란드는 달걀의 95%, 그리고 덴마크는 쇠고기의 30%, 닭고기의 12%가 동물복지 축산물이었다.

유럽 각국에서 동물복지는 정부가 정책적으로 우선으로 고려하는 중요 분야이다. 유럽에서 최근 수십 년간 동물복지 운동의 핵심 표적은 공장식 축산으로 불리는 밀집형 가축 사육형태이다. 송아지 고기 생산을 위해 송아지를 한 마리씩 별도 우리에 사육하는 '송아지 우리(Veal Crates)', 임신한 돼지를 한 마리씩 개별 우리에 사육하는 '임신돼지 우리(Stall and Tether-Cage)', 산란계를 상자형 우리에 사육하는 '상자형 닭장(Battery Cage)' 등이 대표적이다. 동물복지단체 등의 오랜 노력의 결과로 EU에서 '송아지 우리' 사육은 2007.1.1.부터, '상자형 닭장' 사육은 2012.1.1.부터, '임신돼지 우리'는 2013.1.1.부터 법률로 금지되었다.[247] 오스트리아에서는 살아있는 개와 고양이를 상점에서 판매하는 행위도 불법이다.

그간 여러 외신이 동물복지 수준이 낮은 국가로 우리나라를 종종 거론했다. 식용 개고기 문제가 주된 이유였다. 2019.6.5. 영국 가디언(The Guardian)은 국제동물보호단체인 PETA가 영상 촬영한 제주도 소재 한 도축장에서 말들이 비인도적으로 도살되고 모습을 보고 RSPCA이 "매우 비참하다."라고 했다고 보도한 바 있다.

2017년 이후 국내에서 발생한 유기 · 유실 동물이 연간 10만 두가 넘는다. 사람으로부터 버림받아 산, 들, 거리 등에서 떠도는 이들에게 복지를 논할 수 없다. 정부 관계당국은 이 문제를 해결하기 위해 동물등록제, 인식표 부착, 중성화 수술 등 다양한 방안을 시행하고 있으나 문제는 더욱 심각해지고 있다. 반려동물을 키우는 데 소유자가 책임성 있고 신중하게 접근할 수 있는 풍토를 조성할 필요가 있다. 이를 위해 정부는 반려동물 소유에 대한 책임과 의무를 법적으로 좀 더 부과하는 방안을 마련해야 한다.

농림축산검역본부에 따르면,[248] 2019년 말 기준 정부로부터 인증받은 동물복지 축산농장은 262개소로 축종별로 전체 사육농가에서 차지하는 비율은 산란계 15%(144/963), 육계 5.9%(89/1,508), 양돈 0.3%(18/6,133), 젖소 0.2%(11/6,232)로 아직은 많이 미흡한 실정이다.

전상곤 등은[249] 반려동물 복지는 그간 성과가 있었음에도 여전히 문제점이 많음을 지적한다. 첫째, 동물보호 의식 미흡 등으로 동물 학대행위가 여전히 많이 발생한다. 외국 사례 등을 고려하여 학대행위에 대한 법적 처벌 수준을 더욱 강화할 필요가 있다. 둘째, 주로 동물 소유자의 책임의식 결여로 최근 유기 · 유실 동물이 계속 증가하고 있고, 이들을 처리하기 위한 사회적 비용이 증가한다. 셋째, 일부 동물생산업소의 열악한 사육환경, 동물에 대한 상품 취급 등 영업자의 생명경시 등으로 반려동물 생산 · 판매 영업에 대한 국민의 부정적인 인식이 커지고 있다. 2016년 기준 동물생산업소의 33.3%만이 「동물보호법」에 따른 영업 신고를 하였다.

동물복지 관련 정부의 조직역량도 지금보다 크게 강화되어야 한다. 현재 동물복지 관련 업무는 농식품부, 환경부, 문화재청 등으로 분산되어 있다. 「동물보호법」은 농장동물, 반려동물, 실험동물 등의 복지를 규정하고 있으며, 농식품부 농생명국 동물복지정책과가 담당한다. 야생동물 보호는 환경부 자연보전국 생물다양성과, 천연기념동물 보호는 문화관광체육부 문화재청 천연기념물과가 주무 담당 부서이다. 가장 큰 문제는 이들 기관 모두 동물복지 업무를 담당하는 인력이 매우 부족하다는 점이다. 반려동물에 대한 사회적 관심과 정책적 수요가 꾸준히 증가하고 있지만 이를 담당할 관련 행정 조직과 인원은 많이 미흡한 실정이다. 또한, 동물보호 업무를 담당하는 각 부처 간 정책적 연계가 미흡한 점도 시급히 개선해야 할 부분이다. 전상곤 등은 농식품부 내에 가칭 '동물보호국'을, 지자체 부서에 동물보호 · 복지팀 또는 과를 신설하는 등 조직을 강화하는 방안을 제시한 바 있다.

미국의 경우 동물복지 업무는 USDA/APHIS의 동물보호국(Animal Care)에서 담당한다. 동물보호국은 산하에는 3개 연방지역사무소와 동물복지센터(Center for Animal Welfare)를 두고 있다. 영국은 환경식품농촌부 동물위생수의연구청(Animal Health and Veterinary Laboratories Agency)에서 동물복지 및 야생동물 보호 업무를 담당하며, 전국에 60개 지역사무소가 있다. 덴마크는 환경식품부 수의식품청(Danish Veterinary and Food Administration)에서 동물복지 업무를 담당하며, 청 산하에 동물복지센터(Danish Centre for Animal Welfare)가 있다. 독일도 연방식품농업부에서 동물복지를 5대 주요 업무 중 하나로 설정하여 담당하고 있다.

03
## 특권은 의무와 책임을 수반한다

반려동물은 예전에는 '애완동물'이라 불리었다. 그러나 지금은 주로 '반려동물'이라 한다. 애완에서 반려로의 의식 이동은 패러다임 전환이라고 할 만하다. 애완(愛玩)이란 '아끼고 사랑하며 장난감처럼 가지고 놀다.'라는 뜻이 있다. 반려는 '함께하는 동무'라는 뜻이다. 애완이 일방적이라면 반려는 상호적이다. 사람과 애완동물의 관계는 사적 관리의 차원에 있지만, 그 관계가 반려동물의 차원으로 가면 공적 책임이 부상한다. 애완은 소유의 개념에, 반려는 보호의 개념에 근거한다. 사람은 애완견의 주인(owner)이지만 반려견의 보호자(guardian)이다. 애완은 개인적이지만 반려는 공동체적이다. 애완동물은 주인이 귀여워하거나 즐기는 대상(pet)에 머물지만, 반려동물은 함께 사는 사람의 반려자(companion)이자 친구이다.

농식품부 〈2018년 동물보호 국민의식조사〉에 따르면,[250] 국내 반려동물 보유 가구 비율은 2018년 기준으로 23.7%로 약 511만 가구이다. 4가구 중 1가구 비율이다. 전체 가구 중 개를 기르는 가구는 18%, 고양이는 3.4%, 토끼, 새, 수족관 동물 등이 3.1% 수준이다. 반려동물 보유 가구 비율은 2010년 17.4%에서 매년 증가하는 추세이다.

우리나라에서 동물복지에 관심과 우려가 모두 계속 커지고 있고, 이에 대응하여 정부의 정책도 그간 확대되고 강화되었다. 앞으로 이러한 추세는 모든 동물에서 진행되겠지만, 반려동물에서 더욱 두드러질 것이다. 반려동물은 사람과 직접 같은 생활공간에서 생활하기 때문에 사람들은 이들의 복지에 가장 민감하다. 앞으로 정부는 반려동물의 복지에 관한 정책을 마련하거나 시행할 때 다음과 같은 사항들을 유의할 필요가 있다.

## 사회적 눈높이의 지속적 상승

세계적으로 도시화가 계속 진행함에 따라, 동물에 대한 사회의 시각도 변해 왔다. 많은 도시민이 반려(인생의 짝이 되는 벗)를 목적으로 동물을 기르며, 이들을 가족의 한 구성원으로서 대우한다. 대부분 도시인은 농촌에서 한 번도 살아보지 않아 가축이 길러지는 농장의 현실과 자연의 영향을 잘 모른다. 동물의 복지에 대한 도시인들의 태도, 또는 이들이 동물생산품을 구매하거나 사용할 때 소비자로서 하는 선택은 동물복지에 대한 이들 자신의 이해 및 기대에 따라 달라진다.

소비자들은 축산식품에서 식품안전 보증, 원산지 증명과 같은 다양한 부가적인 '품질(Quality)'을 추구하고 있는데 이들 중 하나가 동물복지이다. 물론 소비자들이 동물복지에 근거한 제품을 구매할 수 있느냐 여부는 대부분 소비자 각자의 경제적 능력에 달려 있다.

## 각별한 신경을 써야 하는 이유

미국애완동물제품협회(American Pet Products Association) 조사에 따르면,[251] 2011~2012년 미국 전체 전통 가정의 76%(약 7천 3백만 가구) 이상이 한 마리 이상의 반려동물[101]을 기르고 있었다. 대부분은 개와 고양이나, 일부는 말, 조류, 토끼, 산양, 쥐, 뱀, 물고기, 양서류 등도 있다. 영국은 전체 가구의 44%가 반려동물을 갖고 있다.[252]

반려동물은 보통은 우리의 삶에서 최고의 친구이며, 가족을 행복하게 만든다. 이들은 우리에게 사랑과 애정을 줄 뿐만 아니라 심지어 우리를

---

**101** 개 78 백만 두, 고양이 86.4 백만 두, 민물고기 151.1 백만 두, 바닷물고기 8.61 백만 두, 새 16.2 백만 마리, 파충류 13 백만 두, 말 7.9 백만 두 등

건강하게 만든다. 최근의 연구결과,[253] 애완동물을 소유한 사람은 혈압도 낮고, 스트레스도 적고, 심장질병에 덜 걸리고, 전체적인 건강관리 비용도 적었다. 반려동물을 기르는 노인 집단이 그렇지 않은 집단에 비해 약 20% 정도 병원을 덜 방문했으며, 심근경색 환자 중 반려동물을 기르는 집단이 그렇지 않은 집단에 비해 심장발작 후 1년 생존율이 8배나 더 높았다.[254]

반려동물은 사람의 보살핌을 잘 받고 다양한 위해로부터 보호받는 것이 중요하다. 이들이 위해를 입을 수 있는 가장 흔한 상황은 다음과 같다.

첫째, 가정에서 반려동물을 처음 얻을 때이다. 많은 경우에 반려동물을 구하려는 사람들은 반려동물 판매업소 또는 사육농장에서 새끼를 구매한다. 개, 고양이의 경우, 선진국은 유기동물 보호소에서 분양받는 것이 가장 일반적 경로이다. 사육농장의 경우 보통은 이윤창출이 우선이기 때문에 많은 동물을 사육하는 과정에서 동물복지 문제가 많이 발생한다. 열악한 사육시설, 부실한 영양, 나쁜 건강상태, 비인도적 취급 등이 주된 문제이다.

둘째, 반려동물이 가정에 홀로 남겨진 때이다. 여행 등으로 사람이 집에 없을 때 반려동물의 생리적 필요에 주의를 기울이는 것이 중요하다. 집에 홀로 남는 반려동물을 보호하기 위한 계획이 필요하다. 자연재난과 같은 긴급상황이 생겼을 때 반려동물을 어떻게 할 것인지에 대한 계획도 있어야 한다. 미국의 경우, 2005년 '허리케인 카트리나(Hurricane Katrina)' 발생 시 반려동물을 관리하는 데 허점이 많이 드러났다. 이를 계기로 2006년 부시 대통령은 '애완동물 대피 운송 표준법(Pets

Evacuation and Transportation Standards Act)'[102]을 공포했다. 우리도 자연재난 상황에서 반려동물관리 방안을 마련할 때 이를 참고할 필요가 있다.

셋째, 가정에서 반려동물이 동물복지 위험에 노출된 경우이다. 모든 사람이 자신의 반려동물을 항상 오랫동안 잘 보호하는 것은 아니다. 슬프게도 일부 반려동물은 가정에서 심각한 학대를 당한다. 사람 간 가정폭력은 종종 반려동물에 대한 폭력으로 번지기도 한다. 반려동물을 잃어버리거나 도난당한다면, 이들은 가정으로 되돌아가기보다는 동물실험실 등에서 삶을 마칠 수도 있다. 야생동물용 올가미 등에 다치거나 죽임을 당할 수도 있다.

## 반려인의 책임과 의무 강화

반려동물을 기르는 것은 일종의 특권이며, 대부분은 반려인과 반려동물 모두에 이롭다. 반려인은 이러한 이로움을 계속 얻기 위해서는 다음과 같은 많은 책임과 의무를 다해야 한다.

첫째, 반려동물을 기를 때는 미리 상호 간의 관계에서 지켜야 할 사항을 정한다. ▶ 반려동물을 선택할 때 충동적인 결정을 피한다. ▶ 반려인의 경제 수준과 생활양식에 부합하는 반려동물을 선택한다. ▶ 반려동물에 음식, 물, 휴식 공간, 그리고 건강관리를 제공한다. ▶ 반려동물의 일생에서 관계를 유지한다. ▶ 반려동물에 적절한 운동 및 정신적 자극을 제공한다. ▶ 반려동물을 적절하게 사회화시키고 이를 위해 필요한 훈련을 한다.

---

102 재난, 긴급상황 시 연방재난관리청(Federal Emergency Management Agency)에 가정의 애완동물과 보조(서비스) 동물(시각장애인 안내견 등을 말함)에 피난처와 보호를 제공할 권한을 부여한다.

둘째, 반려동물을 위해 시간과 돈을 적절히 투자한다. 반려동물이 먹고, 마시고, 놀고, 잠자는 활동은 비용을 수반한다. 반려동물이 어떠한 질병이나 상해가 있는 경우 필요한 의료비용을 부담한다. 또한, 이들에서 건강상 문제가 일어나지 않도록 백신 접종, 기생충 구충과 같은 건강상 보호를 제공한다.

셋째, 건전한 반려동물 문화를 유지하기 위한 도덕적 규범을 준수한다. 반려동물을 산책시킬 때 반려동물이 배출하는 오물 특히 대변을 깨끗이 청소한다. 반려동물 목줄 착용, 소음 통제 등 모든 법적인 요구사항을 준수한다. 또한, 반려인은 반려동물을 유기 또는 유실하지 않아야 한다.

넷째, 개, 고양이는 적절히 개체인식될 수 있도록 꼬리표, 인식표, 마이크로칩 등을 통해 관리한다. 관련 데이터베이스(Database)[103]가 있는 경우 이들의 등록정보를 최신으로 유지한다.

다섯째, 번식 제한, 중성화 수술, 교미 차단 등의 방법을 통하여 반려동물의 개체 수를 적절하게 통제한다.

여섯째, 반려동물에 부정적 환경이 닥치는 경우를 대비한다. 반려인은 자신이 반려동물을 돌볼 수 없는 경우에 반려동물을 보호하기 위한 계획을 미리 마련한다. 또한, 반려동물의 생애 중 말년에는 삶의 질이 저하된다는 것을 인식하고 이에 맞는 적절한 보호를 제공하는 방안을 수의사와 협의하여 결정한다. 반려인은 더 이상 돌볼 수 없는 경우 호스피스, 안락사와 같은 대안을 준비한다.

---

**103** 「동물보호법」 제12조 및 동법시행규칙 제8조에 따라 3개월령 이상의 개는 농림축산검역본부에서 운영하는 동물보호관리시스템에 등록하여야 한다.

**동물복지 위협요인 상존**

현대인의 급격한 생활양식 변화는 반려동물의 복지에 다양한 위협요인을 초래하므로 이에 적절히 대응하는 복지정책이 필요하다. 예를 들면, 한 가구에 한 마리만 있는 반려동물은 같은 종끼리의 충분한 사회적 교류를 할 기회가 없다. 반려인의 경제적 풍요 및 바쁜 경제 활동은 반려동물에 과도한 영양공급, 운동 부족 등으로 비만 등을 초래할 수도 있다. 갑작스러운 경기침체는 반려동물에 대한 무관심, 유기 및 안락사의 급증을 강제할 수도 있다.

도시화에 따라 일반 도시민의 주거공간은 점점 더 작아지는 추세이다. 이에 반하여 반려동물은 계속 증가하고 있어 반려동물 1두가 차지하는 공간은 더 작아지고 있다. 이는 반려동물에서 복지문제를 일으킨다. 대표적으로 반려동물이 정상적인 행동을 하는 것을 가로막는 스트레스 요인의 증가이다. 과밀한 반려동물은 서로 간에 충돌을 일으켜 정신적 및 육체적 고통이 초래될 수 있다. Q. Onntag 등은 '육체적 무기력', '사회적 교감 부족', '스트레스 대응 유연성 부족'과 같이 반려동물에게 행동상의 문제를 일으킬 수 있는 복지 요인을 구체적으로 제시하였다.[255]

## 04
## 소비자는 농장동물의 복지에 관심이 많다

인간이 가축화를 통하여 동물을 식품 공급원으로 이용하는 것이 사실상 동물 학대의 가장 큰 요인이다. 숫자로 볼 때, 오늘날 지구상에 존재하는 동물은 거의 농장 동물이다. 농장 동물은 자신의 의지와 관계없이, 자신의 이익에 반하여, 오직 인간의 이익을 위하여 강제로 사육되고, 이용당하고, 결국은 죽임을 당한다. 이런 모습은 대규모 집약적 사육체계에서 더욱 심하다. 인류는 농장 동물에 커다란 빚을 지고 있어, 최소한의 인도적 고려는 당연한 윤리적 의무이다. 이것이 인류가 농장 동물의 복지에 더욱 관심을 기울이는 이유이다.

오늘날 가축은 소규모든 대규모든 대부분 도축장으로 출하될 때까지 일명 '공장식 축사'라고 불리는 '밀집 사육시설'에 갇혀 산다. 이러한 밀집 사육의 목적은 최소의 비용으로 최대의 수익을 남기는 것이다. 이 경우 농장 동물의 복지는 보통 부차적 고려 요소이다. 밀집 사육은 가축에 다양한 형태의 고통을 초래한다.

인간은 근본적으로 동물의 고통을 보면 감정적으로 함께 괴로워한다. 인류는 감각이 있는 다른 존재와 공감하기 때문이다. 이러한 공감이 농장 동물의 복지에 대한 사회적 관심과 개선 요구를 계속 높여 왔다. 이러한 관심과 요구는 때론 민감한 정치적 사안이 되기도 한다. 동물복지는 복잡하면서도 정서적이다. 축산식품 소비자는 보통 동물에 더 높은 생산성을 기대하지만, 일반 대중은 동물복지에 관한 요구가 더 크다. 일반 대중과 소비자는 사실상 같으므로 농장 동물 사육농가는 두 가지 요구 모두를 충족시켜야 한다.

동물복지와 관련이 있는 농장관리는 다음과 같이 크게 네 가지이다. ▶ 기초적인 생물학적 기능(성장, 번식률 등) 및 육체적 안락함을 위한 동물의 필요를 충족시키는 생존조건을 제공한다. 먹는 물, 사료 공급 등이 이에 해당한다. 일부 동물은 고온, 혹한 등 나쁜 기후조건으로부터 피할 수 있는 공간이 있어야 한다. ▶ 뿔 자르기(제각), 거세, 백신 접종, 인식표 부착 등과 같이 불가피하나 동물에 고통, 공포, 불안감 또는 스트레스를 초래하는 물리적 조치들은 부정적 작용을 최소화하는 방식으로 한다. 유사하게, 동물에 신체적 부상을 예방할 수 있도록 사육 우리, 계류장, 진입로 등을 적절하게 설치하는 것도 중요하다. ▶ 가축은 동물복지에 관한 훈련을 충분히 받아 동물복지 기준을 실행할 역량이 있는 사람이 관리한다. ▶ 질병에 걸린 동물은 조기에 파악하며, 수의사와 협의하여 해당 질병에 대한 백신을 접종하거나 적절히 치료한다.

문화적, 종교적 관점, 신념 등에 따라 동물복지 실행 수준은 현실에서 나라별로 다양한 차이가 있다. 수의사는 이들 차이를 인식하고 존중하지만, 자신들이 행하는 권고와 조치는 동물복지에 근거해야 한다. 수의사는 확고한 과학적 증거에 근거하여 동물복지 수준을 높이는 방향으로 가축 소유주 등에 필요한 자문을 한다.

동물복지 관점에서 축산에서 나타나는 문제점은 크게 다음의 4가지이다.[256] ▶ 동물 본성의 훼손이다. '공장식 축산'[104]의 필연적 결과로 대부분 가축은 평생을 좁은 공간에서 지낸다. 대규모 집약적 사육방식은 여러 면에서 동물의 본성에 반한다. 몸을 뒤로 돌릴 수조차 없는 좁은 스톨(Stall, 감금틀)에서 사육되고 있는 암퇘지, A4 용지 한 장 크기도 되지 않는 상자형 닭장 바닥에서 옴짝달싹하지 못하는 산란계 등이 대표적이다. 산업형 축산에서 가축은 인간의 필요에 맞게 유전적으로 분화되어 주어진 기능에 가장 적합한 형태로 바뀌었다. 산란닭은 원래 자연 상태에서는 1년에 6~12개의 알을 낳았으나, 현재는 1년에 300개까지도 낳는다. 닭은 날개를 펼치거나 모래 목욕을 하거나 횃대에 앉는 습성이 있지만, 비좁은 닭장에서는 그러지 못한다. ▶ 가축 질병 발생의 증가이다. 집단밀집 사육은 전염병에 취약하다. 사육환경이 열악하면 가축은

---

104 농장의 모든 생산수단을 집약적·효율적으로 사용하여 질적으로 표준화된 가축을 만들어 내는 사양 방법이다. 밀집사육, 각종 인공시술과 화학약품의 사용, 곡물사료의 투여, 단일품종 사육 등을 특징으로 한다.

스트레스를 받게 되어 면역력과 항균력이 저하되어 병원체에 감수성이 높아져 질병에 걸리기 쉽다. ▶ 항생제 과다 사용으로 인해 사람의 건강을 해할 위험의 증가이다. 공장식 축산에서는 동물이 스트레스를 많이 받아 면역력이 떨어져 더 다양하고 강력한 세균에 감염되고, 결과적으로 이를 막기 위해 항생제가 과다하게 사용된다. 이는 다시 항생제 내성균 출현으로 이어져 인간에게 건강상 심각한 위험을 초래한다. ▶ 환경오염이다. 대규모 공장식 축산농가에서는 다량의 분뇨가 발생하고, 이로 인한 악취 등 환경오염이 중요한 문제로 대두된다.

최근 축산식품 소비자들은 동물복지 측면에서 위와 같은 농장동물의 취약성을 인식하고 동물복지 축산식품에 점점 더 많은 관심을 보인다. 그러나 축산식품에 대한 소비자의 주된 기대는 아직은 동물복지보다는 여전히 안전성이다. 특히 동물복지로 인해 축산식품의 가격이 올라가는 경우 이를 구매하려는 소비자의 의지는 아직은 낮다. 농림축산검역본부의 〈2017년 동물보호 복지에 관한 국민의식 조사〉에 따르면, 성인 남녀 5,000명 중 70.1%가 '동물복지인증 축산물을 인지한 후 가격이 비싸다 할지라도 구매하겠다.'라고 답했지만, 인증축산물 구입 시 추가 지불 수준에 대해서는 '일반 축산물 가격의 20% 미만'이 70.7%로 가장 높았다.

정부 당국은 앞에서 언급한 다양한 문제를 해결하는 데 정책의 초점을 둔다. 동물복지 축산물의 소비 확산을 위해 '동물복지 농가에 대한 자금지원', '학교 급식에 동물복지 축산물 우선 공급'과 같은 다양한 정책적 지원 방안을 시행한다. 또한, 생명존중 사상 및 윤리적 소비에 대한 소비자 교육과 홍보를 강화하여 동물복지 축산물 소비를 위한 저변을 확대한다.

## 05
# 실험동물 복지에 관심이 필요하다

2012년 10월 서울대학교 수의과대학에서 체세포 복제로 탄생한 개(메이)는 농림축산검역본부에 검역 탐지견으로 제공되어 5년간 해외여행객의 휴대 축산물 등을 탐지하는 활동을 수행하였다. 메이는 2018년 3월 서울대로 다시 돌아와 실험용으로 사용된 후 2019년 2월 죽었다. 메이가 실험동물로 사용될 수 없음에도 사용되었다는 것과 영영 결핍 등 학대가 의심되는 취급을 받아 사망했다는 2019.5월 언론 보도는 사회적으로 커다란 반향을 일으켰다. 「동물보호법」(제24조) 및 동법시행령(제10조)에 따라 검역탐지견으로 일한 개는 동물실험에 사용될 수 없다. 이 사건은 동물실험과 관련되는 사람들이 실험용 동물의 복지에 관심을 가지는 큰 계기가 되었다.

USDA 등에 따르면 2017년 기준, 세계적으로 연간 1억 마리 이상의 동물이 과학적 목적의 실험에 이용되는 것으로 추산된다. 하지만, 실험에 사용되는 동물 수를 공개하는 국가는 40여 국가에 불과하며, 중국, 일본 등 대부분 국가에서는 실험동물이 얼마나 어떤 목적으로 이용되는지 등에 대한 정확하고 포괄적인 통계가 없다. 상대적으로 통계가 잘 갖추어진 영국의 경우, 2001년에 허가받은 동물실험 중에서 인간을 치료하기 위한 것은 26.3%에 지나지 않았다. 29.7%는 유전자 조작 동물을 번식시키기 위한 것이었고, 17.4%는 독성 시험용이었다.[257]

[그림 26] 세계 실험동물의 날 시위
[출처: 2019.4.24. 연합뉴스 보도]

2020년 1월 농식품부가 발표한

'동물복지 5개년('20~'24년) 종합계획'에 따르면, 국내에서도 바이오산업 발전 등으로 동물실험이 지속 증가하고 있으며, 비교적 고통이 심한 실험이 대다수[105]이다. 농림축산검역본부에 따르면, 우리나라에서 연간 사용되는 실험동물 수는 2012년 183만, 2014년 241만, 2016년 288만, 2018년 328만으로 매년 급증하고 있다. 선진국 대부분이 동물복지 등의 이유로 실험동물 수가 지속 감소 추세인 점과 비교할 때 대조적이다.

최근 약품과 화장품 개발 등의 연구에 이용되는 실험동물의 복지가 강조되면서 이들의 복지 향상을 위한 다양한 노력이 있다. 매년 4월 24일은 화장품이나 신약 개발에 동원되는 실험동물들의 희생을 줄이자는 취지로 정한 '세계 실험동물의 날(World Day For Laboratory Animals)'[106]이다. 국가마다 실험동물에 대한 복지 기준은 다양하다. 우리나라는 2016년에 동물실험을 한 화장품(원료)의 유통·판매를 제한하였으며, 2019년 미성년자의 동물 해부실습을 제한하는 법적 근거를 마련하였다. 세계적으로 연구·실험·검사 등에 쓰이는 동물의 복지에 관한 바람직한 정책 방향으로 다음과 같이 몇 가지가 제시되었다.[258)]

첫째, 동물실험 시 3R[107]을 준수한다. OIE/TAHC(Chapter 7.8)는 연구 및 교육 용도로 동물을 사용할 경우 준수하여야 할 규범으로 3R을 제시

---

105  2017년 기준 고통 등급 D(고통과 억압을 동반하나 마취 등 고통을 경감시키는 실험), E (고통 경감 없이 고통과 억압을 동반하는 실험)에 해당하는 실험에 사용된 동물 비중이 66%에 달한다고 한다.

106  영국 동물실험반대협회(National Anti-Vivisection Society)가 이전 협회 대표였던 휴 다우딩(Hugh Dowding · 1882~1970)의 생일(1979.04.24)을 기념해 제정했다. UN도 같은 날을 '세계 실험동물의 날'로 지정했다.

107  1959년 영국 과학자 W.M.S Russell과 R. L Burch가 쓴 《The Principle of Humane Experimental Technique》에 처음 소개되었다. 이들은 동물을 사용하는 모든 연구는 3R이 잘 적용되는지를 평가해야 한다고 주장하였다.

한다. 실험동물은 오직 실험용으로 번식되고 실험이 끝난 후에는 99.9%가 안락사된다. 이러한 동물실험은 '인간의 편의만을 위한 불필요하고 무책임하며 잔인한 실험'이라는 주장도 있다. 3R은 모두 동물의 윤리적 이용 측면에서 나름의 가치가 있지만, 단순히 실험동물의 수를 감소시키는 것보다는 대체와 개선이 더 중요하다. 신체 기능의 컴퓨터 모델링, 교육 목적의 인체 모형과 영상, 조직배양, 기관 배양, 자기공명영상 등은 모두 연구에서 동물을 성공적으로 대체한 예다. 이들 대체 방법의 대부분은 실험동물을 이용하는 것보다 더 정확하며 비용도 적게 든다. 동물실험보다 더 과학적으로 타당한 대안을 찾는 것은 중요하다.

둘째, 실험동물에 외상을 입히는 실험이나 검사는 완전히 마취된 동물을 이용하여 수행한다. 만약 실험이나 검사 과정이 실험동물의 생명을 위협하는 상해를 초래한다면, 해당 동물은 절차에 따라 그리고 의식을 되찾기 이전에 마취한다.

셋째, 만약 어떤 동물의 목숨을 위해 불가피하게 수술을 한다면, 해당 동물이 겪을 고통을 측정하고 이를 어떻게 관리할 것인지를 정한다. 고통 측정은 해당 동물에서 측정될 수 있는 구체적인 증상, 행동 또는 물리적 지표들을 포함한다.

넷째, 실험동물은 전문적인 직원이 항상 보살핀다. 직원은 개별 동물의 건강 및 복지 상태를 수시로 확인한다. 직원은 필요하면 고통 완화제, 진정제 등을 처치할 수 있도록 필요한 훈련을 받는다. 수술을 받았거나 다른 상처 처치를 받은 동물 그리고 만성적 병적 상태에 있는 동물은 적절한 간호 보호조치를 한다. 직원은 동물에 온정적이고 동물을 잘 다루는 방법을 안다. 이들은 실험동물의 상태를 계속 관찰하고, 관찰 내용을 해당 실험 책임자, 수의사 또는 다른 공인된 관계자에게 제공한다.

다섯째, 연구목적으로 사용되는 동물의 거처는 해당 종의 기본적인 특이적 행위를 표현하는 것이 가능하도록 충분한 공간과 적절한 재질을 제공한다. 사회적 성향의 동물은 같은 동물 종 간의 접촉이 가능한 구조로 된 거처에서 여러 동물과 함께 기거한다. 이들 동물은 연구 실험실에서 요구하는 사육 및 보호 기준에 부합하는 시설에서 사육된다.

여섯째, 멸종 위기에 처한 동물 종은 이들 동물의 생존에 직접적인 도움이 되는 연구의 경우에만 실험동물로 이용한다. 다른 목적을 위한 실험에는 쓰일 수 없다.

일곱째, 동물실험을 마친 실험동물에 대한 안락사는 불가피한 경우에만 제한적으로 시행한다. 안락사 조치에 관한 훈련을 받은 직원이 안락사 작업을 주관한다. 안락사하는 장소는 불안과 공포를 최소화하는 곳이어야 한다. 안락사 방법은 가장 빨리 죽음에 도달하는 방법이어야 한다. 안락사 후 사후강직 등을 확인하여 실험동물이 확실히 죽었는지 확인한다.

여덟째, 실험동물은 이들의 역할을 마친 후에는 퇴역이 허용된다. 자금지원 기관과 연구기관은 이들 동물이 퇴역 후 일생을 살아가는데 필요한 자금을 마련하고 제공한다.

「동물보호법」에서는 동물실험의 원칙, 동물실험의 금지, 동물실험윤리위원회의 설치 등을 규정한다. 동물실험은 이들 원칙에 근거해야 하며, 동물실험을 하려면 윤리위원회의 심의를 거쳐야 한다. 동물실험에 관한 세부적인 사항은 '동물실험지침'(농림축산검역본부 훈령)에서 정한다. 또한, 실험동물 및 동물실험의 적절한 관리에 관해서는 「실험동물에 관한 법률」(2008.3.28. 제정)에서 세부적으로 정한다.

## 06
## 야생동물 복지가 대두하고 있다

오늘날 대부분의 인간 활동은 야생동물에 많은 영향을 미친다. 인류는 엄청난 양의 에너지, 물, 토지, 목재, 광물, 그 밖의 자원을 야생동물의 서식처인 자연으로부터 얻는다. 이러한 인간의 필요는 자연을 파괴하여 수많은 야생동물을 죽이거나 지속적인 생존을 어렵게 한다. 이뿐만이 아니다. 환경오염, 기후변화, 동물질병 등도 야생동물의 생명, 건강에 심각하게 부정적인 영향을 미친다.

우리나라의 경우 21세기 이전까지 야생동물의 복지가 사회적 문제로 대두된 경우는 거의 없었다. 아프리카 대초원에서 자유롭게 살던 사자, 얼룩말 등이 목초지 확대 등으로 서식처를 잃거나 밀렵 사냥꾼에 의해 학살되는 것과 같은 눈에 띄는 동물복지 문제가 우리나라에서는 없었기 때문이기도 할 것이다. 그러나 최근에는 야생동물의 복지에 관한 사회적 관심이 점차 높아지고 있다. 지리산에 방사한 반달곰이 밀렵꾼의 올무에 죽는 일은 없는지, 겨울 철새가 먹이 부족으로 죽는 일이 없는지 등을 걱정한다. 인간으로부터 버림받아 야생화된 야생 개, 고양이의 복지도 사회적 문제이다.

사람이 야생동물의 복지에 어느 정도 책임이 있는지에 관한 의견은 다양하다. 과거에는 야생동물이 생존하냐 죽느냐의 결정적 요인은 적자생존이라 생각했다. 그러나 자연에 대한 인간의 영향이 갈수록 커지고 있는 현재는 야생동물의 삶에 가장 큰 영향을 미치는 요소는 인간이다. 야생동물의 삶의 질은 인간이 기르는 동물처럼 인간 활동에 크게 의존한다. 이러한 점이 바로 야생동물의 복지에 대한 인류의 관심과 책임을 불러온다.

인류는 일상생활에서 야생동물과 서로 영향을 미친다. 이러한 상호작용은 의도적이거나 비의도적일 수 있으며, 관련 동물들에 대한 영향의 정도도 매우 다양하다. 인류의 활동은 보통 두 가지 방식으로 야생동물의 복지에 영향을 미친다. 하나는 야생동물 개체 수 조절, 사냥, 현장 연구를 위한 동물의 사용과 같이 직접적인 인위적 조치들이다. 또 하나는 서식처 교란 또는 파괴, 동물의 이동을 방해하는 구조 설치, 동물에 상해를 일으킬 수 있는 구조물 설치, 그리고 오염의 영향과 같은 간접적인 인위적 조치들이다.

2015년 세계동물보호(World Animal Protection)의 조사에 따르면,[259] 야생동물에서 주로 문제가 되는 복지 사안은 크게 3가지 범주로 ▶ 올무놓기(Trapping), 사냥 및 어획(Fishing) ▶ 야생동물 또는 야생동물 생산물의 무역 ▶ 야생동물 서식처로의 '인간의 침입(Human Encroachment)'이다. 이 중에서도 '야생동물 서식처로의 인간의 침입'은 주된 우려 사안으로, 이로 인한 부정적 영향으로는 '서식처 손실', '서식처 오염', '사람 및 가축과의 접촉으로 인한 부작용(신종질병 또는 기생충 유입 등)', 그리고 '야생동물 개체수 조정'을 들 수 있다.

야생동물 복지의 핵심은 야생동물이 생태 고유의 본성과 습성을 보장받도록 하고, 인간의 과도한 야생동물 서식처 침입 등으로 인한 멸종위기에 처한 동물 등을 보호함으로써 풍부한 생물다양성(Biodiversity)을 유지하는 것이다. 인간은 지구의 모든 생명체를 보호할 책임이 있다.

생태계 환경을 담당하고 있는 환경부가 중심이 되어 야생동물 복지에 관한 정책을 마련할 필요가 있다.

## 오락 및 전시용 동물도 복지를 요구한다

동물원에서 관람객은 우리에 있는 동물들의 움직임을 신기한 듯 바라본다. 경마장에서 관객들은 역주하는 경주마에 환호한다. 전통 소싸움 경기에 문화적 자긍심을 느낀다. 우리나라 등 많은 국가에서 동물복지를 이유로 중단되었지만, 아직도 돌고래 쇼가 인기를 끄는 국가들도 있다.

돌고래가 고난도의 묘기를 부리기 위해서는 엄청난 훈련에 따른 심각한 고통이 돌고래에 수반된다. 동물원에서 대부분의 포유류 동물은 좁은 우리에 갇혀서 많은 정신적 스트레스와 불안감을 느끼며 배회하며 지낸다. 이들은 타고난 종 특유의 본능과 습성이 억눌린 채 신체적, 심리적 고통과 괴로움을 겪으면서 수많은 관람객을 맞이하면서 평생을 살아간다.

과거에 동물원은 사람과 동물이 서로 교감할 수 있는 좋은 공간으로 여겨졌다. 또 '생태교육'[108]이란 이름으로 동물원에서 수행되었던 활동들은 대부분 동물 만져보기, 먹이 주기 등 눈요기 중심이었다. 동물의 생태적 습성이나 복지를 고려한 요소는 거의 없었다. 멸종위기종을 보호하고 번식시키는 순기능도 있지만, 이는 극히 제한적이다. 지금은 실제 서식지에서 동물연구와 야생개체 보존의 중요성이 강조되면서 인식이 많이 바뀌었다. 볼거리 위주의 동물원은 지양한다.

최근 도시에서 유아 및 어린이가 동물과 교감할 수 있어 정서 발달에 좋다는 명분으로 계속 증가하는 '동물카페', '체험형 실내동물원'도 문제

---

108 사람과 자연 또는 환경이 서로 조화되며 공생할 수 있는 구체적인 실천 능력을 개발하기 위한 교육을 말한다.

가 많다. 이곳에 있는 동물은 인간의 무분별한 만지기, 과도한 노출 등으로 대부분 복지 수준이 열악하다. 현행「동물원 및 수족관 관리에 관한 법률」은 동물을 10종 또는 50개체 이상 키우면 동물원으로 시설을 등록하고 안전관리 등을 받도록 하지만, 이들 업소 대부분은 이런 조건에 해당하지 않아 법적 통제를 받지 않는다. 같은 법 제7조에 따라 동물원 또는 수족관을 운영하는 자와 동물원 또는 수족관에서 근무하는 자는 정당한 사유 없이 보유 동물에게 다음의 4가지 행위를 할 수 없다. 즉, ▶「야생생물 보호 및 관리에 관한 법률」제8조의 학대행위[109] ▶ 도구·약물 등을 이용하여 상해를 입히는 행위 ▶ 광고·전시 등의 목적으로 때리거나 상해를 입히는 행위 ▶ 동물에게 먹이 또는 급수를 제한하거나 질병에 걸린 동물을 방치하는 행위이다. 다만, 이 법의 문제는 동물복지를 실질적으로 담보할 수 있는 전시·사육시설이나 사육환경 등에 관한 기준이 미흡하다는 점이다. 이러한 미흡 사항은 향후 법령 개정을 통해 개선되어야 한다.[260)]

동물복지문제연구소의 〈2019년 전국 야생동물카페 실태조사 보고서〉[261)]에 따르면, 2019년 7월 기준 야생동물카페는 전국적으로 64개소로 위생 및 안전, 시설 및 관리, 동물 상태 등 측면에서 심각한 동물복지 문제가 있었다. 동 보고서는 해결방안으로 전문시설과 인력을 갖춘 동물원, 수족관 외 장소에서 야생동물 전시 금지 등을 제시하였다.

현행 동물보호법령에는 오락 및 전시용 동물의 복지에 관한 사항은

---

109 '때리거나 산채로 태우는 등 다른 사람에게 혐오감을 주는 방법으로 죽이는 행위', '목을 매달거나 독극물, 도구 등을 사용하여 잔인한 방법으로 죽이는 행위', '포획·감금하여 고통을 주거나 상처를 입히는 행위', '살아있는 상태에서 혈액, 쓸개, 내장 또는 그 밖의 생체의 일부를 채취하거나 채취하는 장치 등을 설치하는 행위', '도박·광고·오락·유흥 등의 목적으로 상해를 입히는 행위' 등 8가지 동물학대 행위를 금지한다.

매우 미흡하다. 민속경기로서 소싸움을 제외하고는 도박 · 광고 · 오락 · 유흥 등의 목적으로 동물에게 상해를 입히는 행위, 도박을 목적으로 동물을 이용하는 것 등을 금지하는 수준이다. 앞으로 전시동물의 소유, 양도 판매, 폐사 기록의 공개를 의무화한다든지, 동물에게 상해를 입히는 오락 및 전시 행위를 법적으로 금지하는 등 이들 동물의 복지에 관한 좀 더 구체적인 법령, 지침 등이 마련되어야 한다.

08
## 자연재난에 처한 동물의 생명도 귀중하다

대형 산불, 홍수 등 자연재난 시 생명이 위태로운 동물을 보호하는 것은 시급하고도 중요하다. 동물에서 긴급대응은 질병 발생에 국한되는 것이 아니다. 대형 산불, 태풍과 같은 자연재난도 해당한다. 자연재난에 처한 동물을 어떻게 처리할 것인지에 대한 구체적인 계획을 동물보호 당국은 미리 수립해야 한다.

2019년 4월 초 강원도 고성 · 속초와 강릉 · 동해 · 인제 일대에 대형 산불이 발생하였다. 이로 인해 2명이 숨지고 11명이 다쳤고, 1,757ha의 산림이 불타고, 총 916곳의 주택과 시설물이 전소되는 등 심각한 피해가 발생했다. 동물들도 이 재난을 피하지 못했다. 축사에 있던 소, 돼지 등 가축은 물론 개, 고양이 등 반려동물까지 많은 동물이 다치거나 목숨을 잃었다. 강원도 발표에 따르면, 당

[그림 27] 산불로 죽은 소와 등이 그을린 소[262]

시 속초 · 고성 지역에서 발생한 산불로 39개 농가에서 가축과 개 4만 1,855마리가 폐사했다. 강원도수의사회와 강원도 동물위생시험소는 피해를 본 가축과 화재 속에서 구조된 반려동물에 대한 무료 진료 봉사활동을 벌였는데, 화재 발생 1주일 만에 소 1,134마리, 개 57마리, 고양이 15마리를 치료하였다고 한다.

자연재난이 일어났을 경우, 지금은 현장 조치 요령을 포함하여 정부의 재난관리시스템 적용대상은 사실상 사람뿐이다. 반려동물은 재난 대피소로 사람들이 피할 때 동반할 수 없어 민간 동물보호센터 등에 맡겨야 하는 실정이다. 미국은 2006년 「애완동물 대피 운송 기준법(Pets Evacuation and Transportation Standards Act)」을 제정하여 자연재난 시 연방보조금을 받으려는 지방정부는 반드시 재난 대응계획에 동물을 포함하도록 했다. '2011년 동일본대지진'[110]을 겪은 일본도 환경성의 '반려동물 재해대책'을 통해 대피소로 동물을 동반하여 피난하는 것을 허용한다.

매년 국가에서 실시하는 '을지연습'[111] 시에 악성 가축질병 발생 등 가상시나리오를 만들어 훈련하고 있지만, 동물복지 측면의 고려사항은 거의 없다. 농식품부가 2020년 발표한 '동물복지 5개년 종합계획'에서 반려동물 동반 대피요령에 대한 지침을 제작하고, 반려동물과 반려인이 함께 대피할 수 있는 시설이 지정될 수 있도록 추진키로 한 것은 의미가 크다.

---

110 2011.3.11. 일본 산리쿠 연안 태평양 앞바다에서 일어난 최대 진도 7의 해저 거대지진이다. 지진 및 그 이후 닥친 쓰나미, 여진 등으로 도호쿠 지방과 간토 지방 사이 동일본 일대에서 15,897명이 사망, 2,534명이 실종되었다.

111 국가비상사태에 능동적으로 대처하기 위하여 정부차원에서 종합적으로 비상대비업무를 수행하는 국가행사로 「비상대비자원관리법」에 근거하여 실시한다.

FMD, HPAI 등 악성 가축질병 발생은 「재난 및 안전관리 기본법」에 따라 '사회재난(「가축전염병예방법」에 따른 가축전염병의 확산)'에 속한다. 동물처리에 관한 사항이 질병별 긴급대응요령 등에 반영되어 있으나, 동물복지 측면에서의 대처요령은 크게 미흡하다. 태풍, 대형 산불화재과 같은 자연재난 시에 위험에 처해 있는 동물에 대한 처리사항은 이 법의 적용을 받지 않는다. 사회재난 및 자연재난 시 동물복지 측면에서 위험에 처한 동물에 신속히 필요한 조치를 할 수 있도록 관련 법령에 근거를 마련하고, 세부적인 방안에 관한 정부 지침을 시급히 마련해야 한다.

## 09
## 동물복지 법령은 개편되어야 한다

최근에 동물복지의 종교적, 윤리적 및 철학적 토대에 대한 다양한 인식과 더불어 동물복지가 동물위생, 식품안전, 그리고 나아가 경제적 이윤창출과 연관성이 깊다는 사회적 인식이 높아지고 있다. 사람마다 처한 문화 및 가치가 달라 동물복지에 대한 인식도 차이가 있다. 이러한 차이는 크게 다음의 3가지로 나눌 수 있다. ▶ 동물의 신체적 건강 및 생물학적 복지 기능을 강조하는 것이다. 이 경우 질병, 부상 그리고 영양결핍과 같은 것은 동물복지에 문제가 있는 것으로 여긴다. ▶ 동물의 감정적인 상태를 우려하는 것이다. 예를 들어 고통, 괴로움, 배고픔과 같은 부정적인 상태 등이다. ▶ 동물이 자연적인 방식으로 사느냐 여부이다. 동물이 원래의 종 특성에 맞게 살 수 있도록 하는 것이 합리적이라 본다.

일반적으로 동물에서 질병, 부상, 영양결핍, 폐사 등을 줄임으로써 즉, 기초적인 건강 수준과 생물학적 기능을 개선함으로써 동물의 복지 수준을 높일 수 있다. 이는 동물의 생산성을 높이고 생산비용을 줄이는 데 도움이 된다. 반대로 동물에게 타고난 자연적인 행위 및 환경을 허용하기 위해서는 개별 동물에게 더 많은 공간, 쾌적한 설비 등을 제공하거나 축사 밖에 방사(가축을 가두지 않고 놓아 먹임)하는 것이 필요하다. 제한된 공간에서 밀집 사육하는 현대의 사육시스템은 대부분 이에 부적합하다. 동물복지 기준을 준수하는 것은 보통은 생산비용의 증가를 야기한다. 반면에 동물에 고통과 괴로움을 줄이는 조치는 동물의 성장과 건강에서 스트레스 관련 손실을 줄임으로써 생산성을 높일 수 있다. 그러나 동물복지를 위해 소요되는 비용이 관련 생산성 증가보다 더 클 때는 전체적으로는 생산비용이 증가한다.[263]

동물복지 '5대 자유' 원칙은 우리나라, 뉴질랜드, 코스타리카 등 많은 나라의 동물복지법령에 반영되어 있다. '복지 품질 프로젝트(Welfare Quality Project)'[112]는 동물복지 수준을 평가하기 위한 '12가지 기준'[113]을 제시하였다.[264] '5대 자유' 및 '12가지 기준'은 동물복지 관련 법령을 마련하는 데 강력한 기본 뼈대를 제공한다.

국가는 다양한 방식으로 동물복지 사항을 규정할 수 있다. 가장 강력한 방식은 헌법으로 동물복지를 규정하는 것이다. 국내에서도 헌법에

---

112  5대 자유를 보완하는 것으로서 유럽 및 라틴아메리카 국가 출신의 과학자들이 참여하여 공동연구과제로 수행되었다.

113  ▶ 장기간 배고픔으로 고통받지 않을 것 ▶ 장기간 갈증으로 고통받지 않을 것 ▶ 휴식을 위한 편의시설이 있을 것 ▶ 살기 편안한 온도에 있을 것 ▶ 자유롭게 움직일 수 있는 충분한 공간을 가질 것 ▶ 신체적 상해가 없을 것 ▶ 질병이 없을 것 ▶ 부적절한 관리, 취급, 도축 또는 외과적 처치로 인한 고통을 겪지 않을 것 ▶ 다른 동물에 해롭지 않은 정상적인 사회적 행위를 표현할 수 있을 것 ▶ 모든 상황에서 좋은 취급을 받을 것 ▶ 공포, 불안, 당혹 또는 무관심과 같은 부정적인 정서는 피하고, 안심, 만족과 같은 긍정적인 정서는 조장될 것

동물복지를 규정하자는 사회적 활동이 늘고 있다. 2017.3.19. 심상정 정의당 대표는 대통령 선거 공약으로 헌법에 동물권을 명시하는 방안을 추진하겠다고 발표한 바 있다.[265] 2017.10.15. '개헌을 위한 동물권 행동'[114]은 '세계동물권선언' 기념일을 맞아 헌법에 동물권을 명시할 것을 요구하였다.[266]

세계 대부분 국가는 동물복지를 법률로 규정하며, 동물복지를 촉진하기 위하여 국가적 차원에서 소위 '동물복지 전략'을 마련하며, 이해당사자들이 동물복지 기준을 효율적으로 실행하는 것을 돕기 위하여 다양한 '동물복지 실행규범'을 마련하여 시행한다. 동물복지를 실행하는 농가에 경제적 우대를 제공하기도 한다. 동물복지인증을 받은 농가 또는 업체에 한하여 인증 사실을 상업적 목적으로 활용하는 것을 허용하기도 한다. 또한, 관련 민간단체의 활동이나 프로그램에 대한 재정적인 지원을 하기도 한다.

2017년 부경대학교 박경준 교수는 동물복지 축산의 법적 과제를 제시한 바 있다.[267]

첫째, 동물복지의 대상이다. 현행 「동물보호법」 대상 동물은 척추동물로 한정된다. 포유류, 조류, 파충류와 어류를 포함하되, 파충류, 양서류와 어류는 식용을 목적으로 하지 않는 것만 적용대상이다. 「수산업법」 등에 따라 양식되는 어류의 경우는 척추동물이지만 식용을 목적으로 한다는 이유로 적용대상이 아니다.

둘째, 「동물보호법」에 따른 '동물 학대'의 정의 문제다. 현재는 '동물복

---

**114** 카라, 녹색연합, 어웨어, 바꿈, 한국고양이보호협회, 핫핑크돌핀스, PNR, 동물의권리를 옹호하는변호사들, 휴메인소사이어티 인터내셔날 등이 참여한다.

지'를 폭넓게 정의하면서도, 법적 금지 및 벌칙 부과의 대상이 되는 동물 학대는 상해나 신체손상 등이 수반될 것을 요건으로 제한한다. 그 결과 좁은 공간에서 지나치게 많은 동물을 사육하는 경우라도, 혹은 열악한 환경에서 동물을 사육하는 경우라도, 상해나 신체손상 등이 수반되지 않는다면 법적인 제재를 할 수 없다.

셋째, 동물 운송단계에서 동물복지 규정이 협소하다. 현행 「동물보호법」은 동물의 운송에 관하여 일정한 준수사항을 정하고 있는데, 법적 제재 대상이 되는 행위는 동물을 싣고 내리는 과정에서 동물이 들어있는 운송용 우리를 던지거나 떨어뜨려서 동물을 다치게 하는 행위와 운송을 위하여 전기 몰이 도구를 사용하는 행위뿐이다.

넷째, 도살 단계에서 동물복지 관련 제재가 미흡하다. 「동물보호법」은 도살의 방법을 제한함으로써 동물의 고통을 최소화하도록 하고 있으나, 그 위반에 대한 아무런 제재 조항이 없다.

다섯째, 동물복지 축산농장 인증대상 문제이다. 현행 인증대상 동물은 소, 돼지, 염소, 닭, 오리로 한정되어 있으나, 그 대상을 「축산법」의 가축 전반으로 확대해 나가야 한다. 앞으로 정부 등 관련 업계는 이러한 과제들에 대한 충분한 검토 및 의견 수렴을 거쳐 합리적인 해결방안을 도출해야 한다.

# 제16장

# 대규모 살처분을 지양한다

## 01
### 대규모 살처분은 인도주의에 반한다

서울대학교 천명선 교수에 따르면,[268] 질병에 걸린 가축에 대한 살처분 정책을 처음 고안한 사람은 이탈리아의 의사였던 조반니 마리아 린치시(Giovanni Maria Lancisi, 1654~1720)이다. 그는 당시 유럽에 만연하여 피해[115]가 심각했던 우역을 통제하는 방안으로 살처분을 제시하였다. 교황 지시에 따라 우역의 증상과 전파 양상을 연구한 그는 "질병에 대한 치료법을 찾으려고 시간을 보내는 동안 이 질병이 퍼져나가기 때문에, 일단 질병에 걸렸거나 혹은 걸렸다고 의심이 드는 모든 동물을 도살해버리는 게 질병을 막는데 훨씬 더 효율적이다."라고 했다. 이를 법제화하고 시스템으로 정착시킨 나라는 영국이다. 대영제국 시절 식민지 통제를 위해 살처분 방식을 효율적으로 활용했다. 당시 영국은 가축 교역

---

115 18세기 당시 유럽 전역에서 우역으로 인해 약 2억 마리의 소가 폐사하였다.

의 큰 손이었다. 살처분 정책이 지금 국제 표준인 것도 영국의 강력한 주장 때문이었다고 한다.

악성 질병이 발생하는 경우 관련되는 가축을 모두 살처분하는 이유는 방역의 효율성 때문이다. 즉, 질병에 걸린 동물이 농장 간에 이동하거나, 감염된 동물과 접촉한 도구·장비 또는 사람의 이동으로 질병 원인체가 증식하거나 다른 곳으로 전파되는 것을 예방하기 위한 것이다. 문제는 감염된 동물과 같은 농장 또는 지역에 있으나 아직은 해당 질병에 걸리지 않은 건강한 동물도 방역상 이유로 모두 살처분된다는 점이다. 이에 대한 동물복지단체 등을 중심으로 사회적 우려와 반발이 크다. 일반적으로 대규모 살처분 여부 결정은 해당 질병으로부터 가능한 빠른 기간 내에 동물과 사람을 보호하고, 해당 질병의 존재를 이유로 무역상 대국의 무역 제한을 최소화하기 위해 중앙정부 차원에서 이루어진다. 특히, 방역구역 안에 있는 건강한 동물에 대한 대규모 살처분 시행 여부는 주로 출하제한, 이동제한 등에 따른 경제적 고려사항(생산성 저하, 생산물 품질저하 등)에 근거하여 결정된다.

대규모 살처분은 소요 비용뿐만 아니라 대상 동물의 복지적, 윤리적 측면 등에서 언제나 많은 논란이 있다. 흔히 제기되는 우려 사항은 건강한 동물을 죽이는 것에 대한 사회적 반감, 일부 질병의 경우 대규모 살처분 조치 이외 선택 가능한 방역 수단(백신 접종, 격리 후 지속적 예찰 등)의 존재, 이동 통제된 동물의 복지 수준 저하, 대규모 살처분으로 인한 환경적 오염, 비인도적 살처분 방법 등이다.

대규모 살처분은 최대한 짧은 시간 내에 수행해야 하는 특성이 있다. 그런데 이러한 작업이 경험이 없는 사람들에 의해 이루어지는 경우, 법적 구속력이 있는 SOP가 없는 경우, SOP가 적용될 수 없는 예측되지 않은 상황에서 도태가 이루어지는 경우 등에서는 동물의 복지가 큰 위험에 빠질 가능성이 있다. 또한, HPAI와 같은 인수공통전염병에 걸렸거나 걸렸을 가능성이 있는 동물을 도태하는 경우는 작업자의 안전에 대한 우려도 작업 기피, 지연 등에 따라 동물복지를 저해하는 주요한 요인이 된다.

2017년 국가인권위원회 인권상황실태조사 보고서[269]에 따르면, 대규모 살처분 과정에 참여하는 공무원, 수의사, 일용직 작업자, 축산 농민 등의 트라우마(외상 후 스트레스 장애)와 인권침해에 대한 공동체 차원의 대책이 시급한 실정이다. 가축 살처분 참여자의 70% 이상이 심리적 외상으로 인한 트라우마를 겪는 것으로 나타났다. 반면 정신적 · 육체적 검사나 치료를 받은 경험이 있다는 응답자는 14%에 그쳤다. 동 보고서는 공무원, 공중방역수의사,[116] 일용직 노동자 등 살처분 종사자에 대한 체계적인 사후관리를 통해 발생 가능한 트라우마와 인권침해를 줄여나갈 것을 권고했다.

동물보호단체, 종교단체 등을 중심으로 대규모 가축 살처분에 대한 반대의 목소리가 그간 오랫동안 있었다. 방역상 효과도 적고 동물복지 측면에서 잔인한 조치라는 것이 주된 이유이다. 질병에 대한 백신 접종 정책이 비용과 노력을 더 많이 필요로 함에도 동물보호단체 등은 예방적 살처분 정책보다는 백신 접종을 더 선호한다.

[그림 28] 예방적 살처분 반대 시위[270]

---

116 「공중방역수의사에 관한 법률」에서 규정하고 있으며, 가축방역업무에 종사하기 위하여 「병역법」 제34조의7에 따라 공중방역수의사에 편입된 수의사를 말한다.

최근에는 대규모 살처분에 대한 가축사육 농가의 반대 목소리도 점점 커지고 있다. 대표적인 사례가 2017년 3월 인근 육계농장에서 HPAI가 발생하여 방역당국으로부터 예방적 차원에서 자신이 사육하던 모든 닭에 대한 살처분 명령을 받았던 익산시 소재 육계농장의 경우이다. 이 농장은 동물복지 인증 및 HACCP 인증농장으로 농장주는 자신이 기르던 닭이 모두 건강하다는 이유로 살처분 명령을 끝까지 거부하였다. 이 사건은 동물보호단체의 강력한 지원 속에 사회적으로 커다란 반향을 일으켰다.

## 02
## 최선의 방역이 상책이다

HPAI, ASF와 같이 발생 시 국가적으로 경제적 피해가 큰 질병의 경우, 주요 통제방안 중 하나는 이들 질병에 걸린 동물들 또는 이들 감염된 동물과 접촉하였거나 함께 사육되는 동물들을 농장 또는 지역 단위로 모두 살처분하는 것(Mass Culling)이다. 그러나 이러한 '박멸 정책(Stamping-out Policy)'의 정당성을 둘러싸고 동물복지 측면에서 사회적 우려가 매우 크다. 정부 당국은 박멸 정책을 실행하는 데 방역상 필요성과 일반 대중의 우려 사이에서 어려움을 겪는다. 정부 방역당국은 이를 실시하는 경우 모든 이해당사자에게 과학적인 근거 및 합리적 필요성을 제시해야 한다.

[그림 29] 대규모 살처분 작업
(출처: 2014.2.17. 연합뉴스)

대규모 살처분에 의한 동물질병

통제는 세계적으로 동물위생 분야에 있어 주요한 우려 사항이다. 대규모 도태는 질병 통제 목적에 한정되지 않는다. 이동통제 등과 같은 방역 조치하에 있는 농장의 경우, 질병에 걸리지 않은 동물들도 가축 사육 조건이 나빠질 경우, 경제성 또는 동물복지를 이유로 행해질 수 있다. 또한, 인수공통질병을 전파할 위험이 큰 경우에도 같은 조치가 취해질 수 있다.

2000년부터 2010년까지 국내에서 발생된 FMD의 경우, 발생농장에서 살처분된 동물보다는 발생농장은 아닌 이동제한 대상 농장에서 동물복지, 생산성 등의 문제로 살처분된 동물이 훨씬 더 많았다. 2011년부터 FMD 백신 접종이 전면 시행됨에 따라 이후로는 FMD 발생 시 전국적 규모로 가축을 살처분하는 경우는 없었다. 그러나 HPAI는 백신접종을 하지 않기 때문에 그간 국내에서 발생한 경우, 방역을 이유로 대규모 살처분이 시행되었다.

최근에는 질병 진단, 백신 접종 등에서 기술이 많이 발전함에 따라 예전보다는 질병 통제를 위해 가축을 대규모로 살처분할 필요성이 많이 줄어들고 있다. 그러나 ASF와 같이 백신이 없고 초기에 강력한 방역 조치가 필요한 질병의 경우 최우선으로 고려하는 대응조치는 역학적으로 관련되는 동물들에 대한 신속하고 광범위한 살처분이다. 2018년 중국에서 ASF가 발생하였을 때 중국 수의당국도 관련되는 동물을 대규모로 살처분하였다. 우리나라도 2019년 9월 ASF가 사상 최초로 발생하였을 때 발생 지역(시·군)의 모든 돼지를 살처분한 바 있다.

질병 발생농장에서 수행되는 대규모 살처분은 도축장에서 일어나는 일반적인 도살과는 달라 인도적인 도살의 원칙과 과정을 따르기가 어렵다. 보통은 목숨이 완전히 끊어진 상태를 확인하기 어렵고, 수의사 등 전문가가 대상 동물 모두의 도살과정을 감독하는 것이 불가능하다. 영국에서 2000~2001년 FMD 발생에 따른 대규모 살처분 당시 여러 동물복지 문제점이 제기되었다.[271] 대표적으로 ▶ 감염동물 살처분의 지연 ▶ 부적절한 살처분 조건 ▶ 살처분되는 동물을 직접 볼 수도 있는 상황에서 장기간 움직이지 못한 채 대기하는 살처분 대상 동물들 ▶ 숙련도 또는 교육 부족으로 동물을 다루기에 부적절한 인력과 이들에 의한 비인도적인 살처분 ▶ 두(마리) 수 기준으로 계산된 살처분 인력에 대한 임금 지급으로 인한 동물에 대한 주의 부족 ▶ 수의사 인력 부족 ▶ 부적절한 살처분으로 동물이 다시 깨어나는 상황 등이었다.

FMD, 돼지열병 등의 발생으로 대규모 가축 살처분이 있었던 네덜란드, 독일[272] 등에서도 동물복지 전문가들은 이의 윤리적 문제들을 지적해 왔다.

동물방역 당국은 대규모 살처분 시 동물 소유자, 살처분 작업자 및 지역 공동체의 정서적 측면을 주의 깊게 살펴야 한다. 살처분 조치는 질병 통제 목적을 위해서만 수행된다. 살처분 방법은 해당 축종, 나이 및 품종에 적합하고 효과적이어야 한다.

악성 가축전염병 발생이라는 긴급상황에서는 질병 전파의 위험이 큰 다수의 동물을 신속하게 살처분하는 것이 필요할 수 있다. 살아있는 동물은 병원체를 계속 증식시키고 또 다른 동물에 병원체를 전파할 가능성이 크기 때문이다. 실제 살처분 시는 현장 상황을 충분히 고려하여 살처분 방법과 절차에 대한 과학적인 판단이 이루어져야 하고, 윤리적 측면도 함께 고려한다. 대상 동물은 해당 농장 내에서 안락사[117]를 통해 신

---

117 안락사는 일반적으로 고통이나 괴로움이 최소화되거나 없는 방식으로 개별 동물의 삶을 끝내는 것을 말한다.

속하게 살처분되는 것이 원칙이다. 안락사의 핵심은 동물에 최소한의 스트레스를 주면서 무의식 상태를 초래하는 과정과 방법이다. 동물을 살처분한 후 실제로 해당 동물이 죽었는지를 적절한 시간적 간격을 두고 확인한다.

정부 방역당국은 대규모 살처분을 피하는 방안을 최대한 찾아야 한다. 이를 위한 가장 현실적이고 효과적인 방법은 질병을 조기에 검출하고, 질병 확인 시 이에 최대한 신속히 대응하는 것이다. 이를 위해 가축 농장에서 가축이 임상 증상을 발현하기 이전에 감염된 축군(Herd)을 찾아낼 수 있는 간편한 진단 키트(Kit)를 활용하는 것이 중요하다. 이를 통해 도태할 필요가 없는 축군을 찾아낼 수 있다. HPAI 발생과 같은 긴급사태 중에는 신속한 진단과 역학적 조사가 대규모 살처분을 최소화하는데 중요하다.

백신이 있는 경우는 대규모 살처분을 막기 위해 백신 접종을 최우선으로 고려해야 한다. 일부에서는 백신 접종을 하면 감염된 동물이 임상 증상을 발현하지 않고 다른 동물을 감염시키는 감염원이 될 수 있다고 우려한다. 그러나 최근의 많은 연구결과 이러한 무증상 감염은 그리 걱정할 사항이 아니라고 한다. 질병 발생 시에도 접종할 백신이 있다면 백신을 접종하는 것이 질병 통제에 훨씬 더 효과적일 수 있다.

## 03
### 불가피한 경우에도 지켜야 할 원칙이 있다

OIE/TAHC(Chapter 7.6)는 질병 통제를 목적으로 동물을 살처분하는 경우에 적용되어야 할 일반적 원칙 10가지[118]을 제시한다.[273] 정부 방역 당국은 이를 준수하기 위해 노력한다.

악성 가축질병 발생 시 정부 긴급대응 계획은 보통은 중앙정부 차원에서 시행된다. 이들 계획은 동물복지 사항을 포함한다. 특히 정부 방역 당국은 평상시에 가축을 인도적으로 살처분할 수 있는 역량이 있는 사람들을 충분히 확보하고 적절히 관리하는 방안을 시행해야 한다. 우리 나라의 경우 FMD, HPAI 등 각 질병별 긴급행동지침에서 '살처분 요령'을 상세히 정한다.

살처분 작업은 동물복지 기준과 차단 방역기준을 모두 잘 알고 있고, 실제 작업인력을 통제할 권한이 있는 정부 수의당국의 수의사가 이끌어야 한다. 살처분 작업은 살처분 장소별로 별도의 작업팀을 구성하여 실시한다.

실제 살처분 계획은 동물복지, 작업자 안전, 차단 방역, 활용 가능한 자원, 해당 농장의 동물사육실태 등을 종합적으로 고려하여 살처분 장소별로 수립된다. 또한, 동 계획은 주변 환경에의 잠재적인 영향과 동물 소유주와 관리자, 살처분 작업팀 구성원, 그리고 지역 공동체에 미치는 심리적 영향을 고려한다. 살처분 작업팀 팀장은 살처분 작업과 관련되는 모든 사람에 미칠 수 있는 잠재적인 심리적, 신체적 영향을 충분히

---

118 ① 모든 도살 관련자는 적절한 기술과 역량이 있을 것 ② 도살 작업은 현장 환경에 부합할 것 ③ 도살 결정 후 신속히 도살할 것 ④ 동물 취급 및 이동은 최소화할 것 ⑤ 충분히 보정 후 즉시 도살할 것 ⑥ 도살은 즉각적인 죽음 또는 즉각적인 의식 상실을 초래할 것 ⑦ 어린 동물을 먼저 도살할 것. 감염된 동물, 접촉된 동물, 나머지 동물 순서로 도살할 것 ⑧ 관계당국은 도살과정이 동물복지, 작업자 안전 및 차단방역에 효과적인지 지속 감시할 것 ⑨ 도살 완료 즉시 실행내용, 동물복지 등에 미친 영향을 보고서로 작성할 것 ⑩ 자연재난, 개체수 조절 등 목적으로 도살 시에도 이 원칙을 적용할 것

알아야 한다.

살처분 작업에 대한 언론 보도는 중요하다. 균형 잡힌 보도가 될 수 있도록 해당 농가와 현장 지휘 수의사는 언론취재 응대요령을 숙지한다. 대규모 살처분 작업에 관한 현장 사진과 동영상

[그림 30] 이동형 안락사 장비
(출처: 한국농어민신문, 2018.2.13.)

은 일반적으로 혐오스럽고 비참한 모습이 대부분이므로, 이들 보도는 살처분 사유와 불가피성, 살처분 작업 중에 취해지는 동물복지 조치 등에 관한 명확한 정보를 포함하는 것이 중요하다. 살처분 작업이 동물복지 요소가 충분히 반영된 계획 속에서 수행된다는 것을 보여주는 언론 보도는 살처분 작업 관련자들의 사기를 높여주고, 살처분 작업에 대한 사회적 이해와 지지를 얻는 데 큰 도움이 된다.

살처분 작업 계획에는 가축전염병예방법령, 질병별 긴급행동지침, OIE/TAHC 등을 고려하여 실제 현장에서 적용하고자 하는 구체적인 안락사 방법을 포함한다.

최근 세계적으로 동물방역을 이유로 가축을 살처분할 경우, 대상 동물의 복지를 최대한 보장할 수 있는 다양한 기술들(CO2 가스법, 이동차량 이용 살처분법 등)이 계속 개발되고 있다. 살처분 작업 시는 이러한 기술들을 작업현장에 적합한 경우 최대한 활용할 필요가 있다.

2018년 농촌진흥청 축산과학원은 가축 살처분 시 질소가스를 활용해 동물의 고통을 최소화하는 거품 생성 장비를 [그림 30]과 같이 개발했다. 이 장비는 동물이 20초 안에 의식을 잃고 1분 안에 죽음에 이를 수 있게 고안되었다.

## 유실·유기 동물의 안락사를 줄여야 한다

「동물보호법」 제20조에 따라 정부 또는 민간이 운영하는 유기동물 보호센터에 있는 동물은 최소한 10일 이상 보호를 받는다. 다만, 동물보호센터의 장과 운영자는 질병 등 사유[119]가 있는 보호 중인 동물은 안락사 등 인도적 방법으로 처리할 수 있다. 세부 처리사항은 「동물보호센터 운영지침」(농림축산식품부 고시)에서 규정한다.

유기동물을 안락사하는 것은 동물의 생명을 끊는 것으로 동물복지 측면에서 최대한 피해야 한다. 보통 안락사를 처치하는 수의사나 안락사 대상 동물을 관리하거나 안락사된 동물의 사체를 처분하는 사람들은 죄책감 등으로 인해 엄청난 정신적 스트레스를 받는다.

유실·유기동물의 안락사에 대한 사회적 논란이 많다. 대부분은 안락사에 부정적이다. 보호센터에서 안락사가 필요한 경우는 크게 두 가지이다. 하나는 동물이 질병 또는 외상을 겪고 있으나 수의학적 처치로 치료가 사실상 불가능한 경우이다. 또 하나는 분양이나 기증이 미흡하여 대상 동물이 보호센터의 수용 능력을 초과하여 일부는 보호·관리가 어려운 경우이다.

농식품부에 따르면,[274] 유실·유기동물 보호센터에 맡겨진 유실·유기 동물의 처리형태는 분양(30.2%), 자연사(27.1%), 안락사(20.2%) 등이다. 동물보호법령에 따라 유기·유실된 동물에 대한 안락사는 가능하며, 이들 동물에 대한 보호 및 관리체계는 [그림 31]과 같다.

---

**119** ▶ 동물이 질병 또는 상해로부터 회복될 수 없거나 계속 고통을 받으며 살아야 할 경우
▶ 동물이 사람이나 보호조치 중인 다른 동물에게 질병을 옮기거나 위해를 끼칠 우려가 매우 높은 경우 ▶ 기증 또는 분양이 곤란한 경우 등

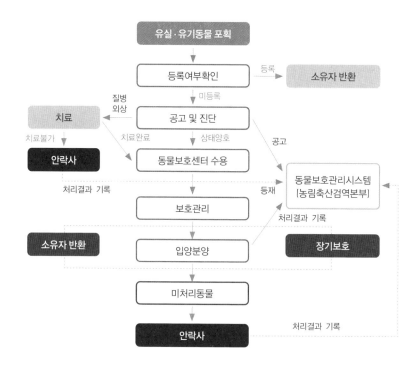

[그림 31] 유실·유기동물 보호·관리 체계도(출처: 농림축산검역본부, 2019)

안락사를 인정하는 사람들이 제시하는 주된 이유는 다음과 같다. 첫째, 안락사 없이 유실·유기 동물을 타고난 생명이 다할 때까지 관리하는 것은 수용시설 부족 등으로 불가능하다. '노킬(No Kill)' 정책에 따라 동물보호센터에서 안락사를 금지하는 독일, 미국 등의 경우는 보호센터 1개소에서 300두 정도의 개를 보호하는 데 보호시설 규모가 12,000평 정도는 되어야 한다. 우리나라에서 이는 현실적으로 가능하지 않다. 둘째, 안락사는 유실·유기동물을 위한 차선의 선택이다. 현재 동물보호 시설도 부족하고, 유기동물 입양률도 낮은 상황에서 매년 보호센터 수용 능력의 두 배에 이르는 10만 두 이상의 유실·유기동물이 발생하고 있는 우리 현실을 고려해야 한다. 대부분 동물보호시설이 이미 수용 능력을 넘어선 상황에서 안락사 없이 새로운 유실·유기동물을 계속 수용할 방법이 없다. 즉, 동물의 권리도 중요하지만, 동물보호센터의 현실적 애로도 고려해야 한다.

안락사를 반대하는 사람들이 주장하는 주요 이유는 다음과 같다. 첫째, 안락사는 동물에게 고통을 주는 또 하나의 방법에 불과하며, 사람의 시각에서만 본 이기적인 관점이다. 이들은 몸 상태도 건강하여 적어도 몇 년은 더 살 수 있는 동물을 입양할 사람과 수용할 장소가 없다고 안락사하는 것은 자연의 섭리를 거스른 비윤리적인 행위이다. 둘째, 안락사는 불가피한 것이 아니다. 유실·유기동물을 보호하는 데 예산, 인력 및 장소가 부족해서 안락사가 불가피하다는 것은 잘못되었다. 2017년 기준, 정부가 이들 동물 관리에 연간 156억 원을 쓰지만, 필요하면 추가로 확대하는 것이 충분히 가능하다.

세계 각국은 다양한 방법으로 유기동물을 관리한다.[275] 대만은 2015년에 동물보호법을 개정하여 2017년 2월부터 유기동물에 대한 안락사를 법적으로 금지하였다. 영국은 동물보호단체(RSPCA 등)에서 전국적으로 동물보호센터를 운영한다. 약 2,000여 개의 동물보호단체가 있는데 이곳에서 유기동물을 체계적, 인도적으로 관리하며 높은 민간 입양비율을 달성하고 있다. 독일은 유기동물 관련 업무는 동물보호단체가 일임받아 수행한다. 대표적 동물보호센터는 독일동물보호연합(Deutsche Teirchutzbud)으로 전국에 700여 개의 지소가 있다. 강력한 중성화 수술 정책으로 개체 수를 조절하고 있으며, '노킬' 정책으로 매우 높은 입양비율을 보인다. 미국의 경우, 동물보호센터는 주에서 직접 운영하기도 하지만, 대부분은 민간 동물보호단체에서 운영한다. 일본은 유기동물보호센터의 경우 지자체별로 직영 보호소를 운영하고 있는데, 안락사율이 높다.

유실·유기동물 문제를 해결하는 가장 효과적인 길은 이러한 동물이 발생하는 것을 미리 예방하거나 최소화하는 것이다. 이를 위해 다음과 같은 방안을 고려할 수 있다. ▶ 동물을 유기하는 행위에 대한 법적 처벌을 강화한다. ▶ 등록대상 동물을 등록하지 않은 소유자에 대한 법적 처벌을 강화한다. ▶ 반려동물 입양절차를 까다롭게 하여 반려인의 책임의식을 높임으로써 유실·유기 가능성을 최소화한다. ▶ 동물을 생산·판매하는 사업에 대한 규제를 강화하여 무분별한 생산·판매를 차단한다.

반려인이 반려동물을 입수하는 경로를 펫숍, 지인 등에서 구매하는 것보다는 동물보호센터 등에서 유실·유기동물을 입양하는 문화를 만들어야 한다. 우리나라에서 반려동물 입수 경로는 지인으로부터 무료 분양(50.2%)이 가장 많고, 다음은 펫숍(31.3%), 아는 사람(10.8%), 인터넷(4.9%)에서 구매한 경우이며, 동물보호시설에서 입양(3.7%)한 경우가 가장 낮다.[276)

외국의 사례 등을 참고하여 우리 실정에 맞는 합리적인 유실·유기동물 관리체계를 구축할 필요가 있다. 유기동물보호센터도 양적으로나 질적으로 개선해야 한다. 지자체가 운영하는 동물보호센터로는 한계가 있다. 동물보호단체 등 민간단체 중심으로 동물보호센터를 운영하고, 이들에 대한 정부의 지원을 강화하여야 한다. 정부와 민간의 동물보호센터는 서로 긴밀히 협력해야 한다.

유실·유기동물에 대한 안락사는 언젠가는 금지되어야 한다. 이미 일부 지방자치단체는 유기·유실 동물에 대한 노킬 정책을 시행한다. 노킬 정책이 실효를 거두기 위해서는 독일처럼 동물보호소 등에서 이들 동물에 대한 중성화 수술이 필수로 정부 당국이 소요 비용을 지원하는 것이 바람직하다. 모든 이해당사자가 참여하는 공개적이고 투명한 사회적 논의과정을 거쳐서 유기동물 안락사 금지에 대한 사회적 합의가 필요하다. 그전에는 유기동물 안락사를 최대한 줄이는 방안을 마련하여 시행하여야 한다.

## 05
## 개고기는 이제 금지되어야 한다

2017년 카라가 발표한 〈식용 개 농장 실태조사〉[277]에 따르면, 전국적으로 식용 개 농장은 최소 2,862곳으로 이곳에서 약 78만 두의 개가 사육되고 있다. 식용을 목적으로 개를 사육하거나 도살하는 행위는 과거와 비교해서 현재 크게 줄었고 계속 줄고 있다. 하지만 이러한 행위가 여전히 일어나고 있는 것도 현실이다.

우리나라에서 개고기는 1970년대 이전에는 쇠고기, 돼지고기, 닭고기보다 더 많이 소비된 식재료였다. 1970년대 이후 급속한 경제발전에 따라 일반 식육의 소비가 증가하였고, 개고기 소비는 상대적으로 감소하였다. 특히 개고기를 부정적으로 인식하게 만든 결정적 계기는 1988년 서울올림픽이었다.[278] 최근에는 국민 대부분이 개고기에 부정적이다.

사람들이 쇠고기와 닭고기는 먹어도 되지만, 개고기는 안된다고 인식하는 근

[그림 32] 뜬 장에 있는 개 (출처: 카라, 2017.6.22.)

본적 이유 중 하나는 이들을 바라보는 우리의 시각과 인식이 서로 다르기 때문이다. 이러한 인식의 차이가 우리가 쇠고기는 먹고 개고기는 먹지 않는 정서적, 윤리적 이유이다. 이러한 인식에 가장 큰 영향을 미치는 것은 인간과 동물 사이의 물리적 거리이다. 애완동물과 산업동물 등 애완동물이 아닌 동물을 구분하는 것도 물리적 거리이다. 애완동물은 인간과 더불어 사는 존재이기 때문에 우리는 이들에 정서적, 윤리적 관심이 높고 온정적 태도가 강하다. 다른 동물은 상대적으로 그렇지 않다.

현대인 대부분은 태어나서 죽을 때까지 가축과 직접 접촉하여 이들과 감정적인 교류를 할 기회가 거의 없다. 대부분은 동물원에서 보거나 TV나 영화 등에서 볼 수 있을 뿐이다. 가장 자주 대면하는 형태는 쇠고기나 소가죽으로 만든 옷이나 신발일 것이다. 이에 비하여 개는 완전히 다른 상황이다. 가정에서 이들과 사람의 관계는 여러 면에서 사람 간의 관계와 별반 다르지 않다. 우선 개는 이름으로 불린다. 반려인은 집을 나설 때 '△△야, 다녀올게' 한다. 귀가하면 개를 반갑게 쓰다듬어 준다. 침대에서 같이 자기도 한다. 개들과 놀고, 선물도 사주고, 지갑에 개 사진을 넣고 다닌다. 개가 죽으면 가족의 한 구성원을 잃은 듯 슬퍼한다. 개는 가족이고 친구이자 도우미이다. 우리는 그들을 사랑하고, 그들도 우리를 사랑한다. 사람과 개는 서로 의지하며 공감을 나눈다.

개고기는 우리 국민이 오래전부터 먹어오던 식품 중 하나였고, 지금도 상당수 사람이 먹고 있으므로 법적으로 개의 도축을 허용하고 개고기를 식품으로 인정해야 한다고 주장하는 사람들이 있다. 이들은 주로 식용견 사육자, 개고기 판매상, 개고기 소비자 등이다. 반면에 개는 인간과 가장 가까운 반려동물로서 인간과 가장 밀접히 교류하고 공감을 나누는 동물이기 때문에 이에 걸맞게 대우해야 한다고 주장하는 사람들도 있다. 이들은 개를 식용을 목적으로 기르거나 개고기를 먹는 것을 법적으로 금지할 것을 주장한다. 이들은 주로 동물복지의 중요성을 인식하는 사람들이다.

2012년 카라 연구보고서[279])에 따르면, 세계 대부분 국가에서 개 식용의 역사가 있었으나 현재는 법적으로 금지한다. 한국, 베트남, 중국 등 극소수 국가에서만 금지되지 않고 있다. 또한, 카라는 2016년 〈개 식용 종식을 위한 법규 안내집〉[280])에서 개 사육 및 도살과 개고기 판매가 「폐기물관리법」, 「사료관리법」, 「가축분뇨법」, 「동물보호법」, 「축산물위생관리법」, 「식품위생법」 등에 위반됨을 구체적으로 지적하였다.

식용을 목적으로 개를 사육하거나 개고기를 먹는 모습은 최근까지도 우리나라를 부정적으로 묘사하는 사례로 외국 언론에 종종 보도되곤 한다. 영국의 텔레그래프(The Telegraph)는 우리나라에서 개최된 2002년 월드컵 축구대회를 연계하며 개고기 섭취를 야만적 행위로 보도하였다.[281]) 동물복지 관련 일부 서적에서는 식용목적 개 사육을 "이 역겹고 악마적인 고문" 등의 표현으로 야만적인 동물 취급의 대표적인 사례로서 언급한다.[282]) 초복일인 2019.7.12. 국회 앞에서 열린 식용목적의 개 도살을 금지할 것을 촉구하는 행사인 '2019 복날추모행동'에서 국내 동물보호단체들과 함께 참석한 미국 여배우 킴 베이싱어(Kim Basinger)는 "한국은 세계에서 유일하게 개 농장이 있는 국가이다."라고 언급했다. 최근에도 세계 동물보호 활동가 등으로부터 개고기를 법적으로 금지할 것을 요청하는 서한이 우리 정부 기관, 동물보호단체, 국회 등에 많이 오고 있다.

식용을 목적으로 개를 기르고 도축하는 것은 그 과정에서 개에 신체적, 정신적으로 야만적 결과를 초래하기 때문에 동물복지 측면에서 법적으로 금지되어야 한다. 정부 당국은 이를 위한 구체적인 방안을 충분한 사회적 논의를 거쳐 신속히 마련해야 한다.

현재는 개를 죽이거나 학대할 경우 「동물보호법」에 따라 처벌할 수 있다. 동 법상 유기견을 죽이면 2년 이하의 징역과 2000만 원 이하의 벌금으로 처벌받을 수 있다. 그러나 이 법은 허점이 있다. '유기동물'만 규제대상에 포함되기 때문이다. 즉, 개인이 직접 기르던 개는 도축을 하더라도 규제가 없다. 이것이 가능한 이유는 「축산법」에서 개가 식용 가능한 '가축'으로 분류되기 때문이다. 육견협회 등은 이 규정을 근거로 식용을 목적으로 개를 사육, 도축, 유통, 판매하는 것은 합법적이라고 주장한다. 그런데 가축의 사육·도살·처리 과정을 규제하는 「축산물위생관리법」에서는 개는 가축이 아니다. 그래서 누구든 임의로 개를 도살해도 그 행위 자체나 방법에 규제를 받지 않는다.

동물을 임의로 죽이는 행위는 예외적인 경우를 제외하고 원칙적으로 금지해야 한다. 동물을 죽이는 행위는 「축산물위생관리법」, 「가축전염병 예방법」 등 법률에 따라 엄격히 제한되어야 한다. 현행 「동물보호법」에서 "모든 동물은 혐오감을 주거나 잔인한 방법으로 도살되어서는 아니 되며, 도살과정에 불필요한 고통이나 공포, 스트레스를 주어서는 아니 된다."(제10조제1항)고 규정하고 있으나 이를 위반하는 자에 대한 법적 처벌 규정이 없는 점도 개선되어야 한다. 2017.8.10. 청와대는 "개를 가축에서 제외하는 제도를 검토하겠다."라고 밝혔다.[283] 개 식용을 금지해 달라는 국민청원을 동의하는 사람들이 20만 명이 넘어서면서 청와대가 내놓은 답변이다. 최근 정치권에서도 법적으로 개를 식용을 목적으로 도살하는 것을 금지하는 방안을 계속 추진하고 있다.

# 제17장
# 반려동물의 행복이 반려인의 행복이다

## 01
### 적정한 사육관리는 반려인의 의무이다

반려동물을 건강하게 키우고 적절하게 관리하는 것은 반려인의 의무이다. 반려동물은 반려인에게 즐거움, 안정감, 한결같음, 신뢰감, 책임감, 자립심 등을 제공한다. 반려인의 사회성 개선에도 도움이 되며, 신체 기능적으로도 긍정적인 작용을 한다.[284] 반려동물은 이에 걸맞은 대우와 취급을 받아야 한다.

「동물보호법」제7조는 동물의 적정한 사육 · 관리에 관하여 다음 사항을 규정한다. ▶ 동물에게 적합한 사료와 물을 공급하고, 운동 · 휴식 및 수면을 보장한다. ▶ 동물이 질병에 걸리거나 다친 경우는 신속하게 치료하거나 그 밖의 필요한 조치를 한다. ▶ 동물을 관리하거나 다른 장소로 옮긴 경우에는 그 동물이 새로운 환경에 적응하는 데 필요한 조치를 한다.

「동물보호법시행규칙」별표1의2는 반려 목적으로 기르는 동물에 대한 사육·관리 의무를 규정한다.

먼저, 사육공간과 관련해서는 ▶ 사육공간의 위치는 차량, 구조물 등으로 인한 안전사고가 발생할 위험이 없는 곳에 마련할 것 ▶ 사육공간의 바닥은 망 등 동물의 발이 빠질 수 있는 재질로 하지 않을 것 ▶ 사육공간은 동물이 자연스러운 자세로 일어나거나 눕거나 움직이는 등의 일상적인 동작을 하는 데에 지장이 없을 것 ▶ 동물을 실외에서 사육하는 경우 사육공간 내에 더위, 추위, 눈, 비 및 직사광선 등을 피할 수 있는 휴식공간을 제공할 것 등이다.

위생·건강과 관련한 사항으로는 ▶ 동물에게 질병이 발생한 경우 신속하게 수의학적 처치를 제공할 것 ▶ 목줄을 사용하여 동물을 사육하는 경우 목줄에 묶이거나 목이 조이는 등으로 인해 상해를 입지 않도록 할 것 ▶ 사료와 물을 주기 위한 설비 및 휴식 공간은 분변, 오물 등을 수시로 제거하고 청결하게 관리할 것 등이다. 다만, 이들 사항을 위반한 경우에 대한 벌칙 규정이 없어 실효성에 문제가 있다.

농림축산검역본부는 동물에 대한 적정한 사육 및 관리와 관련한 동물 소유자의 의무사항을 다음과 같이 좀 더 구체적으로 제시한다.[285] ▶ 동물에게 적합한 사료와 깨끗한 물을 주고 운동, 휴식, 수면을 보장하는 한편 동물이 아프거나 다쳤을 때 신속한 치료를 받도록 노력한다. ▶ 동물의 종류, 크기, 특성, 건강상태, 사육목적 등을 고려해 최대한 적절한 사육환경을 제공한다. ▶ 전염병 예방을 위해 동물에게 정기적으로 예방접종을 시켜야 하며, 개는 분기마다 1회 이상 구충을 한다. 또 번식이 목적이 아닌 경우, 개나 고양이에 중성화 수술을 한다. ▶ 기르는 동물이 공포감을 조성하거나 털, 소리, 냄새 등으로 인해 다른 사람에게 피해를 주지 않도록 노력한다. 특히 개는 사람에 대한 공격성을 줄이기 위한 복종훈련을 시켜야 하며, 공동 주택에서 기르는 경우 짖지 못하게 훈련한다.

시·도지사는 유기되었거나 공중보건상 위험 방지를 위해 필요한 경우 반려동물에 대한 예방접종을 실시하게 하거나 특정 지역 또는 장소에서 동물의 사육 또는 출입을 제한할 수 있다.

반려동물이 행복해야 반려인이 행복하다. 반려동물과 반려인은 상호 교감하고 영향을 미치기 때문이다. 따라서 반려인은 반려동물이 행복을 누릴 수 있도록 필요한 여건을 최대한 마련해야 한다.


## 02
## 펫티켓이 중요하다

2019년 기준으로 우리나라에서 반려동물을 기르는 인구는 1천만 명이 넘으며, 계속 증가하고 있다. 이러한 반려인의 증가는 반려동물에 대한 사회적인 인식이 계속 긍정적이라는 것을 의미한다. 그렇지만 역으로 이에 따른 사회적인 갈등도 계속 커지고 있다. 갈등의 주요 원인은 배설물, 짖는 소리, 산책 시 목줄 미착용, 물림 사고 등이다. 이러한 갈등은 주로 반려인이 다른 사람을 위한 배려와 책임을 다하지 않는 경우 일어난다.

공원이나 산책로에서 목줄을 하지 않은 덩치 큰 개가 갑자기 달려드는 경우 사람들 대부분은 무서움, 심한 경우 공포감을 느낀다. 유원지 등에서 가족이나 친구들이 모여 놀고 있을 때 개가 갑자기 끼어든다면 당혹감이나 불쾌감을 느낄 수 있다. 개를 안고 대중교통을 타는 경우 이를 싫어하는 다른 승객도 있다. 밤에 주택가에서 반려동물이 짖는 소리에 이웃 주민이 잠자는 데 어려움을 겪기도 한다. 일부 음식점·숙박업

소에서는 고객이 반려동물과 동반하여 출입하는 것을 금지하기도 한다.

사냥개와 같이 덩치가 크거나, 투견(개싸움에 적합한 개)과 같이 공격성이 강한 개는 존재 자체로 사람에게 공포감을 주기 쉽다. 어린이나 노약자에게는 더욱 그렇다. 실제 사고가 나기도 한다. 2018년에는 어떤 유명 연예인이 기르는 개가 같은 아파트에 사는 유명 한식당 대표를 물어 사망하게 만든 사건이 있었다.[286] 작은 개라고 문제가 없는 것은 아니다. 크기가 작은 애완견 말티즈(Maltese)가 달려들어 놀란 이웃집 할머니가 뒤로 물러서다 넘어져 골절상을 입어 피해보상을 해 주었다는 언론보도도 있었다.[287] 2017년 10월 국회 인재근 의원이 건강보험공단에서 제출받은 자료에 따르면,[288] 2013년부터 최근 5년간 반려견에 물려 피해를 본 사람은 561명이며, 이들에게 들어간 병원 진료비는 10억 6천만 원이 넘었다. 한국소비자보호원에 접수된 '개 물림 사고' 건수를 보면 2011년 245건에서 2016년 1,019건으로 4배 넘게 늘었다.[289]

맹견(보통 성격 자체가 사납고 공격성이 강한 개)의 경우 주변인이 맹견의 존재를 즉시 알 수 있도록 표시하는 것이 바람직하다. 미국의 공인 반려견 트레이너 그룹(Total Teamwork Training)은 일명 '빨간 망토 프로젝트(Red Bandana Project)'[120]를 시행 중이다. 2012년 스웨덴에서 처음 시작하여 2013년 기준으로 세계 48개국에서 참여하고 있는 글로벌 캠페인인 '노란 리본 프로젝트(Yellow Dog Project)'[121]도 있다.[290]

---

**120** 사람에 대한 공격성이 사나운 개에게 빨간 망토를 두르게 해, 사람이 다가오기 전에 먼저 시각적으로 경고해주는 '맹견 주의' 에티켓이다.

**121** 반려견이 수술 후 회복 중일 때, 특수 교육을 받고 있어 낯선 사람의 접근이 허락되지 않을 때, 질병을 앓고 있을 때, 구조된 지 얼마 지나지 않아 공격성이 있을 때 등에 노란 리본으로 표시를 해서 낯선 사람의 접근을 방지하는 것이다.

우리나라도 맹견에 대한 사회적 우려를 반영하여 2018.3.20. 「동물보호법」에 맹견[122] 관리에 관한 규정을 신설하였다. 맹견의 소유자는 소유자가 없이 맹견을 기르는 곳에서 벗어나게 않게 해야 한다. 3개월령 이상인 맹견을 동반하고 외출할 때는 목줄과 입마개 등 안전장치를 하거나 맹견의 탈출을 방지할 수 있는 적절한 이동장치를 해야 한다. 맹견이 사람에게 신체적 피해를 주는 경우는 소유자의 동의 없이 맹견을 격리조치 등 필요한 조치를 할 수 있다. 맹견의 소유자는 맹견의 안전한 사육 및 관리에 관하여 정기적인 교육을 받아야 한다. 또한, 맹견은 어린이집, 유치원, 초등학교, 특수학교 등에는 출입하지 않도록 규정한다. 2020.2.11. 「동물보호법」을 개정하여 맹견 소유자는 맹견으로 인한 다른 사람의 생명·신체나 재산상의 피해를 보상하기 위하여 맹견보험에 가입하도록 했다. 국회에 이른바 '맹견피해방지법' 제정안이 제기된 적도 있다.

선진국에서는 반려동물을 기를 때 지켜야 할 예의범절인 펫티켓(Petiquette, 반려동물을 뜻하는 펫(Pet)과 예의범절을 뜻하는 에티켓(Etiquette)의 합성어)이 잘 정립되어 있다. 미국, 유럽은 반려견이 대중교통을 이용할 때 입마개 착용이 의무이다. 미국은 개를 '이동용 개집(kennel)'에 넣으면 대중교통에 함께 탈 수 있다. 숙박시설에서는 대부분 반려동물 동반 여부를 묻는다. 영국은 반려동물 특히 반려견에 대한 행동을 주인이 철저히 통제하도록 법으로 정한다. 심한 위반사항의 경우는 최대 3년의 징역이나 벌금을 물린다. 통제가 잘 되는 이동용 개집에 개를 넣

---

**122** 2019년 9월 기준, 「동물보호법」에 따른 맹견은 도사, 아메리칸 핏불테리어, 로트와일러, 마스티프, 라이카, 오브차카, 캉갈, 울프독 등 8종이다.

는다면 어떤 대중교통이라도 무료로 이용할 수 있다. 스웨덴은 지하철에 반려동물 전용칸을 만들어 일정한 요금을 내도록 한다. 독일은 지하철의 경우 소형 반려동물은 무료지만 덩치가 큰 개는 약 2유로의 운임을 받고 있다.[291]

반려동물로 인한 다양한 피해를 둘러싸고 사회적인 논란이 커지고 있다. 반려동물 보편시대를 맞이하여 이제는 건전한 반려동물 문화에 대한 제도와 에티켓을 사회적 요구에 맞게 마련하고 실천해야 한다. 반려인들은 펫티켓에 관한 교육을 충분히 받아 반려동물로 인한 사회적 피해를 예방하거나 최소로 줄여야 한다.

03
## 반려동물 산업을 육성해야 한다

최근 몇십 년간 1인 가구의 급속한 증가,[123] 저출산·고령화 심화 등 급격한 생활양식 변화의 영향으로 국내에서 반려동물 보유 가구가 계속 증가하고 있고, 이에 따라 '반려동물 관련 산업'[124]도 급성장하고 있다. 농식품부에 따르면,[292] 연간 생산·유통되는 반려동물은 약 61만 마리로 추정된다. 반려동물 관련 산업은 신규 일자리를 창출하는 지속 가능한 성장 산업이다. 또한, 사료, 용품 등에서 수입대체 효과가 크다. 더불어 반려동물이 인간의 삶에 동반자라는 인식이 커지면서 관련 산업이

---

**123** 통계청 자료에 따르면, 1인 가구 비율은 2000년 15.5%, 2010년 23.9%, 2015년 27.2%, 2019년 29.8%로 급증하였다. 2010년에 이미 전통적 4인 가구(22%)를 추월하였고, 2019년 기준 1인 가구가 가장 큰 비중을 차지한다.

**124** 반려동물의 생산, 사육 및 관리, 사후처리 과정까지 한 생명체의 생애주기 전체를 감당하는 산업분야로 보통 동물 생산·판매업, 펫사료·용품업(의류, 장난감), 서비스업(동물병원, 보험, 미용, 장례, 호텔, 놀이터, 애견카페 등) 등을 말한다.

분화되고 있고, 동물복지사, 반려동물관리사, 애견미용사, 애견훈련사, 애견사진사 등 새로운 직업이 출현하고 있다.

동물병원은 수적으로는 급증하고 있지만, 규모의 양극화가 심해지고 있다. 의료보험 시장은 반려동물 증가에 따라 성장하고 있으나 여전히 매우 작은 규모이다. 애완동물 사료 외에 간식, 식사대용품 등의 등장으로 사료 시장이 확대되고 있다. 애완동물 용품 시장은 백화점, 대형마트를 중심으로 대형화 및 전문화 추세이다. 반려동물용 약품 및 의료기기에 대한 수요도 지속 증가하고 있다.

2013년 농협경제연구소는 반려동물 산업 규모를 2012년 0.9조 원에서 2020년 5.8조 원으로 전망하였다.[293] 산업별 규모는 수의 진료가 3,126억 원(35.1%), 용품 3,099억 원(34.8%), 사료 2,500억 원(28.0%), 그리고 장묘 서비스 191억 원(2.1%) 등의 순서이다. 반려동물 의료보험은 2018년 기준으로 가입률이 0.02%로 연간 10억 원 규모로 미미한 수준이지만 앞으로 현재의 일본 수준(연간 5,000억 원 시장)으로 성장할 가능성이 있다.[294] 참고로 미국애완동물제품협회에 따르면, 미국의 반려동물 보유 가구 비율은 62% 수준이며, 관련 시장 규모는 606억 달러로 미국 GDP의 0.35% 수준이다.

2016년 우병준 등은 축산산업을 미래성장산업으로 제시하고, 이를 위한 세부전략 중 하나로 반려동물 산업육성을 제시하였다.[295] 농식품부는 2016.12.14. 〈반려동물 보호 및 관련 산업육성 세부대책〉을 발표하였다. 반려동물 산업의 발전을 위해서는 다음과 같은 몇 가지 세부방안을 시행해야 한다.

첫째, 반려동물 산업에서 규모가 가장 큰 동물병원의 진료서비스 수준을 높인다. 이를 위해 동물병원 관련 규제 완화가 필요하다. 일례로 수의사들이 동물용 의약품 이외 인체용 전문의약품을 약국을 거치지 않고 의약품도매업체에서 직접 구매하는 것을 허용해야 한다. 대부분 국가에서 수의사는 학술적인 근거에 따라 인체용 의약품을 동물치료에 사용한다. 동물의 치료에 필요한 약물이 동물용 의약품으로 정식 출시되는 비중이 작기 때문이다. 또한, 동물병원의 대형화, 전문화가 가능토록 해서 보다 전문화된 고품질의 진료서비스가 가능해야 한다.

둘째, 동물 의료보험 상품이 개발될 수 있는 기반을 마련한다. 예를 들면, 내장형 마이크로칩, 비문(사람의 지문 역할을 하는 코의 무늬) 인식, 홍채인식과 같은 개체인식 기술을 널리 보급한다. 현재 개를 대상으로 실시 중인 동물등록제를 고양이 등으로 확대한다. 또한, 동물병원 진료비 정보도 제공한다. KB금융지주 경영연구소의 〈2018 반려동물보고서〉에 따르면, 의료비가 애완동물 양육 가구에 가장 큰 부담으로 작용한다. 반려견의 경우 사료비 다음으로 질병 예방·치료비가 큰 비중을 차지한다. 최근에는 의료비용 절감에 대한 수요가 발생하자 반려동물 소유주의 부담을 덜어주기 위한 다양한 반려동물보험이 등장하고 있지만, 보험 가입비율은 2017년 기준 영국(20%), 독일(15%), 미국(10%), 일본(8%)과 비교했을 때 0.22%로 아직은 매우 미흡한 실정이다.[296]

셋째, 애완동물용 사료 산업을 육성하기 위한 제도를 정비하고, 고품질 사료를 생산하기 위한 생산시설 현대화 등 산업육성기반을 조성한다. 국내 현실에 맞는 사료 인증기준도 마련한다. 고품질의 사료 생산을 통해 수입 사료의 비중이 65% 내외인 현행 시장구조를 개편한다.

넷째, 정부는 애완동물용 사료 및 용품 업체가 해외시장을 개척할 수 있도록 연구개발 등을 통해 지원한다. 가격과 품질 경쟁력을 갖춘 제품이 중요하다.

다섯째, 「동물보호법」 개정에 따라 2017년에 신설된 동물전시업, 동물위탁관리업, 동물미용업 및 동물운송업이 원활히 정착될 수 있도록 이들을 체계적으로 관리한다.

경기도는 2017년 경기도경제과학진흥원과 함께 '반려동물산업 창업 지원 사업'을 추진하였다. 이는 사료, 헬스케어용품, 미용용품, 패션용품, 가구 등의 분야를 대상으로 기술창업을 지원하는 사업이다. 국가 또는 지자체 차원의 이러한 노력은 확대되어야 한다.

수의직업은 반려동물 산업과 불가분의 관계이다. 수의사는 반려동물 산업의 기여자이자 동시에 수혜자이다. 수의사는 반려동물 산업에 공헌할 수 있는 다양한 지식과 수단을 갖고 있어 반려동물 산업발전을 위해 다양한 역할을 할 필요가 있다.

ONE HEALTH
ONE WELFARE

## PART V

# 원헬스

# 제18장
# 원헬스는 수의 나침반이다

## 01
## 원헬스는 21세기 시각이다

'원헬스'라는 용어는 2003년 미국의 수의학자 윌리엄 카레쉬(William B. Karesh)[125]가 생태계와 인간, 동물의 상호의존성을 설명하면서 최초로 사용하였다.[297]

원헬스 개념의 뿌리는 '비교 의학(Comparative Medicine)'[126]이다. 이는 건강 및 질병에 관해서는 사람과 동물 사이를 구분하는 어떤 경계선이 없다는 개념이다. 이 개념은 인류 역사에서 계속 존재했다. 왜냐하면, 태곳적부터 사람의 건강과 복지는 동물 그리고 인간을 포함한 모든 동물이 함께 공유하는 지구 생태계와 밀접하게 연계되어 있기 때문이다.

---

125 2019년 말 기준 EcoHealth Alliance의 부회장이다. WHO, OIE 등에서 특히 야생동물 수의전문가로 활동하고 있다.

126 다양한 동물 종의 질병 기전을 연구하는 학문이며, 동물들에게서 자연스럽게 발생하는(사람에게도 영향을 끼치는) 질병에 관한 연구에 기반을 두고 있다.

사람과 동물의 상호의존, 그리고 대지와 물에 대한 인류의 존경은 많은 고대 문명에서 인류의 문화와 영적 믿음의 본질적 부분이었다. 이 개념은 고대 그리스 의사 히포크라테스(Hippocrates, 460~367 BC)가 쓴 《공기, 물, 장소에 관하여On Airs, Waters and Places》에서도 발견된다. 그는 이 책에서 공중보건과 깨끗한 환경 사이의 상호의존성을 언급한다.[298] 즉, 사람이 거주하는 생활환경이 사람의 특성과 체액에 영향을 미쳐서 건강상태를 결정한다고 설명하였다.

병리학의 아버지로 불리는 독일 루돌프 피르호(Rudolf Virchow, 1821.10.13.~1902.9.5.)는 '인수공통질병(Zoonosis)'이란 용어를 처음 만든 사람으로서 원헬스 초기 주창자이다. 그는 1856년에 "동물과 사람의 의학 사이에서 서로를 나누는 선은 없으며, 있어도 안 된다. 다루는 대상은 서로 다르지만 얻은 경험은 모든 의학의 기초를 이룬다."라고 주장했다.[299] 그는 사람과 동물에서 건강과 질병은 세부적으로만 다를 뿐이며 본질은 다르지 않다고 봤다. 그는 환경적인 요인들이 건강의 성과를 결정짓는 핵심적인 요소라고 인식했다.

캘빈 슈바베(Calvin Schwabe, 1927.3.15.~2006.6.24.)[127]는 1964년 그의 저서 《수의학과 사람 건강Veterinary Medicine and Human Health》에서 수의 및 공중보건 사안을 관리하는 데 동물, 사람 및 환경의 보건을 통합할 것을 주장하였다. 그는 이러한 자신의 주장을 '하나의 의학(One Medicine)'이란 용어로 최초로 표현하였다. 그가 인수공통질병과 싸우기 위해 인의 및 수의 분야를 통합해서 접근해야 한다는 주장, 즉 '하나의

---

127  수의사이자 《Cattle, Priests and Progress in Medicine》 저자로 수의역학의 아버지라 불린다.

의학'은 원헬스 개념의 현대적 토대를 제공하였다. 둘 사이의 주된 차이점은 원헬스는 생태계 건강을 포함하는 것이다. 생태계 건강은 야생동물뿐만 아니라 환경을 포함한다. 원헬스는 주변 생태계가 건강해야 사람과 동물의 건강이 끊임없이 유지될 수 있다고 인식한다.

원헬스 초기에는 생태학자나 환경위생 전문가들이 원헬스 활동에 참여하지 않았다. 비록 원헬스 선구자들이 사람과 동물의 건강에 환경적 요인이 큰 영향을 미친다는 것을 인식했을지라도 생태계 그 자체의 혜택에 대한 환경위생의 가치는 강조되지 않았다.

세계야생동물보전협회(Wildlife Conservation Society)[128]는 뉴욕 맨해튼 소재 록펠러대학(Rockefeller University)에서 2004.9.29. '하나의 세계, 하나의 건강(One World, One Health)'을 주제로 국제회의[129]를 개최하였다. 이 자리에서 참석자들은 에볼라, HPAI 및 CWD 등에 관한 사례연구를 활용하여 지구상에 있는 생명의 건강을 위협하는 요인들과 싸우기 위해 우선 실행해야 할 다양한 분야의 접근방식을 논의하였다. 이때부터 'One Health'란 용어가 퍼지기 시작했다. 이 국제회의에서 '원헬스'라는 용어를 처음으로 쓴 William B. Karesh가 "Wildlife, Bushmeat, and Ebola"라는 주제로 사람에서 동물로, 동물에서 사람으로 야생동물을 매개로 신종 인수공통질병이 전파된다는 사례를 발표하였다.[300]

동 협회는 이 회의결과를 토대로 원헬스의 근간이 된 '맨해튼 원칙 (Manhattan Principles)'을 발표하였다. '맨해튼 원칙'은 원헬스의 이념과 실

---

**128** 1895년 New York Zoological Society로 설립된 비영리단체이다.

**129** WHO, FAO, US/CDC, US Geological Survey National Wildlife Health Center), USDA, Canadian Cooperative Wildlife Health Centre), 브라질국립보건원 등의 관계자가 참석하였다.

천적 방향을 최초로 구체적으로 제시하여 원헬스 역사에서 기념비적 위치에 있다. 맨해튼 원칙은 유행성 질병을 예방하기 위한 좀 더 전체론적 관점에 입각한 접근방식을 구축하고, 사람, 동물 및 생태계를 건강하게 유지하기 위한 12가지 권고 사항을 제시하였다. 또한, 세계의 지도자들, 시민사회, 국제보건단체, 그리고 과학계가 이의 실행을 촉구하였다.

맨해튼 원칙은 "…… 건강과 질병에 대한 보다 폭넓은 이해를 위해서는 사람, 가축 및 야생동물위생을 함께 볼 때만 즉, 원헬스를 통해서만 가능하다는 접근방식이 필요하다. …… 신종 또는 재출현 전염성 질병의 증가는 사람뿐만 아니라 우리 세상의 생존 기반을 뒷받침하는 …… 동물군 및 식물군을 위협한다. 21세기의 질병 전쟁에서 승리하기 위해서는 미래 세대를 위해 지구의 생물학적 본래의 모습을 보증하면서 좀 더 폭넓은 환경적 보존에 대해서뿐만 아니라 질병에 대한 예방, 예찰, 모니터링 및 완화조치에 대해서도 많은 전문분야에 걸친, 그리고 여러 영역에 걸치는 접근방식이 필요하다."라며 원헬스의 도입 필요성을 강조한다.

맨해튼 원칙은 "오늘날 국제화된 세계에서 신종 및 재출현 질병을 예방하기 위한 지식과 자원을 충분히 보유하고 있는 분야 또는 영역은 어느 한 곳도 없다. 어느 나라도 사람과 동물의 건강을 침해할 수 있는 서식처 손실 및 파괴의 경향을 거꾸로 되돌릴 수 없다. 오직 관련 기관들, 개인들, 전문가들 그리고 영역들 사이에 있는 장벽들을 없앨 때만, 우리는 사람, 가축과 야생동물의 건강에 대한 그리고 생태계의 본래의 모습에 대한 많은 심각한 도전과제를 해결하는 데 요구되는 혁신 및 전문기술을 충분히 얻을 수 있다. 오늘의 위협들 그리고 내일의 문제점을 해결하는 것은 어제의 접근방식으로는 달성될 수 없다. 우리는 '하나의 세계, 하나의 건강'의 시대에 있으며, 우리는 우리의 앞에 분명하게 놓여 있는 도전과제들에 대해 현실에 부합하는, 미래지향적인 그리고 많은 전문분야에 걸친 해결방식을 추구해야 한다."라고 명시한다.

2008년에 FAO, WHO, OIE, UNICEF, 세계은행 등은 공동으로 국제기구 차원에서 원헬스에 대해 논의를 하고 이에 관한 문건[130]을 발표하였다. 이때부터 '원헬스' 용어가 세계적으로 널리 사용되었다.

21세기에 들어서 원헬스는 보건분야의 많은 지지를 받고 있다. 2010년에 UN 및 세계은행은 〈인플루엔자 대유행 보고서(Animal and Pandemic Influenza: A Framework for Sustaining Momentum)〉[301]에서 인플루엔자에 대한 접근방식으로 원헬스를 권고하였다. 또한, 보고서는 한 국가가 인플루엔자 대유행을 찾아내고, 평가하고, 대응하는 데 준비되어 있음을 보증하기 위해서는 이 접근방식이 필수적이라고 하였다. 2011년부터 국제원헬스회의(International One Health Congress)가 정기적으로 개최된다. 각국정부 고위급원헬스회의(One Health Summit)도 2012년 2월 스위스 다보스에서 처음 개최된 이후 계속되고 있다.

독일 생태학자인 요제프 H. 라이히홀프(Josef H. Reichholf, 1945.4.17.~ )는 저서 《공생, 생명은 서로 돕는다(Symbiosen-Das erstaunliche Miteinander in der Natur)》[302]에서 "공생은 생명의 원칙이다."라고 말했다. 사람, 동물, 식물 등 모든 생물은 공생하여야 생존할 수 있다. 인간과 자연의 공생을 실현하는 것은 인간의 책임이다. 원헬스는 이러한 공생의 개념에 가장 부합되는 실천적 접근방식이다.

---

130  Contributing to One World, One Health – A Strategic Framework for Reducing Risks of Infectious Disease at the Animal−Human−Ecosystems Interface

## 사람, 동물 및 환경의 건강은 서로 통한다

원헬스 개념은 2000년대 초에 세계적으로 보건분야에 본격 도입되었다.[303] '원헬스'란 사람과 동물의 건강은 서로 영향을 미치며 사람과 동물이 살아가는 생태계의 건강과도 연계된다는 인식을 토대로 이들 모두에게 최적의 건강을 제공하기 위한 '많은 전문분야의 접근 방식(Multidisciplinary Approach)'을 의미한다. 원헬스 개념은 최근에 갈수록 그 중요성이 더욱 강조된다.

원헬스에 대한 정의는 다양하다. OIE는 "세계적으로 동물위생 및 공중보건을 다루기 위한 어떤 공동의 그리고 관련되는 모든 것을 포괄하는 방법"으로 인식한다. WHO는 "공중보건의 향상을 위해 여러 부문이 서로 소통·협력하는 프로그램, 정책, 법률, 연구를 설계하고 실행하는 접근법"으로 정의하고, 구체적인 내용으로 식품위생, 인수공통질병 관리, AMR 관리 등을 제시하였다.[304] FAO는 "동물, 사람 및 생태계의 접촉면에서 건강 위협들을 다루고 해로운 전염성 질병의 위험을 줄이기 위한 공동의, 국제적인, 여러 분야에 걸친, 여러 분야의 메커니즘"으로 정의하고, "원헬스는 사람과 동물의 건강, 식량안보, 빈곤, 환경을 위협하는 복잡한 도전과제들을 다루기 위한 하나의 전체론적 시각"을 의미한다고 봤다.[305]

민간 전문조직의 정의도 유사하다. 미국 원헬스위원회(One Health Commission)[131]는 "사람, 가축, 야생동물, 식물 그리고 우리의 환경을 위

---

**131** 미국수의사협회, 미국의사협회 및 미국공중보건협회 공동으로 2009년 설립한 비영리기관으로 수의학, 의학 등 다학제 전문가들의 협력을 도모한다.

한 최적의 건강을 달성하기 위해 다양한 보건전문가들이 자신들의 관련 분야, 조직과 함께 지역적, 국가적 및 세계적 차원에서 수행하는 공동의 노력"으로 본다.[306] AVMA는 "사람, 동물 및 환경을 위한 최적의 건강을 얻기 위해 지역적, 국가적 및 세계적으로 작용하는, 관련되는 여러 분야의 상호 협력적인 노력"이라 한다.

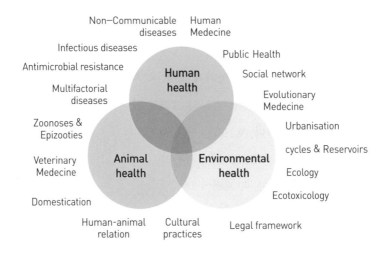

[그림 33] 원헬스 구성요소 및 관련 분야 모식도 [307]

위와 같은 원헬스에 대한 다양한 정의에서 핵심은 사람, 동물 및 환경의 건강은 서로 연결되며, 이들에 걸쳐 있는 사안들은 상호 간의 협력적인 접근방식이 필요하며, 이럴 때 가장 과학적인, 효율적인, 그리고 합리적인 해결방안을 찾을 수 있다는 것이다. [그림 33]은 원헬스를 구성하고 있는 요소 및 이들 간의 상호관계를 보여준다.

원헬스는 2015년 UN에서 채택된 '지속 가능한 개발 목표(Sustainable Development Goals)'의 17개 과제 중 9개 과제와 관련이 있으며, 이들 목

표를 달성하는 데 긍정적으로 작용한다.[308]

'사람–동물–환경의 접촉면'에서 발생하는 복잡한 건강상 문제들은 다양한 관련 분야 간의 긴밀한 정보소통과 협력을 통해 가장 잘 해결될 수 있다는 것이 원헬스 개념이다. 원헬스 활동은 의사, 수의사 등 사람과 동물의 건강에 관한 전문가들이 중심이지만, 야생동물 전문가, 인류학자, 경제학자, 환경주의자, 사회학자 등도 깊이 관련된다. 각국 정부 보건·위생당국은 이 개념을 점점 더 인정하고 있다. 관련 연구 분야에서도 관심이 높아지고 있다. 2017년 기준, 국제적으로 원헬스에 관한 논문이 지난 25년간 매년 평균적으로 14.6% 증가하였다.[309]

원헬스는 수의사에게 새로운 직업 창출의 기회를 제공한다. 원헬스에서 수의사가 참여해야 할 영역이 더욱 많아지고, 역할이 더 중요해지고 있기 때문이다. AVMA도 이 점을 명확히 밝히고 있다.[310]

OIE는 위생(HEALTH)을 '사람(Humans)', '생태계(Ecosystems)', '동물(Animals)', '살아 있는(Living)', '함께(Together)', 그리고 '조화롭게(Harmoniously)'의 두문자어로 '사람, 생태계 그리고 동물이 조화롭게 함께 사는 것'으로 원헬스 의미를 잘 표현하였다.[311]

정부 관계부처 입장에서, 원헬스는 사람, 동물, 환경을 관리하는 부처는 각각 달라도 '국민의 건강은 하나'라는 인식하에 다양한 건강위해요소로부터 국민건강 확보를 위한 범정부적 통합 대응체계이다. 원헬스에 있어 가장 우선시 되는 것은 '감염병에 대한 범정부적 통합대응'이다. 이에는 몇 가지 예를 들 수 있다. 개·고양이 등 반려동물 증가, 이동 및 체험 동물원 등 새로운 동물관련 문화산업 등장으로 동물에서 사람으로 전파되는 감염병에 대한 대책 마련이 시급하다. 외식 및 단체급식 확대로 식중독의 집단 발생 증가, 사람–동물–환경 등 생태계 전반에서 항생제 내성균 증가 등에 대한 다부처 대책을 강화해 나가야 한다. 인수공통 감염병 관리에서 부처별로 다른 법·제도, 대응체계 등의 문제점도 해결해야 한다. 정부조직, 국제협력, 전문가 양성 등도 원헬스 추진에 부합하게 개선되어야 한다. 이러한 상황을 고려할 때, 2019.4.26. 개최된 "2019년 제1차 원헬스 포럼"[132]에서 감염병으로부터 국민건강 보호를 위한 다부처 협력방안을 논의한 것은 향후 원헬스 정책을 실행하는 데 중요한 시금석이라 할 수 있다. 이러한 노력은 앞으로 더욱 강화되어야 한다.

03
## 수의학은 원헬스 구성요소를 모두 다룬다

수의사의 위치는 원헬스 사안에 과학적, 체계적으로 접근하여 합리적인 해결방안을 찾는데 매우 적합하다. 인의 전문가보다 더 적합하다.[312] 이러한 이유는 수의사가 배우고 훈련받는 분야들에서 유래한다. 예를 들어 2019년 서울대학교 수의과대학 학부 교과과정[313]을 보면 가축, 반려동물을 포함한 모든 동물의 질병에 관한 과정 외에도 '수의사회학(동물-수의사-사회의 상관관계를 중점 탐구)', '환경위생학', '동물아카데미', '동물행동치료학', '야생동물질병학', '외래성 동물질병학', '동물복지개론' 등 사람, 동물 및 환경의 접촉면과 관련된 다양한 분야를 포함한다. 수의사는 원헬스의 구성요소인 동물, 사람 및 환경의 건강을 모두 배우고 훈련받는 유일한 전문가이다.

---

**132** 보건복지부와 질병관리본부 주관으로 개최되었다. 국회 보건복지위원회, 보건복지부, 농림축산식품부, 환경부, 해양수산부, 식품의약품안전처 관계자와 관련분야 전문가, 지방자치단체 감염병 업무 담당자 등이 참석하였다.

인수공통질병에 원헬스 개념을 적용하는 데 수의사는 주로 다음과 같이 3가지 영역에서 공헌한다.

첫째, 신종 인수공통질병의 발생에 대응한다. 많은 전문분야에 걸친 접근방식 즉 원헬스 접근방식이 가장 쉽게 적용되는 곳은 신종 인수공통질병 및 이런 질병이 의심되는 환경이다. 수의사는 어떤 질병이 처음으로 또는 어떤 새로운 환경에서 출현하였을 때 이를 가장 빨리 찾아내고, 적합한 대응방안을 가장 잘 마련할 수 있다.

물론, 원헬스를 뒷받침하는 데 수의사의 '사후 대응'의 역할도 중요하다. 이는 직접적 또는 간접적일 수 있다. 직접적인 접근방식은 어떤 신종질병의 문제점을 공동으로 해결하기 위하여 현장에서 함께 활동하는 '많은 분야 전문가'로 구성된 팀이 좋은 사례이다. 이 팀은 일반적으로 수의사, 의사, 역학전문가, 야생동물 전문가, 곤충학자, 인류학자 등으로 구성된다. 간접적인 접근방식은 수의사가 어떤 원헬스 문제점을 다루고 그 결과를 이해당사자와 정보소통을 통해 공유할 때 일어난다. 이러한 접근방식은 질병 원인체가 질병 발생 또는 유행의 후반 단계에서 확인될 때 흔히 볼 수 있다.

원헬스에서 연구는 효과적인 대응방안을 찾는 데 중요한 요소이다. 수의사는 연구를 통해 한 조각의 수수께끼 실마리를 제공하고, 다른 분야에 있는 과학자가 이에 근거해서 다음 연구단계로 나아갈 수 있도록 조장한다.

둘째, 이미 알려진 인수공통질병을 예방한다. 비록 질병에 대한 '사후 대응의' 접근방식이 보건전문가, 일반 대중, 그리고 정부로부터 큰 관심을 끌지만, 원헬스에서 수의사의 좀 더 중요한 기여는 '사전 대응의' 접근방식이라 할 수 있는 이들의 일상적인 업무 속에 있다.

농장에서 식탁까지의 식품 사슬에서 건강상 안전한 동물유래 식품의 생산과 공급의 보증에 수의사는 모든 단계에서 관여한다. 농장에서 적절한 항생제를 사용하여 개별 동물을 치료하는 것에서부터 야생동물에 대한 인수공통질병 예찰에 이르기까지 수의사의 원헬스 활동은 일상적이다. 예를 들어, 수의사가 개에 광견병 백신을 접종하는 활동도 원헬스를 실행하는 것이다.

셋째, 인수공통질병을 일으킬 잠재력 있는 병원체를 찾아낸다. 21세기 초 발생한 신종 인수공통질병(2002년 SARS 발생, 2007년 네덜란드 Q fever 집단발병, 2012년 MERS 발생 등)은 원헬스 필요성을 더욱 강조하였고, 동시에 사람에서 유행성 질병의 원천이 될 수 있는 보균 동물 특히 야생동물의 중요성을 인식할 수 있게 만들었다. 사람과 가축화된 동물에서 질병을 일으킬 수 있는, 종간 장벽을 뛰어넘는 역량이 있는 병원체를 야생동물에서 찾는 것은 어려운 일이다. 이는 생태계 및 야생동물 위생의 영역이다. 이와 관련된 대표적 프로그램이 미국국제개발처(USAID)[133]의 신종질병 조기경보체계(PREDICT)[314]이다. 이는 야생생물에 있는 인수공통질병을 찾아내고 이로 인한 부정적인 영향을 줄이기 위한 세계적인 조기경보체계이다.

원헬스 개념의 중심은 사람, 가축화된 동물, 야생동물 그리고 생태계의 건강은 모두 서로 연결된다는 것을 인식하는 것이다. 가축의 나쁜 건강상태는 사람건강에 나쁜 영향을 미칠 잠재력이 있다. 동물에서 발생하는 항생제 내성균이 사람에게 전이되어 사람의 건강을 저해하는 것이

---

133 United States Agency for International Development는 개발도상국을 대상으로 차관 제공 등 대외원조를 담당하는 기관으로 1961년에 설립되었다.

대표적이다. 가축의 건강은 야생동물의 건강과도 직접 관련이 있다. 예를 들어, 결핵에 걸린 노루와 접촉한 소는 결핵에 걸릴 수 있다.

대한수의사회의 '수의사 신조'의 내용 중 원헬스에 대한 직접적 언급은 없지만, "동물의 건강을 돌보고 고통을 덜어주며", "공중보건 향상에 이바지(수의공중보건)", "동물자원을 보호" 부분은 모두 원헬스의 중요한 구성요소이다.

2009년 WVA가 제시한 수의사 신조 모델[315]에 따르면, 수의사는 다음의 4가지를 선서한다. ▶ 수의 윤리 및 관련 법률을 준수하면서 본인의 모든 역량을 다해 모든 동물에서 고통 및 질병을 예방, 진단, 치료 및 관리한다. ▶ 동물유래 인수공통질병, 동물약품 사용, 또는 동물유래 환경오염물질에 관하여 정보소통하고 부정적 영향을 예방한다. ▶ 환경에 부정적인 충격을 줄일 수 있도록 다양한 생태계에 있는 육상동물, 조류 및 수생동물의 지속 가능한 활용을 옹호한다. ▶ 동물, 사람 및 환경의 건강에 도움을 준다. 이들 4가지 선서는 수의사가 동물, 사람과 환경의 건강, 즉 원헬스에 공헌해야 한다는 것을 명확히 한다.

수의사가 원헬스 문제에 올바르게 대응하는 데 요구되는 역량은 다음과 같다.[316] ▶ 서로 다른 문화 간 소통할 수 있는 능력 ▶ 질병 진단을 포함한 질병 예찰에 대한 지식 ▶ 초국경질병, 인수공통질병 및 생물테러 병원체에 대한 지식 ▶ 사람과 동물 모두에서 중요한 인수공통질병에 대한 효과적인 예방 및 통제방안에 관한 지식 ▶ 세계 농업체계에 대한 이해 ▶ 세계 무역 및 보건위생 법령에 대한 이해 ▶ 관련 국제기구들의 활동에 대한 적절한 인식 ▶ 식품공급의 세계화에 대한 이해 ▶ 많은 전문분야로 구성된 팀에서 일한 경험 ▶ 대면 기술 및 유연성 등이다. 수의사는 이들 역량을 충분히 갖출 수 있도록 적절한 교육 및 훈련을 받아야 한다.

WVA는 2017.12.10. 인천에서 개최된 '2017년 세계수의사대회(2017 World Veterinary Congress)'에서 '원헬스에서 수의직업의 역할에 관한 인천 선언(WVA Declaration of Incheon on the Role of the Veterinary Profession in One Health and EcoHealth Initiatives)'317)을 채택하였다. 이 선언에서 WVA는 원헬스의 중요성과 필요성을 강조하고, 수의사가 이에 선도적인 역할을 할 수 있음을 인식하고, 적극적인 역할을 할 것을 강조하였다.

우리나라에 원헬스 개념의 도입을 처음에 주도한 분야는 수의학계였다. 2012년 12월에 서울대학교 수의과대학 주관하에 질병관리본부, 농림축산검역본부, 국립환경과학원의 공동 주최로 '원헬스 포럼'이 개최된 바 있다. 수의분야의 원헬스 활동은 아직 활발하지 않다. 동 포럼에서 관련 정보 제공 등을 위해 만든 인터넷 웹사이트(www.onehealth.kr)도 관련 정보 제공 등 운영 측면에서 현재보다 크게 활성화되어야 한다. 선도적인 관심은 높았으나 후속해야 할 적극적인 참여가 부족한 상황이다.

## 04
## 수의사 없이 원헬스도 없다

20세기 초까지 수의학 교육의 핵심은 산업 동물에서 동물질병을 통제하고 인수공통질병이 사람으로 전파되는 것을 막는 것이었다.

유럽, 미주 등의 경우는 말의 임상적 보호도 수의학 교육의 핵심 중 하나였다. 제1차 세계대전 이후 자동차의 등장은 인력용 및 승마용 말의 수요를 급격히 떨어뜨렸고, 이는 수의사의 역할을 크게 바꾸어 놓았다. 제2차 세계대전 이전에 수의사 대부분은 농촌에서 가축과 관련된 일에 종사하였다. 2차 세계대전 이후 개, 고양이 등 애완동물을 키우는 사람들이 급속히 증가함에 따라 이들을 전문적으로 진료하는 수의사에 대한 요구가 계속 증대되었다.

대한수의사회 자료에 따르면, 2016년 기준으로 우리나라 임상 수의사의 77.2%가 반려동물, 21.9%가 산업 동물에 종사한다. 미국의 경우는 77%가 반려동물, 8% 정도가 산업 동물 분야에 종사한다.

비록 선진국에서 임상수의사 대부분이 반려동물을 다루지만, 원헬스의 주된 관심은 아직은 사람과 산업동물에 있어 질병의 상호작용이다. 세계소동물수의사회(World Small Animal Veterinary Association, WSAVA)는 2010년 원헬스위원회(One Health Committee)를 구성하고, 반려동물 수의사의 참여 확대를 목표로 프로젝트를 시작했다.[318] 2011년 WSAVA와 OIE는 원헬스에 관해 서로 협력하기로 협약을 맺었다.

야생동물 및 생태계 건강, 즉 환경위생에 수의사가 관여한 것은 수의사의 전체 역사에서 볼 때 매우 최근의 일이다. 19세기에 일부 산업화된 국가들에서 동물원 동물을 돌보기 위해 수의사가 고용되기 시작했다. 20세기에는 질병 통제캠페인의 한 부분으로서 가축전염병의 보균자 역할을 하는 야생동물이 수의사의 관심을 끌었다. 그렇지만 최근까지도 동물원 동물과 야생동물과 관련된 수의사의 활동은 야생동물 또는 생태계의 건강보다는 산업동물의 질병 박멸을 목표로 다루는 부분 중 한 부분이었던 경우가 대부분이었다.

오늘날 수의직업은 전문성 강화와 더불어 활동 분야가 매우 다양하다. 모든 수의직업 활동은 원헬스와 관련이 있다. Samantha E. J. 등은 원헬스의 영역별 수의사의 역할 및 책무를 제시하였다.[319] 먼저, ▶ 공중보건에서는 기아 감소, 인수공통질병 예찰 및 통제, 식품 안전성 감시, 생물 안전, 생의학 연구 등이 있다. ▶ 동물위생에서는 동물질병 예찰·진단·통제·예방, 동물질병 컨설팅, 가축 생산성 증진, 동물복지 증진, AMR 통제 등이 있다. 끝으로 ▶ 생태계 건강에는 생물다양성 보호, 야생동물 자원 관리, 야생동물질병 예찰·통제, 자연자원 보존, 기후변화 적응, 외래 동물 종 통제 등이다. 수의사는 이들 책무를 실행할 수 있는 역량을 가진 전문가이다.

## 원헬스 장애물은 통제할 수 있다

원헬스 개념을 실행하는 데 고려해야 할 여러 장애 요인이 있다. 그중에서도 중요한 것은 인의, 수의, 보건산업 그리고 환경 분야에서 이 개념을 적용하는 과정에서 요구되는 핵심적인 지도력의 문제이다. 이 개념은 많은 분야와 다양한 직업에 적용될 수 있는 상당히 포괄적인 개념이다. 수의사는 이들 분야를 하나의 통합된 계획을 통해 효과적으로 상호 연계시킬 필요성을 인식한다. 하지만 최근 수의 분야가 직면한 가장 어려운 과제는 핵심적인 원헬스 전략을 선도적으로 실행할 수 있는 자체 역량의 문제이다. 성공적인 실행은 원헬스 주창자들의 지도적 역량에 가장 크게 의존한다. 지도력이 원헬스 미래 및 실행의 성공 열쇠이다. 원헬스는 광범위한 분야의 복잡한 사안들을 다룰 수 있고, 공동의 협력을 도출하고 이끌어나갈 수 있는 선도자(Leader)를 필요로 한다. '원헬스 리더십(One Health Leadership)'은 공통의 이익을 위해 관련되는 다수의 분야, 영역 및 이해당사자들이 함께 노력하여 점진적인, 긍정적 발전을 이룰 수 있도록 이들의 사고방식과 기술을 구현하는 것이다.

수의직업의 지속적인 세분화 및 전문화도 수의 분야에서 원헬스의 장애 요인이다. 이러한 세분화 및 전문화는 원헬스 사안에 대한 국가적인 대응 전략을 수립하고 뒷받침하는 데 전체적인 시각과 입장을 제공하는 데 어려움을 유발한다. 수의학에 원헬스 개념을 융합해야 하지만 이 과정에서 제기되는 많은 도전과제를 해결하는 일은 쉽지 않다.

그간 세계적으로 원헬스 분야가 많이 활성화되었지만, 아직도 관련되는 분야들에서 조직 문화 차이, 업무 우선순위 차이, 그리고 인적·물적 자원의 차이 등 추가적인 발전을 가로막는 장벽들이 많이 있다. 원헬스에 관하여 일반 대중이나 정부 관련부처의 관계자들에게 효과적으로 영향을 미칠 수 있는 정보소통 방안, 캠페인 등도 필요하다. 국가적인 원헬스 실행 프로그램을 구축하는 데 현실적으로 활용 가능한 참고 모델도 마련할 필요가 있다. 이 개념을 발전시키고 보급하는 일을 담당할 전문가 집단도 부족하므로 육성이 필요하다.

우리는 지금 사람, 동물 및 환경의 각 영역에서의 질병 예방 및 보건·위생 향상이 다른 영역에서의 질병 예방 및 보건·위생 향상에 결정적 요인으로 작용하는 시대에 살고 있다. 이러한 시대에 절실히 요구되는 것은 추진 주체의 선견지명과 지도력이다. 여기서 중요한 것은 이해당사자 간의 긴밀한 협력이다. 특히 수의와 인의 전문가 사이의 협력이 중요하다. 한 사람, 한 분야, 하나의 조직, 또는 한 나라가 원헬스를 성공적으로 실행하는 것은 가능하지 않다.

원헬스는 사람, 동물 및 환경의 건강과 관련되는 중요한 사회적 요구를 충족시킬 수 있는 잠재력이 있다. 하지만 의사, 수의사 등은 많은 전문분야에 걸친 이들 복잡한 사안들에 대해 함께 시급히 다루어야 할 필요성을 충분히 인식하지 못할 수도 있다. 이러한 점은 현재의 중요한 보건 사안에 대해 원헬스 개념을 적용하여 신속하게 접근하는 데 현실적으로 커다란 장애 요인이다. 원헬스에 대한 인식 확산을 위해 '국제원헬스네트워크(One Health Global Network)'[134]와 같은 노력이 더욱 필요한 이유이다.

유럽질병예방통제센터(European CDC)에 따르면,[320] 그간 세계 각국의 인수공통질병 영역에서 원헬스 과제를 실행하는 데 주요한 장애물은 크게 4가지이다. 첫째, 정보소통과 상호협력의 부족이다. 관련되는 영역들에 걸쳐서 효과적인 정보소통 채널이 없이는 사안에 대한 대응능력에 한계가 있다. 그러므로 이해당사자의 공감을 얻는 정보소통 방법 및 구조가 평상시에 구축되어야 한다. 둘째, 자료 및 검사시료를 공유하려는 노력의 부족이다. 특히, 관련 검사기관 간에 검사 시료를 공유하는 등의 협력이 미흡하다. 셋째, 이해당사자들의 원헬스 운용 역량이 미흡하다. 또한, 관련되는 각 분야의 실행역량에 차이가 있다. 넷째, 공중보건과 동물위생 사이에서 '허용 가능한 위험 수준(Acceptable Level of Risk)'이 서로 다른 경우에 이에 대한 상호 간의 정보소통 및 협의가 미흡하다.

---

**134** 원헬스와 관련하여 세계 조직, 네트워크 및 데이터베이스를 서로 연계하는 '네트워크의 네트워크'를 표방하는 인터넷 웹 포탈(webportal) 네트워크이다.

# 제19장

# 지금은 원헬스 시대이다

## 01
### 모든 생명체는 서로 연계된 도전에 직면한다

흡연은 사람에게만 해로운 것이 아니다. 흡연하는 반려인과 함께 있는 반려동물의 건강에도 해롭다. 건강이 나쁜 가축 관리인은 가축을 돌보는 데 최선을 다하기 어렵다. 여름철 시베리아 지역에 서식하는 철새에서 HPAI 바이러스가 많이 검출되면, 도래하는 겨울철에 국내 가금농가에서 HPAI가 발생할 위험이 증가한다.

원헬스는 사람, 동물 및 환경에서 최적의 건강상태를 얻기 위해 지역적, 국가적 및 국제적으로 기울이는 많은 전문분야의 '상호 협력적인 노력'이다. 전문가들은 이들 상호연계에 대한 육하원칙 즉 '왜, 어디서, 무엇이, 언제, 누가, 그리고 어떻게'를 충분히 파악해야 한다. 이들 상호연계를 올바르게 이해할 때 우리는 인류가 직면한 원헬스 사안에 대한 합리적인 해결책을 찾을 수 있다.

21세기 초 인류가 사망하는 원인의 3분의 2는 심장질환, 당뇨병, 암과 같은 만성질환이다.[321] 질병관리본부에 따르면,[322] 2016년에 만성질환이 전체 사망의 80.8%를 차지하며, 사망원인 상위 10개 중 7개[135]가 만성질환이다. 만성질환은 과거의 환경에 적응된 유전자를 가진 현대인이 과도한 열량 섭취, 신체 활동량 부족, 음주 및 흡연과 같은 잘못된 생활습관, 대기·수질 등 환경의 오염, 경쟁적 인간관계에 따른 스트레스 증가 등 새로운 환경에 노출되면서 유전자와 생활환경이 서로 '조화와 적응'을 이루지 못해 생긴 것이다. 즉 '환경의 급속한 변화'가 21세기 질병의 주요 요인이다.[323]

Deem 등에 따르면,[324] 원헬스 관점에서 이 지구상의 생명체는 다음과 같이 5가지의 중대한 도전에 직면해 있다.

첫째, 신종전염병 및 외래 침입 종(동물 및 식물)이다. 사람, 동물 및 지구 생태계의 건강과 관련하여 오늘날 가장 큰 도전과제 중 하나는 신종전염병 출현이다. 신종전염병이 새로운 지역, 새로운 종에서 발생하여 해당 동물 및 식물 종의 존속을 위협한다. 사람에서 신종전염병의 증가는 대체로 사람과 동물 간의 상호작용과 연관된다. 2008년 Jones 등은 신종전염병 발생에 영향을 미치는 요인을 14가지로 분류하였다.[325] 이들 중 '감염병에 대한 사람의 감수성'과 '항생제 내성'이 전체의 40%를 차지한다.[326] 다음으로 '토지이용의 변화', '농업의 변화', '식품산업 변화', '국제 여행 및 무역 증가', '전쟁 및 기근', '기후변화' 등의 순서로 뒤따른다.

둘째, 생물다양성 감소 및 자연자원 손실이다. 인류는 식품을 생산하

---

**135** 암, 심장질환, 뇌혈관질환, 당뇨병, 만성하기도질환, 간질환 및 고혈압성 질환이다. 사망원인 10위 중 나머지 3개는 폐렴, 자살 및 교통사고이다.

기 위한 토지를 놀라운 속도로 늘리고 있다. 1970년 이래 벌목된 브라질 아마존 면적의 91%가 소 목장으로 바뀌었다.[327] 가축을 기르고, 가축에게 먹일 사료 작물을 재배하기 위하여 아마존을 불태운다. 2018년 세계자연기금(World Wide Fund for Nature) 보고서에 따르면,[328] 1970년에서 2014년 사이에 세계적으로 생물 종(種) 수가 60% 감소하였다. 또한, 무분별한 소비로 인한 농지개발 과잉과 과도한 농업활동이 여전히 생물 종 감소의 주요 원인이다. 토지 황폐화로 인해 육상 생태계의 75%가 심각한 영향을 받았으며, 이는 천문학적 경제적 비용이 발생함과 동시에 세계 인구 약 3억 명 이상의 삶의 질을 떨어뜨린다. 바다는 남획과 플라스틱 오염으로 병들어 가고 있으며, 육상 오염, 서식지의 단절 및 파괴로 담수 생태계의 생물다양성은 재앙적 수준으로 저하되고 있다.

오늘날 세계는 공룡시대 이래 과거 어느 때도 볼 수 없었던 엄청나게 빠른 속도로 동물과 식물의 종을 잃어가고 있다. 문제는 과거의 자연재난에 의한 대량 멸종과는 달리 최근의 멸종은 오직 인류의 활동에 의한 것이라는 점이다. 1만 년 전에는 척추동물 전체 중 겨우 2%만이 가축화되었고, 나머지 98%는 가축화되지 않았다. 지금은 정반대로 지구상에 존재하는 척추동물 숫자의 98%가 가축화된 동물이며, 오직 2%만이 가축화되지 않은 다른 동물이다.

생물다양성 및 자연자원의 손실이 후속적으로 위생·보건에 손실을 초래하는 이유는 많다. 우선, 정상적인 생물다양성의 모습을 잃어버린 지역에서는 전염성 질병이 더 많이 출현하는 소위 '희석 효과(Dilution Effect)'이다. 즉, 병원체 보균자 역할을 할 수 있는 사람 이외의 다른 종이 부족하거나 없는 경우 희석효과가 적어 병원체가 사람에서 신종전염병을 일으킬 위험이 더 커진다. 생물다양성 손실은 우리 식탁에도 나쁜 영향을 미친다. 인류가 섭취할 수 있는 먹거리가 그만큼 감소하기 때문이다.

셋째, 세계적인 기후변화이다. 기후변화는 사람, 동물, 식물 등 모든 생명체에 영향을 미친다. 기후변화의 영향력은 현대에 모든 생명체의 건강에 부정적인 영향을 미치는 요인 중에서 가장 크다. 기후변화는 동물의 동면(겨울잠), 개화, 꽃가루 수분 등에 큰 영향을 미친다. 기후변화에 따라, 매개체 유래 질병이 증가하고, 새로운 지역으로 전염병의 전파가 늘어난다. 또한, 엘니뇨(El Nino)[136]와 같은 극단적인 기후 유형은 콜레라와 같은 전염성 질병뿐만 아니라 홍수, 주거지 파괴와 같은 비전염성 건강문제를 생성한다.

넷째, 환경 오염물질에 의한 환경 악화이다. 레이첼 카슨(Rachel Carson, 1907.5.27.~1964.4.14.)은 1962년 《침묵의 봄Silent Spring》을 통해 DDT 등 환경오염물질의 위험성을 사람들에 널리 알렸다. 인류가 사용하는 농약, 살충제, 또는 대형 기름누출 사고와 같이 사람들이 초래하는 환경 사고 등으로 인해 환경의 건강이 크게 훼손되고 있다. 최근에는 일상적으로 플라스틱을 광범위하게 사용함으로 인해 비스페놀A(Bisphenol-A)와 같이 흔히 '환경호르몬'이라 불리는 '내분비계 교란 화학물질(Endocrine Disrupting Chemicals)'[137]이 사회적으로 큰 문제이다. 내분비계 교란 화학물질은 이 시대의 디디티(DDT)[138]와 같다. 테오 콜본(Theo Colborn, 1927.3.28.~2014.12.14.) 등이 1996년 쓴 《도둑맞은 미래Our

---

**136** 약 5년마다 열대지방의 태평양에서 발생하는 해수면 온도의 급격한 변화

**137** 신체의 내분비 즉 호르몬 기능에 나쁜 영향을 주는 체외 화학물질을 말한다.

**138** DDT(Dichloro-Diphenyl-Trichloroethane)는 살충제 중 하나이다.

Stolen Future》[329]는 이들 환경오염물질 문제를 구체적으로 제시하여 세계적인 반향을 일으켰다.

2019.4.18. 발표한 국립생태원의 〈담수 생태계 잔류 미세플라스틱 검출에 관한 시험연구 보고서〉에 따르면, 2018년 9월 초 금강 본류와 갑천·미호천 등 금강 수계 6개 지점에서 물 시료를, 5개 지점에서 물고기를 채집해 분석한 결과, 모든 시료에서 미세플라스틱(길이나 지름이 5mm 이하인 작은 플라스틱)이 검출되었다. 한국해양과학기술원은 어류 4종(굴·바지

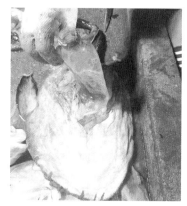

[그림 34] 부안 앞바다 아귀 뱃속 500㎖ 페트병[330]

락·가리비·담치)의 섭취량을 기준으로 한국인은 연간 212개의 미세플라스틱을 섭취한다고 추산했다.[331]

다섯째, 동물과 식물의 서식처 손실, 그리고 가축, 야생동물과 사람 간의 상호작용 증가이다. 도시화, 산업화, 집약적 가축 사육 증가 등으로 인한 야생 동식물의 서식처가 계속 줄어드는 것은 야생 동식물뿐만 아니라 사람의 건강에도 직접 영향을 끼친다. 축산업의 발전은 가축, 야생동물과 사람 간의 접촉면을 증가시켜 왔다. 이러한 접촉면 증가는 질병 전파가 더 많은 동물 종과 더 자주 연계되게 한다.

동물, 식물 및 사람의 건강과 관련하여 이 지구상에 존재하는 다양한 도전과제들은 여러 요인에 의해, 여러 분야와 연계되어, 그리고 여러 분야에 걸쳐 존재하는 복잡한 사안이다. 이들 도전과제에 대한 합리적인 해결방안을 찾는 데 가장 효과적이고 필수적인 수단이 전체론적, 다원적 접근방식인 원헬스이다. 예를 들어 수의사가 렙토스피라증에 걸린

소를 치료하는 경우, 보균 동물 출처, 소가 마시는 물 공급처와 같은 전체적인 역학 사항을 알아야 제대로 치료할 수 있다.

## 02
## 원헬스 수요는 공중보건 분야에 가장 많다

원헬스를 가장 널리 필요로 하는 곳은 공중보건 분야이다. 특히 식품안전, 인수공통질병, AMR 등 분야이다.

수의공중보건에서 소비자가 가장 우려하는 것 중 하나는 동물유래 식품 중에 존재할 수 있는 병원성 미생물에 의한 인수공통질병이다. 항생제 내성 인수공통 병원체가 동물 또는 축산식품에 출현하는 것도 심각한 우려 사안이다. 동물이 보유하고 있는 인수공통 병원체가 사람에 전파될 수 있는 위험은 우리 주변 환경에 항상 존재한다.

정부 보건당국이 인수공통질병으로부터 사회를 보호하기 위해 취할 수 있는 조치는 사회의 경제적 상황, 병원체 종류 등에 따라 다를 수 있다. 중요한 것은 이들 조치가 해당 질병과 관련되는 모든 분야에 효과적으로 실행될 수 있는 적절한 조치로서 이들 질병으로 인한 공중보건상 피해 및 경제적 부담을 획기적으로 줄일 수 있는 잠재력이 있어야 한다는 것이다. 바로 원헬스 접근방식이 이러한 잠재력을 가장 잘 활용할 수 있는 방법이다.

[ 표 2 ] 식품안전에서 원헬스 패러다임

| 구분 | 이전 | 원헬스 |
|---|---|---|
| 문제 해결 | 개별적, 기술적 해결 | 통합적, 다면적 해결 |
| 접근 시각 | 해당 영역만 단편적 접근 | 체계적, 통합적 및 전체론적 접근 |

| 일 수행 방법 | 개별적이고 종종 고립적 | 많은 전문분야에 있어 협력적 |
| --- | --- | --- |
| 일하는 동료 | 동료 부재 | 정부, 산업계, 학계 및 소비자 |
| 일 수행 지점 | 사람 질병에 초점 | 감염(오염)의 근본 원인에 초점 |
| 업무 분야 | 단일 분야 | 사람, 동물 및 환경 위생 분야 |
| 예찰 및 정보 | 사람건강에 한정 | 식품, 동물, 환경 및 사람 |
| 대응 초점 | 사후 대응, 질병치료 강조 | 사전 대응, 예방 및 예측 강조 |

축산식품의 안전성을 다루는 데 기존의 모델로는 한계가 있다. 식품 안전 문제는 여러 분야가 복잡하게 얽혀있기 때문이다. 이것이 원헬스 접근방식이 필요한 이유이다. King은 원헬스가 식품안전에서 사고의 틀을 바뀌어놓았음을 [표 2]로 정리하고 있다.[332)

햄버거, 피자, 탕수육, 해물탕 등은 다양한 식재료가 포함된 먹거리이다. 같은 식재료도 유래하는 곳이 다양할 수 있다. [그림 35]에서 보듯이 피자 한 판에는 5개 대륙, 60개 국가에서 유래한 35개 식품 성분이 포함되었다는 조사결과도 있다. 이들 식품 성분은 동물, 식물, 사람, 그리고 환경과 연계되어 있다. 이러한 현실을 고려할 때 식품안전 문제는 원헬스 접근방식을 적용할 때 가장 효과적으로 해결될 수 있다.

동물과 사람에서 항생제 내성균으로 인해 점증하는 건강상 위협을 다루는 데는 이 접근방식이 유용하다. 왜냐하면, 동물과 사람에서 사용되는 항생제는 사실상 같으며, 사람, 동물 및 환경에 존재하는 항생제 내성균은 서로 전파되는 등 상호작용하기 때문

**35 Food Products**
**60 Countries**
**5 Continents**

**...in 1 Box**

[그림 35] 피자 속 식품성분 유래
(출처: Food Safety Authority Ireland)

이다. 항생제 내성균은 지리적 경계도, 동물종간 장벽도 없다.

2019년 WHO는 세계적 보건에 미치는 10대 위협 중 하나로 AMR을 포함했다.[333] 최근 AMR을 다루는 국가적 또는 국제적 전략[139]은 모두 원헬스 대응의 중요성을 강조한다. 2018년 세계은행은 AMR을 최우선 원헬스 적용대상 중 하나에 포함하였다.[334]

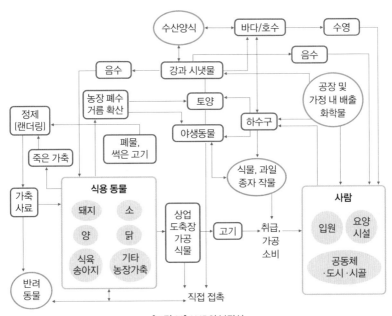

[그림 36] AMR의 복잡성
(출처: 가축단계 인수공통감염병 관리대상 질병 확대방안 연구, 천명선, 2017)

[그림 36]에서 알 수 있듯이 AMR에는 사람, 동물, 농업, 농축수산물 수입 등 많은 분야가 서로 복잡하게 연계되어 상호작용한다. AMR 문제를 효과적으로 해결하기 위해서는 관련 분야들 상호 간에 통합적인 접

---

**139** "WHO Global Action Plan on AMR (2015)", "Declaration from the 2016 high-level meeting on AMR at the UN General Assembly", 그리고 "FAO/OIE/WHO Tripartite Collaboration (2017)"이 있다.

근방식 즉, 원헬스 접근방식이 필요하다. 전체적인 생태계 내 항생제 전파경로는 다양하고 복잡해서 경로별 중요도나 영향을 명확히 파악하기란 거의 불가능하다.

2011년 WHO는 항생제 내성균 문제를 효과적으로 다룰 수 있도록 원헬스 접근방식을 최대한 활용할 것을 촉구하면서 다음과 같은 권고 사항을 제시하였다. ▶ 국가적 차원에서 AMR을 억제하기 위한 관련 분야 간 협력을 강화한다. ▶ 항생제 내성균에 대한 국가적 예찰을 강화한다. ▶ 합리적인 항생제 사용에 관한 국가적 전략을 수립하고, 항생제 소비에 대한 국가적 예찰을 강화한다. ▶ 식품 사슬에서 AMR의 발현 및 전파를 예방하고 통제한다.

이러한 WHO 권고 사항은 각 국가에서 항생제 내성균에 대한 원헬스 접근방식 및 해결방안을 마련하는 데 기본 지침으로 활용할 수 있다. OIE는 항생제 내성균의 출현을 제한하기 위해서는 공중보건, 동물위생 및 환경 정책 사이에서 상호협력을 가능하게 하는 원헬스 접근방식이 필수적임을 명확히 한다.[335]

## 03
### 기후변화는 원헬스를 요구한다

동물과 사람에서 신종질병 출현의 근본 원인으로 가장 흔히 기후변화를 든다. 세계적으로 기후가 변하고 있고, 기후변화의 주된 원인이 인류 활동의 결과라는 것이 많은 연구 등을 통해 밝혀졌다.[336] 기후변화는 질병 병원체의 전파 및 질병 매개체의 분포에 직접 영향을 미친다. 또한, 기후변화는 야생생물 집단의 변화를 초래하고, 이는 다시 질병 매개체의 숫자 및 분포를 변화시킨다. 예를 들어 기후변화는 과거에는 열대지방 또는 아열대 지방에 한정되었던 동물 서식처의 범위를 이제는 평균 온도가 너무 낮아 질병 매개체 또는 특정 질병이 도달하기 어려웠던 새로운 지역으로까지 넓히고 있다.

지구적 차원의 기후변화는 세계 자연 생태계를 바꾸고 있다. 농작물 재배 시기 및 한계를 바꾸고 있다. 가뭄이 좀 더 일상적으로 되었으며, 식량안보 문제가 좀 더 복잡하게 되었다. 극지방 빙산이 녹음에 따라 해수면이 높아져 해안가 지역을 중심으로 바닷물의 대규모 범람이 발생한다. 바닷물이 강으로 밀려옴에 따라 염분이 있는 물로 인해 인근 지역 사람들이 신선한 물을 구하기 어렵게 된다. 홍수, 가뭄 및 물 오염이 결합하면 생물다양성의 심각한 감소를 초래한다. 더 심각해지면 많은 생물 종이 멸종 또는 도태된다. 외래종이 경제적 피해를 초래하고 지속 가능한 식품생산을 위협할 수도 있다.

기후변화로 인해 세계적으로 도시와 농촌 지역 모두에서 사용 가능한 토지가 줄어들어 기존의 사회기반을 위협하고 사람들은 더욱 도시로 몰려들고 있다. 자연자원이 줄어들고 하부구조가 무너짐에 따라 사람, 동물 및 환경의 건강은 위험에 처하게 된다.

이러한 기후변화에 따른 동물질병 발생 양상의 변화는 질병 통제 및 공중보건을 담당하는 정부 당국이 이들 질병에 접근하거나 대응방안을 마련할 때 '많은 전문분야의 접근방식' 즉 원헬스 접근방식을 활용할 것을 요구한다. 특히 생태학자, 경제학자, 야생동물학자 등 전문가의 참여가 중요하다.

기후변화에 따른 보건위생 사안은 원헬스 접근방식을 적극 활용할 때 올바른 해결방안도 찾을 수 있다. P.F. Black 등은 2014년 원헬스와 기후변화의 상관관계를 다음과 같이 밝혔다.[337]

## 기후변화와 질병

기후변화가 신종질병 출현 등에 영향을 미친다는 연구결과는 많으나 그 영향의 규모와 정도를 정확히 예측하는 것은 어렵다. 기후변화는 숙주-병원체-매개체 간의 상호작용에 크게 영향을 미친다.[338] 대표적인 사례는 북극 사향소와 순록의 기생충 감염이다. 북극의 온난화는 흰꼬리사슴과 엘크사슴의 서식 범위를 북쪽으로 더 확장했고, 이제는 그들의 서식 범위가 북극 사향소와 순록의 서식 범위 중 남쪽 부분과 겹치게 되었다. 이 결과로 흰꼬리사슴과 엘크는 사향소와 순록에는 없었던 병원체를 옮긴다. 또한, 사향소와 순록에게만 있는 기생충의 생명주기(Life Cycle)가 온도 상승 때문에 더 빨라지고 있다. 즉, 이들은 풍토성의 기생충에 더 심하게 감염되고 있고, 더불어 자연적 저항성이 없는 새로운 병원체를 상대한다.

기후변화가 질병 발생을 증가시키는 것만은 아니다. 줄이기도 한다. 예를 들면 호주 남동부에서는 간질증(Fasciolosis)[140]이 풍토병인데 기후변화의 결과로 여름 강수량 및 토양 습도가 감소하였고 이는 해당 지역에서 간질증의 발생을 줄이고 있다.[339]

심각한 기상 이변과 관련하여 빈번한 대홍수 발생은 진드기, 모기 등 매개체 유래 인수공통질병과 관련된 위험을 높인다. 참고로 기후변화와 관련된 토지이용의 변화도 질병 출현의 주요한 동력 중 하나임이 밝혀졌다.[340]

---

140 간흡충(liver fluke)이 쓸개관 내에 기생함으로써 발생하는 기생충성 질병이다. 소 · 산양 · 양 등에서 발생하여 경제적 손실이 크며 사람에서도 발병한다.

## 기후변화와 식량안보

식품의 생산 및 소비는 모두 기후변화의 영향을 받는다.[341] 사료 작물 생산, 가축 사육 등은 모두 기후변화, 특히 단기간에는 홍수나 가뭄과 같은 심각한 기후변화에 큰 영향을 받는다.

인류의 식량 요구를 충족시키기 위해서는 2050년에는 세계적으로 농업생산량이 2013년 기준 60~110% 정도 더 늘어야 하며, 이는 인구증가, 식품섭취 형태 변화, 바이오 연료 소비 증가 등으로 인한 것이다.[342] 그런데 연구결과에 따르면,[343] 설령 기후변화가 없더라도 이러한 요구를 충족할 만큼 식량 생산이 증가할 것 같지 않다. 이에 따라 일부 국가 또는 지역에서는 식량 수급 불안정 및 영양부족 문제가 발생할 것이다. 세계적으로 가장 부정적인 영향을 받는 사람은 목축 초원지대 생활자, 소작농 및 생계농, 전통적 생활양식 유지 사회, 원주민(토착민), 영세어민 등일 것이다. 이들은 보통 경제적으로 빈곤하여 세계적 식품 가격 상승에 극도로 취약하다.

## 기후변화와 식품안전

기후적 요인은 식품유래 병원체의 성장과 생존에 큰 영향을 미친다. 기온 상승은 병원체의 증식을 쉽게 하며, 식품이 잘못 취급될 위험이 큰 여름과 같은 고온 기간을 더 늘린다. 특히 캠필로박터균과 살모넬라균은 사람에서 제일 흔한 세균성 위장관 질병의 원인균으로 이들로 인한 질병의 위험은 종종 기온 상승과 밀접히 연관된다.

기후변화의 결과로 사람용 식품과 동물용 사료의 안전성에 해를 끼칠 수 있는 화학적 위험도 있다. 항생제 잔류물질, 곰팡이독소(Mycotoxins), 해양 생물독소(Marine Biotoxins), 중금속 등 화학물질이다. 이들 중 일부는 온도와 밀접하다.

## 04
## 이해당사자 간 협력이 해결의 열쇠이다

원헬스 사안에 올바르게 접근하고 적절한 해결방안을 찾기 위해서는 이해당사자를 정확히 파악하는 것이 중요하다. 원헬스는 사람, 동물 및 환경의 건강을 추구하는 것이므로 궁극적인 수혜자는 바로 사람, 동물 및 환경이다. 이들 분야 이해당사자 간의 긴밀한 협력을 최대한 조장하는 것이 지역적, 국가적 및 국제적 수준에서 발생하는 원헬스 문제를 해결하기 위한 다양한 노력의 핵심이다.

그간 역사적으로 인의와 수의는 서로 간의 관할 범위가 명확히 구분되어 있어 상호협력이 크게 부족했다. 지금은 이러한 협력 부족은 세계적 차원의 위생 · 보건 문제를 파악하고 적절한 대응조치를 파악하는 데 중대한 장애요소 중 하나이다. 다행히 최근에는 세계적으로 수의와 인의 사이에서 원헬스에 관한 협력이 활발해지고 있다. 일례로 2012년 10월 WVA와 세계의사회(WMA)는 세계적 차원에서 보건 수준을 향상하기 위해 서로 협력하기로 양해각서를 체결하였다. 이를 토대로 양 기관은 2015년 및 2016년에 '공동 원헬스 국제회의(WVA-WMA Global Conference on One Health)'를 개최하였다.

과거에는 야생동물과 자연 생태계가 사람을 포함한 모든 동물에 전염성 질병을 전파하는 데 중대한 역할을 한다는 인식이 크게 부족했다. 이는 원헬스 활동이 시작된 이후 개선되고 있다. 최근에야 원헬스 논의에 야생동물 및 환경 분야가 참여하기 시작했다.

원헬스 실행계획을 올바르게 마련하고 효과적으로 실행하기 위해서는 계획 수립과정에 의학, 수의학, 공중보건학, 환경과학, 생태학, 보존생물학, 간호학, 사회과학, 인문학, 공학, 경제학, 교육학, 공공정책학 등 다양한 분야의 전문가 참여가 필요하다. 또한, 관련 정부 부처, 국제기구, NGO, 학술단체, 시민단체 등도 이 과정에 참여한다. 원헬스에서 핵심적인 이해당사자는 다섯 부류이다.

첫째, 정부 부처, 소속기관 등 정부 기관이다. 이들은 국가 차원에서 기관별 담당 업무가 실제 현장에서 제대로 작동되는지를 보증한다. 이들의 주된 역할은 ▶ 사람, 동물 및 생태계의 건강과 관련된 정책을 실행하는 데 어떤 통합적인 접근방식을 활용하기 위한 정책적 지원 제공 ▶ 원헬스 사안들을 다루기 위한 국가 정책 개발 ▶ 보건과 관련된 전략적 계획 마련 ▶ 관련 분야 또는 부처 간에 협력체계 구축 ▶ 관련 분야 간의 원활한 정보소통에 관한 지침 제공 등이다. 주로 관련되는 정부 부처는 보건, 농업, 그리고 환경 부처이지만, 이외에도 교육, 재정, 내무, 재난관리 부처 등도 있다.

또한, 정부에서 원헬스와 관련되는 재정을 지원하는 대학, 연구기관 등도 중요하다. 미국 캘리포니아주립대 Mazet 교수 등은 국가적 차원에서 원헬스를 활성화하기 위해서 중앙정부 차원에서 관련 부처를 모두 아우르는 조정기구를 설치할 것을 권고한다.[344] 우리의 경우 이러한 기구를 국무총리실에 두는 것을 고려할 수 있다.

둘째, WHO, OIE, FAO와 같은 국제기구이다. 이들 3개 국제기구는 사람, 동물 및 생태계의 접촉면에 존재하는 건강상 위협 및 새롭게 대두하는 위험을 가능한 조기에 경보하기 위하여 2006년에 함께 '글로벌조기경보시스템(Global Early Warning System)'을 구축하여 운영 중이다. 이들은 또한 2010년 4월 베트남 하노이에서 개최된 '동물 및 팬데믹 인플루엔자 장관급 국제회의(International Ministerial Conference on Animal and Pandemic Influenza)'에서 원헬스 분야의 상호협력에 관한 각서[345]를 체결했다. 이 각서는 공중보건, 동물위생 및 환경위생 정책을 조정하기 위한 세계적 차원의 조치들을 공동으로 개발하는 데 전략적인 틀을 제공한다.

셋째, 대학이다. 대학은 교육과 연구를 수행한다. 원헬스와 관련하여 제안된 조치들이 과학적 근거가 있고, 비용대비 효과적이고, 지속 가능한지를 파악한다. 대학은 원헬스 구성요소들 서로 간의 연관성을 입증하고, 원헬스 사안들을 다루는 데 우선순위를 설정하고, 원헬스에 전략적으로 중요한 이해당사자들을 설정하는 등 학문적 지식을 실제적 행동으로 전환한다. 대학은 교육·훈련 센터를 설립하고, 교과과정에 원헬스 과목을 강화하여 이를 수행할 인적 자원을 양성한다. 대학은 보통 현실을 객관적 시각으로 바라보며 편향되지 않는 전문가적 의견을 제공한다. 대학은 공중보건, 환경, 농업, 야생동물 등 다양한 전문분야에서 원헬스에 관한 상호 간의 협력을 촉매하는 역할을 한다. 현재 국제적으로 대학을 중심으로 하는 원헬스 활동이 활발하다.[141]

넷째, NGO이다. NGO는 세계적 차원에서 건강문제를 알리고 해결방안을 찾는 데 핵심적 역할을 한다. 이들은 원헬스와 관련하여 자체적인 자원을 동원하고, 관련 지식을 창출하고, 자체적인 실행역량을 개발하고, 현실적으로 필요한 조치를 파악하여 실행한다. 이들의 장점은 문제 지역의 시민공동체와 밀접히 연계되어 특정한 보건·위생 사안에 오

---

141 미국 워싱턴주립대 Paul G. Allen School for Global Animal Health, 캘리포니아주립대 Calvin Schwabe One Health Project, USAID의 RESPOND Project, 캐나다 Canadian Cooperative Wildlife Health Centre 등

랜 기간 관심과 역량을 쏟아왔다는 점이다.

다섯째, 지역 공동체이다. 지역 공동체는 사람, 동물 및 생태계의 보건·위생 수준이 나쁠 경우 이로 인한 피해를 가장 많이 본다. 그러므로 성공적인 원헬스 활동을 위해서는 지역 공동체의 적절한 역할 이행과 적극적인 참여가 매우 중요하다.

원헬스 접근방식을 성공적으로 활용하기 위해서는 이해당사자의 적극적이고 상호 협력적인 참여가 필수적이고 핵심이다. 이를 위해서는 서로 다른 분야, 업무 영역에 대한 신뢰와 존중이 중요하다. 또한, 사람, 동물 및 환경의 접촉면을 충분히 이해하고 모든 이해당사자 간에 충분한 정보소통 및 긴밀한 상호협력이 필수적이다.

## 제20장

# 원헬스는 블루오션이다

01
### 원헬스는 사람, 동물, 환경 모두에 이롭다

원헬스는 사람, 동물 및 생태계에 있어 서로 엉킨 건강 사안에 접근하고 문제 해결 방안을 찾는 데 여러 이점이 있다. 하나의 건강 사안에 다양한 시각으로 접근함으로써 해당 사안의 문제점 등을 전체적, 객관적, 합리적으로 파악하는 것을 가능하게 한다. 이는 관련 정보를 이해당사자들 간에 공유하게 하고, 보건·위생 사안에 대한 통합적인 예찰을 조장한다. 건강상 위험에 대한 과학적인 통제방안을 결정하는 데 통합적인 접근방식을 제공한다. 또한, 원헬스 활동은 사람, 동물 및 생태계의 건강에 대한 이해당사자들의 전문적인 대응역량을 높여준다.

원헬스 시각은 전체론적 접근방식과 해결책이 필요한 모든 보건·위생문제에 적용할 수 있다. 원헬스는 현재 지구가 안고 있는, 또는 앞으로 직면할 수 있는 보건·위생 사안들을 합리적으로 다룰 수 있는 가장 유용한 수단이다.

인수공통질병에 대한 원헬스 접근방식은 경제적 및 공중보건 측면에서 여러 이점이 있다. 세계은행 보고서에 따르면,[346] 공공 보건에서 더 많은 성과를 낳기 위해서는 '인수공통질병에 대한 통합적인 예찰 및 통제', '일반 대중 교육', 그리고 '병원체 진단을 위한 실험실 역량'이 중요하다. 인수공통질병 병원체를 특정 동물에서만 감염되고 사람에게는 전파되지 않은 상태로 통제할 수 있다면, 사람이나 다른 감수성 동물 종에서 동 질병이 발생할 위험을 현저하게 줄일 수 있다. 이를 위한 재정적 지원은 투자 대비 엄청난 이익을 제공한다. 일례로 브루셀라병을 들 수 있다. 젖소에 백신을 접종함으로써 젖소에서 다른 동물(염소, 면양, 돼지 등)로 전파되는 것을 통제하고, 사람으로 전파되는 고리를 깨트린다. 즉, 동물에서 브루셀라병을 통제하는 것이 사람에서 이 질병의 발생을 줄이는 가장 효과적인 수단이다.[347]

어떤 전염성 질병을 효과적으로 통제하기 위해서는 효과적인 예찰을 수행하고, 정확하게 질병을 진단하고, 역학적 자료를 과학적으로 분석하여 합리적인 대응조치를 마련하기 위한 전문 인력 및 실험실 역량을 구축해야 한다. 원헬스 접근방식은 공중보건, 동물위생, 환경위생과 관련된 분야들의 조직적, 인적, 재정적 자원을 통합적으로 접근하여 효과적으로 이용할 수 있는 수단과 경로를 제공한다.

인의 및 수의전문가 사이의 인수공통질병 예찰에 관한 협력은 많은 경제적 및 보건상의 이점이 있다. 인간과 자연환경을 공유하는 동물의 건강은 인간의 건강과 불가분의 연관이 있다. 전염성 인수공통질병의 전파는 사람과 동물 모두에 곧바로 질병을 일으킬 뿐만 아니라 사람의 노동력 상실 및 산업동물의 생산성 감소라는 이차적 피해를 일으킨다. 전염성 인수공통질병을 예방하거나 발생을 줄이는 것은 곧 경제적 이점을 얻는 것이다.

## 02
## 수의정책은 원헬스에 기초한다

2018년 기준으로 OIE의 182개 회원국 중 30여 국가를 제외하고는 농업을 담당하는 정부 부처에서 수의 업무를 주로 담당한다. 이들 30여 국가 중 25개 국가는 식품을 담당하는 부처에서, 나머지 5개 국가는 공중보건을 담당하는 부처에서 담당한다.[348] OIE 회원국 대부분은 공중보건과 동물위생 업무를 각각 다른 부처에서 관리한다. 또한, 육상동물과 수생동물의 위생에 관한 업무도 마찬가지이다.

각국의 수의분야(식품안전, 공중보건, 동물위생, 동물복지 및 환경위생)에서 수의사는 다양한 정치적, 행정적 구조하에 자신들이 맡은 역할과 책임을 다한다. 이러한 서로 다른 환경은 원헬스에 근거한 목표를 달성하기 위해 계획되고 수행되는 조치들을 일관되고 효율적으로 상호 조정하고 보완하는 것을 어렵게 만든다. 우리나라도 수의 업무와 관련되는 중앙 부처가 농식품부, 보건복지부, 환경부, 해양수산부, 식약처, 기획재정부, 국방부, 법무부 등으로 다양하다.

캐나다식품검사청(CFIA), 덴마크 수의식품청(Danish Veterinary and Food Administration)과 같이 일부 국가는 동물위생과 식품안전을 하나의 기관에서 담당하는데, 이러한 경우는 소수이다. 동물위생과 식품안전을 같은 정부 기관에서 담당하면 정부 정책에 원헬스 개념을 좀 더 쉽게 실현할 수 있는 이점이 있다. 하지만, 이것은 오직 식품안전과 동물위생의 연관성에 초점을 둔 것으로 여타의 위생 위험들을 조정하고 관리하는 어려움을 모두 해결하지는 못한다. 그러므로 국가적 차원에서 표준화된 원헬스 정책을 수립할 수 있도록 관련되는 모든 정부 기관과 민간 전문가가 참여하는 어떤 공식적인 통합관리체계를 구축하는 것이 중요하다. 이를 위한 하나의 방안은 수의, 식품안전, 공중보건 및 환경보건과 관련되는 모든 정부 관계기관의 부서들과 민간 전문가들이 참여하는 네트워크를 구성하는 것이다. 나아가 범정부적 차원의 '국가원헬스위원회'와 같은 통합조정 조직을 구성하는 것도 고려해봄 직하다.

세계 각국 수의당국은 수의정책을 수립하고 실행하는 데 이 개념을 활용한다. 미국은 CDC에 One Health Office, USDA/APHIS에 One Health Coordination Office가 있다. 유럽은 〈동물위생전략 2007~2013(Animal Health Strategy 2007~2013)〉 등을 통해 수의 분야에서 원헬스를 최대한 활용할 것을 천명하였다. 캐나다는 공중보건청(Public Health Agency of Canada)이 CFIA와 협력하여 원헬스를 조장하고, 이를 체계적으로 실행하기 위한 모델을 개발하여 활용한다.[349] 아시아 각국도 원헬스를 실행한다. 일본 후생노동성은 2017년 〈항생제 내성에 대한 국가 실행계획 2016-2020〉을 통해 'AMR 원헬스 감시 위원회'를 발족하였다. 라오스는 국가신종전염병조정국(National Emerging Infectious Disease Coordination Office), 필리핀은 정부인수공통질병위원회(Philippines Inter-agency Committee on Zoonoses), 그리고 말레이시아는 국립인수공통질병위원회(National Zoonoses Committee)에서 원헬스를 담당한다.

농림축산식품부는 명칭이 말해주듯 농촌, 산림, 축산 및 식품을 총괄하는 부처이다. 농식품부의 모든 활동은 원헬스와 직간접적으로 관련된다. 농식품부의 다양한 업무를 최대한 원헬스로 연계하여 실행하는 것은 동물, 사람 및 환경이 조화롭게 공존하는 지구 생태계를 유지하는 데 공헌할 수 있다.

03
## 환경분야의 적극적 참여가 중요하다

자연환경에 병원체가 출현하는 이유는 매우 복잡하지만, 생태계의 변화가 근본 이유인 경우가 많다. 이러한 생태계의 변화는 지속적인 인구증가, 자연자원 남용으로 인한 생물다양성 손실, 기후변화 등이 주된 원인이다. 생태계를 건강하게 유지하면 사람, 동물, 환경의 건강에 부정적 영향을 미칠 수 있는 위협요소를 줄일 수 있다.

가축은 동물위생, 동물복지 그리고 공중보건 측면 모두에서 사육 지역의 기온, 습도, 바람 등 기후적 요인이나 철새도래지, 가축 밀집사육 지역, 공업지대 등 지리적 요인에 영향을 많이 받는다. 야생동물은 가축과 달리 소유주가 없고, 어떤 한정된 공간에서 사육되는 것이 아니어서 질병 발생을 통제(예찰, 감시 등)하는 데 상당한 차이와 어려움이 있다.

세계 어디에서나 수의조직은 그간 인수공통질병과 가축질병에 집중해왔다. 반면에 어류를 포함한 야생동물질병은 주로 다른 조직에서 다루었다. 우리나라도 마찬가지이다. 수생동물은 해양수산부, 육상 야생동물은 환경부에서 주로 질병 등 위생문제를 담당한다. 야생생물에 관한 법령은 흔히 가축용 법령과 분리되어 있다. 가축과 야생생물을 담당하는 정부조직은 서로 정기적인 접촉, 정보소통 또는 협력이 미흡한 것이 일반적이다. 많은 국가에서 가축과 반려동물은 '농업' 부처에서, 야생동물은 '환경' 부처에서 담당한다. 이렇게 된 이유에는 그간 야생동물과 관련된 정부 당국의 업무가 종 보전, 생물다양성 유지 등에 집중되었기 때문이다. 환경에서 야생생물 질병과 관련된 사안들의 중요성에 대한 인식은 최근에 HPAI, ASF 등으로 인해 많이 높아졌지만, 예전에는 매우 미흡했으며, 여전히 많이 미흡하다.

다행히 최근에는 대부분 국가에서 위와 같은 현실을 인식하고 동물질병과 인수공통질병의 예찰 및 통제 대상에 야생동물을 포함한다. 하지만 국제적으로 볼 때 여전히 야생동물의 건강문제는 대부분 정부 수의 조직보다는 NGO들[142]에 의해 감시되고 관리된다. NGO들은 대부분 다양한 생물 종의 생태환경 관리와 관련된 활동을 하고 있다. 이들은 야생동물 건강문제에 관심이 높고 상호 간의 연계 활동도 활발하다. 또한, NGO들은 정치권, 정부 등을 대상으로 야생동물 보호와 관련하여 로비(Lobby) 조직으로서 원헬스에서 중요한 역할을 한다. 이들은 국가적, 국제적 공공기관뿐만 아니라 정당, 언론 및 정부 고위공무원과의 접촉을 갈수록 강화하고 있다. 이들은 평소에 야생생물의 서식여건, 질병 발생 상황 등에 관한 최신의 정보를 계속 유지한다. 이러한 노력을 통하여 이들은 로비 대상자에게 원헬스 관련 정보를 널리 확산시키고, 이해당사자 간에 해당 사안에 대한 접근방식과 해결방안에 대한 공감대를 형성한다.[350]

가축을 사육하고, 곡물을 재배하기 위한 농지를 확보하기 위하여 인류가 야생생물 서식처를 계속 없애는 것은 사람과 가축이 야생생물 종과 접촉하는 기회를 늘린다. 이는 오랫동안 야생에만 있던 그래서 사람이나 가축에서 이전에는 발생하지 않았던 새로운 병원성 미생물 또는 서로 다른 변종 미생물의 출현을 유도한다. 더군다나 사람과 가축의 야생동물과의 접촉 증가는 보건측면에서 가축보다는 사람과 같은 영장류에 더 많은 영향을 미친다. 이러한 이유로 신종질병의 발생을 분석하고

---

142 Wildlife Disease Association, International Council for Game and Wildlife Conservation, International Union for Conservation of Nature, Wildlife Conservation Society, BirdLife International 등이 있다.

질병 발생을 줄이는 효과적인 조치를 할 수 있도록 환경위생 분야에 원헬스 개념이 널리 적용되어야 한다. 실제로 이와 관련된 원헬스 실행팀이 구성될 경우 임상 수의사 등 수의 분야가 꼭 포함되어야 한다.

04
## 이제는 구체적인 성과를 보일 때이다

최근 세계적으로 원헬스 개념을 적용하여 보건·위생 문제를 다룬 사례가 늘고 있다. 예전에 큰 피해를 초래했던 니파바이러스, SARS가 지금은 통제되고 있다. HPAI는 여전히 몇 국가에서 발생하지만, 그간 피해가 컸던 H5N1형 HPAI는 지금은 160개국 이상에서 발생이 없다. 호주에서 발생한 헨드라바이러스를 통제하기 위한 백신도 개발되었다. 에볼라바이러스도 아프리카 대륙에 한정되어 발생한다.

우리나라의 경우 어떠한 보건 사안에 대해 이 개념을 처음부터 적용하여 성공적으로 해결한 사례는 아직은 없는 것 같다. 그간은 관련 부처, 기관 등이 어떠한 보건·위생 사안에 대해 이 개념을 통합적으로 활용하기보다는 해당 사안 중 소관 부분을 각자 해결하는 데 도움을 얻기 위해 정보소통 등 제한적으로 상호 협력한 사례가 늘어난 수준이다.

원헬스를 명확히 규정한 국내 법령은 아직은 없다. 다만, 이 개념이 법령에 부분적으로 반영된 사례는 있다. 예를 들어, 「야생생물 보호 및 관리에 관한 법률」에서는 야생생물 보호 및 이용의 기본원칙으로 3가지를 규정한다. ▶ 야생생물은 지금 세대와 미래 세대의 공동자산임을 인식하고 현세대는 야생생물과 그 서식 환경을 보호하여 그 혜택이 미래 세대에게 돌아가도록 한다. ▶ 야생생물과 그 서식지를 효과적으로 보호하여 야생생물이 멸종되지 아니하고 생태계의 균형이 유지되도록 한다. ▶ 국가, 지자체와 국민은 야생생물이 멸종하거나 생물다양성이 감소하지 않는 지속 가능한 방식으로 야생생물을 이용한다.

2017년 질병관리본부 보고서에 따르면,[351] 2017년 국내의 AMR 연구예산은 12억 원에 불과하며, 대부분의 연구는 감시 분야에 치중되어 있어 본질적인 대응이 어려운 상황이다. 또한, 항생제 내성균의 확산은 엄청난 사회적, 경제적 비용을 초래하고 있으나, 이에 관한 국내 연구는 미흡한 상태이다. 동 보고서는 원헬스 사업 추진을 위한 연구·개발 관련 5대 중점기술 및 15대 세부전략을 제시하였다.

AMR 사안은 국가적 차원의 조직적 대응이 꾸준히 필요하며, 이를 위해 관련 부처 간에 긴밀한 협력이 요구된다. 항생제 내성균은 어느 한 부처만의 노력으로는 효과적으로 다루는 데 한계가 있다. 그간 각 부처는 소관 담당 분야에 한정된 다제내성균 실태조사 및 연구를 수행하였다. 앞으로는 각 부처가 공동으로 수행할 필요가 있는 분야에 연구 등을 집중할 필요가 있다. 더불어 국내의 산·학·연의 연구진 및 해외 기관과의 협력을 강화할 필요가 있다. 관련 부처가 협력하여 내성균 감염의 연결고리를 파악해서 집중관리가 필요한 지점을 찾아낸다면, AMR을 효과적으로 통제할 수 있다.

세계 각국 정부, 관련 국제기구 등의 노력으로 최근에는 원헬스 개념이 보건, 위생 및 환경 분야에서 빠르게 자리를 잡고 있지만, 아직은 이 개념이 온전히 실제로 실행되는 사례는 적다. 이 개념이 널리 적용되기 위해서는 수의 등 관련 분야의 기관·조직들이 원헬스 활동에 앞장서야 한다. 이를 위해 국가적 차원에서 관련 조직들의 원헬스 실행 역량 제고를 위해 조직적, 제도적 지원을 강화할 필요가 있다.

## 원헬스는 축산식품 사슬 전 과정에 적용된다

축산식품은 동물질병, 인수공통질병, AMR, 유해 잔류물질, 환경오염, 기후변화 등 원헬스 개념이 적용될 수 있는 모든 분야와 연관된다. 가축이 사육되는 농장을 둘러싼 환경에서부터 가축이 도축되고 축산식품이 가공, 유통되어 최종 소비에 이르는 식품 사슬의 모든 과정에서 이들 위협요인이 노출될 수 있다. 축산식품 사슬에 이 개념을 적용함으로써 얻을 수 있는 이점은 다음과 같다.

**가축 사육단계에서 동물위생, 식품안전 관리**

지난 수십 년간 신종 인수공통질병의 대부분이 야생동물에서 기원한 점, 가축위생이 원헬스를 다루는 데 가장 약한 연결고리인 점, 질병은 가능한 한 근원에서 통제하는 것이 가장 효율적인 점 등을 고려하면, 축산식품에서 인수공통질병, 식품유래질병 및 유해잔류물질을 통제하기 위한 노력은 가축사육, 도축 등 1차 생산단계에 집중되어야 한다. 이 개념은 국가적 차원의 동물위생 및 공중보건 전략을 수행하는 데 그간 관련 조직 및 분야들에 존재하고 있던 많은 장벽을 없애고 있다.

원헬스 개념이 반영된 동물위생 및 공중보건 전략은 다음과 같은 특징이 있다. ▶ 동물위생 전략은 경제적으로 중요한 동물질병을 통제하는 데 초점을 둔다. 왜냐하면, 이들 질병은 생산성을 떨어뜨리거나 동물 및 동물생산품의 국제무역을 제한할 수 있기 때문이다. 경제적 중요성이 떨어지는 동물질병은 가축사육 농가 등 1차 생산자가 직접 통제하도록 한다. ▶ 공중보건 전략은 초기에 질병 파악 및 효과적인 치료를 가능하게 하는 일차적 건강보호체계에 주로 의존하는 공중보건지표들에 초점을 맞춘다. ▶ 야생동물위생 전략은 야생생물의 건강 보호에서부터 야생동물질병으로부터 가축과 사람을 보호하는 것까지 국가별로 초점도 다양하고 범위도 넓다.

원헬스 전략의 실행은 1차 생산단계에서 인수공통질병 및 식품유래 질병을 지속적, 체계적, 효율적으로 통제하는 수준을 높인다. 이는 후속적으로 사람에서 이들 질병의 발생을 예방 또는 최소화한다. 또한, 정부의 축산식품 당국과 야생생물 당국이 서로 협조하여 야생동물이라는 자연자원을 관리하는 수준을 높이는 데 도움이 된다.

일반적으로 질병통제를 위해 다양한 항생제가 사용되는 동물사육단계에서 원헬스 개념을 적용한다면 항생제 사용을 효과적으로 통제할 수 있다. 이는 결국 사람에서 AMR 문제가 발생하는 것을 예방하거나 최소화할 수 있다.

농장 유래 인수공통질병은 대부분 농장단계에서 효율적으로 통제할 수 있다. 예를 들어 뉴질랜드 등 많은 국가에서 소와 면양에서 브루셀라병을 근절함으로써 사람에서 이 질병을 근절하였다. 또한, 주로 돼지에서 문제인 촌충과 선모충은 농장단계에서 높은 위생관리를 통해 근절하여 이들이 사람에서 문제가 되는 것을 예방하였다.

**식품 사슬의 모든 과정에서 보건문제 통제**

기존에는 식품 사슬은 '농장에서부터 식탁까지(From Farm to Table)'로 한 방향으로만 흐른다는 개념이었다. 이러한 개념에서는 식품 사슬의 각 과정에서 앞 과정에서 유입되는 보건 위해 요인들은 해당 과정 또는 후속 과정에만 영향을 미친다고 보았기 때문에 이들 요인이 이전의 발생 이전의 과정에 영향을 끼치는지는 다루지 않았다. 그러나 원헬스 개념은 이러한 기존의 시각을 완전히 바꾼다. 많은 경우에 동물유래 영양성분들은 식품 사슬로 다시 유입되는데, 이러한 재유입 과정에서 위해들이 있는지 또는 이들로 인한 공중보건 위험을 줄일 방안 등을 고려해야 한다.

원헬스 개념에서는 위험분석을 수행할 때, 동물에 급여하는 사료, 심지어 가축용 목초지에 뿌리는 농약, 비료를 통하여 사육단계에서 AMR 미생물이나 가축 체내에 잔류할 수 있는 유해물질 등이 다시 가축으로 유입될 수 있는 점을 고려한다. 이들 위해는 축산식품을 통해 사람에 노출되었을 경우 건강상 부작용을 유발할 수 있다.

OIE도 농장에서 식탁까지의 전 과정에서 식품 오염이 일어날 수 있는 점을 고려한다면, 식품안전은 식품 사슬의 전체 과정을 고려하는 원헬스 접근방식에 의해 가장 확실히 보증될 수 있다고 하였다.[352]

### 가축 사육단계에서 생태계 건강에 기여

가축 사육은 주변 환경의 위생과도 밀접하다. 일례로 가축에게 먹이는 항생제는 최대 75%가 소화되지 않은 채 분뇨로 배출된다. 이런 경우 분뇨에 포함된 항생제 및 항생제 내성균은 흙과 지하수에 침투하여 미생물 생태계를 변화시킬 수 있다. 가축 사육단계에서 환경에 부정적인 영향을 미칠 수 있는 요인들을 파악하여 미리 통제한다면 주변 생태계 보호에 기여한다. 「축산법」 제42조의2는 농식품부장관이 축산환경을 개선하기 위해 5년마다 기본계획을 세우고 시행토록 한다.

## 06
# 원헬스는 축산업의 지속 가능한 발전을 이끈다

축산업은 원헬스 개념을 적용하기에 가장 적합한 분야로 이의 혜택도 가장 많이 볼 수 있다.

2006년 FAO 자료에 따르면,[353] 축산은 2005년 세계 GDP의 1.4%, 농업 총생산액의 40%, 축산업 종사자는 세계 인구의 20%, 사람에서 일일 평균 '전체 식이 에너지 섭취(Total Dietary Intake of Energy)'의 17%, 일일 평균 전체 식이 단백질 섭취의 33%를 차지한다. 또한, 가축사육을 위한 목초지는 지구 표면적의 26%를, 그리고 사료작물 재배 토지는 전체 경작 가능 토지의 33%를 차지한다. 가축용 곡물은 전체 곡물 생산의 40%를 차지한다.[354] 또한, 축산업은 세계 담수 사용량의 25%, 배출하는 온실가스는 세계 총량의 15%에 달한다.[355] 린다 리에벨(Linda Riebel)은 《Eating to Save the Earth》[356]에서 식육 생산이 환경에 미치는 엄청난 영향을 상세히 기술하였다.

2006년 UN/FAO 보고서[357]는 축산 부문을 "각 지역에서부터 전세계에 이르기까지 모든 차원에서 환경문제에 가장 심각한 영향을 끼치는 2대 또는 3대 부문의 하나"라고 선언하고 "그 영향이 너무나 심각하므로 긴급히 대처해야 한다."라고 경고했다. 동 보고서에 따르면, 축산업은 세계 최대의 수질 오염원일 수 있다. 주된 오염물질은 항생제와 호르몬, 가죽 무두질 공장에서 나오는 화학물질, 가축의 폐기물, 침식된 초지의 침전물, 사료작물 재배에 사용되는 비료와 농약 등이다. 전에 삼림이었던 아마존 유역의 70%는 이제 가축을 키우는 목장이 되었다. 미국에서 발생하는 토양침식과 침전물의 55%가 축산업 때문에 발생한다. 또한, 미국에서 쓰이는 모든 살충제의 37%와 항생제의 50%가 축산업에 사용된다. 현재 가축에 사용되는 지표면의 30%는 한때 야생동물의 서식지였다. 세계에서 포획되는 물고기의 60%에서 70%는 가축의 사료로 쓰인다. 소와 거름에서 생기는 메탄가스는 자동차 3,300만 대가 유발하는 것과 맞먹는 지구온난화 효과를 낳는다. 가축들 때문에 발생하는 온실가스는 대기 중에 있는 메탄의 37%, 아산화질소의 65%, 암모니아의 64%를 구성한다.

비록 많은 주요 인수공통질병이 야생동물에서 사람으로 전파된 것이지만, 세계에서 발생하고 있는 이들 질병 발생 건의 대부분은 실제로는 식용을 목적으로 기르는 동물 즉, 가축과 연관된다.

축산업은 사람, 동물 및 환경 간 접촉면이 매우 두드러진 분야이다. 인수공통 병원체, 항생제 내성균, 환경오염과 같은 축산업이 직면하고 있는 다양한 사회적 사안은 전체론적 시각으로 관련 분야가 다 함께 해결방안을 찾는 원헬스 접근방식을 요구한다. 그럴 때만이 이들 사안은 효과적, 합리적으로 해결될 수 있다.

축산분야는 원헬스의 블루오션이다. 이 개념을 적용할 경우 혜택을 볼 수 있는 사안이 많고 다양하기 때문이다. 현재 축산업이 동물위생, 동물복지, 공중보건, 생태계 환경에서 직면한 다양한 문제는 원헬스 접근방식을 통해 과학적으로 가장 합리적인 현실적 해결방안을 도출할 수 있다. 이런 면에서 원헬스는 축산업의 성장 동력이다. 원헬스는 지속적인 축산업 발전을 가로막고 있는 축산 분야에 존재하는 다양한 문제들을 가장 효과적이고 합리적으로 해결해 줄 수 있다. 축산업에 이를 적용하는 과정은 축산업을 성장으로 이끄는 과정이다.

## 07
### 성공적 원헬스의 필수요건이 있다

존 맥킨지(John S. MacKenzie) 등에 따르면,[358] 동물, 사람 및 생태계의 보건문제에 원헬스 접근방식을 실제로 적용하는 데 요구되는 핵심적인 사항은 다음과 같다.

첫째, 강력한 지도력이다. 지도력은 어떤 조직 내부에서, 지역적 단위부터 국제적 단위까지 관련 분야들 사이에서, 그리고 공동체 내에서 상호관계를 구축하는 데 중추적인 역할을 한다. 원헬스 접근방식을 적용하기 위해 서로 간의 협력이 요구되는 영역 및 분야는 대부분 각기 서로 다른 기관, 부서 또는 부처와 업무적으로 연결된다. 이런 복잡한 환경에서 지도력을 발휘하는 것은 상호협력 및 신뢰 관계를 구축하는 데 종종 위협적인 것으로 여겨진다. 그러나 사실은 그 반대이다. 이 접근방식의 이점들이 현실화되기 위해서는 지도력이 꼭 필요하다.

국제적으로는 주로 WHO, FAO 및 OIE가 '3개 기관 협력체계'를 구축하여 원헬스 분야에서 지도력을 발휘한다.[359],[360] 세계은행은 원헬스가 경제적 수익과 혜택을 준다는 것을 명확히 제시함으로써 이를 추진하는 데 선도적 역할을 지속한다.

국가 내에서 지도력은 보통은 관련 정부 부처에서 원헬스 정책이나 전략을 제시하는 실무 담당조직을 통해 행사된다. CFIA는 기관의 '식품안전최고책임자(Chief Food Safety Officer)'가 담당하는 핵심적 우선 업무로 국가적 차원의 원헬스를 제시한다. 태국은 보건부의 업무로서 이를 강조한다.

둘째, 긴밀한 협력 관계 구축이다. 원헬스 업무에서 원하는 성과를 얻기 위해서는 관련 분야 간에 지식과 기술을 충분히 교환하는 것이 매우 중요하다. 이는 연구 분야에도 적용된다.

국제적인 협력 관계 구축으로는 WHO의 '세계발생경보대응네트워크(Global Outbreak Alert & Response Network, GOARN)'[143], WHO, FAO와 OIE

---

143 2000년 4월 국제적 공중보건 사건에 대응하는 데 상호 협조를 높이고 각국에 필요한 지원을 제대로 하기 위한 운용상의 틀을 제공하기 위하여 설립되었다.

가 공동 운영하는 '세계조기경보시스템(Global Early Warning System, GLEWS)'[144], FAO와 OIE가 공동 구축한 'OIE/FAO 동물인플루엔자전 문네트워크(OIE/FAO Network of Expertise on Animal Influenza, OFFLU)'[145] 등 이 대표적이다.

세계적으로 지난 20여 년간 있었던 원헬스 활동은 주로 수의사가 주 도했다. 원헬스가 현재 직면하고 있는 과제 중 하나는 인의 등 공중보건 분야가 원헬스 활동에 지금보다 더 활발히 참여토록 하는 것이다. 수의 사는 인의 분야나 환경위생 분야 전문가들보다 원헬스 가치를 수용하는 데 더 적극적이다. 수의사는 수의 업무를 하는 과정에서 이의 필요성을 많이 느끼고, 지식과 경험 측면에서 이를 실행하는 데 적합한 위치에 있 기 때문이다.

개별적인 원헬스 사안과 관련되는 공동체는 지리적이든 분야별이든 원헬스 활동의 기여자이자 수혜자로서 가장 중심적인 역할을 하는 이해 당사자이다. 공동체가 원헬스 활동에 적극적이냐 여부는 원헬스 활동의 성공을 가늠하는 핵심적 요소이다.

원헬스 활동의 지속적인 성공을 위해서는 시민사회가 원헬스의 문화 적 및 사회적 가치를 인정할 필요가 있다. 인류의 조화로운 생존을 위해 핵심적으로 요구되는 것은 질병과 싸우는 것, 충분한 먹거리를 보장하 는 것, 적절한 생활환경 수준을 유지하는 것, 그리고 사회가 인도적인

---

144 2006년 H5N1형 HPAI, SARS와 같은 보건상 위협에 대응하기 위하여 FAO, WHO, OIE가 인수공통질병을 포함한 주요한 동물질병에 대한 세계적 조기경보시스템을 구축하 기 위하여 만든 메커니즘이다.

145 2005년 H5N1형 HPAI를 통제하기 위한 세계적 노력을 지원하기 위해 처음 만들어졌으 며, 동물위생 전문가와 사람 보건분야 사이에서 효과적인 협력을 촉진함으로써 동물 인플 루엔자 바이러스의 부정적 영향을 줄이는 것이 목표이다.

가치를 우선시하는 것 등이다. 이들을 달성하는 데 가장 적합한 접근방식이 원헬스이다.

셋째, 굳건한 실행토대 구축이다. 실행토대는 원헬스를 적용하는 기술과 실행역량의 발전을 담당하는 부서, 관련 자료·정보에 관한 소통 채널, 조직적 및 정책적 지원 틀 등을 포함한다.

주목해야 할 점은 지금까지는 환경위생에 대한 모니터링은 공중보건 및 동물위생 활동과는 별개로 이루어져 왔으며 원헬스와 거의 연계하지 않았다는 것이다. 이제는 환경위생 부분에서 이를 실행하는 토대를 구축하는 데 중점을 둘 필요가 있다.

넷째, 적절한 교육 및 훈련이다. 원헬스를 실행하는 사람은 기본적으로 관련되는 모든 분야에 관하여 통합적으로 접근하고 행동해야 한다. 관련 분야 간에 이의 실행에 필요한 기술, 경험 그리고 실행목표를 공유하는 것도 중요하다. 이를 위해서는 정부기관, 관련 단체, 관련 대학 등에서 이해당사자에 원헬스에 관한 적절한 교육과 훈련을 제공하는 것이 중요하고 시급하다.

다섯째, 효과적인 정보소통이다. 세계적으로 원헬스에 관한 정보소통 채널 및 네트워크[146]가 증가하고 있다. 정보기술의 급속한 성장 및 대중화는 이해당사자 간의 정보소통을 쉽게 하여 이 접근방식을 실행하는 데 큰 도움이 된다. 지리정보시스템(Geographic Information Systems)[147], 무

---

146 One Health Global Network, One Health Initiative 등이 있다. 이 밖에도 One Health Sweden, EcoHealth Alliance 등에서 많은 정보를 제공한다.

147 인간생활에 필요한 지리정보를 컴퓨터 데이터로 변환하는 정보시스템이다. GIS는 지리적 위치를 가진 대상에 대한 위치자료와 속성자료를 통합·관리하여 지도, 도표 및 그림들과 같은 여러 형태의 정보를 제공한다.

선인터넷망(Wi-Fi) 등이 대표적이다. 이들 정보기술을 통해 원헬스를 좀 더 쉽게 적용하고 명확히 이해할 수 있다.

앞으로도 원헬스가 계속 발전하기 위해서는 동물−사람−생태계의 접촉면에 있는 보건·위생 사안들에 '많은 전문분야 접근방식'을 적용하는 데 어려움을 초래하는 기술적 장벽 특히, '관련 영역 간 정보소통 및 업무협조 틀', '신종질병 조기경보체계', '새로운 백신' 등에서 기술적 장벽을 없애야 한다. 또한, 원헬스를 수행하기 위해 각 관련 분야의 자원을 함께 활용하는 것도 꼭 필요하다. 신종질병 대부분이 동물 특히, 야생동물에서 기원하고 있지만, 보건·위생 분야에 쓰이는 정부 예산이 사람에서 이들 질병을 통제하는 데 너무 편중되어 있다. 원헬스 및 사전예방의 관점에서, 동물단계에서 원헬스 사안을 관리하기 위한 정부 예산이 대폭 확대되어야 한다. 이를 위해서는 근본적으로 야생동물에서 발생하여 사람과 여타 동물에 전파되는 전염성 질병에 대한 이해를 높이기 위한 노력을 더욱 강화해야 한다.

최근에 발생하는 신종질병은 대부분 사람, 상품 등을 통해 국가 간에 쉽게 전파된다. 따라서 이들 질병을 통제하기 위해서는 국제적 협력이 절실하다. 이들 질병에 대한 원헬스 대응이 성공하기 위해서는 효과적인 국제적 거버넌스를 통한 이행이 이상적이다. 현실적인 방법으로서 FAO, WHO 및 OIE와 같은 원헬스 관련 국제기구가 제공하는 리더십을 통해 이들 신종질병에 대한 국제적 거버넌스를 구축하는 것을 고려할 수 있다.

## 08
# 원헬스는 계속 발전한다

원헬스에 대한 인식은 사람, 동물 및 생태계의 영역을 둘러싼 일선 현장, 교육 · 연구 분야 등에서 계속 커지고 있다. 원헬스 접근방식의 뛰어난 가치는 미생물의 분포 및 활동에 있어 세계적인 생태학적 변화에 따라 신종 인수공통질병이 빈번하게 발생하는 미생물학 분야에서 특히 명확히 알 수 있다. 미생물은 동물 종 사이의 장벽을 쉽게 뛰어 넘나들기 때문이다.

현대의 원헬스 개념을 확립하는 데 크게 공헌한 캘빈 슈바베는 "인의와 수의 사이에는 패러다임의 차이가 없다. 두 학문 모두 모든 동물 종에 있는 질병들의 원인에 관하여 해부학, 생리학, 병리학에서 지식 대부분을 공유한다."라고 말했다.[361]

세계적인 인구 급증, 지속적인 환경 파괴, 사람 및 물건의 국제 이동 급증 등이 동물위생, 공중보건 및 환경위생에 엄청난 영향을 미치고 있다. 이러한 변화들은 신종질병 또는 재출현 질병이 환경에서 동물이나 사람으로, 동물에서 사람으로, 야생동물에서 가축으로, 그리고 사람이나 환경에서 동물로 전파되는 것을 촉진해왔다.

이들 세계적 차원의 새로운 변화에 따라 원헬스 각 분야에서 발생하는 문제점은 신속히 파악되어야 하고, 이에 즉각 대응할 수 있는 새로운 수단들도 있어야 한다. '지리공간 모델링'[148], 이동통신기술과 같은 다양한 새로운 수단이 생태계 환경에 있는 많은 질병을 신속하게 찾는 것을

---

148 Geospatial modeling으로 지리적인 특징들의 공간적인 연관성을 활용하여 지리정보시스템 내에서 실제 세계의 모습을 가상해보는 컴퓨터상의 분석적인 처리절차이다.

가능하게 하여 이들 질병이 사람이나 동물로 전파되는 것을 미리 차단하는 조치를 할 기회를 제공한다. 이러한 기술들은 질병 발생에 대응하는 근본적 패러다임을 '사후 대응'에서 '사전 대응'으로 바꾸는 것을 가능하게 만들고 있다.[362] 원헬스 방식은 동물, 사람 및 환경에 있어 평소에 질병을 감시하고, 보건상 위험이 있는지 예측하고, 있다고 판단되면 사전에 필요한 예방 조치를 할 수 있도록 한다.

관련 연구기관들은 연구에 필요한 자금을 서로 협력하여 마련하고 운용하는 체계를 구축하고 강화해 나갈 필요가 있다. 전통적으로 사람, 동물 및 생태계 건강에 관한 연구예산은 계획 마련 및 집행 시 서로 간의 연계가 없이 분야별로 각각 이루어졌다. 이는 원헬스 접근방식을 뒷받침하는 데 다양한 어려움을 초래한다.

원헬스 개념은 이제 사람, 동물 및 환경의 건강 분야에서 널리 인정받지만, 아직은 이들 분야 사이의 체계적인 정보기술 소통과 업무 협력은 많이 미흡하다. 일례로 신종질병에 대한 예찰과 통제 분야를 들 수 있는데 이는 사람, 동물 및 생태계 건강 분야 사이에서 원헬스에 대한 인식 차이가 크기 때문이다. 앞으로 연구 분야 등에서 이러한 차이를 줄이기 위한 선도적인 노력이 계속되어야 한다.

최근에는 국내에서도 원헬스에 관한 관심이 높아지고 있다. 여러 대학에서 이와 관련된 분야를 교과과정[149]에 포함하고 있고, 관련 연구도 증가하고 있다. 보건복지부 질병관리본부는 2019년 4월 '제1차 원헬스 포럼'을 개최하고, 감염병으로부터 국민건강 보호를 위한 다부처 협력

---

149 수의학개론, 수의윤리학, 수의학과 사회, 동물아카데미, 동물행동학, 환경위생학, 생태학, 자연과학의 이해, 동물복지와 윤리 등 다양한 과목을 포함한다.

방안을 논의하였다. 그러나 미국, EU 등에 비해서는 크게 미흡하다. 국가적 차원에서 원헬스 추진 조직도 없고, 민간 차원의 조직도 미미하다. 관련 정부 부처 차원의 정책적 접근 및 조직적 노력이 요구된다.

수의 분야를 비롯한 원헬스 구성 각 분야는 원헬스가 일상적인 업무 접근 틀이 될 수 있도록 다음과 같은 제도적, 조직적 방안을 조속히 마련해야 한다. 원헬스가 현실에서 올바르게 적용되느냐는 보건전문가, 학계, 정부, 업계, 시민사회 등이 이들 사항을 얼마나 수용하고 실행하느냐에 달려 있다.

첫째, 국가적 차원에서 원헬스 정책을 개발·조정하고 실행과정을 지도·감독하며, 원헬스 역량을 높이기 위한 교육·훈련 및 홍보를 담당하는 조직을 만든다. '범정부 원헬스위원회'와 같은 선도 조직을 구성하여 국가적 차원에서 원헬스를 총괄하는 방안도 있다. 이 위원회는 원헬스 업무의 추진 방향 및 목표를 제시하고, 다양한 업무에서 우선순위를 설정하고, 관련 분야·조직 간의 원활한 협력을 촉진하고, 세부적인 실행방안에 관한 기술적 자문을 제공하는 등의 역할을 할 수 있다. 관련 정부 부처에는 관련 조직을 둔다.

둘째, 원헬스의 핵심적 이점들을 포함한 '국가적 원헬스 실행 전략'을 수립한다. 이는 원헬스를 국가적 의제로 구체화함으로써 이해당사자들이 원헬스에 쉽게 접할 수 있다. 관련 정부부처는 법적, 제도적, 정책적으로 원헬스를 반영한다. 또한, 원헬스 활동을 수행하는 기관, 조직 등에는 필요한 예산을 적절하게 지원한다.

셋째, 국가적, 국제적 차원에서 원헬스 이해당사자들 간에 효과적인 정보소통 체계를 구축하고, 이를 적극 활용한다. 간행물 배포, 심포지엄 등 학술모임 개최, 인터넷 웹포털 구축, 대중 언론매체 활용 등이 있다.

이는 원헬스에 대한 대중적 관심을 끌어들이고, 원헬스 추진 전략에 대한 의견을 수렴하고, 시의적절한 원헬스 활동을 채택하고 이를 지원하는 데 좋은 촉매 역할을 할 수 있다. 정부 관계당국은 학술모임 등을 통해 핵심적 추진 전략 및 실행방안을 도출할 수 있다. 또한, 국가 차원의 대규모 회의는 원헬스에 대한 강력한 선도 및 지원 집단을 구축하는 데 도움이 된다.

넷째, 정부는 국가적 차원에서 대학, 연구기관, 학술단체 등을 통해 원헬스 관련 연구를 수행토록 소요 예산을 지원한다. 신뢰성이 높은 연구결과는 원헬스의 이점을 사회에 알리고 이해당사자들이 이를 수용하는 데 윤활유 역할을 한다. 국가적 연구과제를 설정하고 연구수행 로드맵을 마련하기 위해 관련 정부 기관, 학술단체, 그리고 전문가들이 참여하는 협의체가 필요할 수 있다.

다섯째, 수의과대학, 의과대학, 약학대학, 환경대학, 수산대학 등의 교과과정에 원헬스 과목을 추가하거나 강화한다. 이는 원헬스 실행역량을 구축하는 데 필수적이다.

기모란 등은 연구보고서[363]에서 인체 감염병을 중심으로 한 한국형 원헬스에 관한 단기 추진방안 및 중·장기 발전방안을 제시하였다. 단기 추진방안으로는 각 부처의 현재 기능을 유지하면서 원헬스 차원의 협력·조정 기능을 보건복지부(질병관리본부)에서 담당하는 방안이다. 구체적으로 '부처 간 정보 공유', '부처 간 협의체 운영', '위기상황 대응 매뉴얼 마련', '부처 공동 '통합 건강 위해정보 시스템 구축', '인수공통 감염병 및 식품유래 감염병 공동대응', 'AMR 관리', '원인불명 질환 대응체계 구축' 등을 제시한다. 중·장기 발전방안으로는 '국무총리 산하의 원헬스위원회 운영', '범정부 공동대응 프로세스 설계' 등을 제시하였다.

# ONE HEALTH
# ONE WELFARE

## PART VI
# 동물약품

# 제21장

# 동물약품 없는 수의는 없다

## 01
### 규제기관의 역할이 중요하다

동물약품은 동물의 질병을 예방, 치료 또는 감소시킴으로써 동물의 건강 및 복지를 보호한다. 동물을 건강하게 유지하기 위해서는 안전하고 효과가 좋은 약품을 필요할 때 충분히 사용할 수 있어야 한다. 동물약품은 동물의 체내에 잔류하여 사람이 동물의 식육, 우유, 알 등을 섭취할 때 함께 혼입되어 사람의 건강에 부정적인 영향을 미칠 수 있다. 또한, 동물약품은 동물의 배설물 등을 통해 주변 환경에도 영향을 미친다.

이러한 이유로 동물약품의 제조, 판매 및 사용은 법령에 따라 정부규제기관의 엄격한 통제를 받는다. 세계적으로 대부분 국가는 동물약품의 개발, 생산, 유통 및 사용의 모든 단계를 감시하고 통제하기 위한 다양한 법령을 운용한다. 정부 당국은 관련 규제법령에 따라 약품의 유효성, 안전성, 독성 등에 관한 과학적인 평가를 거쳐 제조·수입·유통 및 사용 승인 여부를 결정한다.

이러한 규제 체계에서 하나의 약품이 개발되어 규제 당국의 허가를 받기까지는 오랜 시간이 소요된다. 국제동물위생연맹(International Federation for Animal Health)[150]에 따르면, 새로운 약품을 개발하는 데 보통 8~10년이 소요된다.[364] 우리나라도 비슷하다. 구체적으로는 다음과 같다. ▶ 약품 등록 대상인 물질을 발견하는 단계 – 가설수립 및 초기 연구에 2년 정도 소요된다. ▶ 임상시험 이전의 실험실 개발 단계 – 약 3년이 걸린다. 이 기간은 실험실에서 초기 검사를 하는 단계로 안전성 및 유효성을 평가하는 데 중점을 둔다. ▶ 임상시험 단계 – 보통 2~3년 걸린다. 대상 동물에서 안전성 및 유효성을 검증한다. ▶ 제품등록 단계 – 보통 1~2년 소요된다. 신규 개발된 약품에 대해 정부 당국으로부터 안전성·유효성을 입증받고 판매 허가를 받는 과정이다. ▶ 끝으로 제조 및 유통 단계이다.

동물약품 규제와 관련되는 모든 정부조직은 서로 간에 정보소통 및 협력이 잘 이루어져야 한다. 규제의 목표는 수요자들이 안전하고, 효과적인 약품을 생산, 유통 및 이용할 수 있도록 돕는 것이다. 규제 목표에는 동물유래 식품이 사람의 건강에 부작용을 야기할 수 있는 수준의 동물약품 잔류물질을 함유하고 있지 않음을 보증하는 것을 포함한다. 동물약품에 대한 적절한 규제는 동물과 사람 모두의 건강을 보호하는 데 도움이 된다.

동물약품의 원료로는 화학물질, 바이러스, 혈청, 독소, 백신, 박테린(Bacterins), 알레르겐(Allergens), 항생물질, 항독소, 톡소이드(Toxoids), 면

---

150 동물용 약품, 백신 등을 연구·개발, 제조 및 상품화와 관련된 회사들을 대표하는 국제적인 비영리단체이다.

역자극제, 사이토카인(Cytokines), 항원, 유전자 등 다양하다. 약품은 동물에서 특정한 생물학적 작용을 일으키기 때문에 본질적으로 투여되는 동물에 건강상 위험을 초래할 잠재력이 있다. 그러므로 원료 생산에서 최종 제품의 사용에 이르기까지 모든 과정을 정부 규제기관과 동물약품 제조·수입·유통·판매 및 사용 관계자의 규제를 받는다.

규제프로그램은 효과적인 운영을 위해 법적, 정책적으로 뒷받침된다. 규제프로그램은 동물 또는 사람의 건강에 나쁜 영향을 미치는 위험을 예방하고, 동물약품을 생산, 유통 및 사용하는 과정에서 어떠한 문제가 발생할 때 이에 효과적으로 대응하는 데 기여한다. 또한, 정부 당국은 각 규제프로그램이 실행과정에서 규제 목표를 달성하는지 파악하기 위한 평가 기준, 방법 등 평가체계를 마련하여 운용한다. 이러한 규제프로그램의 실행실태에 대한 평가를 통해 규제프로그램을 계속 발전시킬 수 있다.

정부 규제기관, 제조업자, 축산농가, 수의사, 수의단체, 축산업체(도축장, 식품가공업체, 사료회사 등), 소비자단체, 학계 등 모든 이해당사자는 동물약품이 원래의 용도에 맞게 사용될 수 있도록 동물약품을 적절히 관리한다. 특히 정부 규제기관에 가장 큰 책임이 있다. 모든 이해당사자는 규제 당국이 안전성과 유효성을 인정한 약품만을 사용한다는 것을 보증하는 데 공동의 이해와 책임이 있다.

동물약품 관리와 관련된 법령, 제도 및 정책은 Codex, OIE, WHO, '동물약품국제기술조정위원회(VICH)'[151] 등의 관련 국제기준을 고려하여

---

151 Veterinary International Conference on Harmonization은 동물약품 등록에 관한 기술적 요건들을 국제적으로 조화시키는 것을 목표로 미국, EU 및 일본이 1996년부터 운용 중인 국제적인 협력프로그램이다.

이에 부합하게 수립된다.

동물약품은 사용되기 이전에 규제기관(농림축산검역본부, 지자체)으로부터 제조, 수입, 판매, 유통에 관한 승인을 받는다. 동물약품을 제조하기 위해서는 「동물용의약품등 취급규칙」(농림축산식품부령)에 따라 허가기관(농림축산검역본부)으로부터 제조업 허가 및 제조품목 허가를 받는다. 규제 당국은 해당 제조업 및 제조품목 허가 여부를 판단할 때 많은 기술적 요소들을 검토한다. 이와 관련된 주된 규정이 「동물용 의약품등 안전성·유효성 심사에 관한 규정」(농림축산검역본부 고시)이다. 동물약품 원료 물질이 식품에 잔류하였을 경우 사람의 건강에 미치는 안전성, 그리고 목적 동물에의 독성, 안전성, 효능·효과 등을 검토한다. 또한, 사용자와 취급자에 대한 안전성도 고려한다. 해당 제품이 제조되는 공정 및 시설이 적합한지도 판단한다. 최근에는 약품이 사용 후 주변 환경에 노출될 경우 미치는 환경 영향평가도 중요한 고려사항이다. 동물약품 사용자는 제품에 대한 올바른 정보를 얻고 정확히 사용할 수 있도록 제품 표시사항도 확인해야 한다.

규제 당국이 현장에서 동물약품이 원래의 용도에 맞게 적절하게 사용되는지를 감시하는 것, 즉 약사 감시는 매우 중요하다. 규제기관은 약품 사용 후 동물에서 어떠한 부작용이 있을 시, 이를 즉시 관계당국에 보고할 수 있는 체계를 운용한다. 규제기관은 제조업자, 유통업자, 판매업자, 그리고 사용자가 관련 규제프로그램을 준수하는지를 적절하게 감시한다. 규제기관은 이러한 업무들을 효과적으로 수행할 수 있도록 적절하게 훈련을 받고, 경험이 풍부하며, 전문적인 역량이 있는 직원을 충분히 확보하고자 노력한다. 약사 감시는 주로 제품 허가 시 제출한 자료들이 실제 현장에 부합되는지와 축산물 중 동물약품 잔류가 적절한지가 핵심이다. 약사 감시에 관한 세부사항은 「동물약품감시요령」(농림축산식품부 훈령)에서 규정한다.

규제기관은 규제 조치를 시행하는 중에 법적인 어떤 부적합 또는 위반사항이 있는 경우 이를 법적으로 처벌할 수 있는 권한이 있다. 규제요건들을 위반한 제품은 유통 시장에서 신속히 제거되며, 이를 위한 세부적인 절차들이 법령으로 정해져 있다. 규제 조치의 시행과 관련된 모든 정보 및 이들 조치를 위한 합리적인 근거가 이해당사자들에게 제공된다. 이러한 정보소통은 규제 조치를 준수하는 것이 동물약품의 목적을 달성하는 데 매우 중요하다는 것을 이해당사자들이 공감하는 데 기여한다. 동물약품 업계는 동물을 건강하게 유지하고, 병들거나 아픈 동물을 치료하는 데 수요자의 요구를 충족시켜야 한다. 규제시스템은 이에 부합되는 다양한 약품을 생산하기 위해서 법령상 요건들을 이행할 뿐만 아니라 새로운 제품을 개발하는 데 도움이 되어야 한다.

최근 생명공학, 미세공학, 면역학 등을 이용한 줄기세포 치료제, GMO 백신 등 새로운 유형의 약품이 늘고 있다. 산업동물의 경우, 생산성을 높이면서도 친환경적인 제품이 늘고 있다. 애완동물의 경우, 만성적인 질병, 암, 건강보조 등에 관한 약품의 수요가 크게 늘고 있다.

새로운 약품을 개발한다는 것은 복잡하고 힘든 일이다. 정부 당국은 새로운 약품을 연구 · 개발하고 이들 제품의 유효성 및 안전성을 평가하는 데 초기 단계에서부터 적극적인 후원자가 되어야 한다. 특히 제품개발 과정에 혁신적 신기술들이 사용될 때는 더욱 그러하다. 제품의 유형이 계속 변화함에 따라 규제기관도 안전성 및 효율성을 증명하기 위하여 과학에 근거한 새로운 접근방식을 사용해야 한다. 그렇지만 필요한 것 이상으로 과학적 엄격함을 유지하려는 유혹은 피해야 한다는 점을 유념해야 한다.

## 02
## 동물약품은 엄격한 법적 통제를 받는다

동물약품에 대한 정부규제의 초점은 세 가지 즉, 품질, 안전성 및 유효성이다. 정부 규제기관이 동물약품을 효율적이고 적절하게 통제하지 못하는 경우, 허가조건과 다르게 제조되거나, 제품 표시사항이 잘못되거나, 유효기간이 지난 제품이 수요자에게 제공되는 등 많은 문제가 발생할 수 있다. 표시사항이 잘못된 경우 사용자는 사용량, 유효기간, 주의사항 등에 관한 잘못된 정보를 받는다. 이는 사용자가 약품을 잘못 사용하게 만든다. 취급자가 냉장보관과 같은 특별한 요건들을 준수하지 못할 수도 있다. 휴약기간을 위반할 수도 있다. 심한 경우 잘못 사용된 약품이 축산물에 잔류하여 사람건강에 나쁜 영향을 미칠 수도 있다.

동물약품을 통제하는 궁극적 목표는 동물의 건강을 보호하고, 동물 생산성을 높이고, 공중보건을 보호하는 것이다. 동물위생 분야는 해충 및 질병을 통제하는 데 약품에 크게 의존한다. 동물약품 통제의 목표는 국제적 의무 및 국가적 법률 틀 내에서 충족되어야 한다. 동물약품 공급을 규제하는 목표는 동물에 이들 약품을 투여하는 시점에서 이들의 품질, 안전성 및 유효성을 보증하는 것이다. 동물약품 규제와 관련된 법률적 및 제도적 주요 쟁점은 다음과 같다.

첫째, 법률이 포괄하는 범위로, 동물에 투여하기 위해 제조되는 모든 약품을 포괄한다. 동물에 해로운 약품(농약 등)과 위험한 물질은 보통「농약관리법」,「유해화학물질관리법」등 다른 법률에서 포괄하므로 이들은 제외한다. 민간 전통요법에 따라 투여하는 동물치료제는 포함하지 않는다. 혼란이 없도록 무엇이 포함되고 무엇이 포함되지 않는지를 구체적으로 법률로 정한다. 우리나라의 경우 동물용 의약품이란 동물용으로만 사용함을 목적으로 하는 의약품을 말하며, 양봉용·양잠용·수산용 및 애완용 의약품을 포함한다.

둘째, 규제 담당 중앙부처이다. 동물약품에 대한 규제는 크게 두 가지 형태이다. 하나는 동물약품을 포함한 모든 약품을 하나의 법령으로 규제하는 경우로 보통 보건부서에서 담당한다. 다른 하나는 동물약품만 포괄하는 별도의 법령을 운용하는 경우로 보통 농업부서에서 담당한다. 그러나 중요한 점은 둘 중 어떠한 경우이든 동물약품에 대한 규제행정은 수의조직을 포함한 전문가 조직에서 담당해야 한다는 것이다. 세계적으로 보면, 남아공, 보츠와나, 짐바브웨, 탄자니아, 잠비아 및 스와질랜드는 동물과 사람 약품 행정을 단일기관에서 담당한다. 반면에 한국, 아르헨티나, 칠레, 페루, 멕시코, 에스토니아, 알제리, 요르단, 뉴질랜드 및 스리랑카는 동물약품에 대한 규제를 농업부서에서 담당한다. 미국은 동물약품 중 화학제는 FDA의 수의약품센터(Center for Veterinary Medicine, CVM)에서, 백신 등 생물학제제는 USDA/APHIS에서 담당한다.

인체약품과 동물약품을 같은 기관에서 관리하는 주된 이유는 동물약품의 제조, 수입, 판매, 표시사항, 사용, 광고 등을 결정하는 데 서로 상응하는 또는 유사한 인체약품 기준을 적용할 수 있기 때문이다. 단일기관이 두 분야의 정보, 인력, 시설을 공유할 수 있다는 것도 장점이다. 일반적으로 불필요한 중복을 피하고자 하는 측면이 우선시되는 경우이다. 여러 분야가 관련되는 사안은 단일기관에 의해 더 잘 해결될 수 있다고 주장한다.

이와는 달리, 인의 약품과 동물약품은 별도의 기관(부서)에서 관리되어야 한다는 주장도 있다. 이 주장의 주요 근거는 동물약품은 인체약품과 근본적으로 다른 특성이 많이 있어 별도로 전문적인 관리가 필요하다는 것이다. 또한, 만약 동물약품이 인의 약품과 함께 관리된다면 관심 정도에서 인의 약품을 우선하게 되고, 이는 동물약품 문제들을 처리하는 데 지연 또는 소홀을 초래한다고 우려한다.

인체약품과 동물약품을 담당하는 기관 간에 효과적인 상호협력 관계를 구축한다면, 단일기관 주장에서 우려하는 부분들은 극복될 수 있다. 분명한 것은 단일기관이든 별도기관이든 동물약품은 인체약품과 확실히 다르게 고려해야 할 사항들이 있어 별도로 관리해야 한다는 것이다.

사람이 고기, 우유, 알 등 동물생산품을 섭취할 때 이들에 잔류하던 동물약품이 사람에 전달될 수 있다. 그래서 이들 약품은 관련 법령에 따라 체내 잔류에 관한 기술적 검토를 거친 후, 필요하면 잔류허용기준, 휴약기간을 구체적으로 설정한다.

셋째, 동물약품 제조·수입 허가 또는 신고이다. 약품을 제조, 수입, 유통 및 판매하고자 하는 자는 사전에 규제 당국의 허가를 받거나 규제 당국에 신고한다. 허가의 경우 주요 단계는 '허가신청', '신청사항 평가 및 허가 여부 결정', 그리고 '허가조건 설정'이다. 허가 및 신고 과정은 요청 업체와 규제 당국 사이에 서로 적절한 정보를 충분히 소통하는 것이 중요하다. 규제 당국이 요구하는 자료가 무엇인지, 요구수준이 어떠한지 등에 대해 상호 공감대가 있어야 한다. 허가 및 신고 과정에서 핵심은 투명성이다. 높은 투명성은 예측 가능성을 높이며, 등록 및 허가절차에 대한 신뢰도를 높인다. 규제 당국이 품목허가 시 적용하는 기술적 검토사항에 관한 세부기준은 [그림 37]과 같이 미리 확립되어 대중에 공개되어야 한다.

[그림 37] 기술검토 지침
(출처: 2018년 농림축산검역본부)

넷째, 동물약품의 용도 분류이다. 우리 나라는 수의사 처방제를 시행하고 있지만 아직은 동물약품의 사용 용도에 관한 분류가 미흡하다. 일반적으로 선진국은 동물약품 허가조건으로 '수의사 처방 용도', '약국 판매 용도', '허가받은 취급자에 한정 용도', '일반적 판매 용도' 등으로 구분한다. 앞으로 우리도 동물약품을 용도별로 분류하여 허가 등 관리방안을 차별화할 필요가 있다.

다섯째, 동물약품의 품질 수준이다. 동물약품은 제조 또는 수입 시에, 도·소매 유통 중에, 그리고 수요자가 사용할 때 품질이 우수하고, 사용 대상 동물에 안전하고 유효해야 한다. 이를 위해 정부 규제기관은 동물약품의 생산, 유통, 판매, 소비의 모든 과정을 규제한다. 세부적인 규제 내용은 과학적 근거가 있어야 한다. 정부는 부적합한 동물약품이 시장으로 유입되지 않도록 필요한 예방 조치를 한다. 또한, 수입 약품도 국내산 약품과 똑같이 엄격한 규제를 받는다. 제조자는 안전성 및 유효성을 보증하는 높은 품질의 약품을 제조할 책무가 있다. 제조업자가 제공하는 약품 정보는 정확해야 하며, 관련 법령 또는 지침에 부합해야 한다. 동물약품 판매는 관련 법령에 부합되게 이루어져야 한다.

여섯째, 법률 시행 여건이다. 동물약품 관련 법령은 동물약품 업계, 소비자, 국제사회 등의 시대적인 요구 및 환경을 반영한다. 어떤 규제프로그램을 마련할 때는 이를 현장에서 집행할 행정적 역량이 있느냐 여부가 중대한 고려사항 중 하나이다. 규제내용이 일반 대중에 불필요하거나 과도한 또는 불합리한 부담을 초래하는 경우, 이들 법령은 이해당사자들을 불법적인 행위로 이끌 수 있으며, 일반적으로 해당 법령에 대한 부정적인 평판을 낳는다. 또한, 실행 법령은 규제 당국에도 불필요한 부담을 초래하지 않아야 한다.

## 03
### 동물약품은 신중하게 사용해야 한다

동물약품 사용자는 이를 '책임성 있고 신중하게' 취급해야 한다. 그래야만 약품의 이점을 극대화하고, 부작용을 최소화하고, 원래 용도에 맞는 효능·효과를 볼 수 있다. 동물약품을 책임성 있고 신중하게 사용하는 데는 다음과 같은 핵심적 요소가 있다. ▶ GAP 적용과 같은 동물이 질병 병원체에 노출되는 첫 지점, 즉 원천에서 질병을 차단하기 위해 적절한 조치를 한다. ▶ 관련 법령에 적합하게 제조·수입·유통·판매된 약품만을 사용한다. ▶ 동물약품은 수의사 등 전문가의 판단에 근거하여 사용한다. ▶ 사용자에게 동물약품을 공급할 때 적절한 사용지침을 수반한다. ▶ 수의사의 처방 및 제품 표시사항에 맞게 약품을 투여한다. ▶ 사용기록을 유지하고, 규제 당국이 요구할 경우 이를 제공한다. ▶ 약품 부작용 또는 부정적 행위는 제대로 기록하고, 규제 당국에 통보한다.

동물 소유자는 동물을 키우는 데 수의사 등 전문가와 협력해서 적절한 사육 및 사료 급여를 보증하고, 질병을 예방 또는 관리하는 데 필요한 모든 조치를 하는 것이 중요하다. 이들이 책임성 있고 신중한 약품 사용의 토대이다.

항생제, 호르몬제, 백신과 같이 수의학적 전문지식이 필수적인 동물약품은 수의사의 처방에 따라 사용한다. 수의사는 해당 동물의 질병 감염 여부 등 위생 상태를 점검하고, 동물 소유자와 협의하여 사용할 약품을 처방한다. 수의사는 약품별로 사용 시 예상되는 혜택과 위험을 합리적으로 고려하여 적절한 약품을 선택한다. 이러한 고려사항에는 환경에 대한 위험, 잔류물질 또는 내성 발현과 관련한 잠재적인 공중보건 위험 등 간접적 위험도 포함된다.

동물약품 취급자와 사용자에게 취급과 사용에 관한 적절한 지시사항을 제공하는 것도 중요하다. 지시사항은 대상 동물, 투여 경로, 투여량, 투여 빈도, 보관방법, 휴약기간 등을 포함한다.

식품생산 동물의 경우, 동물에 투여된 약품이 공중보건상 해로운 수준으로 식품 중에 잔류하는 것을 예방하기 위하여 약품 투여 날짜 및 휴약기간을 기록하는 것이 중요하다. 또한, 동물에 사용된 약품이 안전성 또는 유효성에 문제가 있음이 확인되면, 이를 적절하게 추적, 정보소통, 관찰 및 개선조치 할 수 있도록 해당 동물에 관한 개체정보와 해당 약품을 약품 투여기록에서 확인할 수 있어야 한다.

OIE/TAHC(Chapter 6.10)는 책임성 있고 신중한 항생제 사용과 관련하여 정부규제 당국, 제조업자와 유통업자, 수의사, 동물 소유자 등이 지켜야 할 역할 및 책무를 규정한다. EU는 신중한 항생제 사용에 관한 EU 지침365)을 운용한다.

동물약품 사용자는 「동물약품 안전사용기준」(농림축산검역본부 고시)366)을 준수해야 한다. 준수사항은 다음과 같이 크게 4가지다. ▶ 동물의 질병을 예방 또는 치료할 목적으로 약품을 사용할 때는 대상 동물, 용법 및 용량과 휴약기간을 준수한다. ▶ 수의사가 처방한 동물 이외의 동물에 사용하거나 용량을 증량하여 사용할 경우는 수의사의 출하제한 지시서에 의한 출하제한 기간을 준수한다. ▶ 배합사료에 첨가된 약품과 동일한 별도의 약품을 사용할 경우는 안전사용기준에서 정한 용량에서 배합사료에 첨가된 용량을 공제한 용량을 사용한다. ▶ 잔류허용기준이 설정된 동물약품을 사용하는 경우 당해 제품의 포장 및 용기 등에 표시된 사항인 대상 동물, 용법·용량 및 휴약기간을 준수한다.

## 04
## 항생제는 공공재이다

최초의 항생제인 페니실린은 사람용으로 1940년대, 동물용으로 1950년대 중반에 개발되었다. 이후 수많은 동물 종에서 다양한 감염병 치료를 위해 매우 넓은 범주의 항생제가 계속 개발되었다.

항생제가 쓰이기 이전 인류의 삶이 어떠했을지 상상하는 것은 오늘날을 사는 우리에게 많은 위안을 준다. 항생제가 없던 시대에는 아주 사소한 상처가 나중에는 돌이킬 수 없는 어떤 심각한 감염병이 되기도 했다. 비위생적인 생활환경에서 밀집하여 살아가는 사람들은 결핵, 파상풍 및 디프테리아와 같이 전파속도가 빠른 전염성 질병의 공포 속에서 살았다. 지금도 세계 일부 지역에서는 이와 비슷한 공포 속에 사는 사람들이 있다.

오늘날 인류는 국가 차원에서 인수공통질병, 식품유래질병 등을 잘 통제하는 덕분에 이전의 그 어떤 세대들보다 더 건강하게, 더 오래 산다. 이러한 성공에는 충분한 영양, 깨끗한 물, 그리고 질병 통제가 결정적인 역할을 했다. 오늘날 사람들이 질병을 치료하고 예방하는 데 항생제를 충분히 활용할 수 있게 된 것이 이러한 평균수명 연장에 가장 본질적인 영향을 미쳤다. 항생제는 동물에도 비슷한 영향을 끼쳤다. 항생제는 동물을 건강하게 유지하는 데 활용된다. 지금의 애완동물은 수십 년 이전보다 훨씬 더 오래 살며, 가축은 전염성 질병들을 통제할 수 있는 축산업계의 역량 덕분에 훨씬 더 성공적으로 사육된다. 농장 동물을 건강하게 유지하여 이들이 동물성 단백질을 충분히 생산하는 데에도 항생제는 중요한 역할을 한다. 항생제의 구체적인 역할은 다음과 같이 다양하다.

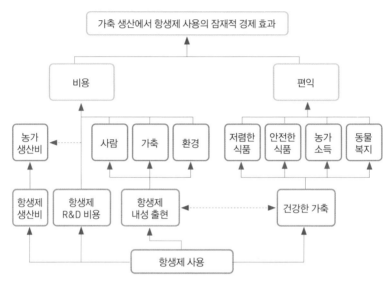

[그림 38] 축산분야 항생제 사용의 비용-편익[367]
(출처: Jonathan Rushton, University of Liverpool, 2018)[368]

첫째, 동물질병을 예방, 치료 등 통제한다. 발생한 질병이 항상 근절되는 것은 아니다. 이것이 항생제가 필요한 이유이다. 세계적으로 테트라싸이클린, 설폰아미드(Sulfonamides), 플루로퀴놀론(Fluoroquinolones) 계열, 아미노글리코사이드(Animoglycosides) 등의 100 종류 이상의 항생제가 동물에 쓰인다. 이들은 대장균, 살모넬라균, 비브리오균(Vibrio) 등 다양한 병원균을 통제하는 데 핵심 역할을 한다.[369]

둘째, 인수공통전염병으로부터 사람을 보호한다. 사람의 건강에 나쁜 영향을 미치는 동물질병은 200개 이상이다. 특히, 동물에서 유래하는 살모넬라균, 캠필로박터균, 대장균, 비브리오균 등은 사람과 동물 모두의 건강을 심각히 위협한다.[370] 항생제는 동물단계에서 이들 병원체를 통제함으로써 이들이 사람에 전파되는 것을 예방한다.

셋째, 인류를 위한 안정적 식품생산에 기여한다. 항생제 덕분에 아픈 수많은 동물이 치료를 받고 사람에게 안전하고 위생적인 식품을 생산한다. 일례로 미국의 경우 20세기 중반에 축산업 생산성이 2배 이상 높아졌고, 이러한 성과 중 일부는 동물용 항생제 덕분이다.

FAO는 2050년에 세계 인구가 약 100억 명에 이를 것으로 예측하고 이들에 식량을 모두 공급하기 위해서는 2011년 기준으로 식량 생산이 80% 정도 증가해야 한다고 보았다.[371] 지구상에 경작 가능한 토지는 한정되어 있어 증가 필요 예상분의 70%는 생산성 향상 및 신기술 적용을 통해 달성해야 한다. 앞으로 건강상 안전한 동물유래 식품의 수요가 더 증가할 것이고, 이는 동물질병 예방 및 통제에 있어 항생제의 중요성이 더욱 강조된다는 것을 의미한다. 앞으로도 이러한 동물용 항생제의 효과가 계속 보증될 수 있도록 지속적인 연구가 필요하다.

넷째, 인류의 빈곤 개선, 동물복지 증진 등에 기여한다. 세계적으로 수십억 명이 자신의 삶을 가축에 의존한다. 선진국은 대부분의 풍토성 동물질병을 정부 당국이 통제하지만, 개발도상국은 대부분 이들 질병을 통제하는 데 어려움이 있다. 그래서 효과적인 항생제를 적절히 사용하는 것은 가축을 건강하게 하여 생산성을 높임으로써 수많은 빈곤층이 기아와 가난에서 벗어나도록 돕는다. 윤리적 측면에서도 항생제는 필수적이다. 유방염 및 관절염과 같은 염증성 질환은 동물에 엄청난 고통을 초래하며, 농가는 그러한 고통을 피하게 해야 할 윤리적 의무가 있다.

항생제는 농장 동물에만 중요한 것이 아니다. 세계에서 판매되는 동물약품의 약 40%는 애완동물용이다. 항생제는 애완동물에서 광범위한 병원성 감염질환을 통제하는 데 도움이 된다. 애완동물과의 접촉은 사람에서 심장 박동 및 혈압을 낮추고[372] 소유주의 행복감을 높인다. 항생제는 사람과 동물 사이에서 이러한 건강한 동반자적 관계를 유지하는 데 크게 이바지한다.

다섯째, 환경보호 및 자연자원 보존을 돕는다. 인류는 식품과 의복, 물품 운반 등을 동물에 의존한다. 특히 산업동물을 건강하게 유지하는 것은 환경 및 자연자원 보존의 관점에서 중요하다. 최근 FAO는 식품생산 동물이 환경에 미치는 영향을 줄이기 위한 하나의 방법은 질병 및 폐사로 인해 동물이 생산성을 잃지 않도록 관리하는 것이라고 지적하였다.[373] 즉, 항생제는 가축을 건강하게 해 높은 생산성을 갖도록 한다. 역으로 건강이 나쁘면, 낮은 생산성으로 인해 같은 양의 축산물을 생산하기 위해서 더 많은 동물이 필요하다. 이는 곧 더 많은 축산 오·폐수 배출, 메탄가스 배출, 사료작물 재배면적 필요 등 환경적 측면에서 부정적 영향이 더 크다는 의미이다.

05
## 과학적인 약사 감시가 필요하다

WHO는 약사 감시를 약품 관련 "부정적인 사건 또는 다른 문제 사항의 발견, 평가, 이해 및 예방과 관련되는 과학 및 활동"으로 정의한다.[374] 약사 감시의 목적은 약품 사용과 관련하여 환자의 안정성을 증진하여 환자를 보호하는 것, 그리고 약품의 '위험 대비 혜택(Risk-Benefit Profile)'을 효과적으로 평가할 수 있도록 신뢰성 있고 균형 잡힌 정보를 제공하기 위한 것이다. VICH는 '약사 감시 규정(GL 24)'[375]에서 약사 감시를 "주로 동물에서 안전성 및 유효성에 그리고 해당 제품에 노출된 사람에서 안전성에 초점을 두어서, 이들 약품의 사용 효과를 확인 및 조사하는 것"으로 정의한다.

'부정적 사건'이란 약품을 사용하고 난 후에 바람직하지 않은, 의도하지 않은 현상이 동물에서 관찰되는 것을 말한다. 여기서 중요한 것은 이러한 부작용이 동물약품과 관련된 것인지와 관계없이 일단은 '부정적 사건'으로 규제 당국에 보고하는 것이다. 부작용에는 약품의 효과가 예상했던 것보다 떨어지는 것, 오프라벨(허가조건 외 사용) 및 오용과 관련되는 부정적 작용, 그리고 약품에 노출된 사람에서 나타나는 해로운 그리고 의도하지 않는 작용을 포함한다.

「약사법」에서 '약사(藥事)'란 의약품과 의약외품의 제조 · 조제 · 감정 · 보관 · 수입 · 판매와 그 밖의 약학 기술에 관련된 사항을 말한다. 따라서 약사 감시란 이와 관련된 사항이 법령에서 정한 바대로 시행되는지를 감시하는 것을 말한다. 약사 감시는 「동물용의약품등 취급규칙」 제50조에 따라 수의사, 수산질병관리사, 약사 또는 동물약사에 관한 지식과 경력이 있는 자가 할 수 있다.

약사감시시스템의 목표는 약품의 안전성 및 유효성을 꾸준히 감시하고, 어떤 약품의 사용으로 인해 야기되는 위험 및 이점에 있어 어떤 변화가 있는지를 파악하는 것이다. 여기서 말하는 변화로는 어떤 목표 동물 종 또는 사용자에서 '이전에는 알려지지 않은 새로운 부정적인 작용', '어떤 알려진 부정적 작용의 발생비율에 어떤 변화', '유효성 비율에 어떤 변화' 등이 있다.

정부 관계당국의 판매 허가를 받은 동물약품은 이후에도 이들의 안전성에 대한 규제 당국의 꾸준한 감시가 중요하다. 약품은 제품개발 단계에서 안전성 연구, 임상시험 등을 통하여 목적 동물에 야기될 수 있는 부작용을 미리 파악할 수 있다. 그렇지만 연구 과정에 포함하는 현장조건에서 안전성 평가의 크기 및 범위는 보통은 제한적이다. 그러므로 판매 허가 후에 약품을 사용하는 현장에서 안전성 측면에 관한 자료를 확인하거나 추가로 제품의 품질, 유효성 또는 안전성을 개선하기 위하여 현장에서 나오는 자료(정보)를 모으고 분석하는 시스템 즉, 약사감시시스템은 매우 중요하다.[376]

약사감시시스템은 해당 약품이 허가된 사용조건에 따라 동물에 투여되었을 때 목표 집단에서의 안전성 정보뿐만 아니라 오프라벨 사용 또는 약품의 오용과 관련된 안전성 정보도 편리하게 수집할 수 있어야 한다.

효과적인 약사감시시스템는 다양한 이점을 제공하기 때문에 동물과 사람의 건강 및 복지를 보증하는 데 도움을 준다. 우선 동물약품에 대한 '혜택 대비 위험의 균형'에 대한 지속적인 모니터링을 가능하게 한다. 동물약품의 지속 가능한 안전성을 보증하는 것이다. 사용자에게 더 나은 권고를 할 수 있게 하는 약품 안전성에 관한 정보를 제공한다. 약품의 안전한 사용을 이끄는 제품 유의사항 개선 및 갱신을 가능하게 한다. 그리고 약품의 '혜택 대비 위험의 균형'에 부정적 작용을 하는 어떤 안전성에 변화가 있는 경우 해당 약품을 시장에서 제거할 수 있도록 한다.

효과적인 약사감시시스템이 꼭 갖추어야 하는 요소는 다음과 같다. ▶ 부작용 보고서와 같이 핵심적인 정보를 수집하고 이의 안전한 보관 및 검색을 보증한다. ▶ 약사감시 자료를 제품별 및 제품유형별로 적절히 평가한다. ▶ 규제 당국과 판매자 사이, 규제 당국과 언론 사이 등 이해당사자들 사이에 정보를 적절히 소통한다. ▶ 시의적절한 방법으로 중요한 위험들을 파악한다. ▶ 어떤 중요한 새로운 정보에 대한 시의적절한 정보소통을 촉진한다.

약사 감시에 관한 법령은 몇 가지 기본적인 요건을 포함한다. 약품의 부정적 영향, 부정적 사건 및 약사 감시에 대한 정의, 약사 감시의 범위, 약사감시 방법 및 수행 시기 등이다. 담당 정부조직, 약품 생산·수입·유통·판매업자와 약품 취급자 및 사용자의 역할 및 책무, 그리고 이들 간의 상호 관계도 명확히 규정한다.

정부 규제당국은 약사 감시와 관련된 법률적 요구사항 등을 세부적인 지침으로 작성하여 공개적으로 운영하는 것이 바람직하다. 왜냐하면, 지침이 법령보다 그간 약사 감시의 경험, 활용 가능한 약사 감시 자원에서 변화, 또는 정보기술의 발전 등을 좀 더 쉽게 반영할 수 있기 때문이다. 이 지침은 이해당사자들 간에 공유된다.

약사 감시는 업계에 도움이 되는 방향으로 효과적으로 시행한다. 약사 감시는 동물약품 업체 및 취급자가 관련 법령을 준수하고 있는지를 파악하는 것이다. 문제는 약사 감시가 추구하는 방향 즉, 목적이다. 약사 감시에서 미흡한 것으로 파악된 사항은 해당 업체 등에 구체적으로 제공한다. 또한, 해당 업체에는 미흡 사항을 고칠 기회를 부여한다. 이때 필요하면 약사 감시 당국은 해당 사항을 개선하는 데 필요한 기술적 자문 또는 정보를 업체에 제공하는 것이 바람직하다. 정부규제 당국은 약사 감시에서 지적된 미흡 사항이 개선되었는지를 다시 점검하여 확인한다. 즉, 약사 감시는 업체가 동물약품의 품질관리 수준 및 역량을 높일 기회가 되어야 한다. 미국, 유럽 등 선진국의 약사 감시가 추구하는 방향이 이와 같다. 바람직한 약사 감시 방법은 대상 업체에 구체적인 약사 감시 내용 및 시기를 사전에 알려주고 해당 분야에 한정하여 전문적으로 약사 감시를 하는 것이다. 모든 사항을 점검하는 것은 형식적일 수 있을 위험이 있고 이런 경우 대상 업체에도 별 도움이 안 될 수 있다.

## 06
## 동물약품 관리체계를 개선해야 한다

우리나라가 동물약품을 농식품부(농림축산검역본부), 해양수산부(국립수산과학원), 식약처 등 여러 부처가 담당하듯 다른 나라도 일반적으로 비슷하다. 산업동물용 약품은 더욱 그렇다. 다만, 우리나라 등 대부분 국가는 가축용 약품과 반려동물용 약품을 같은 부처가 담당한다.

국내 동물약품 산업은 최근 성장을 거듭 중이다. 수출도 크게 늘어 2019년은 수출액이 3억 달러를 넘었다. 축산업, 반려동물산업, 동물용 의료기기산업 등 연관산업도 지속 성장하고 있다. 동물위생, 공중보건, 식품안전, 동물복지 등에 미치는 동물약품의 긍정적 영향에 대한 인식도 높아지고 있다.

정부의 동물약품 관리체계도 그간 많은 변화와 발전이 있었다. 앞으로도 동물약품 산업이 세계적으로 경쟁력을 확보하고 지속적으로 성장하기 위해서는 정부의 법률적 관리체계의 개선이 요구된다. 특히, 다음과 같은 사항을 충분히 고려할 필요가 있다.

### 현행 「약사법」의 문제점

동물약품 관리체계는 법적 규제가 시작된 1957년 이후 일관되게 「약사법」에 근거한다. 이는 크게 3가지 문제가 있다.

첫째, 동물약품이 인체약품을 규제하기 위한 법인 「약사법」의 적용을 여전히 받는다는 점이다. 「약사법」에서 동물약품에 대한 직접적인 언급이 있는 조항은 제85조(동물용의약품등에 대한 특례)[152] 뿐이다. 이러한 법체계에서는 동물 또는 동물약품의 특성이나 고유한 사항을 제대로 충분히 반영하는 것이 사실상 불가능하다.

둘째, 동물약품 규제 업무가 식약처, 농식품부, 해수부로 나뉘어 있어 체계적이고 일관된 관리가 어렵다. 「약사법」 제85조에 따라 동물약품 관리에 관한 세부사항은 수산용을 제외한 나머지 동물용은 농림축산식품부령으로, 수산용은 해양수산부령으로 관리한다.

호주, 뉴질랜드 등 대부분 국가에서는 인체 약품과 동물약품을 관리하는 법령이 분리되어 있다. 일본, 독일 등은 모두 같은 법령에서 규제한다. 참고로 EU는 인체약품과 동물약품을 모두 담당하고 있으나, 2009년부터 자체 논의를 거쳐 2015년부터 인체 약품과 동물약품을 별도로 이원화하여 규제하는 작업을 진행 중이다.

셋째, 「약사법」 제85조에 따라 농식품부 장관은 동물약품 관리에 관한 농식품부령을 변경할 때는 복지부장관 또는 식약처장과 협의해야 한다. 즉, 세부적인 동물약품 관리방안을 법령으로 정하거나 변경하고자 할 때 사전에 이들 부처와 협의하는 것이 의무사항이다. 관련 법 개정 사항에 대해 이들 부처와 사전 합의가 안 되는 경우 사실상 관련 규정을 고칠 수 없다. 이는 농식품부의 독립성 및 자율성을 현격히 저해한다. 협의가 필요한 사항은 법령 제·개정 절차 시 관련 부처와 협의토록 규정하면 된다. 즉, 이 협의 규정은 강제 규정이 아니고, 필요할 경우 하는

---

152 제1항에서 "「약사법」에 따른 보건복지부장관 또는 식품의약품안전처장의 소관 사항 중 동물용으로만 사용할 것을 목적으로 하는 의약품에 관하여는 농림축산식품부장관 또는 해양수산부장관의 소관으로 하며 ~~~~~ 이 경우 농림축산식품부장관이 농림축산식품부령을 발하거나 해양수산부장관이 해양수산부령을 발할 때는 보건복지부장관 또는 식품안전처장과 협의하여야 한다."고 규정한다.

자율 규정이어야 한다.

사람과 달리 동물은 수많은 종이 있으며 종간 특성, 종간 장벽이 있어 약품의 작용이 종마다 다를 수 있다. 또한, 사람과 동물에서 주로 발생하거나 문제가 되는 질병은 각각 서로 다르다. 인수공통질병도 있지만, 사람에게만 또는 동물에만 발생하는 질병도 있다. 동물약품은 원료 성분 등에서 인체약품과 유사한 점이 매우 많지만, 이러한 특성 등을 고려했을 때 인체 약품과 동물약품이 같은 법령의 적용을 받는다는 것은 적절치 않다.

## 동물약품 관리 · 육성에 관한 법령 필요

인체 약품과 동물약품은 차이점이 많다.[377] 첫째, 시장 규모가 크게 다르다. 동물약품 세계시장 규모는 2006년 160억 달러에서 2016년 300억 달러로 연평균 6.4% 성장하였다. 그러나 2014년 기준으로 볼 때 239억 달러로 인체 약품 8,650억 달러의 2.8% 수준이다.[378] 둘째, 대상 동물이 수가 크게 다르다. 인체 약품은 인간만이 대상이지만, 동물약품은 모든 동물 종이 대상이다. 셋째, 개발 요건이 크게 다르다. 약품을 개발할 때 법적으로 요구되는 자료는 인체 또는 수의 분야에 상응한다. 인체약품에 대한 '위험 대비 혜택' 평가방식은 동물약품의 그것과 다르다. 넷째, 사용되는 약품의 비용을 지급하는 주체에 차이가 있다. 우리나라처럼 국민건강보험이 잘 되어있는 경우, 사용 비용의 일부를 국가가 보조하는 인체 약품과 달리, 동물약품은 동물 소유자 등 수요자가 모두 부담한다. 다섯째, 제품 연구 · 개발 대상에 차이가 있다. 인체 약품은 사람의 건강에 미치는 영향만을 고려한다. 하지만 동물약품은 식품생산 동물에 쓰일 수 있는 경우, 축산물 또는 수산물을 통해 사람에 잔류할 수 있어 소비자 안전을 고려한다. 또한, 동물약품은 환경에 노출될 수 있으므로 환경에 미치는 영향도 고려한다.

동물약품 산업을 체계적으로 관리·지원하기 위해서는 이를 위한 법령이 필요하다. 그간 정부도 이러한 점을 인식하고 동물약품 관리·육성에 관한 법률을 마련하는 방안을 연구·용역 등을 통해 검토한 바도 있다. 이러한 노력은 계속되어야 한다. 한국법제연구원은 2019년 〈동물용의약품 관리육성 법령 법제연구〉(농림축산식품부 연구용역 최종보고서)에서 "동물용의약품 등 산업육성 및 지원에 관한 특별법(가칭)"과 "동물용의약품등 관리법(가칭)"을 제시하였다. 이러한 법률을 통해 동물약품의 특성에 부합하는 가장 체계적이고 효과적인 관리체계를 구축할 수 있다. 또한, 세부적인 법령 규정에 있어 규제보다는 육성·지원에 중점을 둠으로써 산업발전에 공헌할 수 있다.

## 동물약품 관리조직 일원화

동물약품을 담당하는 정부 부처를 농식품부로 일원화하는 것을 고려할 필요가 있다. 농식품부는 동물약품을 사용하는 이유인 동물질병의 예방, 치료, 통제 등을 담당하는 곳이다. 또한, 농식품부는 동물약품을 처방하고 처치하는 주체인 수의사를 관리하는 부처이다. 농식품부는 동물약품의 주요 사용처인 산업동물에서 위생적인 동물사육, 동물약품 안전사용기준 준수 등 동물약품 사용 전후 상황을 체계적으로 관리할 수 있다.

일부에서는 동물약품 담당 부처 문제를 수의사와 약사 간의 업무 영역 다툼으로 보는 시각도 있다. 동물약품이 「수의사법」이나 별도의 '동물약품법'이 아닌 「약사법」의 적용을 받고 있고, 동 법에 따라 동물약국 개설 등에서 수의사와 약사의 이해가 다르기 때문이다. 중요한 점은 어느 부처에서 담당할 때 동물약품을 좀 더 체계적, 효과적으로 관리할 수 있느냐는 것이다.

일본은 후생노동성이 담당하는 「의약품, 의료기기 등 품질, 유효성 및 안전성 확보 등에 관한 법률」(기존 약사법이 명칭 변경 등 전면개정되어 2016.4.1.부터 시행)을 기본 구조로 하지만, 동물약품에 관한 모든 사항을 농림수산성에 위임한다. 우리와 비슷하다. 미국, 유럽연합(독일, 영국, 덴마크), 호주는 다른 부처와 협력 관계는 유지하되, 대부분의 동물약품 관리는 농업 부처에 있는 수의조직이 담당한다.[379]

### 동물용 의료기기 관리 제도 개선

현재 동물용 의료기기는 「동물용의약품등 취급규칙」의 규제를 받는다. 동 규칙은 동물용 의료기기가 동물용 의약품의 일부인 것처럼 되어 있어 동물용 의료기기의 특성을 세부적으로 반영하는 데 한계가 있으며, 동물용 의약외품과 동일한 취급을 한다. 인체용 의료기기는 「약사법」이 아닌 「의료기기법」의 적용을 받는다. 이를 고려할 때 동물용 의료기기에 관한 세부 규제 사항은 위 취급규칙에서 분리하여 별도의 법령으로 관리할 필요가 있다.

### 동물용 건강기능식품 관리 규정 신설

최근 반려동물을 중심으로 수요가 급증하는 '동물용 건강기능식품(영양제, 면역 강화제, 다이어트 촉진제, 질병 개선제, 장기능 강화제 등)'에 대한 관리 방안을 법적으로 마련할 필요가 있다. 「건강기능식품에 관한 법률」을 벤치마킹할 필요가 있다. 최근에는 반려동물 시장의 급성장을 배경으로 프로바이오틱스[153]와 같이 반려동물의 건강에 유익한 성분을 첨가한 사료의 제조 및 수입이 많아지고 있으며, 이러한 제품을 요구하는 소비자도 크게 늘고 있다. 일부 업체는 다이어트, 위장 기능 강화, 체력 강화 등 건강기능 향상을 도모하는 동물용 제품의 판매를 강화하고 있다.

동물용 건강기능식품 시장은 최근에 떠오르는 시장이다. 한국소비자원에 따르면, 반려동물을 키우는 가구당 반려동물 관련 지출액은 2017년 기준 월평균 13만 5000원으로 조사됐다. 이 중 40%가 넘는 5만 4793원이 사료와 간식 등 먹거리 비용으로 지출됐다. 소비자들이 반려동물을 가족의 일원으로 인식해 먹거리 지출을 아끼지 않는 경향을 보인다.

현재 국내 많은 업체에서 동물용 건강기능식품으로 판매하는 제품은 대부분 건강에 좋은 성분을 단순히 첨가하여 상품화하는 경우가 많다. 이러한 제품은 실제로 건강에 좋은 작용을 한다는 것을 입증할 수 있는 과학적인 근거가 부족한 경우가 많다. 이런 경우 업체의 광고만을 믿고 이들 제품을 동물에 급여한 소비자가 실제로 효과를 보지 못하거나 이들 제품을 섭취한 동물에서 건강상 부작용이 발생하는 등 피해를 겪을 수 있다.

정부 당국은 연구용역이나 외국의 사례 등을 참고하여 이들에 대한 세부적인 과학적 관리기준과 규제방안을 시급히 마련할 필요가 있다. 이를 통해 소비자의 신뢰를 보증할 수 있는 동물용 건강기능식품 관리체계를 구축함으로써 국내 관련 산업을 적극적으로 육성하고, 관련 제품의 국제경쟁력을 확보해야 한다.

---

153 Probiotics는 체내에 들어가서 건강에 좋은 효과를 주는 살아있는 균으로 대부분은 유산균들이다.

## 축산농가의 자가진료 규제 강화

「수의사법」에 따라 수의사가 아니면 동물을 진료할 수 없다. 그러나 축산농가에서 사육하고 있는 가축이 질병에 걸렸을 경우, 지금은 농가가 이를 직접 치료할 목적으로 동물약품을 구매하여 동물에 사용하는 것은 법적으로 가능하다. 「수의사법」 제10조와 동법시행령 제12조에서 '자가진료(축산농가에서 자기가 사육하는 가축에 대한 진료)'를 허용하고 있기 때문이다. 이 법 조항이 도입된 근본 이유는 과거에는 도서벽지 등 수의사가 없거나 교통 불편 등으로 수의사의 접근이 어려운 지역이 있어 이들 지역을 대상으로 예외적으로 인정한 것이다. 그러나 지금은 언제 어디서나 수의 진료가 가능한 시대임에도 이를 인정하는 것은 수의사의 진료 권한에 어긋나는 모순적 현상이다. 이러한 제도적 모순은 동물약품 특히 항생제의 남용과 이에 따른 내성의 증가를 가져왔다. 또한, '자가진료' 허용은 내부적인 유통질서 문란은 물론 통제 미흡으로 인해 일부 동물약품이 사람에 사용되어 사회적 문제를 일으키는 일도 종종 있다.

이러한 행위는 관련 법령을 개정하여 조속히 금지하거나 좀 더 엄격히 제한해야 한다. 다행스러운 점은 2017년부터는 반려동물에 대한 자가진료가 법적으로 금지되었다는 것이다.

## 동물약국 및 동물약품도매상 개설자격자에 수의사 추가

현행 법령으로는 동물약품을 전문적으로 판매하고자 하는 경우 약국을 개설해야 한다. 문제는 약국은 「약사법」 제20조에 따라 약사 또는 한약사가 아니면 개설할 수 없다는 것이다. 약국이란 "약사나 한약사가 수여할 목적으로 의약품 조제 업무를 하는 장소"이다. 동물약국이란 「동물용의품등 취급규칙」에 따라 "동물약품을 취급하는 약국"을 말한다. 위 규정에 따라 동물약품만을 판매하는 영업을 하기 위해서는 약사 또는 한약사가 약국을 개설하여야 한다. 수의사는 동물약국을 개설할 수 없다.

진료에서 사용되는 동물약품은 두 가지 이유로 문제가 더 심각하다. 첫째, 수의 분야에서 사용되는 인체 약품의 경우 법률에 근거 조항이 없어 수의사가 이들 인체 약품이 필요한 경우 약국을 통해 구해야 하고, 이 과정에서 동물병원 진료비가 비싸진다. 인체 약품의 경우는 수의사가 동물용으로 처방조차 불가능하다. 둘째, 수의사 처방제의 경우 약국 예외 조항을 통해 수의사의 처방이 없이도 구매가 가능한 동물약품이 있는데, 일부 동물약국은 이를 악용하여 법적 권한이 없음에도 진료를 하고 약을 판매한다. 이는 진료와 약 판매가 불가분의 관계이기 때문에 발생한다. 게다가 이런 법 구조는 동물약품을 약사들이 수의 진료 없이 취급하는 것을 허용하고 있는 탓에 수의사의 진료 및 처방 권한이 침해당한다.

실제로 동물약품이 「약사법」 예외조항을 통해 수의사의 진료 없이 약국에서 값싸게 공급되는 경우가 많다. 그에 따른 부작용들은 모두 소비자가 떠안게 된다. 약사는 법적으로 동물을 진료할 수 없다. 약학대학에서는 동물 진료와 관련된 교과과정이 없으며, 약사 국가고시에도 동물약품이 포함되지 않는다. 약사는 동물약품에 관한 전문가라 할 수 없다.

특이 사항은 「약사법」 제85조제5항에서 "「수산생물질병 관리법」에 따른 수산질병관리원 개설자는 제44조에도 불구하고 수산생물 양식자에게 수산생물용 의약품을 판매할 수 있다."라고 규정하고 있는 점이다. 즉, 2011년부터 수산질병관리원 개설자인 수산질병관리사가 수산생물용 의약품을 판매할 수 있도록 허용하였다. 동물약품 판매가 수산질병관리사는 가능하고 수의사는 가능하지 않다는 것은 잘못되었다.

동물약품은 수의사가 제일 잘 안다. 동물약품을 수요자에게 판매 또는 처방하기 위해서는 사용 대상인 동물의 해부학적, 생리학적 구조, 질병 상태, 대사체계, 약리작용 등에 대한 전문적 지식이 필수적이다. 따라서 수의사가 동물약품을 판매하기 위한 동물약국을 개설할 수 있는 것은 자연스러운 일이다. 미국, EU, 캐나다, 호주, 뉴질랜드, 대만 등에서는 약사뿐만 아니라 수의사도 동물약국을 개설할 수 있고, 동물약품을 도매 관리할 자격이 있다. 일본의 경우 1류 의약품을 제외하고는 마찬가지이다. 우리나라도 수의사가 동물약품을 판매하는 동물약국을 개설할 수 있도록 관련 법령이 조속히 개정되어야 한다.

## 동물약품 제조업체의 제조관리자 자격에 수의사 추가

「약사법」 제36조제1항[154]에 따라 동물약품 제조업체에 의무적으로 두어야 하는 제조관리자를 약사로 한정하는 것은 개정되어야 한다. 다만, 동법 제32조제2항에 따라 동물용의약외품[155]을 제조하는 제조소의 경우는 수의사도 제조관리자가 될 수 있다. 이 부분은 동물약국을 수의사도 개설할 수 있도록 관련 법령이 개정되어야 하는 이유와 같은 이유로 개정되어야 한다. 2016년 국회에서도 일부 의원이 동물약품·의약외품 제조소의 약사 부족과 동물약품의 특수성을 이유로 동물약품 제조관리자에 수의사를 포함하는 「약사법」 개정안을 발의한 적이 있다.

---

154 "의약품등 제조업자는 그 제조소마다 총리령으로 정하는 바에 따라 필요한 수의 약사 또는 한약사를 두고 제조 업무를 관리하게 하여야 한다. (이하 생략)"

155 구강청량제·세척제·탈취제 등 애완용 제제, 축사 소독제, 해충 구제제, 영양보조제 등 동물에 대한 작용이 경미하거나 직접 작용하지 않는 것을 말한다.

# 제22장
# 동물약품 산업은 성장 산업이다

## 01
## 그간 동물약품 산업은 주목받지 못했다

동물약품 산업은 '동물용으로만 사용할 것을 목적으로 하면서, 동물의 각종 질병의 치료, 진단 및 예방을 위하여 사용하는 약제품, 의료용품 및 기타 의약관련 제품을 개발하고 제조하는 산업 활동'이다.[380]

그간 우리나라 동물약품 산업은 발전을 거듭해 왔다.[381] 1950년대 중반 수입 동물약품의 소분 및 재포장으로 시작한 동물약품 산업은 주로 양계용을 중심으로 상품을 공급하였다.

1960년대 들어 본격적으로 원료를 수입하여 완제품을 생산하기 시작하였고, 정부의 민간 백신 제조회사 육성 정책에 따라 생물학적 제제 생산 기술이 먼저 발전하였다. 동물약품 산업이 성장함에 따라 동물약품에 대한 품질관리 필요성이 대두하자, 정부는 생물학적 제제와 항생물질에 대한 국가검정을 각각 1962년과 1963년에 시작했다. 또한, 1965년에 「동물약품 등 제조업 및 시설기준령」과 「동물약품 등 취급규칙」을 제정하여 제조업체의 시설과 제조·판매 수준을 강화하였다.

1970년대 초까지 동물약품 산업은 주로 완제품을 수입하여 판매하는 수준이었다. 1970년대 중반 이후 급속한 경제성장으로 인해 소비자들의 육류 수요가 증대하였고, 이를 충족하기 위한 기업형 축산업도 대두하였다. 밀집 사육체계로 인해 가축의 질병 예방 및 통제가 중요한 사안으로 대두되어 이에 상응한 동물약품 공급이 필요하게 되었다. 이러한 상황에 맞추어 1970년대 중반부터 동물약품 제조회사가 활발하게 설립되었다. 1975년 정부는 「동물약품 제조업 및 품목허가 지침」을 제정하여 동물약품에 대한 관리를 강화하였다. 참고로 동물약품업체를 대표하는 단체로 한국동물약품협회가 1971년 설립되었다.

1980년대는 신제품 개발, 품질관리 강화, 시설현대화 등을 통한 질적 성장이 두드러졌던 시기이다. 이러한 변화는 업체 간 경쟁 심화, 수입개방에 대한 대응, 정부의 정책적 의지 등에 따른 결과이다. 정부는 1988년 「동물약품 품질관리 우수업체 지정 및 관리요령」을 제정하여 품질관리 우수업체에 대해서는 국가검정을 면제해주는 '한국형 동물약품제조품질관리기준(Korea Veterinary Good Manufacturing Practice : KVGMP)' 제도를 도입하였다.

1990년대 후반부터는 이전의 WTO 체계 출범에 따른 축산업 침체, 국제통화기금(International Monetary Fund) 구제금융 요청에서 알 수 있듯이 경제위기 등 외부 여건 악화로 인해 국내 동물약품 산업이 침체기로 들어섰다. 또한, 동물약품으로 관리하던 사료첨가제를 단미사료와 보조사료로 취급할 수 있도록 관련 법령이 개정되면서 기존에는 동물약품업계에서 담당하던 사료첨가제 시장이 상당 부분 사료업계로 넘어갔다. 또한, 다국적 기업의 국내시장 진출이 급격히 늘어나면서 수입완제품의 시장 점유율이 계속 높아졌다. 정부 정책 기조도 기존의 공급자 중심에서 소비자 중심으로 변화되었다.

2000년대는 업계의 시련기이다. FMD, HPAI 등 악성 가축전염병이 많이 발생하여 축산업이 침체하였기 때문이다. 정부는 항생제 국가검정 폐지, KVGMP 의무화, 「제조물책임법」 시행 등을 통해 제조업체의 책임을 강화하였다. 또한, 축산식품의 안전성을 강화하기 위해 동물약품에 대한 규제를 강화하였다. 이러한 여건에서 국내 산업은 내수시장보다 수출시장에서 미래 성장 동력을 찾는 노력을 지속해왔다.

2010년대부터 국내 동물약품 산업은 빠르게 성장 중이다. 2010년부터 2017년까지 국내 동물약품 시장은 매년 6.9%씩 성장해왔다. 2017년 기준 내수시장 규모는 7,351억 원 수준이다. 같은 기간 동안 내수, 수출 및 수입을 모두 포함한 전체 시장은 10,415억 원 규모로 매년 7.5% 성장해왔다. 특히 수출은 매년 20.2%의 성장을 보여 2016년부터는 수출이 수입을 앞지르고 있다.

2011년에 동물약품 수출이 상징적 의미가 큰 1억 달러를 돌파하였음에도 이때까지 당시 주무부서인 농림수산식품부의 수출통계 항목과 수출지원 대상품목에 동물약품은 없었다. 동물약품은 당시 정부의 주요 관심 대상이 아니었다는 의미이다. 그러나 2011년 동물약품 산업이 농식품 산업의 5대 후방산업(원자재, 소재 산업) 중 하나라는 연구결과[382]가 제시되면서 정부의 이러한 인식은 바뀌기 시작했다.

## 02
## 동물약품 산업은 성장 잠재력이 크다

동물약품 산업은 세계 축산업 발전, 육류 수요증가, 반려동물 시장 확대 등으로 앞으로도 지속적인 성장이 전망된다. 동물약품은 세계적으로 새로운 화학물질의 발견이 많은 편은 아니지만, 신규 제품개발은 꾸준히 이루어지고 있다. 동물약품은 그간 미국과 유럽이 최대 시장이었으나 최근에는 중국, 인도 등 개발도상국 시장이 급성장하고 있다. 국내시장 역시 성장하고 있고, 최근 동남아시아, 아프리카, 중앙아시아, 중남미 지역 국가로의 수출이 계속 증가하고 있다.

전통적으로 동물약품 시장은 항생제, 백신 등 가축에 쓰이는 약품이 전체 시장의 약 80%를 차지하였다. 그간 동물약품 산업은 기본적으로 전방산업인 축산업의 발전과 궤를 같이했다. 하지만, 최근에는 반려동물용 시장이 더 빠른 속도로 성장한다. 반려동물은 암, 다이어트, 통증, 피부질환, 알레르기 등에 대한 치료 범위가 확장되면서 점점 더 인간 수준의 의료서비스에 근접하고 있다.

동물약품 산업은 축산업 경기변동과 밀접하며, 축산물 소비 등 일상 실물경제의 영향을 많이 받는다. 또한, 동물 전염병 발생, 항생제 남용 등 환경적, 정책적 요인의 영향도 크다.

최근 국내 동물약품 시장은 FMD, ASF 등 악성 가축전염병이 계속 발생하면서 치료나 예방과 관련된 제품의 비중이 높다. 이외에도 세계적으로 항생제에 대한 규제가 계속 강화되고 있고, 동물질병에 대한 통제의 중심이 치료에서 예방으로 전환됨에 따라 특히 백신에 대한 수요가 많이 늘고 있다. 국내 백신 시장은 국내업체와 국내 진출 다국적 회사들이 치열한 경쟁을 벌이고 있다. 또한, 2006년을 끝으로 중소기업 고유업종에서 동물약품이 해제됨에 따라 대기업의 시장 진출 가능성이 항상 있다.

축산업에 필요한 토지, 용수 등 물적 자원은 제한적이기 때문에 같은 자원으로 더 많은 축산물을 생산하기 위해서는 가축의 생산성 향상이 필수적이다. 이의 전제조건으로 가축이 건강해야 한다. 백신 접종은 질병 발생 이후 다량의 약품 치유법보다 비용이 저렴하다. 앞으로 백신은 동물 건강 보호뿐만 아니라 생산비용 감소를 위해서도 더욱 많이 활용될 것이다.

수산양식은 동물약품 산업에 큰 기회다. 2018년 WorldFisheries에 따르면,[383] 수산양식 시장 규모는 2015년 기준 세계적으로 약 1,700억 달러로 연평균 7.2%씩 고속 성장했다. 2050년까지 세계 주요 단백질 공급원 중 하나가 양식어류일 것이라는 전망 속에 수산양식 산업은 동물약품 산업의 지속적 성장을 위한 저변을 제공한다.

수의사는 동물약품 업계와 밀접한 관계를 유지하며, 진료와 처방 등을 통해 동물약품 사용자와 직접 접촉함으로써 동물약품업계에서는 좀 특별한 위치에 있다. 이러한 위치는 앞으로도 계속되겠지만, 내용은 많이 달라질 것이다.

축산농가의 경우 기존에는 수의사에게 직접 찾아와 필요한 자문을 구하고 수의사가 권고하는 약품을 구하여 사용하는 것이 일반적이었다. 그러나 요즘 수요자들은 인터넷 등을 통하여 얻은 정보를 바탕으로 자신들이 원하는 제품을 구체적으로 파악한 후 수의사가 없는 동물약국 등에서 이를 직접 구매하는 경우도 많아지고 있다. 따라서 수의사는 이러한 변화되는 환경을 고려해야 한다. SNS 활동 등을 통해 수요자들이 더 쉽게 수의사에 접근할 수 있는 경로를 만들고 이들과 긴밀히 소통해야 한다.

새로운 약품을 개발하거나 기존 약품의 효능을 개선하기 위한 제품 연구 및 개발 과정에 수의사의 적극적인 참여가 필요하다. 수의사의 참여 없이는 뛰어난 동물약품을 개발하는 것은 어렵다. 수의사가 동물질병과 동물 간의 생리적, 약리적 상호작용에 대해 가장 잘 알고, 동물약품에 대한 임상적 정보 등을 가장 많이 갖고 있기 때문이다.

일부 국내 언론 보도[384]에 따르면, 최근 수의사들의 동물약품 업계 진출이 소극적이라고 한다. 동물약품 산업의 높은 성장 잠재력을 고려할 때 수의사의 적극적인 진출이 필요하다.

## 03
## 동물약품 산업을 육성해야 한다

새로운 동물약품을 개발하고 판매하는 데에는 오랜 시간과 많은 투자가 필요하다. 미국에서 동물약품을 새로 개발하여 시장에 출하하기까지는 보통 5~15년이 소요되며, 평균 1억 달러 이상의 비용이 든다.[385] 미국동물약품협회(Animal Health Institute)에 따르면, 주요 동물용 신규 약품을 개발하는 데 보통 7~10년 정도 소요되며, 비용은 약 1억 달러에 달한다.[386]

국내 제조업체에서 생산하는 동물약품 대부분은 외국 업체 등 다른 회사의 제품을 동일하게 복제한 제품(제네릭 제품, 타사의 제품과 투여경로, 성분, 제형이 동일한 제품)이다. 농림축산검역본부의 '동물용의약품 정보관리 시스템'에 의하면, 2020년 4월말 기준 동물용의약품으로 허가된 품목은 총 7,090개로 이중 제네릭 제품이 6,657개(93.9%)이며, 신약은 275개(3.9%)에 불과하다. 신약은 대부분은 백신이 차지하고 화학제는 매우 드물다.

제품이 국제경쟁력을 갖기 위해서는 생명공학 등 신기술을 이용한 꾸준한 제품 연구·개발로 원천기술을 확보하는 것이 중요하다. 또한, 민간업계, 정부 기관, 학계 등 모두의 긴밀한 상호협력이 필수적이다. 동물약품 수출을 늘리기 위해 현재 시급히 요구되고 있는 것은 다음과 같다.

첫째, 제조업체는 국제적 '우수제조품질관리기준(GMP)'[156]을 준수한다. 동물약품 업계의 문제 중 하나는 수출을 희망하는 국내업체 중 국내 GMP 기준에는 부합하나 국제적 GMP 기준에는 미흡하여 수출 추진이 어렵다는 업체가 많다는 점이다. 이는 제조시설과 같은 하드웨어뿐만 아니라 종업원 위생관리, 제품품질관리와 같은 소프트웨어도 해당한다. 이를 해결하기 위해서는 국가 차원에서 GMP 전문 인력 육성 등 업계를 지원할 필요가 있다. 「약사법」제83조의2는 "정부는 국민보건 향상 및 제약산업 육성을 위하여 필요한 전문 인력을 양성하는 데 노력하여야 한다."라고 규정한다.

둘째, 국제경쟁력이 높은 제품을 개발한다. 일부 개발도상국에 낮은 제품가격을 내세워 수출할 수 있겠지만, 이는 지속 가능성이 낮다. 가격경쟁력뿐만 아니라 품질 경쟁력이 높아야 수출시장도 계속 확장할 수 있다. 이를 위해 민간업계, 정부 및 학계는 긴밀히 협력해야 한다. 고품질의 제품을 제조하는 데 서로 소통하고 우리 현실에 맞게 해결책을 마련해야 한다. 국내 제조업체 대부분이 규모가 작아 품질관리를 위한 연구 인력 등이 크게 부족한 점을 고려할 경우 이러한 협력은 특히 중요하다. 「약사법」제83조[157]는 의약품 연구사업에 정부 예산을 지원할 수 있

---

156 GMP는 약품의 안전성이나 유효성 면을 보장하는 제조나 품질관리에 관한 기본조건이다. 「동물용의약품등 취급규칙」 별표 5, 6에서 규정한다.

157 "수출에 기여한 의약품등의 제조업자나 국민보건에 공헌할 의약품등의 안전성에 관한 연구사업을 하는 연구기관 등에게 연구비를 보조할 수 있다."

도록 한다.

셋째, 정부 관련기관은 동물약품 개발에 있어 그간 축적한 정보 및 기술을 제조업체에 적극 제공한다. 일례로 외국에 백신을 수출하기 위해 상대국에 수출허가를 신청하는 경우, 제일 문제가 되는 것 중 하나는 백신 제조에 사용된 종균(Master Seed)에 관한 세부적인 정보를 제출하는 것이다. 현재 국내에서 제조되는 백신의 70% 이상이 특히, 최근 10년 이전에 품목허가를 받은 제품은 대부분 종균을 농림축산검역본부로부터 받아 제조업체에서 제품화에 성공한 경우이다. 따라서 종균과 관련된 세부적인 정보는 대부분 검역본부가 갖고 있다. 문제는 이러한 정보가 민간업계와 충분히 공유되지 않아 수출대상국에서 관련 정보를 요청하는 경우 이를 제공하기 어려워 수출허가를 받는 데 애로가 있는 경우가 많다.

현재 검역본부는 백신 개발과 관련된 연구용역보고서를 전산으로 관리한다. 또한, 종균은 검역본부의 '수의유전자원은행'[158]에서 관리한다. 현재는 업체가 이러한 자료에 접근하기는 어렵다. 검역본부는 민간업계가 이들 자료 또는 정보를 쉽게 접근하고 활용할 수 있는 방안을 마련할 필요가 있다. 종균을 포함한 검역본부가 보유하고 있는 자료는 가능하면 모두 투명하게 공개되어야 한다. 일부 자료의 경우는 연구자들 개인이 보유하고 있어 이들이 퇴직하거나 다른 부서로 이동할 경우 관련 자료가 제대로 유지·관리되지 않는 사례도 있다. 이와 관련해서는 업계와 검역본부가 실무작업반을 구성하여 함께 데이터베이스를 구축하는

---

**158** 「농업 유전자원의 보존, 관리 및 이용에 관한 법률」을 준용하여 국내·외의 유용한 수의 유전자원을 체계적으로 확보하고 기능분석 및 보존 관리를 하고 다양한 부문에서 필요한 유전자원에 대한 분양을 담당한다.

것이 효과적인 방법일 수 있다.

　동물약품 산업발전을 위해서는 신규 제품을 개발하는 데 장애가 되는 불필요한, 과도한, 불합리한 법적, 제도적 규제를 없애거나 최대한 개선해야 한다. 특히, 국제기준에 부합되지 않거나 과학적 근거가 없는 품목허가 기준이나 요건은 없애야 한다. 동물약품 관련 법령이나 지침을 마련할 때 OIE/TAHC, OIE 육상동물 진단법 및 백신 매뉴얼, VICH 지침, 유럽 약전, 주요 선진국의 GMP 기준, 미국 연방법전(9 CFR 및 21 CFR) 등을 참고한다. 정부 당국은 운용 중인 관련 법령 또는 제도를 업계와 함께 정기적으로 재검토해야 한다.

　한국법제연구원은 2019년 〈동물약품 관리육성 법령 법제연구〉 보고서에서 동물약품산업 육성을 위한 7개 과제를 다음과 같이 제시하였다. ▶ 브랜드 상품 개발 – 이는 한편으로는 품질이 우수한 선진국 제품과 경쟁하기 위해, 다른 한편으론 가격이 저렴한 개도국 제품과의 경쟁에서 앞서기 위해 꼭 필요하다.[387] ▶ 전략상품 개발 – 동물약품 수출이 계속 성장하기 위해서는 항생제 대체재, 면역증강제 등 수출전략 상품을 발굴해야 한다. ▶ 생약개발 – 생약은 무항생제 축산, 식품안전 등의 추세에 따라 새로운 경쟁우위 상품이 될 수 있다. ▶ 기술개발 – 지속적인 수출증대를 위해서는 새로운 성장 동력이 필요하며, 이를 위한 적극적인 기술개발이 요구된다. ▶ 유통관리체계 개선 – 동물약품 유통구조는 복잡한 거미줄 형태로 개선이 필요하다. ▶ 동물약품 해외직구 문제 해결 – 인터넷을 통하여 동물약품을 수입하는 사례가 늘고 있으나 이는 불법이다. ▶ 동물약품 업계의 수의사 구인난 해소 – 대다수 업체는 마케팅, 연구·개발, 품목허가 진행 등에 수의사가 필요하나 지원자가 적어 채용에 어려움이 있다.

동물약품과 달리 인체 약품은 규제와 산업육성에 관한 법령이 각각 있어 정부가 규제와 육성을 동시에 한다. 「식품·의약품등의 안전기술진흥법」은 식품·의약품 등의 체계적인 진흥 방안을 마련하여 국민이 안전하고 건강한 삶을 영위하는 데 이바지할 것을 법의 목적으로 명확히 한다. 동물약품도 산업발전에 관한 이러한 법적 체계를 구축해야 한다.

04
## 고부가가치 제품을 수출해야 한다

세계 동물약품 시장은 2016년 기준 약 300억 달러로 북미 33%, 유럽 31%, 남미 13% 순의 비중이다. 축종별 용도 비율은 산업 동물 59%, 반려동물용 등이 41%다. 품목별로는 화학제가 62%, 백신 등 생물학적 제제가 26%, 기타가 22%를 차지한다.[388]

한국동물약품협회에 따르면, 국내 동물약품 시장 규모는 2019년 기준 총 1조 2,040억 원 수준으로 이 중 국내생산이 8,331억 원, 수입이 3,709억 원이다. 국내생산 중에서는 내수용이 4,832억 원, 수출이 3,499억 원이다. 수출은 2011년 1,172억 원(국내생산의 24% 차지)에서 2019년 3,499억 원(국내생산의 42% 차지)으로 매년 높은 성장을 보였다. 국내시장은 세계시장의 약 2%를 차지하는 작은 시장인 점 등을 고려할 때 산업발전을 위해서는 수출 확대가 필수이다.

2017년도부터 주요 수출시장인 동남아 국가의 축산업 침체와 최근 각국의 보호무역주의 강화로 기존 시장 확대와 신규시장 개척 모두에서 업체들이 어려움을 겪는다. 동남아 국가들도 최근 동물약품 수입요건을 까다롭게 하고 있고, 자국 내 제품개발을 서두르고 있는 점도 수출 확대에 부정적 영향을 미친다.

국내 업계는 이러한 문제들을 잘 극복해야 한다. 이를 위해 정부는 규제 완화, 공격적인 수출품목 등록, 적극적인 시장 개척 등에 집중해야 한다. 지금은 제조업체의 GMP 운용수준 제고, 우수제품 연구ㆍ개발, 신규시장 개척 등을 통해 동물약품 업계의 글로벌 경쟁체제로의 전환이 필요한 시점이다. 이를 위해 국제기준, 선진국 기준과 차이가 있는 우리나라 GMP 기준을 국제기준과 동등한 수준으로 강화할 필요가 있다. 지금도 동물약품의 수출 추진 시 일부 국가는 우리나라의 GMP 기준이 아닌 EU, 미국, WHO 등의 GMP 기준에 부합될 것을 요구한다.

수출 상대국의 수입규제 강화에 대해서는 항생제 대체 약품, 백신, 친환경 약품, 동물용 건강기능 보조제 등 고부가가치제품 중심으로 수출 전략품목을 육성하여 대응할 필요가 있다. 민관이 협력하여 최근 급성장하는 중국 시장도 개척해야 한다. 또한, 세계적으로 급성장하는 반려동물용 동물약품에 연구개발을 집중해야 한다.

수출시장 개척에 있어 주요 애로사항 중 하나는 수출대상국의 동물약품 시장에 관한 구체적인 정보가 부족한 것이다. 대부분 업체는 수출대상국에서 주로 판매되는 제품이 무엇인지, 각 제품유형별 적정 판매가격은 얼마인지, 유통구조가 어떠한지, 산업구조가 어떠한지 등에 관한 정보가 없거나 크게 부족하다. 이러한 정보 부족은 수출추진업체가 수출가격, 수출품목 등을 결정하는 데 큰 어려움을 초래한다. 이들 애로사항은 개별 업체 차원에서 해결하기는 어려운 문제로 국가적 차원에서 지원할 필요가 있다. 세계에 퍼져있는 대한무역투자진흥공사(KOTRA) 조직을 활용하는 것도 좋다. 2019년 4월 민관합동조사단이 중국 동물

**[그림 39]** 현지조사보고서
(출처: 농림축산검역본부, 2019)

약품 수입허가체계를 현지 조사한 후 [그림 39]와 같이 종합보고서[159]을 발간한 것은 좋은 민관협력사례이다.

중국은 세계 최대 축산국가 중 하나이다. 돼지는 세계 사육 두수의 약 50%를 차지한다. 급속한 경제발전에 따라 축산업도 급성장하고 있다. 동물약품 산업 규모도 급증하고 있다. 2017년 중국수약협회[160] 보고서[389]에 따르면, 2017년말 기준 동물약품 제조업체는 1,873개사이다. 이들의 전체 생산액은 522.4억 위안(약 9조 원)이며, 종사자는 17.1만 명이다. 2014년까지 이전 6년간 중국의 동물약품 매출 규모는 연평균 13.64% 성장하였다.

농식품부는 2016년 5월 〈수출주도형 동물약품 산업발전 종합대책〉을 발표하였다. 좁은 내수시장보다는 세계시장을 바라봐야 한다. 수출확대만이 동물약품 산업을 꾸준히 성장시킬 수 있다.

05
## 동물용 의료기기 시장을 주목한다

동물용 의료기기는 새롭게 주목받는 분야이다. 강경묵 등에 따르면,[390] 최근 첨단 인체용 의료기기를 포함하여 다양한 종류의 의료기기

---

**159** 본 보고서는 농림축산검역본부, 동물약품협회, 민간동물약품업체 2개소 관계자들이 합동으로 조사단을 구성하여 조사한 내용을 담고 있다.

**160** 업계를 대표하는 민간조직으로 2018년말 기준 406개의 회원기업이 있다.

들이 반려동물, 산업동물, 실험동물 및 야생동물의 질병 진단 및 치료에 사용되는 등 동물용 의료기기 시장이 점차 활성화되고 있다.

농림축산검역본부에 따르면, 2018년 말 기준으로 총 348개 업체에서 2,133개 제품이 동물용 의료기기로 등록되었다. 2009년부터 2018년까지 10년간 등록이 연평균 23.4% 증가하였다. 한국동물약품협회에 따르면, 국내에서 제조되어 국내외 시장에 판매된 동물용 의료기기는 2017년 기준 958억 원으로 2011년부터 연평균 22.7% 성장하였다. 2017년 품목별 판매실적을 보면 체외진단시약 54.2%, 기구·기계 41%로 이들이 대부분을 차지했다.

지속적 축산업 발전, 급격한 반려동물 증가, 꾸준한 동물병원 증가 등에 따라 수의 시장이 양적, 질적으로 커지고 있다. 이에 따라 향후 동물용 의료기기 시장도 계속 커질 것이다. 시장조사기관 리서치앤마켓(ResearchandMarkets)에 따르면, 세계 동물용 의료기기 시장은 2016년 약 17억 달러에서 2021년 약 23억 달러로 커질 전망이다.

동물용 의료기기 수출은 전망이 밝다. 2011년부터 2017년까지 국내 생산 동물용 의료기기는 내수용은 234억 원에서 539억으로 연평균 14.9%, 수출용은 47억에서 419억으로 연평균 44% 성장하였다. 또, 인의용 의료기기와 비교해 선진국을 포함한 해외시장의 진입장벽이 낮은 점도 긍정적이다.

정부 당국은 동물용 의료기기산업 발전을 위해 ▶ 허가·신고 절차 간소화 ▶ 품목허가·신고 기술검토의 투명성, 신뢰성 확보를 위한 업무처리지침(SOP) 마련 ▶ 해외시장 진출 지원 ▶ 선진 제도 도입 등 다양한 정책적 노력을 기울일 필요가 있다.

PART VII

# 추가적 관심이
# 필요한 분야

## 제23장

# 기후변화는 지구 공동체의 문제이다

01

### 기후변화를 주시해야 한다

기후변화[161]는 21세기 인류가 직면한 가장 중대한 도전과제 중 하나이다.[391] 기후변화에관한정부간패널(Intergovernmental Panel on Climate Change : IPCC)[162]에 따르면,[392] 기후변화는 20세기 이후 산업화, 도시화 등 인류의 인위적 활동으로 인해 일어나는 현상이다. 최근에는 그 속도가 점점 더욱 빨라지고 있다.

이러한 기후변화는 지난 수십 년간 생물다양성 손실, 오존층 파괴, 대기 중 미세물질 축적 등 지구 생태계 및 인류의 삶에 엄청난 변화를 일

---

**161** UN기후변화협약(UNFCCC)은 기후변화를 "전 지구의 대기 조성을 변화시키는 인간의 활동이 직간접적으로 원인이 되어 일어나고, 충분한 기간 관측된 자연적인 기후 변동성에 추가하여 일어나는 기후의 변화"로 정의한다.

**162** 세계기상기구(WMO)와 UN환경계획(UNEP)이 1988년 설립하였으며, 인간 활동에 대한 기후변화의 위험을 평가하는 것이 주요 임무이다.

으키고 있다. 또 다른 변화로는 봄의 조기 도래, 더 높은 고도 및 위도로 동식물 서식처의 이동, 해안 서식처 범람 등이 있다. 중요한 점은 이들 환경적 변화의 대부분은 서로 연결된다는 것이다.

기후변화는 인류의 활동으로 초래된 '온실가스(Greenhouse Gas)'와 직접 관련이 있다는 것이 그간 많은 연구 등을 통해 밝혀졌다.[393] 2012년 네이처(Nature)에 따르면,[394] 중간 수준의 기후 온난화 시나리오를 적용할 때 2050년경까지 지구상에 존재하는 생명체의 15~37%가 멸종될 위험이 있다. 현재 다양한 동식물에 멸종의 위기를 초래하는 인류의 활동들은 야생동물에게도 새로운 신체적, 정신적 고통, 공포, 그리고 질병을 초래한다.

지구의 온도는 1970년대 이래 평균 0.2~1.0℃ 상승하였다.[395] 특히 중위도 및 고위도 지역에서 가장 큰 변화를 보인다. 북극의 온도 상승은 지구 온도 평균 상승치의 거의 두 배이다. 육지가 바다보다 더 빠르게 더워지고 있지만, 전체 지구 열 증가의 거의 80%를 바다가 떠안고 있으며, 이는 빙하를 녹이고 온도를 팽창하는데, 이 둘 모두가 해수면 상승을 초래한다.

2012년 기상청 발표자료에 따르면,[396] 1981년부터 2010년까지 우리나라 평균 기온이 1.2℃ 상승했다. 특히 겨울철은 1.7℃ 상승하였다. 1911년부터 2010년까지 100년간 기록을 보면 1.8℃ 상승하였는데, 이는 세계 평균인 0.85℃의 약 2배이다. 2012년 식약처가 발표한 〈기후변화가 식품안전에 주는 영향에 대한 소비자 인식도 조사〉에서 우리 국민 99%가 일상생활에서 기후변화를 체감한다고 밝혔다. 국민 91%가 기후변화 영향이 심각하다고 생각하고 있고, 그 원인이 '지구온난화'라고 생각한다.[397]

기후변화는 지구의 모든 곳에서, 모든 분야에서, 다양한 수준으로 서로 영향을 미친다. 일례로 몽골에서는 2010년 혹한으로 전체 가축의 20%에 해당하는 820만 두의 소, 양, 염소가 몰사했다.[398]

WHO는 기후변화가 사람의 건강에 부정적 영향을 많이 미치고 있다고 본다.[399] 세계 24개 과학단체와 UN이 함께 쓴 보고서[400]에 따르면, 기후변화는 21세기에 지구적 차원의 가장 큰 보건 위협이다. 이 보고서는 기후변화가 폭염, 혹한 등 극단적 기후의 빈번한 발생, 신종 또는 재출현 인수공통질병 증가, 환경오염 증가, 그리고 농축산물 생산성 감소의 주요 원인 중 하나라고 지적한다. 또한, 기후변화는 폭풍, 홍수, 대형 산불 등과 같은 직접적인 영향과 더불어 곡물 수확량 감소, 용수 공급 중단, 생활 터전 상실, 정신건강 문제 증가 등과 같은 간접적인 영향의 원인이기도 하다.

FAO 자료에 따르면,[401], [402] 가축 다양성이 기후변화를 극복하는 데 도움을 준다. 현재 8,800여 품종의 가축이 있지만, 이 중 17%가 멸종의 위기에 있으며, 이미 약 100개 품종이 2000년부터 2014년 사이에 멸종했다. 가축의 다양성을 잃으면, 기후변화에 대한 탄력성이 감소하고, 식량 위기에 직면할 수 있으며, 소득이 감소하게 되어 삶의 질이 하락할 것이라 한다.

기후변화는 동물사료용 곡물의 품질과 생산량에도 커다란 영향을 미친다. 온도가 올라가면 목초의 품질 및 생산량에 부정적인 영향을 미치며, 이는 농가들이 가축을 영양적 요건에 맞게 키우는 것을 어렵게 만든다.

수의사는 기후변화가 생태계 건강, 생물다양성, 질병 발생 양상 등에 미치는 잠재적 영향을 충분히 인식해야 한다. 지구의 모든 생명체는 인류가 사는 자연환경에 적응할 수 있도록 서서히 진화되어 왔기 때문에, 이러한 자연환경의 급격한 변화는 모든 유형의 생물 종에서 건강상 심각한 파급을 미쳐 이들의 생존에 엄청난 부정적 영향을 미친다.

## 02
## 기후변화는 동물위생에 미치는 영향이 크다

기후변화는 동물질병의 발생 양상을 바꿀 수 있는 잠재력이 있다. 그간 많은 연구결과, 기후변화는 사람과 동물의 건강에 부정적인 영향을 미친다는 것이 밝혀졌다. 반면에 일부 연구결과는 기온 상승은 매우 추운 지역에서 사는 사람과 동물에게는 죽음의 위험을 줄이고 건강과 복지를 높여준다는 점을 보여준다.[403]

동물의 건강과 복지에 미치는 기후변화의 부정적 작용은 공기 온도, 강수량, 극단적 기후의 빈도가 함께 바뀐 결과이다.[404] 기후변화의 직접적 작용은 일차적으로 기온 상승 및 장기간 혹서에 기인한다.[405] 혹서는 감염병 및 대사 장애, 산화 스트레스(Oxidative Stress), 면역 억제 등을 일으켜 가축의 건강에 나쁜 영향을 미친다.[406] 고온 스트레스는 소에서 파행의 원인이 되며,[407] 산업동물에서 면역체계를 해친다. 고온은 열사병, 열탈진, 열경련, 신체기관 장애 등을 일으켜 동물을 사망에 이르게도 할 수 있다. 기후변화의 간접적 작용은 일차적으로 먹거리 및 음용수의 양과 질, 그리고 병원체와 병원체 매개 동물의 생존과 분포와 관련된다. 일반적으로 좀 더 따뜻한 기온은 병원균, 기생충 등의 성장과 확산을 쉽게 한다.

지구온난화는 병원체 매개 동물의 번식능력과 병원체의 생존율을 높여 질병 발생이 증가한다. 기후변화는 병원체 매개동물이 더 넓은 지역에 분포하게 만들어 새로운 지역에서 해충 및 질병을 초래한다. HPAI도 철새의 이동경로 변경 또는 숙주 동물의 이환율 증가를 통해서 기후변화의 간접적인 영향을 받는다.

2009년 제77차 OIE 총회에서 회원국들은 '동물 전염병 발생과 축산업에 대한 기후 및 환경 변화의 영향'을 논의한 후 기후변화가 가축전염병 발생에 크게 영향을 미친다고 결론지었다. 선진국들은 기후변화가 가축질병에 미치는 영향을 평가하고 대응하는 시스템을 갖고 있다. 이와 관련된 각국의 보고서[163]를 참고할 필요가 있다.

수의사는 기후변화의 영향에 대응하는 데 다음과 같은 독특한 역할을 갖고 있다.[408] ▶ 농장, 동물병원, 실험실, 대학 등 최전선에서 동물질병을 검출하고 진단하기 때문에 기후변화의 영향을 확실히 느낀다. ▶ 기후변화에 따른 신종 또는 재출현 동물유래 인수공통 병원체로 인한 공중보건 위험에 관한 자문을 한다. ▶ 농장별 위생관리 계획 및 차단 방역을 통해서 동물 1두 당 생산성을 극대화함으로써 메탄 방출량을 최대한 줄여 기후변화의 영향을 최소화한다. ▶ 기후변화에 따른 축산식품 유래 공중보건 위해에 관한 예방 · 통제 방안을 가축 사육자에게 제공한다.

정부 수의당국은 기후변화에 따른 전염병 발생에 대응하기 위한 조기경보체계를 갖추어야 한다. 또한, 기후변화에 따라 발생이 증가할 것으로 예상하는 전염병을 감시 · 조사 · 연구하고, 발생을 예방하고, 발생하

---

[163] Climate Change Impacts on the United States (2000년), Health Effects of Climate Change in the UK (2008년), Wise Adaptation to Climate Change (일본, 2008년), Climate Change: Risk and Vulnerability, Promoting on Efficient Adaptation Response in Australia (2005년) 등

는 경우 신속히 대처할 수 있는 국가적 차원의 종합대응시스템을 구축해야 한다.

03
## 기후변화는 공중보건에 미치는 영향이 크다

기후변화가 인수공통 전염병의 발생을 촉진하는 원인은 다양하다. '이산화탄소 증가 등 대기환경의 변화로 인한 병원체 매개동물의 수명 연장', '기온 상승으로 인한 매개동물 및 병원체의 성장 속도 증가', '강수량 변동과 호수 분포 변화 등에 의한 모기 품종의 변화', '도시화로 인한 인구집중에 따른 전염병 전파속도 증가' 등이다.[409]

기후변화는 동물유래 식품의 생산, 유통, 소비 등 다양한 단계에서 식품안전 위해의 발생에 직간접적 영향을 미친다. WHO는 2007년 "최근 발생하고 있는 인수공통질병 대다수가 기후변화와 관계가 있다."라며 대책 마련을 촉구하였다.[410] 기후변화는 깨끗한 공기, 안전한 먹는 물, 충분한 영양 및 안정적 식량 수급과 같은 보건에 영향을 미치는 사회적, 환경적 결정요소에 중대한 영향을 미친다.

기후변화는 온도 및 습도의 변화를 통해 병원체의 생존 및 전파 양식을 바꾼다. 기후변화에 따라 새로운 인수공통질병이 출현하는 경우 이를 통제하기 위해 동물약품 사용이 증가한다. 이는 축산식품에 동물약품이 잔류할 위험과 항생제 내성균이 증가할 위험을 높인다. 2009년 FAO 보고서[411]에 따르면, 기후변화의 영향을 받은 것으로 생각되는 인수공통 병원체로 바이러스 6종, 세균 7종, 원생동물 3종, 기생충 2종이 있다.

기후변화로 인한 기온 상승과 용수 부족은 축산물의 원료생산 · 가공·보관·유통·소비 과정에서 인수공통 병원체, 곰팡이독소, 항생제 등에 오염될 가능성을 높이고, 이를 통제하기 위한 위생관리 프로그램을 적용하는 데 어려움을 초래한다. 이러한 어려움은 축산식품 안전관리에 부정적 영향을 미쳐 식중독 발생 가능성을 높인다. [412]

기후변화는 질병 발생의 3대 요소인 숙주, 병원체 및 환경 모두에 영향을 미친다. 기후변화는 동물의 질병 감수성에도 직간접적 영향을 미친다. 예를 들어 심한 추위, 심한 더위, 가뭄, 과도한 습도 등에 오랫동안 노출된 소는 유방염과 같은 세균성 감염병에 걸리기 쉽다. 기후변화는 인수공통 병원체를 보유하는 많은 동물 숙주의 생태환경에도 영향을 미친다. 일례로 더 길어진 여름 및 온난한 겨울은 설치류의 번식 시기를 늘리고 사망률을 낮추는 데 기여한다.

IPCC는 기후 온난화가 부적절한 식품 취급과 맞물려서 식품유래 질병의 발생이 증가하는 원인이 된다고 했다. [413] 특히 식품유래 병원체를 전파하는 파리, 바퀴벌레, 설치류 등이 증가한다. 또한, 기후변화는 온도에 민감한 마이코톡신 및 생독소(Biotoxin)를 생성하는 미생물의 증가 또는 변화를 초래한다. 이들 독소의 수준 및 확산의 변화는 공중보건 및 식품안전에 직접 영향을 미친다.

2008년 한국보건사회연구원의 〈국제 기후변화에 따른 식품안전관리 대책 추진방안〉 [414]에 따르면, 2003년에서 2007년까지 5개년 평균 기온 및 습도를 기준으로 향후 식중독 발생을 예측한 결과 2020년대 14.8℃, 2050년대 16.6℃, 2080년대 18.6℃의 예측 평균 기온에서 식중독 발생 건수는 5개년 평균대비 2020년에는 6.3%, 2050년에는 15.8%, 2080년에는 26.4% 증가할 것으로 예측되었다.

기후변화는 식품안전을 포함한 공중보건에 심대한 영향을 미친다. 기후변화는 공중보건 정책을 수립·시행하는 데 중요한 고려 요인이다. 수의공중보건 정책이 최상의 효과를 얻기 위해서는 기후변화 전문가들의 적극적인 참여 및 이들과의 긴밀한 협력이 필수적이다.

04
## 인류의 생존은 꿀벌에 달려 있다

꿀벌은 세계적으로 다양한 기후에 걸쳐 광범위한 지역에 분포해 있다. 생태계에 있어 꿀벌의 주요 역할은 농작물 등 식물에서 꽃의 꽃가루받이 역할(수분작용)을 함으로써 식물의 번식에 돕는 것이다. 수분이 있어야 다음 세대를 위한 열매를 맺을 수가 있다. 이를 통해 세계의 수십억 인구가 먹을 식량을 식물이 생산한다. 꿀벌은 식품, 의약품, 화장품 등에 사용되는 밀랍과 꿀과 같은 귀중한 식량을 인류에 제공한다. 꿀벌과 같은 꽃가루 매개자는 인류의 생존, 경제 및 생태계 균형을 위해 필수불가결한 수분작용을 지속할 수 있도록 적절히 보호받아야 한다.[415]

농작물의 약 35%가 꽃가루 매개자에 수분을 직접 의존하며, 재배되는 식물 품종의 약 84%가 수분에서 꿀벌과 같은 곤충의 활동과 관련이 있다. FAO에 따르면,[416] 사람이 먹는 식품의 90%를 제공하는 100가지 농작물 중 사과, 브로콜리, 멜론, 견과류 등 71가지가 꿀벌에 의해 수분한다. 즉 사람은 꿀벌이 없이는 사실상 농작물을 얻을 수 없다. 많은 동물 또한 이들 농작물에 생존을 의존한다. 농작물이 줄어들면 동물의 숫자가 줄게 되고, 이는 나아가 인류를 위한 동물유래 생산품의 부족을 불러온다.

꿀벌은 지구의 생물다양성을 유지하여 기후변화를 예방하거나 줄이는 데 기여한다. 꿀벌은 수많은 식물 종들을 수분하기 때문에 생태계의 생물다양성을 유지하는 데 대체가 불가능한 존재이다. 꿀벌이 없다면, 식물이 번식할 수단이 없거나 부족하여 대부분의 식물 종이 멸종되거나 크게 줄어 지구온난화는 더욱 가속될 것이다.

꿀벌은 지금 세계적으로 멸종의 위험에 처해 있다.[417] 최근 수십 년 간 꿀벌 개체수는 급속히 감소했는데 원인은 다양하다. 1960년대에 동유럽에서 처음 발견되어 봉군(벌들의 떼)에 막대한 피해를 주는 꿀벌응애(Varroa)가 세계적으로 확산하고 있다. 꿀벌에 감염될 경우 높은 폐사율을 보이는 낭충봉아부패병(Sacbrood), 부저병(Foulbrood), 노제마병(Nosema Disease) 등도 많이 발생한다. 농작물 재배 시 해충 방제 등을 이유로 농약이 널리 사용되는데 이로 인해 농작물의 꿀을 섭취하는 꿀벌이 큰 피해를 본다. 꿀벌 질병의 예방 및 치료에 효과적인 동물약품이 부족하다. 그리고 양봉 과정에서 비위생적인 처치가 꿀벌의 활발한 번식을 저해한다.

반기성에 따르면,[418] 2015~2016년 사이에 미국에서만 꿀벌 봉군의 28.1%가 감소했고, 캐나다(16.8%), 유럽(11.9%), 한국(10.8%), 뉴질랜드 등에서도 봉군 감소 현상이 심각하다. 최근 기후변화, 환경오염, 밀원지(벌이 꿀을 빨아오는 근원 지역) 감소 등으로 봉군 붕괴 현상이 심각하다. 특히 지구온난화가 꿀벌 개체수 감소에 크게 영향을 미친다.

기후변화는 서식 환경에 매우 민감한 꿀벌과 같은 생태형[164] 동물의 생존 및 활동에 큰 영향을 미친다. 기후변화는 꿀벌의 행동 및 생리 기능에 직접 영향을 미친다. 기후변화는 꿀벌이 먹이를 채취하는 꽃의 서

---

**164** 생태형(ecotype)이란 같은 종이 다른 환경에서 생육하기 위하여 그 환경 조건에 적응하여 분화한 성질이 유전적으로 고정되어 생긴 개체군을 말한다.

식 환경의 특성을 바꿀 수 있고, 꿀벌 봉군의 세력을 증가 또는 감소시킬 수 있다. 기후변화는 꿀벌의 서식지역 범위를 조정하고, 꿀벌 내의 기생충들이나 병원체들 사이에서 새로운 경쟁적 관계를 생성할 수도 있다.

물론 꿀벌과 같은 수분매개 동물이 생태계에서 사라질 위험에 처한 이유가 기후변화 때문만은 아니다. 농경지 확대와 도시 확장에 따른 토지 사용 변화도 주요 원인 중 하나이다. 특히 산, 벌판 등 야생의 밀원지가 사라지는 것이 큰 문제이다. 꿀벌이 감소하는 추세를 멈춰야 한다. 이를 위해 인류는 지구적 차원에서 모든 노력을 기울여야 한다. 그렇지 않으면 꿀벌의 멸종이 인류의 멸망을 이끌 수 있다.

꿀벌이 처한 멸종의 위기에 대응하는 데 수의사는 다음과 같이 필요한 역할을 해야 한다. 양봉 과정에서 꿀벌이 충분히 생존할 수 있도록 적절한 수의학적 노력이 필요하다.

첫째, 양봉 과정에서 사용되는 모든 약품을 수의사가 적절히 통제한다. 많은 병원체가 꿀벌의 생존을 위협한다. 이들 병원체를 효과적으로 통제할 수 있도록 수의사 처방 등을 통해 동물약품을 신중하게 사용해야 하며, 사용 이후 어떤 부정적 작용이 있는지를 감시한다. 현재 꿀벌에 사용되는 동물약품을 체계적인 예찰 등을 통해 엄격히 규제한다.

둘째, 양봉업자들이 꿀벌의 질병 예방 및 치료에 효과가 높은 동물약품을 필요로 할 때 쉽게 사용할 수 있도록 지도한다. 정부 관계당국은 효과가 좋은 양봉용 약품을 적극 연구·개발하여 양봉 농가에 널리 보급해야 한다.

셋째, 꿀벌의 생존 및 번식에 큰 위험을 초래하는 살충제는 밀원지에서 사용을 금지하거나 엄격히 규제한다. 일례로 유럽에서는 곡물에 사용되는 살충제 네오니코티노이드제(Neonicotinoids)가 이에 해당한다는 것이 밝혀져 2013년 12월부터 사용이 금지되었다.

셋째, 정부 방역당국은 양봉업자에게 꿀벌의 해충 및 질병을 효과적으로 통제하는 방법에 관한 교육·훈련 기회를 적절히 제공한다. 건강한 꿀벌 봉군을 유지하는 일차적 책임은 양봉업자에 있다.

# 제24장
# 생물테러 위협은 진행형이다

## 01
## 인수공통 병원체가 생물테러에 악용된다

테러는 생물테러(Bioterrorism)[165], 농산물 테러(Agroterrorism)[166] 등으로 구분된다. 생물테러는 생물학적 무기를 이용하는 것으로, 사람, 동물 또는 식물에서 죽음 또는 질병을 일으키기 위하여 살아있는 유기물에서 추출한 미생물 또는 독소를 사용한다. 생물테러를 벌이는 동기는 보복, 잘못된 종교적 신념, 종말론 계시 이행, 사회 혼란 초래, 모방 범죄, 주변 이목 끌기 등 다양하다.

생물테러가 일어날 경우, 이에 이용된 병원체 또는 독소가 언제 어디

---

[165] 사람을 다치게 하고, 공포를 일으키거나 사회를 교란하기 위하여 바이러스, 세균, 곰팡이 또는 생물체로부터 얻은 독소 등을 사람, 동물, 식물을 죽이기 위해 의도적으로 또는 협박하면서 사용하는 것을 의미한다.

[166] 가축이나 곡물을 죽이거나 해를 입히기 위하여 악성 바이러스와 같은 생물학적 병원체를 의도적 또는 협박적으로 농산물에 넣어 사용하는 것이다.

서 누출되었는지를 찾아내는 것은 어렵다. 한번 확산이 되면 보통은 지리적으로 넓은 지역을 포괄하며, 임상적 사례를 인식하는 데 수일에서 수주가 소요될 수 있다. 만약 원인체가 전염성이라면 사람에서 사람으로 또는 매개체를 통해서 2차 전파가 일어날 수도 있다. 이러한 요인들이 테러범을 찾아내는 것을 어렵게 만든다.

생물학적 무기는 과거 수 세기에 걸쳐 전쟁 시에 사람과 동물을 대상으로 사용되었다. 2001년 미국에서 일반 시민과 공공기관을 대상으로 자행되었던 우편물을 이용한 생물테러(탄저균 공격)는 미국을 공포로 몰아넣었고 세계적으로 엄청난 충격이었다. 이를 계기로 미국은 생물학적 무기를 통제하기 위한 연방법령인 「42 CFR Part 73. Select Agents and Toxins」을 마련하였다. 2002.6.12. 생물테러 및 공중보건 긴급사태에 대처하는 국가 역량을 높이기 위해 일명 '바이오테러법'인 「공중보건 안보 및 생물테러대응법(Public Health Security and Bioterrorism Preparedness Response Act of 2002)」을 공포하였다. 또한, 국가적 차원에서 모든 형태의 테러에 효과적으로 대응하기 위해 국토안보부(Department of Homeland Security)를 신설하였다. 영국도 2001년 FMD 발생 이후 미국에서의 탄저균 테러 사건 등을 고려하여 생물학적 병원체 사용을 통제하기 위해 「테러범죄방지법(Anti-Terrorism Crime and Security Act)」을 시행하였다.

실제로 2011년 독일에서 처음 발생한 사람에 치명적인 '장출혈성 대장균(Enterohamorrhagic E. coli)'이 유럽 전역으로 빠르게 확산하자 일각에서 이 대장균의 고의 확산 가능성을 제기하였다. 영국 국가기간시설보호센터(Center for the Production of National Infrastructure, CPNI)는 자국에서 판매되는 식음료가 독극물 주입 테러 위협에 노출돼 있다고 경고하고,

국내 식음료 산업이 특정 사상 또는 이념에 기반을 둔 단체들로부터 위협을 받을 수 있다고 했다.[419] 축산업 중 낙농업이 생물테러 위협에 특히 취약하다. 보툴리누스균 몇 그램(Gram)을 우유 수송 차량에 넣어도 수천 명의 생명이 위험에 빠질 수 있다.

농산물 테러는 고도의 기술이 필요하지 않고, 저비용이면서도 상당한 충격과 나쁜 효과를 낼 수 있다는 점에서 비인도적, 악의적인 테러이다. 실제로 FMD, HPAI 등의 바이러스는 축산농가에 치명적인 피해를 초래한다.

동물이나 동물생산품에 존재할 수 있는 전염성 질병의 병원체 및 독소는 동물위생, 공중보건, 식량안보 등에 중대한 지속적 위협이 될 수 있다.[420] 전염병 원인체 또는 독소는 고의 또는 사고로 누출될 경우, 이들에 감수성이 있는 사람 또는 동물에 커다란 위험을 초래한다. 비록 의도적인 또는 사고에 의한 노출 가능성은 작지만, 이러한 노출의 영향은 국가적으로, 나아가 세계적으로 재앙 수준의 결과를 초래할 수도 있다.

사고에 의한 동물질병 병원체 노출의 대표적 사례로는 2007년 영국 퍼브라이트연구소(Pirbright Laboratory)에서 FMD 바이러스가 누출되어 인근 농가에서 FMD가 발생한 경우로, 이는 1억 5천만 파운드의 경제적 손실을 초래했다. 고의적인 생물테러의 대표적 사례는 2001년 미국에서 발생한 22건의 '탄저 편지(Anthrax Letters)' 사건으로 이로 인해 11명이 탄저균(Bacillus anthracis)을 흡입하여 6명이 사망했으며, 수억 달러의 오염원 제거 비용을 야기했다.[421]

동물 병원체, 특히 인수공통 병원체 중 일부는 높은 치사율 등 건강상

[그림 40] 탄저균 우편 봉투
(출처: 위키피디아, 2019)

부정적 영향이 매우 크다. 또한, 이들 병원체는 입수하고 퍼뜨리기가 쉽고, 해외 밀반입이 쉬워 생물무기(Bioweapons)[167] 또는 생물테러에 이용될 수 있다. 그간의 생명공학 발전은 동물 병원체를 적은 비용으로 쉽게 조작하는 방안을 계속 늘리고 있다. 그간 생물무기 개발을 위해 사용된 병원체는 대부분 동물 병원체이다. OIE는 이들을 공식적으로 목록화하였는데, 2019년 기준으로 117개 동물질병을 포함한다.[422]

동물은 사고 또는 의도적으로 전염성 병원체나 독소에 노출되었을 때 이들에 대한 생체감응체(Biosensors)로 중요한 역할을 한다. 국가 보건당국은 일상에서 사고 또는 의도적으로 질병 병원체 또는 독소가 사람이나 동물에 노출되는 경우를 찾아내기 위해 동물을 이용한 효과적인 예찰 및 감시체계를 운영할 수 있다.

생물테러가 의도적이든 우연한 사고든 이에 대한 대응은 유사하다. 동물위생 및 공중보건 분야의 상호협력이 반드시 필요하다. 또 의도적으로 병원체 또는 독소를 노출한 것으로 의심이 되는 때는 경찰 등 법집행기관과 긴밀히 협력하는 것이 중요한 요소이다.

## 02
### 수의사는 생물테러에 대응한다

세계적으로 생물테러 위험이 상시 있는 상황에서, 실제로 생물테러 위협이 있으면, 수의사는 동물과 사람에 대한 위협들을 진단, 대응 그리고 보고하는 일에 적극적으로 나서야 한다. 따라서 수의사는 국가적으

---

**167** 생물무기는 사람, 동물 또는 작물에 의도적으로 피해 또는 죽음을 일으키기 위해 사용되는 세균과 같은 어떤 살아있는 물질이다.

로 생물테러가 발생하는 경우, 이에 효과적으로 대처할 수 있는 역량이 있어야 한다. 이를 위해 평소에 적절한 교육 및 훈련을 통해 필요한 역량을 습득해야 한다. 수의사가 생물 안전 사안을 다루는 데 훈련이 잘 되어있을수록, 일반 대중은 동물위생과 공중보건에서 수의사의 중요성을 더 많이 인식한다.

수의사는 생물테러 위협과 관련되는 동물의 미생물학적, 화학적, 그리고 물리적 건강 위해들에 관한 광범위한 지식과 이들을 다룰 수 있는 기술을 갖고 있다.[423] 수의사는 능동적인 예찰, 질병 진단 및 보고, 긴급 대응 계획수립, 실험실 역량 강화, 민관의 협력 강화 등을 통해 정부 당국 및 민간업계가 생물테러 등 생물안전 사건에 과학적으로 대비 및 대응하는 것을 도울 수 있다.

생물학적 전쟁 또는 생물테러 무기로 널리 활용될 수 있는 잠재력이 있는 것이 바로 인수공통 병원체이다. 애완동물, 가축 등은 이들 병원체를 찾아내는 보초(Sentinel) 역할을 할 수 있다. 많은 경우 이들 질병은 사람 이전에 동물에서 임상 증상이 먼저 발현되기 때문이다. 미국 CDC에서는 생물테러에 이용될 수 있는 원인체, 질병을 3가지 등급으로 분류하였는데 제일 높은 A 등급에 해당하는 5개 중 4개[168]가, 두 번째 등급인 B 등급에 해당하는 10개 중 7개[169]가 모두 인수공통 병원체이다.

수의사는 동물위생 및 공중보건에서 전문가이자 감시자로서 잠재적

---

168 Anthrax, Botulism, Plague, Smallpox, Tularemis, Viral hemorrhagic fevers 중 1980년 WHO가 지구상에서 박멸된 질병으로 선언한 Smallpox를 제외한 4가지

169 Brucellosis, Glanders, Melioidosis, Psittacosis, Q Fever, Typhus fever, Viral encephalitis로, 나머지 3개는 Toxins, Food Safety Threats 및 Water Safety Threats이다. 참고로 C 등급은 2개로 Nipha virus 및 Hantavirus이다.

생물테러를 가장 일찍 인식할 수 있다. 생물테러에 최상의 처방은 생물 테러에 대한 지식이다.

## 03
## 국가적 대응이 필요하다

월스트리트저널(The Wall Street Journal)에 따르면, 마이크로소프트(Microsoft) 창업자 빌 게이츠(Bill Gates)는 2017.2.19. '뮌헨안보컨퍼런스(Munich Security Conference)'[170]에서 "글로벌 전염병이 핵폭탄이나 기후변화보다 훨씬 위험할 수 있다."라고 경고했다.[424] 정부와 군이 수백만 명을 죽일 수 있는 핵 물질과 관련해서는 심혈을 기울이지만, 핵보다 더 심각한 결과를 초래할 수 있는 바이오 테러에는 덜 대비한다는 것이다. 그는 "전염병은 아마도 10억 명을 죽일 수 있는 유일한 것으로 정부와 군이 전염병 발생 시 신속히 대응할 수 있도록 더 많은 세균전 훈련을 하기 바란다."라고 했다.

동물 병원체 또는 동물유래 독소가 외부환경에 누출되어 초래하는 건강상 위협으로부터 동물과 사람을 보호할 수 있는 가장 효과적이고 지속 가능한 방법은 크게 두 가지이다. 첫째, 동물질병에 대한 예찰, 농장단계 동물질병 및 인수공통질병 조기검출, 그리고 사건·사고 발생 시 신속한 대응을 위한 시스템을 강화하는 것이다. 둘째, 생물안전(Biosafety)[171] 및 차단방역 관련 분야 간에 과학적 네트워크를 육성하

---

170 1962년 창설되어 세계 안보문제와 향후 도전과제를 논의하는 자리로 흔히 안보영역의 '다보스 포럼'이라 불린다.

171 유전자변형생물체가 인체나 환경에 미칠 수 있는 위해성은 물로 이를 방지하기 위한 정책, 제도 등을 포괄하는 개념이다.(위키백과)

는 것이다.

지난 수십 년간 세계적으로 다양한 형태의 테러가 증가하고 있는 가운데 식품 등을 매개로 하는 생물테러는 대규모 질환 또는 사상자를 발생시킬 수 있다는 우려가 있다. 현대의 축산업 및 식품산업의 특징은 집약적 가축 사육, 대량 식품생산 등이다. 이러한 상황에서 가축을 사육하거나 식품을 생산·유통·판매하는 과정에서 테러범 또는 범죄 집단이 의도적으로 악성 동물질병 원인체나 치명적 독극물을 가축이나 식품에 오염시킬 수 있다.

미국은 2001년 '9.11 뉴욕무역센터 테러'를 계기로 2002년 6월 바이오테러법을 제정하여 의도적인 오염 등 식품 관련 긴급상황으로부터 국가 식품유통체계를 보호하도록 FDA에 권한을 부여하였다. 일본도 2011년 식품공장과 물류시설을 대상으로 한 의도적인 식품 오염방지에 관한 점검표 등이 포함된 '식품방어대책지침'을 마련하였다. WHO는 2002년 식품 테러 위협 예방 및 대응을 위한 지침을 설정했다.[425]

우리나라는 정부 차원에서 생물테러에 대한 체계적 대응을 위해 지속적인 노력을 기울이고 있다. 보건복지부 질병관리본부에 위기대응생물테러총괄과를 신설하는 것이 대표적이다. 정부는 생물테러가 발생하였을 경우 대비하여 관심, 주의, 경계, 심각으로 구분하여 단계별 대응체계를 구축하고 있다. 앞으로도 정부 차원의 지속적인 관심과 투자가 필요하다. 이러한 노력 속에서 수의사의 역할은 더욱 증대될 것이다.

# 참고 문헌

01) Fielding D. O'Niel, Ancient History of Veterinary Medicine, www.tuckahoevet.com/post/ancient-history-of-veterinary-medicine

02) A brief history of Veterinary Medicine, 인터넷 자료

03) History of Veterinary Profession, RCVS, UK. https://knowledge.rcvs.org.uk/heritage-and-history/history-of-the-veterinary-profession/ 2019. 8.7 접속

04) History of Veterinary Medicine, www.dentonised.org/cms/lib/

05) History of Veterinary Medicine, www.dentonised.org/cms/fib/.../4316/History%20of%20Veterinary%20medicine.pp

06) M. Petitclerc, France, The role of veterinarians in the farm-to-fork food chain and the underlying legal framework, OIE Rev. sci. tech. Off. int. Epiz., 2013, 32(2), 359-369

07) 「한국수의학사」, 이시영, 국립수의과학검역원 발간, 2010년 10월

08) 팜인사이트, http://www.farminsight.net

09) 천명선, 조선시대 가축전염병-개념, 발생 양상 및 방역을 중심으로, 농업사연구 제13권 2호, 한국농업사학회, 2014.12

10) 위 07번과 같음

11) 한국 수의사의 직업 소개, 대한수의사회, 2019, www.kvma.or.kr/kvma_Training_materials, 2019.9.20. 접속

12) [재미있는 과학] 지구상에 존재하는 생물은 몇 종이나 될까, 2010.7.7. 매일경제, www.mk.co.kr/news/economy/view/2010/07/357332/ 2020.2.16. 접속

13) Veterinary Service: A New Perspective, USDA/APHIS, 2011

14) Veterinarians: Protecting the Health of Animals and People, AVMA, www.avma.org/public/YourVet/Pages/Veterinarians.aspx

15) David L Heymann and Osman A Dar, Prevention is better than cure for emerging infectious diseases, BMJ, Vol 348, 1 March 2014

16) Mapping of Poverty and Likely Zoonoses Hotspots, International Livestock Research Institute, June 2012.

17) 2018 동식물 위생검역(SPS) 보고서, 농림축산식품부 검역정책과, 2019.4 발간

18) 37 ways to use a DVM degree, Jessica Voelsang, DVM360, May 01, 2016, http://veterinarynews.dvm360.com/37-ways-use-dvm-degree

19) 10 ways the veterinary profession is changing, The Telegraph, 8 May 2017, www.telegraph.co.uk/pets/news-features/ ten-ways-veterinary-profession-changing/

20) FVE Survey of the veterinary Profession in Europe, MIRZA & NACEY RESEARCH, April 2015

21) '지난해 국내 식품 생산실적 축산물이 1~3위까지 싹쓸이', 축산신문, 2019.8.30.

22) 임동주, 「인류 역사를 바꾼 동물과 수의학」, 도서출판 마야, 2018.5.22.

23) Editorial by B. Vallat, Director General of the World Organisation for Animal Health (OIE), 30 April 2009

24) '1% 산업동물 수의사', 축산경제신문 기사, 2017.3.24. www.chukkyung.co.kr/news/articleView.html?idxno=40488 2019.9.9. 접속

25) Role and importance of the Veterinary Services, OIE, www.oie.int/en/solidarity/role-and-importance-of-veterinary-services/

26) OIE Terrestrial Animal Health Code, Section 3. Quality of Veterinary Service, Chapter 3.1. Veterinary Service, 28/06/2019, www.oie.int

27) OIE Tool for the Evaluation of Performance of Veterinary Services, PVS Tool, OIE, Seventh Edition, 2019, www.oie.int

28) Ensuring Good Governance to Addressing Emerging and Re-emerging Animal Disease Threats, OIE/FAO, 2007

29) Tracey Epps, International Trade and Health Protection, A Critical Assessment of the WTO's SPS Agreement, Edward Elgar Publishing Limited, UK, 2008

30) OIE Terrestrial Animal Health Code, Glossary, 28/06/2019, www.oie.int

31) L. Msellati, J. Commault & A. Dehove, Good veterinary governance: definition, measurement and challenges, Rev. sci. tech. Off. int. Epiz., 2012, 31 (2), 413-430

32) M. Petitclerc, The role of veterinarians in the farm-to-fork food chain and the underlying legal framework, Rev. sci. tech. Off. int. Epiz., 2013, 32 (2), 359-369

33) Michael Bloom, Michael Grant and Barbara Slater, Governing food: policies, laws and regulations for food in Canada, Conference Board of Canada, 2011

34) B. Evans & T. Macinnes, Shaping veterinary health policies in a global and evolving context, OIE Rev. sci. tech. Off. int. Epiz., 2012. 31(2)

35) 이문필, 강선주 등 저, 한 권으로 읽는 의학 콘서트, 빅북, 2018.1.10

36) OIE Terrestrial Animal Health Code, Section 3. Quality of Veterinary Service, Chapter 3.3. Communication, 28/06/2019

37) OIE Terrestrial Animal Health Code, Section 3. Quality of Veterinary Service, Chapter 3.2. Evaluation of Veterinary Services, 28/06/2019

38) 바이러스 폭풍의 시대(The Viral Storm), 네이션 울프, 김영사, 2015년

39) Council for Agricultural Science and Technology, CAST Commentary of May 2012: The Direct Relationship between Animal Health and Food Safety Outcomes

40) One Health at a glance, OIE, www.oie.int/en/for-the-media/onehealth/ 2020.3.1. 접속

41) Animal Health: A multifaceted challenge, OIE, August 2015, www.oie.int/

fileadmin/Home/eng/Media_Center/docs/pdf/Key_Documents/ANIMAL-
HEALTH-EN-FINAL.pdf

42) 남종오, '우리나라 양식산업, 경제이론에 기초한 진단 및 예측 서둘러야', 수산 월간
KMI수산동향_5월호, 한국해양수산개발원, 2011년.

43) 수의학대사전, 대한수의사회, 나눔의집 출판사, 2003

44) Haihong Hao, et. al., Benefits and risks of antimicrobial use in food-
producing animals, Frontiers in Microbiology, June 2014, Volume 5,
Article 288

45) William Burrows, Dante G. Scarpelli and Charles E. Cornelius, Animal
Diseases, Encyclopedia Britannica, www.britannica.com/science/animal-
disease

46) J. P. Pradere. OIE. Improving Animal Health and Livestock Productivity to
Reduce Poverty, Rev. sci. tech. Off. int. Epiz., 2014, 33 (3), 735-744,

47) The State of Food and Agriculture - Livestock in the Balance, FAO, 2009,
www.fao.org/3/a-i0680e.pdf 2019.8.12. 접속

48) UN Department of Economic and Social Affairs, 'World Population
Prospects: The 2015 Revision

49) International Fund for Agricultural Development (IFAD), World Food
Programme (WFP) and Food and Agriculture Organization (FAO), 'The State
of Food Insecurity in the World 2015

50) Pradere J.P., Improving Animal Health and Livestock Productivity to Reduce
Poverty, Rev. sci. tech. Off. int. Epiz., 2014, 33 (3), 735-744.

51) Bernard Vallet, Improving animal health worldwide is a priority, OIE, Jan. 7,
2018, www.oie.int/en/for-the-media/editorials/detail/article/improving-
animal-health-worldwide-is-a-priority/ 2019. 3.1 접속

52) FAO, Shaping the Future of Livestock, The 10th Global Forum for Food and
Agriculture (GFFA), Berlin, 18-20 January 2018

53) Innovation in animal health: Historic success, current challenges & future
opportunities, HealthforAnimals, 19 January 2016, https://healthforanimals.
org/resources-and-events/resources/papers/142-innovation-in-animal-
health.html 2020.1.26. 접속

54) Gallup J, Radelet S, Warner A (1997). "Economic Growth and the Income of
the Poor", CAER II Discussion Paper No. 36, Harvard Institute for
International Development, Boston MA

55) Hasan Khan M. (2000). - Rural poverty in developing countries. Fin. &
Dev., 37 (4), 26-29.

56) Pica G., Pica-Ciamarra U. & Otte J. (2008). - The livestock sector in the
World Development Report 2008: re-assessing the policy priorities. Pro-
Poor Livestock Policy Initiative: a living from livestock. Research Report No.

08–07. Food and Agriculture Organization of the United Nations, Rome.

57) World Livestock 2013: Changing Disease Landscapes", FAO, Dec 16, 2013

58) Future of Animal Health, Health for Animals, https://healthforanimals.org

59) Lisa Leonzi, Artificial Intelligence: new frontiers for animal identification, 1 April 2019, www.farm4trade.com/artificial-intelligence-new-frontiers-for-animal-identification/ 2019. 9.13 접속

60) Glossary, Terrestrial Animal Health Code, OIE, www.oie.int/standard-setting/terrestrial-code/access-online/

61) Livestock Disease, PostNote Number 392, October 2011, House of Parliament, Parliamentary Office of Science & Technology, UK

62) Guiding Principles for Animal Health and Welfare Policy and Delivery in England, Animal Health and Welfare Board for England, 14 December 2012. https://assets.publishing.service.gov.uk/government/uploads/system/uploads/attachment_data/file/251528/AHWBE-Guiding-principles.pdf

63) 고기오, 가축전염병, KISTEP 기술동향브리프, 2018-17호, 한국과학기술기획평가원

64) Mary-Louise Penrith, Fact Sheet: Tools for animal health management, 2018, University of Pretoria, South Africa

65) 이상구 등, 신종 인플루엔자의 수학적 모델링, 한국수학교육학회지 시리즈 E 〈수학교육 논문집〉 제24집 제4호, 2010.11. 877–889

66) IAASTD 2009, www.agassessment.org/docs/10505_HumanHealth.pdf.

67) Isacson, RE, Frikins, L, Zuckermann, FA et al, .1997. The effect of transportation stress and feed withdrawal on the shedding of Salmonella typhimurium by swine.Proc 2nd. Int. Symposium on epidemiology and control of salmonella in pork, Copenhagen Denmark Aug 20–22, pp 235–237

68) Guidelines for Animal Disease Control, OIE, 2014, www.oie.int/fileadmin/Home/eng/Our_scientific_expertise/docs/pdf/A_Guidelines_for_Animal_Disease_Control_final.pdf 2019.5.10. 접속

69) Global Animal Health Initiative: The Way Forward. Conference co-organised by the World Bank and OIE in collaboration with FAO of the UN, Lonnie King, Veterinary and Public Health Collaboration, CDC, USA, October 10, 2007

70) Emerging and Re-emerging Animal Diseases: Overcoming barriers to disease control, IFAH, 2013

71) People, Pathogens and Our Planet, Volume 1: Towards a One Health Approach for Controlling Zoonotic Diseases, Report No. 50833-GLB, The World Bank, 2010

72) Cosivi, O., Grange, et al.(1998), Zoonotic tuberculosis due to Mycobacterium bovis in developing countries, Emerging Infectious Diseases, 4(1), 59.

73) WHO Expert Consultation on Rabies, Second Report, WHO Technical Report Series 982, WHO, 2013

74) REGULATION (EU) 2016/429 OF THE EUROPEAN PARLIAMENT AND OF THE COUNCIL of 9 March 2016 on transmissible animal diseases and amending and repealing certain acts in the area of animal health ('Animal Health Law')

75) 천명선 등, 「가축단계 인수공통감염병 관리대상 질병 확대방안 연구」, 농림축산식품부 연구용역 최종보고서, 서울대학교 산학협력단, 2017년 2월

76) National Farmed Animal Health Strategy 2017-2022, Department of Agriculture, Food and the Marine, Ireland

77) '아프리카열병 100일... 전국 확산 막은 숨은 주역들', 2019.12.24., 한국경제, 2020.1.3. 접속, https://www.hankyung.com/economy/article/201912249365i

78) FMD 긴급행동지침(SOP), 농림축산식품부, 2018.12.28.

79) 이문필, 강신주 외 편저, 한권으로 읽는 의학 콘서트, 빅북, 2018

80) Vaccination for animal health: an overview. NOAH, UK, Jan. 6. 2018

81) RESOLUTION No. 18. Declaration of Global Eradication of Rinderpest and Implementation of Follow-up Measures to Maintain World Freedom from Rinderpest, 79th Session of the World Assembly of Delegates, Paris, 22-27 May 2011, OIE. https://www.oie.int/fileadmin/Home/eng/Media_Center/docs/pdf/RESO_18_EN.pdf

82) The Odyssey of Rinderpest Eradication, OIE, www.oie.int/en/for-the-media/editorials/detail/article/the-odyssey-of-rinderpest-eradication/ 2019.7.25. 접속

83) The benefits of vaccines and vaccination, Position paper, HealthforAnimals, 14 July 2015. https://healthforanimals.org/resources-and-events/resources/papers/128-the-benefits-of-vaccines-and-vaccination.html 2019. 8.10 접속

84) Veterinary vaccines and their importance to animal health and public health, James A. Roth, Vaccinology 5 (2011) 127-135, 2011

85) Gibbs, E. P. J. (2014) The evolution of One Health: a decade of progress and challenges for the future. Veterinary Record 174, 85-91

86) D. Lütticken (1), R.P.A.M. Segers (2) & N. Visser, Veterinary vaccines for public health and prevention of viral and bacterial zoonotic diseases. Rev. sci. tech. Off. int. Epiz., 2007, 26 (1), 165-177

87) GBD 2015 Mortality and Causes of Death, Collaborators. (8 October 2016). "Global, regional, and national life expectancy, all-cause mortality, and cause-specific mortality for 249 causes of death, 1980-2015: a systematic analysis for the Global Burden of Disease Study 2015". Lancet. 388 (10053): 1459-1544

88) Monath TP, Vaccines against diseases transmitted from animals to humans: a one health paradigm. Vaccine. 31(46):5321−38, 2013 Nov 4. www.ncbi. nlm.nih.gov/pubmed/24060567 .

89) D.B. Morton, Vaccines and animal welfare, Rev. sci. tech. Off. int. Epiz., 2007, 26 (1), 157−163, OIE

90) 카라, "대규모 농장엔 조류독감 백신 의무접종 시행하라", 2017.6.9., 뉴스1, http:// news1.kr/articles/?3016365, 2019.10.4. 접속

91) Marc Lipsitch and George R. Siber, How Can Vaccines Contribute to Solving the Antimicrobial Resistance Problem? American Society for Biology, May/ June 2016 Volume 7 Issue 3 e00428−16

92) Kathrin U. Jansen and Annaliesa S. Anderson, The role of vaccines in fighting antimicrobial resistance (AMR), HUMAN VACCINES & IMMUNOTHERAPEUTICS, 2018, VOL. 14, NO. 9, 2142−2149

93) Karin Hoelzer et al., Vaccines as alternatives to antibiotics for food producing animals. Part 1: challenges and needs, Vet Res (2018) 49:64, https://doi.org/10.1186/s13567−018−0560−8

94) National Action Plan for Combating Antibiotic−Resistant Bacteria, The White House, March 2015, www.cdc.gov/drugresistance/pdf/national_action_ plan_for_combating_antibotic−resistant_bacteria.pdf

95) A Call for Greater Consideration for the Role of Vaccines in National Strategies to Combat Antibiotic−Resistant Bacteria: Recommendations from the National Vaccine Advisory Committee, Approved by the National Vaccine Advisory Committee on June 10, 2015, Public Health Reports / January−February 2016 / Volume 131

96) Vaccines and Alternative Approaches: Reducing Our Dependence on Antimicrobials, The Review on Antimicrobial Resistance, Chaired by Jim O'Neill, February 2016

97) Vaccines to tackle drug resistant infections, An evaluation of R&D opportunities, The Boston Consulting Group, Sep. 21, 2018, https:// vaccinesforamr.org/wp−content/uploads/2018/09/Vaccines_for_AMR.pdf

98) Vaccination greatly reduces disease, disability, death and inequity worldwide, FE Andre, et. al., Bulletin of the World Health Organization, Volume 86, Number 2, February 2008, www.who.int/bulletin/ volumes/86/2/07−040089/en/

99) Feline leukaemia virus (FeLV) is a very important viral infection of cats occurring worldwide, International Cat Care, https://icatcare.org/advice/ cat−health/feline−leukaemia−virus−felv

100) www.who−rabies−bulletin.org, 2019.7.31. 접속

101) Dog vaccination: the key to end dog−transmitted human rabies, Press

releases, OIE, www.oie.int/for-the-media/press-releases/detail/article/
dog-vaccination-the-key-to-end-transmitted-human-rabies, (2019.
7.31 확인)

102) The impact of food and mouth disease, Jonathan Rushton & Theo Knight-
Jones, www.oie.int/doc/ged/D11888.PDF (2019.7.31. 확인)

103) Hennessy DA, Wolf CA (2015) Asymmetric information, externalities, and
incentives in animal disease prevention and control. J Agric Econ.
doi:10.1111/1477-9552.12113

104) CSF Contingency Plan for the Netherlands, Veterinary Service, Ministry of
Agriculture, Nature and Food Quality, October 2003

105) WHO Technical Report Series No. 40, Joint WHO/FAO Expert Group on
Zoonoses, May 1951, WHO, https://apps.who.int/iris/bitstream/
handle/10665/40155/WHO_TRS_40.pdf?sequence=1&isAllowed=y
2019.10.12. 접속

106) History of veterinary public health in Europe in the 19th Century, W.
Schonherr, Rev. sci. tech. Off. int. Epiz., 1991, 10 (4), 985-994, OIE

107) How Veterinarians Prevent Animals From Spreading diseases to Humans,
The Atlantic Daily, November 29, 2014

108) Center for Science in the Public Interest, 「All Over the Map, A 10-Year Review
of State Outbreak Reporting」, June 2015, https://cspinet.org/sites/default/
files/attachment/all-over-the-map-report-2015.pdf 2019.9.15. 접속

109) WHO Technical Report Series 907, Future Trends in Veterinary Public
Health, Report of a WHO Study Group, WHO, 2002

110) US Government Accountability Office, Report to Congressional Requesters,
Food Safety, A National Strategy is Needed to Address Frangmentation in
Federal Oversight, January 2017, GAO-17-74, https://www.gao.gov/
assets/690/682095.pdf 2019.11.1. 접속

111) 김준영, 중국 헌법상 '식품안전'과 식품안전법제의 연구, 원광대학교 한중관계연구원,
한중관계 연구 제4권제2호, www.earticle.net/Article/A332698 2019.8.8. 접속

112) 이주형 등, "식품안전관리 시스템 개선 및 거버넌스 확립을 위한 연구" 최종 과업결과
보고서, 식품안전정보원, 2017년 4월

113) '식품 안전권' 헌법 명문화 놓고 대립', 식품음료신문, 2018.3.12., www.thinkfood.
co.kr/news/articleView.html?idxno=79633 2019.8. 8 접속

114) Catherine Bessy, National food control systems: Core elements and
functions, Food Safety and Codex Unit, FAO, http://www.fao.org/
fileadmin/user_upload/agns/news_events/Pre_CCAFRICA_core_elements.
pdf 2019.11.1. 접속

115) Principles and Guidelines for National Food Control Systems, CXG
82-2013, CCFICS, 2013, http://www.fao.org/fao-who-codexalimentarius/

sh-proxy/en/?lnk=1&url=https%253A%252F%252Fworkspace.fao.org%252F
sites%252Fcodex%252FStandards%252FCXG%2B82-2013%252FCXG_082e.
pdf 2019.10.12. 접속

116) Guidelines for Developing and Implementing a National Food Safety Policy
and Strategic Plan, WHO, 2012, https://www.afro.who.int/sites/default/
files/2017-06/developing-and-implementing-national-food—main-
english-final.pdf 2019.8.9. 접속

117) The WTO Agreement on the Application of Sanitary and Phytosanitary
Measures (SPS Agreement), Word Trade Organization, https://www.wto.
org/english/tratop_e/sps_e/spsagr_e.htm, 2019.8.9. 접속

118) Catherine Bessy, Food Safety Policies and Regulatory Frameworks, Food
Quality and Standards Service, Nutrition and Consumer Protection Division,
FAO, 2009, http://www.fao.org/docs/up/easypol/785/food_safety_
policies_and_regulatory_frameworks_slides_078en.pdf 2019. 5. 17 접속

119) OIE Terrestrial Animal Health Code, Chapter 6.2. The role of the Veterinary
Services in food safety systems

120) Recommended International Code of Practice – General Principles of Food
Hygiene, CAC/RCP1-1969, Rev.4-2003

121) Food safety: the farm to the fork approach, Union of European Veterinary
Hygienists, 2010, http://www.veterinaryireland.ie/images/FVE_UEVH_
Food_Safety_Brochure_2010.pdf

122) Precautionary Principle, Wikipedia, https://en.wikipedia.org/wiki/
Precautionary_principle 2019.10.12. 접속

123) Regulation (EC) No 178/2002 of the European Parliament and of the Council
of 28 January 2002 laying down the general principles and requirements of
food law, establishing the European Food Safety Authority and laying down
procedures in matters of food safety, https://eur-lex.europa.eu/legal-
content/EN/TXT/PDF/?uri=CELEX:32002R0178&from=EN 2019. 7. 20 접속

124) MAF's Precautionary Approach to Managing Food Safety Risks, Ministry of
Primary Industry, New Zealand, https://www.mpi.govt.nz/
dmsdocument/23038-precautionary-approach-to-managing-food-
safety-risks 2019. 3.20 접속

125) COMMUNICATION FROM THE COMMISSION on the precautionary
principle, Commission from the European Communities, Brussels, 2.2.2000
COM(2000) 1 final

126) Heymann DL, Rodier G (2004) Global surveillance, national surveillance, and
SARS. Emerg Inf Dis 10(2):173 – 175.

127) 2015년 대한민국 중동호흡기증후군 유행, 위키백과, https://ko.wikipedia.org/
wiki/

128) David L. Heymann, Prevention is better than cure for emerging infectious diseases, BMJ, Vol. 348, 1 March 2014

129) Bruno Chomel, Prevention and Control of Emerging Diseases, Journal of Veterinary Medical Education, February 2003

130) John S. Mackenzie, Martyn Jeggo, Peter Daszak, Juergen A. Richt (2013) One Health: The Human-Animal-Environment Interfaces in Emerging Infectious Diseases, Food Safety and Security, and International and National Plans for Implementation of One Health Activities, Springer

131) Jones, K.E., Patel, N.G., Levy, M.A., Storeygard, A., Balk, D., Gittleman, J.L. & Daszak, P. 2008. Global trends in emerging infectious diseases. Nature, 451(7181): 990‒993.

132) Giulia RABOZZI et. al., Emerging Zoonoses: the "One Health Approach", Saf Health Work 2012;3:77‒83 | http://dx.doi.org/10.5491/SHAW.2012.3.1.77

133) FEDERAL FOOD SAFETY OVERSIGHT: Additional Actions Needed to Improve Planning and Collaboration, GAO, December 2014, www.gao.gov/assets/670/667656.pdf 2019. 7.8 접속

134) FOOD SAFETY: A National Strategy Is Needed to Address Fragmentation in Federal Oversight, GAO, January 2017

135) '농축산식품 주요 통계지표', 농림축산식품부, 2020년 3월

136) Under Codex principles and guidelines for the exchange of information in food safety emergency situations (CAC/GL 19‒1995, Rev.1‒2004)

137) FAO/WHO framework for developing national food safety emergency response plans, WHO/FAO, 2010, www.who.int/foodsafety/publications/emergency_response/en/ 2019. 3.15 접속

138) FAO/WHO framework for developing national food safety emergency response plans, WHO/FAO, 2010, www.fao.org/3/i1686e/i1686e00.pdf

139) Antimicrobial Resistance in the food chain, November 2017, Codex

140) Global Action Plan on AMR and Follow Up, Awa AIDTRA‒KANE, WHO, OIE Regional Seminar for Focal Points for Veterinary Products, Japan, 3‒4 March 2010

141) WHO guidelines on use of medically important antimicrobials in food-producing animals, 2017, WHO

142) Stop using antibiotics in healthy animals to prevent the spread of antibiotic resistance, News release, 7 November 2017, WHO, www.who.int/news-room/detail/07‒11‒2017‒stop‒using‒antibiotics‒in‒healthy‒animals‒to‒prevet‒the‒spread‒of‒antibiotic‒resistance

143) Food Safety, WHO Fact Sheet, Reviewed Oct. 2017, WHO

144) Fact Sheets: Antimicrobial Resistance, www.oie.int/fileadmin/Home/eng/Media_Center/docs/pdf/Fact_sheets/ANTIBIO_EN.pdf

145) Antimicrobial Resistance Fact Sheet, Updated Nov. 2017, Codex Home Page

146) Antimicrobial Resistance, Policy Insights, OECD, 2016, www.oecd.org/health/health-systems/AMR-Policy-Insights-November2016.pdf

147) Antibiotic resistant threats in the United States, CDC, 2013

148) Tackling Drug-Resistant Infections Globally: Final Report and Recommendations, The Review on Antimicrobial Resistance, Chaired by Jim O'Neil, May 2016

149) Final Report, Drug-Resistant Infections: A Threat to Our Economic Future, March 2017, World Bank Group.

150) WHO guidelines on use of medically important antimicrobials in food-producing animals, World Health Organization, 2017

151) World Organisation for Animal Health, 2018, OIE List of Antimicrobial Agents of Veterinary Importance

152) Global Action Plan on Antimicrobial Resistance, WHO, 2016, www.who.int/antimicrobial-resistance/global-action-plan/en/ 2019.7.25. 접속

153) 윤장원 교수, 비임상 분야에서의 슈퍼박테리아 현황과 관리방안, 제121회 한림원탁회의, '항생제 내성 수퍼박테리아! 어떻게 잡을 것인가', 한국과학기술한림원, 2018.1.23.

154) "항생제 내성균 감시를 위한 One Health 개념의 대응방안 연구", 정책연구용역사업 최종결과보고서, 질병관리본부, 2017.12.19

155) Van Boeckel TP, Pires J, Silverster R, Zhao C, Song J, Criscuolo NG, Gilbert M, Bonhoeffer S, Laxminarayan R., Global trends in antimicrobial resistance in animals in low- and middle-income countries, 2019, Science, 20;365(6459)

156) "2015년도 국가 항생제 사용 및 내성 모니터링 - 가축 및 축산물", 농림축산검역본부, 2016년 5월

157) 국가 항생제 내성 관리대책, 국가정책조정회의, 관계부처 합동, 2016.8.11

158) Marshall BM, Levy SB. Food animals and antimicrobials: impacts on human health. Clin Microbiol Rev.2011;24(4):718-33

159) We need you to implement the new Antimicrobial Resistance campaign, For Veterinary Services, October 2017, OIE

160) WHO Guidelines On Use Of Medically Important Antimicrobials in Food-producing Animals, WHO, 2017, www.who.int/foodsafety/areas_work/antimicrobial-resistance/cia_guidelines/en/ 2019. 8.12 접속

161) 조재성, OECD 축산분야 항생제 사용현황 및 전망과 경제분석, 세계농업 2018. 7월호

162) B.A. Wall, A.Mateus, L. Marshall and D.U. Pfeiffer, Drivers, Dynamics and Epidemiology of Antimicrobial Resistance in Animal Production, FAO, 2016

163) Emily Leung, et. al., The WHO policy package to combat antimicrobial resistance, Bull World Health Organ 2011; 89: 390-392, 6 April 2011

164) "2013년도 ■국가 항생제 사용 및 내성 모니터링■ -가축, 축 · 수산식품", 농림축산식품부, 농림축산검역본부 및 식품의약품안전처, 2014년 7월

165) Responsible and Prudent Use of Antimicrobial Agents in Veterinary Medicine, OIE, www.oie.int/fileadmin/Home/eng/Health_standards/tahc/current/chapitre_antibio_use.pdf

166) WHO Global Principles for the Containment of Antimicrobial Resistance in Animals Intended for Food, Report of a WHO Consultation with the participation of the Food and Agriculture Organization of the United Nations and the Office International des Epizooties, Geneva, Switzerland 5-9 June 2000

167) WHO global strategy for containment of antimicrobial resistance, WHO, 2001

168) Tackling antimicrobial resistance 2019-2024: The UK's five-year national action plan, 24 January 2019, DEFRA

169) UK veterinary antibiotic resistance & sales surveillance report, VMD, Oct 2017

170) Report of the Veel Calf Vaccination Study with Bovilis Bovipast, MSD Animal Health Report, 2014

171) Coyne LA et al, J Antimicrob Chemother, 71, 3300-12, 2016

172) Vets urge responsible antibiotic use by pet owners. BVA. Apr 2018

173) Project report ODO558. Defra. 2015

174) Kumar B. et al, Front Biosci Elite Ed, 4, 1759-67, 2012

175) Kumar B et al, Front Biosci Elite Ed, 4, 1759~67, 2012

176) Rhouma, M et al, Acta Vet Scand. 59(1). 31. 2017

177) Siolund M et al. Anim Nutr. 3(4). 313-21. 2017

178) WHO Guidelines on Use of Medically Important Antimicrobials in Food-Producing Animals, WHO, 2017

179) Restricting the use of antibiotics in food-producing animals and its associations with antibiotic resistance in food-producing animals and human beings: a systematic review and meta-analysis, Lancet Planet Health 2017; 1:e316-27, published Online November 6, 2017

180) DANMAP (Danish Integrated Antimicrobial Resistance Monitoring and Research Programme)

181) 2105년도 ■국가항생제 사용 및 내성 모니터링■ -가축, 축 · 수산품, 2016년 5월, 농림축산식품부, 농림축산검역본부 및 식품의약품안전처 공동 발간

182) '자가진료 항생제 사용증가, 국내 축수산물 내성도 증가', 2014.5.22., 데일레벳, www.dailyvet.co.kr/news/policy/25342

183) '미 동물용 항생제 파장 … '자가진료' 우리나라는 더 심해', 2014.2.4., 데일리벳, www.dailyvet.co.kr/news/policy/19417

184) Bywater, R.J. and Casewell, M. (2000) Journal of Antimicrobial Chemotherapy, 46, 643−645

185) The Facts About Antibiotics in Livestock & Poultry Production, North American Meat Institute

186) EU Summary Report on Trends and Sources of Zoonoses, Zoonotic Agents and Food−borne Outbreaks in 2009 (2011) EFSA Journal 9(3) 2090

187) Drug resistance: Does antibiotic use in animals affect human health?, Medical News Today, Ana Sandoiu, 9 November 2018, www.medicalnewstoday.com/article/323639.php

188) OIE Code Chapter 6.9. Responsible and Prudent Use of Antimicrobial Agents in Veterinary Medicine

189) Code of Practice to Minimize and Contain Antimicrobial Resistance, CAC/RCP 61−2005, FAO

190) Terrestrial Animal Health Code, Chapter 6.7. Harmonisation of National Antimicrobial Resistance Monitoring and Surveillance Programmes in Animals and Animal Derived Food, OIE

191) Terrestrial Animal Health Code, Chapter 6.8. Monitoring of the Quantities and Usage Patterns of Antimicrobial Agents Used in Food−Producing Animals, OIE

192) OIE Manual of Diagnostic Tests and Vaccines for Terrestrial Animals, Chapter 2.1.1. Laboratory Methodologies for Bacterial Antimicrobial Susceptibility Testing

193) Report of the Technical Committee to Enquire into the Welfare of Animals kept under Intensive Livestock Husbandry Systems, Chairman: Professor F. W. Rogers Brambell, December 1965, http://edepot.wur.nl/134379

194) http://edepot.wur.nl/134379

195) ISO/TS 34700:2016, Animal welfare management − General requirements and guidance for organizations in the food supply chain, www.iso.org/standard/64749.html

196) UNESCO, Universal Declaration of Animal Rights, 17−10−1978, www.esdaw.eu/unesco.html

197) AVMA, AVMA Animal Welfare Principles, Jan. 9, 2018, www.avma.org/KB/Policies/Pages/AVMA−Animal−Welfare−Principles.aspx

198) Universal Declaration on Animal Welfare, Wikipedia, https://en.wikipedia.org/wiki/Universal_Declaration_on_Animal_Welfare, July 15, 2019

199) AVMA, Joint AVMA−FVE−CVMA Statement on the Roles of Veterinarians in Ensuring Good Animal Welfare, www.avma.org/KB/Policies/Pages/Joint−Statement−Animal−Welfare.aspx 2019.8.5. 접속

200) Constitution, WHO, www.who.int/about/who−we−are/constitution

2019.8.15. 접속

201) World Organisation for Animal Health (OIE) (2010). – Fifth Strategic Plan: 2011 – 2015.

202) Animal Welfare Institute, The Critical Relationship Between Farm Animal Health and Welfare, April 2018

203) Animal Welfare: Trends, Issues, and Strategies, Ted Molter, Chief Marketing Officer, San diego Zoo Global, September 245h 2018, EURO ATTRACTIONS SHOW 2018

204) Cambridge Declaration on Consciousness (2012). http://fcmconference.org/img/CambridgeDeclarationOnConsciousness.pdf

205) Broom D.M. & Fraser A.F. (2007). – Welfare and behavior in relation to disease. In Domestic animal behavior and welfare (D.M. Broom & A.F. Fraser, eds), 4th Ed. CABI, Wallingford, United Kingdom, 216 – 225.

206) The Critical Relationship Between Farm Animal Health and Welfare, Animal Welfare Institute, April 2018, https://awionline.org/store/catalog/animal-welfare-publications/farm-animals/critical-relationship-between-farm-animal 2019. 8.21 접속

207) Animal Welfare for Livestock Producers, Agriculture Victoria, Australia, http://agriculture.vic.gov.au/agriculture/livestock/animal-welfare-for-livestock-producers

208) 정연호 등, 「해외 동물복지 축산정책 현황조사」, 농림축산식품부 연구용역 최종 보고서, 강원대학교 산학협력단, 2014년 11월

209) P. Dalla Villa, L.R. Matthews, B. Alessandrini, S. Messori & G. Migliorati, Drivers for animal welfare policies in Europe, Rev. sci. tech. Off. int. Epiz., 2014, 33 (1), 39–46, OIE

210) Consolidated Texts of the EU Treaties as amended by the Treaty of Lisbon, https://assets.publishing.service.gov.uk/government/uploads/system/uploads/attachment_data/file/228848/7310.pdf

211) Drivers for animal welfare policies in Europe, P. Dalla Villa etc., Rev. sci. tech. Of.f. int. Epiz., 2014, 33(1), 39–46

212) List of Animal Welfare Organizations, https://en.wikipedia.org/wiki/List_of_animal_welfare_organizations

213) European Commission (2013). – Commission implementing Regulation (EU) No. 191/2013 of 5 March 2013 amending Regulations (EC) No. 798/2008, (EC) No. 119/2009 and (EU) No. 206/2010 and Decision 2000/572/EC as regards animal welfare attestation in the models of veterinary certificates with EEA relevance.

214) '동물은 인간에게 무엇인가Animals and Society', 마고 드멜로 지음, 천명선, 조중헌 옮김, 2018년 7월, 공존 출판

215) 동물과 사람이 행복한 '하나의 복지(One Welfare)', 창, 2019 여름호 Vol. 75, 농림식품기술기획평가원

216) Legislative and regulatory options for animal welfare, FAO Legislative Study 104, FAO, 2011

217) Idrus Zulkifli, Review of human-animal interactions and their impact on animal productivity and welfare, Journal of Animal Science and Biotechnology 2013, 4:25, www.animalwelfare-science.net/uploads/1/2/3/2/123202832/the_human_contribution_to_animal_welfare_lhemsworth_050418.pdf

218) Lauren Hamsworth, The human contribution to animal welfare, www.animalwelfare.net.au

219) COLONIUS, T.J. & EARLEY, R. W. (2013) One Welfare: a call to develop a broader framework of thought and action, Journal of the American Veterinary Medical Association 242, 309-310

220) JORDEN, T. & LEM, M. (2014) One Health, One Welfare: education in practice veterinary student's experiences with community veterinary outreach, Canadian Veterinary Journal 55, 1203-1206

221) National Research Council, Workforce needs in veterinary medicine, Washington D.C: National Academies of Science, 2012

222) Rebeca Garcia, 'One Welfare': a framework to support the implementation of OIE animal welfare standards, OIE, 2017. www.onewelfareworld.org/uploads/9/7/5/4/97544760/bull_2017-1-eng.pdf

223) One Welfare - a platform for improving human and animal welfare, R. Carcia Pinillos, M.C. Appleby, X. Manteca et al., Veterinary Record, October 22, 2016

224) ASCIONE, F. R. & SHAPIRO, K. (2009) People and animals, kindness and cruelty: research directions and policy implications. Journal of Social Issues 65, 569-587

225) EUROPEANLINKCOALITION (2016) Facts and figures, www.europeanlinkcoalition.eu/#!blank/s2khn. Accessed October 14, 2016

226) LEM, M., COE, J. B. & HALEY, D. B. (2013) Effects of companion animal ownership among Canadian street-involved youth: a qualitative analysis. Journal of Sociology and Social Welfare XL, 285-304

227) CALLAWAY, T. R., MORROW, J. L., EDRINGTON, T. S., GENOVESE, K. J., DOWD, S., CARROLL, J. & OTHERS (2006) Social stress increases fecal shedW-ding of Salmonella Typhimurium by early weaned piglets. Current Issues in Intestinal Microbiology Journal 7, 65-71

228) VALARDE, A. & DALMAU, A. (2012) Animal welfare assessment at slaughter in Europe: Moving from inputs to outputs. Meat Science 92, 244-251

229)  MENDL, M., BROOKS, J., BASSE, C., BURMAN, O., PAUL, E., BLACKWELL, E. & CASEY, R. (2010) Dogs showing separation-related behavior exhibit a pessimistic cognitive bias. Current Biology 20, 839-840

230)  전진경, 한국의 동물보호와 애니멀호딩의 현주소-사례와 유형, 애니멀 호딩의 실제와 대안을 위한 국회 토론회, 동물권 행동 카라, 2018.12.5.

231)  FROST, R. O., PATRONEK, G., ARLUKE, A. & STEKETEE, G. (2015) The hoarding of animals: an update. October 14, 2016

232)  JACOB, C. (2011) Benefits of animal-assisted intervenW-tions to young offenders. Veterinary Record 169, 115-117

233)  Kant, I. (1963) Lectures on Ethics, trans. L. Infield, New York : Harper

234)  IFC (2014) Good practice note: Animal welfare in Livestock operations

235)  VELARDE, A., FÀBREGA, E., BLANCO-PENEDO, I. & DALMAU, A. (2015) Animal welfare towards sustainability in pork meat production. Meat Science 109, 13-17

236)  RSPCA (2008) With welfare in mind: animal welfare in international development programs. RSPCA

237)  FAO (2008) Capacity building to implement good animal welfare practices. Report of the FAO Expert Meeting FAO Headquarters (Rome) 30 September - 3 October. www.fao.org/docrep/012/i0483e00.htm

238)  SEKERCIOUGLU, C., WENNY, d. & WHELAN, c. (2016) Why Birds Matter: Avian Ecological Functions and Ecosystem Services, University of Chicago Press

239)  DENNIS, m. & JAMES, P. (2016) User participation in urban green commons: Exploring the links between access, voluntarism, biodiversity and wellbeing, Urban Forestry and Urban Greening 15, 22-31

240)  CORVALAN, C., HALES, S. & MCMICHAEL, A. (2005) Ecosystems and Human wellbeing health systems. Publication by WHO, October 17 2016

241)  피터 싱어 엮음, 「동물과 인간이 공존해야 하는 합당한 이유들」, 노승영 옮김, 시대의 창, 2012년

242)  '펄 벅 여사를 감동시킨 한국 농부의 마음', GoodNews, 2018.12.8. http://bbs.catholic.or.kr/bbsm/bbs_view.asp?menu=4778&id=1944656

243)  함태성, 우리나라 동물보호법제의 문제점과 개선방안에 관한 고찰, 이화여자대학교 법학논집 제19권 제4호, 2015년 6월

244)  "2018년 반려동물 보호 · 복지 실태조사 결과", 2019.7.23., 농림축산식품부 보도자료

245)  이도윤 등, 길 위에 잃어버린 이름을 다시 찾다. ANISAVE, 2018, www.lgchallengers.com/wp-content/uploads/2018/11/C0583.pdf

246)  전중환 등, 미래의 열쇠 또는 족쇄, 세계 축산의 새흐름, 동물복지, RDA Interrobang 78호, 2012.8.22. 농촌진흥청

247)  Animal welfare on the farm, European Commission, https://ec.europa.eu/

food/animals/welfare/practice/farm_en 2019.8.21. 접속

248) 2018년 동물복지 축산농장 인증실태 조사결과, 농림축산식품부 보도자료, 2019. 8. 9.

249) 전상곤 등, 「동물보호 · 복지업무의 효과적 추진을 위한 관리체계 연구」, 농림축산식품부 연구과제 최종보고서, 2017.12

250) "2018년 동물보호에 대한 국민의식 조사 결과", 농림축산식품부 보도참고자료, 2019.2.1. https://www.gov.kr/portal/ntnadmNews/1756965 2019.8.21. 접속

251) '2011-2012 National Companion Animal Owners Survey', APPA, https://faunalytics.org/2011-2012-appa-national-pet-owners-survey/

252) Animal Medicines in the UK, Animal Health Maifesto 2017, NOAH, UK

253) 미국 심장학회 '반려동물 키우면 심장질환 줄어든다', 2013.5.12., 데일리벳, www.dailyvet.co.kr/print?id=4424

254) Judith M. Siegel, Stressful Life Events and Use of Physicians Services Among the Elderly: The Moderating Role of Pet Ownership, Journal of Personality and Social Psychology, 1990, Vol. 58, No. 6, 1081-1086

255) Q. Onntag & K.L. Overall, Key determinants of dog and cat welfare: behavior, breeding and household lifestyle, Rev. sci. tech Off. int. Epiz., 2014, 33(1), 213-220

256) 박종원, 우리나라 동물복지축산의 현황과 법적 과제, 환경법과 정책, 19, 2017. 9, 131-176

257) "Annual Statistics of Scientific Procedures on Living Animals Great Britain 2017", Home Office, United Kingdom, 2018. www.gov.uk/government/statistics/statistics-of-scientific-procedures-on-living-animals-great-britain-2017 2019.6.30. 접속

258) Animal Welfare Institute Policy on Research and Testing with Animals, Animal Welfare Institute Home Page, May 2019, https://awionline.org/content/awi-policy

259) Concepts in Animal Welfare: Module 21. Wild animal welfare and management of wildlife, World Animal Protection, 2012, www.globalanimalnetwork.org/concepts-animal-welfare-21-wild-animal-welfare-and-management-wildlife 2020.3.8. 접속

260) 함태성, 동물 전시의 윤리적 · 법적 문제와 동물원의 현대적 과제에 대한 법적 고찰, 환경법연구 제39권 3호, 2017.11.24

261) 동물복지문제연구소 및 휴메인벳, 2019년 전국 야생동물카페 실태조사 보고서, 2019.8.26

262) [강원산불]갑작스런 불에 주민도 가축도 울었다…고성 · 속초 곳곳 火魔 흔적, 이데일리, 2019.4.5., www.edaily.co.kr/news/read?newsId=03542406622453168&mediaCodeNo=257

263) Fraser, D. 2006, Animal welfare assurance programs in food production: A framework for assessing the options. Animal Welfare 15: 93-104

264) Welfare Quality, 2009, Aims and objective Welfare Quality project, www.welfarequality.net

265) '헌법에 동물권 명시하겠다' 심상정 의원, 동물복지 5대 공약 발표, 데일리벳, 2017.3.19., www.dailyvet.co.kr/news/policy/74163

266) 국회에 울려 퍼진 동물들의 아우성 … "헌법에 동물권 명시", 뉴스1, 2017.10.15., http://news1.kr/articles/?3124125

267) 박종원, 우리나라 동물복지축산의 현황와 법적 과제, 환경법과 정책, 19, 2017. 9, 131-176

268) "[천명선의 인간, 동물 그리고 병원체](7) 4차 산업혁명시대…300년 전 '살처분' 과학이 유일한 대안?", 2017.11.20. 경향신문 기사, http://news.khan.co.kr/kh_news/khan_art_view.html?art_id=201711202209005 2019.8.21. 접속 확인

269) "가축매몰(살처분) 참여자 트라우마 현황 실태조사", 2017년도 국가인권위원회 인권상황실태조사 연구용역보고서, 2017.12, 서울대학교 사회발전연구소

270) "참사랑 동물복지농장, 생명폐기처분에 반대하는…", 쓰고 버리는 시대를 생각하는 모임, 2017.6.11. http://ggma1.com/bbs/board.php?bo_table=menu_3_2&wr_id=130

271) Crispin, S. M., Roger, P. A., O Hare, H., and Binns, S. H., 2002. "The 2001 foot and mouth disease epidemic in the United Kingdom: animal welfare perspectives." Revue scientifique et technique—Office international des épizooties, 21(3): 877-880.

272) Hartnack, S., Doherr, M. G., Grimm, H., Kunzmann, P. (2009). Mass culling in the context of animal disease outbreaks—veterinarians caught between ethical issues and control policies. DTW. Deutsche tierarztliche Wochenschrift, 116(4), 152-157.

273) OIE Terrestrial Animal Health Code, Chapter 7.6. Killing of Animals for Disease Control Purposes

274) "2017년 유실 · 유기동물 10만 마리 구조 · 보호 - 2017년 동물의 등록 · 유기동물 관리 등 동물보호 · 복지 실태조사 결과 자료", 농림축산식품부 보도자료, 2018.6.29

275) [칼럼] 해외 주요 동물복지 선진국의 유기동물 정책, 명보영, 2015년 3월 25일, 데일리벳. www.dailyvet.co.kr/news/animalwelfare/40729

276) 2018년 동물보호에 대한 국민의식 조사 보고서, 포인트 듀오, 2018년 12월

277) "세계 유일 '식용 개농장' 실태조사 기자회견문", 카라, 2017.6.22. www.ekara.org/activity/against/read/8785 2019.8.22. 접속

278) 개고기와 문화제국주의, 주강현 지음, 2002년 5월, 중앙m&b 출판

279) ■개식용 산업 실태조사와 금지방안 마련을 위한 연구보고서■, (사)동물보호시민단체 카라, 2012.9.

280) 한국 반려동물의 무덤, 개식용 종식을 위한 법규 안내집, 전진경 및 김현지, (사)동물보호시민단체 카라, 2016.6.15

281) Damien McFlory, "Korean Outrage as West Tries to Use World Cup to Ban

Dog Eating," Telegraph, 2002년 1월 6일자 www.telegraph.co.uk/news/worldnews/europe/france/1380569/korean-outrage-as-West-tries-to-use-World-Cup-to-ban-dog-eating.html

282) 우리는 왜 개를 사랑하고 돼지는 먹고 소는 신을까, 멜라니 조이 지음, 노순욱 옮김, 2011년 모멘토 출판

283) "개 식용 법안: 매년 나오는 '개고기 논쟁', 올해는 무엇이 다를까", 2018.8.14. 보도, BBC 뉴스 코리아, www.bbc.com/korean/news-45179421

284) 미즈코시 미나, 애견의 심리와 행동, 그린 홈 출판, 2004. 1.10

285) 농림축산검역본부 홈페이지. 농림축산검역본부〉동물방역〉동물보호〉동물학대방지. www.qia.go.kr/animal/protect/ani_prot_ani_sum.jsp 2019.8.22. 접속

286) 반려동물 분쟁 증가.... '주의책임' 주인 · 이웃 따로 없다. 매일경제, 2016.6.19., www.mk.co.kr/news/society/view/2016/06/438003/

287) "반려동물 분쟁 증가 .... '주의책임' 주인 · 이웃 따로 없다.", 매일경제 뉴스, 2016.6.19. www.mk.co.kr/news/society/view/2016/06/438003/ 2019.8.22. 접속

288) 반려견에 물린 피해자 5년간 561명... '나 몰라라' 개주인들, 치료비 3억 안냈다. 2017.10.23., 조선일보, www.news.chosun.com/site/data/html.dir/2017/10/23/2017102301110.html?related_all

289) 반려동물 인구 1천만 시대, 제도 · 에티켓 점검해야, 한겨레 사설, 2017.10.22., www.hani.co.kr/arti/opinion/editorial/815515.html

290) 선진국의 반려동물 에티켓: 사나운 개에게 빨간 망토 줄까, 노란 리본 줄까, 데일리펫 뉴스, 2013.4.18., www.dailypet.net/news/articlePrint.html?idxno=340

291) 모두 다 동물 좋아하는 건 아니잖아요? 조선일보 와이드 뉴스, 2017.10.27., http://news.chosun.com/site/data/html_dir/2016/11/15/2016111500930.html

292) "반려동물 보호 및 관련 산업 육성 세부대책", 2016년 12월, 농림축산식품부

293) 황명철, 김태성. 2013. "애완동물 관련시장 동향과 전망." NHERI 리포트 제215호.

294) "펫 보험 연 5,000억 시장으로 성장", 서울경제 보도, 2019.1.23. www.sedaily.com/NewsVIew/1VE5F9W46G

295) 우병준 등, 「국민경제를 고려한 미래 축산정책 방향 연구」 최종보고서, 2016년 3월, 한국농촌경제연구원

296) 애완동물 의료보험 시장 급성장 ... 보장기간 · 범위 넓어지며 실효성 업그레이드 월 2~4만 원 보험료면 의료비 수십만 원 효과, 김강래 기자, 2019.1.7. 매일경제, www.mk.co.kr/news/economy/view/2019/01/12699/

297) One Health, Wikipedia 및 EcoHealth Alliance, www.ecohealthalliance.org/personnel/dr-william-karesh

298) Bresalier et al., (2015), One Health: The Theory and Practice of Integrated Health approaches, CAB International

299) Sajjad Wani, Role of a veterinarian and his contribution to the society, Feb 12. 2017

300) Wildlife, Bushmeat, and Ebola, One World, One Health Home Page, Wildlife Conservation Society, www.oneworldonehealth.org/sept2004/presentations/3_karesh.html 2020.5.17. 접속

301) Animal and Pandemic Influenza: A Framework for Sustaining Momentum, Fifth Global Progress Report, July 2010, United Nations & The World Bank

302) 요제프 H. 라이히홀프 지음, 박병화 옮김, 「공생, 생명은 서로 돕는다」, 도서출판 이랑 출판, 2018.6.29.

303) One Health "at a glance", OIE, www.oie.int/en/for-the-media/onehealth/

304) One Health, September 2017, www.who.int/features/qa/one-health/en/ 2019.10.23. 접속

305) One Health: Food and Agriculture Organization of the United Nations Strategic Action Plan, FAO, 2011, www.fao.org/3/al868e/al868e00.pdf

306) What is One Health? One Health Commission, www.onehealthcommission.org/en/why_one_health/what_is_one_health/

307) Delphine Destoumieux-Garzon et al, (2018). The One Health Concept: 10 Years Old and a Long Road Ahead, Frontiers in Veterinary Science, February 2018, Volume 5, Article 14

308) One Health: Operational Framework for Strengthening Human, Animal, and Environmental Public Health Systems at Their Interface, World Bank, 2018, http://documents.worldbank.org/curated/en/703711517234402168/Operational-framework-forstrengthening-human-animal-and-environmental-public-health-systems-at-their-interface

309) Manlove KR Walker JG, Craft ME, Huyvaert KP, Joseph MB, et al. "One Health" or Three? Publication Silos Among the One Health Disciplines, Plos Biol. 2016; 14(4).

310) One Health: A New Professional Imperative. One Health Initiative Task Force: Final Report. July 15, 2008, American Veterinary Medical Association. www.avma.org/KB/Resources/Reports/Documents/onehealth_final.pdf

311) B.R. Evans & F.A, Leighton, A history of One Health, Rev. sci. tech. Off. int. Ep[iz., 2014, 33(2), 413-420]

312) Kahn L. One Health: A Concept for the 21st Century. USDA's 85th Agricultural Outlook Forum. Feb 26-27, 2009, Arlington, VA, Crystal Gateway Marriott

313) 서울대학교 수의과대학 학사과정, http://vet.snu.ac.kr/a_preparatory_course 2019.9.14. 접속

314) PREDICT Project, https://ohi.vetmed.ucdavis.edu/programs-projects/predict-project

315) WVA Model Veterinarians' Oath, World Veterinary Association, www.worldwet.org/uploads/docs/wva_model_veterinarians_oath.pdf

316) Brown, C., Thompson, S., Vroegindewey, G. et al. (2006). The global veterinarian: The why? The what? The how? Journal of Veterinary Medical Education 33 (3): 411-415

317) WVA Declaration of Incheon on the Role of the Veterinary Profession in One Health and EcoHealth Initiatives, Dec. 10, 2017

318) Comment: Pets, vets and one health, Veterinary Record, April 14, 2012, https://veterinaryrecord.bmj.com/content/vetrec/170/15/376.full.pdf

319) Samantha E. J. Gibbs and E. Paul J. Gibbs, The Historical, Present and Future Role of Veterinarians in One Health, Current Topics in Microbiology and Immunology (2012) 365: 31-47

320) Technical Report: Towards One Health Preparedness, Expert Consultation 11-12 December 2017, European Center for Disease Prevention and Control, May 2018

321) Ross C. Brownson, Frank S. Bright, Chronic Disease Control in Public Health Practice: Looking Back and Moving Foward, Public Health Reports/ May-June 2004/ Volume 119

322) 질병관리본부 보도참고자료, 「2018 만성질환 현황과 이슈」 발간, 2018.12.20.

323) 홍윤철 지음, 「질병의 종식」, 사이 출판, 2017.2.15.

324) Sharon L. Deem, Kelly E. Lane-deGraaf & Elizabeth A. Rayhel, Introduction to One Health: An Interdisciplinary Approach to Planetary Health, 2019, WILEY Blackwell

325) Jones KE, Patel NG, Levy MA, Storeygard A, Balk D, Gittleman JL, Daszak P: Global trends in emerging infectious diseases. Nature 2008, 451:990-994.

326) Colin D Butler (2012), Infectious disease emergence and global change: thinking systemically in a shrinking world, Butler Infectious Diseases of Poverty 2012:1.5

327) Deforestation of the Amazon rainforest, Wikipedia, https://en.wikipedia. org/wiki/Deforestation_of_the_Amazon_rainforest 2020.3.10. 접속

328) 「지구생명 보고서 2018, Aiming Higher」 요약본, 세계자연기금(WWF) 한국본부, 2018년 10월

329) Our Stolen Future: Are We Threatening Our Fertility, Intelligence, and Survival?--A Scientific Detective Story, Theo Colborn, Dianne Dumanoski, John Peterson, 1996

330) "아귀 뱃속에서 500㎖ 페트병이 … 해양쓰레기 심각", 2018.11.23., 한국일보 www.hankookilbo.com/News/Read/201811231480346461

331) "미세플라스틱 금강 수계 물고기 내장에서도 검출", 2019.4.18., 중앙일보, https:// news.joins.com/article/23444563

332) King, L. 2011, What is One Health and why is it relevant to food safety? Presentation given at the December 13-14, 2011, public workshop

Improving Food Safety Through One Health, Forum on Microbial Threats, Institute of Medicine, Washington D.C.

333) World Health Organization (2019), Ten threats to global health in 2019. www.who.int/emergencies/ten-threats-to-global-health-in-2019.

334) World Bank Group (2018), Operational Framework for Strengthening Human, Animal, and Environmental Public Health Systems at their Interface, IBRD /The World Bank.

335) Antimicrobial Resistance (AMR), International and Intersectoral Collaboration, www.oie.int/en/for-the-media/amr/international-collaboration/ 2019.10.16. 접속

336) Steffen W. & Hughes L. (Climate Commission) (2013). - The critical decade 2013: climate change science, risks and response. Commonwealth of Australia (Department of Industry, Innovation, Climate Change, Science, Research and Tertiary Education). Available at: www.climatecommission. gov.au/report/the-critical-decade-2013/

337) P.F. Black & D.D. Butler, One Health in a world with climate change, OIE Rev. sci. tech. Off. int. Epiz., 204, 33(2), 465-473

338) Gallana M., Ryser-Degiorgis M., Wahli T. & Segner H. (2013). - Climate change and infectious diseases of wildlife: altered interactions between pathogens, vectors and hosts. Curr. Zool., 59 (3), 427-437.

339) Black P.F., Murray J.G. & Nunn M.J. (2008). - Managing animal disease risk in Australia: the impact of climate change. In Climate change: impact on the epidemiology and control of animal diseases (S. de La Rocque, S. Morand & G. Hendrickx, eds). Rev. sci. tech. Off. int. Epiz., 27 (2), 563-580.

340) McFarlane R.A., Sleigh A.C. & McMichael A.J. (2013). Land-use change and emerging infectious disease on an island continent. Int. J. environ. Res. public Hlth, 10 (7), 2699-2719.

341) Nabarro D. & Wannous C. (2014). - The potential contribution of livestock to food and nutrition security: the application of the One Health approach in livestock policy and practice. In One Health (W.B. Karesh, ed.). Rev. sci. tech. Off. int. Epiz., 33 (2), 475-485.

342) Ray D.K., Muller N.D., West P.C. & Foley J.A. (2013). - Yield trends are insufficient to double global crop production by 2050. PLoS ONE, 8 (6), e66428. doi:10.1371/journal. pone.0066428.

343) P.F. Black & D.D. Butler, One Health in a world with climate change, OIE Rev. sci. tech. Off. int. Epiz., 2014, 33(2), 465-473

344) J.A.K. Mazet, M.M. Uhart & J.D. Keyyu, (2014), Stakeholders in One Health, OIE Rev. sci. tech. Off. int. Epiz., 2014, 33(2)

345) The FAO-OIE-WHO Collaboration: Sharing responsibilities and

coordinating global activities to address health risks at the animal-human-ecosystems interfaces, A Tripartite Concept Note, April 2010

346) The World Bank, Report No: ICR00003260, Implementation Completion and Results Report on a The European Commission Avian and Human Influenza Trust Fund (EC-AHI) – TF012273 in the Amount of US $10.00 Million Equivalent to the Government of Nepal for a Zoonoses Control Project (P130089), September 15, 2014

347) J. Godfroid et. al., The quest for a true One Health perspective of brucellosis, OIE Rev. sci. tech. Off. int. Epiz., 2014, 33(2), 521-538

348) The benefits of incorporating the One Health concept into the organizations of Veterinary Services, OWE. Vidual & J. O. Ursula, Rev. si. tech. Off. INT. Epic. 2014, 33(2), 401-406)

349) One Health Leadership Experience, Mark Raizenne, Public Health Agency of Canada, 2013. ppt

350) The value of increasing the role of private individuals and organisations in One Health, T. Morner, J.Fisher & R. Bengis, OIE Rev. sci. tech. Off. int. Epiz., 2014, 33(2), 605-613

351) 「One Health 개념의 항생제 내성균 다부처 공동 대응방안 연구」, 정책연구용역사업 최종결과 보고서, 글로벌아이앤컴퍼니그룹(주관연구기관), 질병관리본부(발주기관), 2017.12.19.

352) About Food Safety, OIE, www.oie.int/en/food-safety/animal-production-food-safety/

353) Food and Agriculture Organization of the United Nations, "Livestock's Long Shadow: Environmental Issues and Options," www.fao.org/docrep/010/a0701e/a0701e00.HTM, 2006

354) FAO. 2012c. World agriculture towards 2030/2050: the 2012 revision, N. Alexandratos and J. Bruinsma. ESA Working Paper No. 12-03. Rome. www.fao.org/docrep/016/ap106e/ap106e.pdf

355) 김학민, [기고]아마존 지키기, 탈육식이 답이다. 2019.9.1. 한겨레신문, www.hani.co.kr/arti/opinion/column/907963.html

356) Eating to Save the Earth: Food Choices for a Healthy Planet, Jacobsen and Riebel, 2002

357) Henning Steinfeld, et. al., Livestock's Long Shadow: Environmental Issues and Options, FAO Report ISBN978-92-5-105571-7, 2006

358) J. MacKenzie, M. Mckinnon, and M. Jeggo, Confronting Emerging Zoonoses, Chapter 8. One Health: From Concept to Practice, June 2014, Springer

359) The Tripartite's Commitment Providing multi-sectoral, collaborative leadership in addressing health challenges, October 2017, FAO, OIE and

WHO

360) The FAO-OIE-WHO Collaboration: Sharing responsibilities and coordinating global activities to address health risks at the animal-human-ecosystems interfaces, A Tripartite Concept Note, FAO, OIE, and WHO, April 2010

361) Atlas R, Rubin C, Maloy S, Daszak P, Colwell R, Hyde B. 2010. One Health: attaining optimal health for people, animals, and the environment. Microbe 5:383-389.

362) The Future of One Health, Ronald M. Atlas and Stanley Maloy, Microbiology Spectrum 2(1), 7 February 2014

363) 기모란 등, 「국민건강 확보를 위한 한국형 원헬스 추진방안 연구」, 보건복지부 연구과제 최종보고서, 대한예방의학회, 2018.11.27.

364) The pathway to new Veterinary medicines, IFAH, https://healthforanimals.org

365) COMMISSION NOTICE, Guidelines for the prudent use of antimicrobials in veterinary medicine (2015/C 299/04), https://ec.europa.eu/health//sites/health/files/antimicrobial_resistance/docs/2015_prudent_use_guidelines_en.pdf

366) ■동물약품안전사용기준■, 농림축산검역본부고시 제2013-28호, 2013.3.23., 농림축산검역본부

367) 조재성, OECD 축산분야 항생제 사용 현황 및 전망과 경제분석, 세계농업 2018.7월호

368) Jonathan Rushton, Economics of antimicrobial resistance in livestock, 2nd OIE Global Conference on Antimicrobial Resistance, Marrakesh, Morocco, 29-31 October 2018

369) Krausse, R., and Schubert, S. (2010). In-vitro activities of tetracyclines, marcolides, fluoroquinolones and clindamycin against Mycoplasma hominis and Ureaplasma spp. isolated in Germany over 20 years. Clin. Microbiol. Infect. 16, 1649-1655.

370) Mellata, M. (2013). Human and avian extraintestinal pathogenic Escherichia coli: infections, zoonotic risks, and antibiotic resistance trends. Foodborne Patho. Dis. 10, 916-932

371) Looking ahead in world food and agriculture: Perspectives to 2050, FAO 2011

372) Vormbrock, Julia; Grossman, John M. (1988). "Cardiovascular Effects of Human-pet Dog Interactions". Journal of Behavioral Medicine 11 (5): 509-517

373) FAO World Livestock 2011: Livestock in food security (e.g. p.83)

374) The of Pharmacovigilance: Safety Monitoring of Medicinal Products, WHO, 2002

375) VICH GL 24 (Pharmacovigilance: AERs), October 2007, Pharmacovigilance

of Veterinary Medicinal Products: Management of Adverse Event Reports, International Cooperation on Harmonisation of Technical Requirements for Registration of Veterinary Medicinal Products

376) Pharmacovigilance: Overview, European Medicines Agency, www.ema. europa.eu/en/human-regulatory/overview/pharmacovigilance-overview 2019.8.30. 접속

377) Veterinary medicines vs human medicines, Animal Health Europe, www. animalhealtheurope.eu

378) 동물용의약품 관리육성 법령 법제연구, 농림축산식품부 연구용역 최종보고서, 2019.3.22

379) 김진석, 신호철, 사지원, 동물약품 관리체계 개선방안 연구 최종보고서, 2010.10, 농림수산식품부

380) 377)과 동일

381) 김성훈, 홍승지, 이금호, 배선찬, ■동물약품 수출 확대방안 연구■, 농림수산식품부, 2011년 8월

382) 엄석진, 김성훈, ■농식품 연관산업 수출 활성화 연구■, 농림수산식품부, 2011

383) 스마트 양식, 고갈되고 있는 수산자원의 대안, KB금융지주 경영연구소, 2019.9.30.

384) 박정완, "수의사가 외면하는 동약업계", 2015.3.6. 축산경제신문, http://www. chukkyung.co.kr/news/articleView.html?idxno=34539

385) Robert P. Hunter, et. al., Overview of the animal health drug development and registration process: an industry perspective, Future Med. Chem. (2011) 3(7)

386) Animal and human medicines: Similar, but not the same, Animal Health Institute, https://healthyanimals.org/animals-humans/animal-and-human-medicines/

387) 농수축산신문(2015.8.17.), www.aflnews.co.kr/news/articleView. html?idxno=112231, 2019.7.25. 검색

388) 〈 2019 동물약품 산업 전망〉 수출시장 민관 협공 강화... 동약 한류열풍 '힘 모아야', 정병곤, 한국동물약품협회 부회장, 축산신문, 2019. 2.18

389) 「중국 동물용의약품 산업발전 보고서 (2017년도)」, 중국수약협회 편저, 2018.

390) 강경묵 등, 국내 동물용의료기기 시장 동향 및 향후 전망, Journal of Veterinary Clinics 36(1): 1-6(2019), 2019.1.16.

391) Watkins K. (2008). - Fighting climate change: human solidarity in a divided world. United Nations Development Programme (UNDP) Human Development Report 2007/2008. UNDP, New York.

392) Walter Oyhantçabal, Edgardo Vitale, Patricia Lagarmilla, CLIMATE CHANGE AND LINKS TO ANIMAL DISEASES AND ANIMAL PRODUCTION, Conf. OIE 2010, 179-1869, www.oie.int/doc/ged/D11834.PDF, 2019.12.25. 접속 확인

393) Climate Change, U.S. Global Change Research Program, www.

globalchange.gov/climate-change

394) Chris D. Thomas, Alison Cameron, et al., Extinction risk from climate change, Nature/Vol. 427/8 January 2004, www.nature.com/nature

395) B.D. Sleeening, Global climate change and implications for disease emergence, Veterinary Pathology, 47(1) 28–33, 2010

396) 박규현, 〈논단〉 기후변화, 가축 다양성, 그리고 축산, 2017.6.23. 축산신문

397) 하상도, 지구온난화로 인한 기후변화와 "식품안전", 조선Pub시리즈, 2014.1.2. https://pub.chosun.com/client/news/viw.asp?cate=C06&nNewsNumb=201 40113708&nidx=13709

398) 해외 기후변화 대응 동물질병 관리체계 동향, 국내외 과학 이슈, 농림식품기술기획평가원, 2011.2.10.

399) A.J. McMichael et al., Climate change and human health: RISKS AND RESPONSES, WHO, 2003, www.who.int/globalchange/publications/climchange.pdf?ua=1 2019.8.31. 접속

400) Nick Watts et al., The 2018 report of the Lancet Countdown on health and climate change: shaping the health of nations for centuries to come, Lancet 2018; 392: 2479–514 Published Online November 28, 2018

401) FAO, Livestock diversity helps cope with climate change, www.fao.org/3/a-i6232e.pdf 2019.9.17. 접속

402) FAO, The Second Report on the State of the World's Animal Genetic Resources for Food and Agriculture, 2016, www.fao.org/3/a-i4787e.pdf 2019.9.17. 접속

403) Rose, H., T. Wang, J. van Dijk, and E.R. Morgan. 2015. GLOWORM-FL: a simulation model of the effects of climate and climate change on the free-living stages of gastro-intestinal nematode parasites of ruminants. Ecol. Mod. 297:232–245. doi:10.1016/j.ecolmodel.2014.11.033

404) Nicola Lacetera, Impact of climate change on animal health and welfare. Animal Frontiers. Jan. 2019, Vol. 9, No. 1

405) Gaughan, J.B., N. Lacetera, S.E. Valtorta, H.H. Khalifa, G.L. Hahn, and T.L. Mader. 2009. Response of domestic animals to climate challenges. In: Ebi, K.L., I. Burton, and G.R. McGregor, editors, Biometeorology for adaptation to climate variability and change. Heidelberg (Germany): Springer-Verlag; p. 131–170.

406) Lykkesfeldt, J., and O. Svendsen. 2007. Oxidants and antioxidants in disease: oxidative stress in farm animals. Vet. J. 173:502–511. doi:10.1016/j.tvjl.2006.06.005

407) Shearer, J.K. 1999. Foot health from a veterinarian's perspective. Proc. Feed Nutr. Manag. Cow Coll. Virg. Tech. 33–43.

408) Implications of Climate Change for Farm Animal Health and Welfare, April

2013, chevitfutures. UK

409) 정석찬, 기후변화와 인수공통전염병, 한국식품 안전성학회 Vol.5, No.4, 2010

410) Food Safety, Climate Change and the Role of WHO, August 2018, WHO, www.who.int/foodsafety/_Climate_Change.pdf 2019.8.31. 접속

411) Climate Change: Implications for Food Safety, FAO, 2009, http://www.fao.org/3/i0195e/i0195e00.pdf

412) 문진산, 기후변화가 동물질병과 축산물 공급에 미치는 영향 및 이에 대한 대응방안, 2010년도 한국환경농학회 춘계워크숍 자료집

413) 2018 The State of Agricultural Commodity Markets: Agricultural Trade, Climate Change and Food Security, FAO, 2018, www.fao.org/3/I9542EN/i9542en.pdf 2019.8.31. 접속

414) 정기혜, 기후변화에 따른 식품안전관리 및 국가대응을 위한 아젠다 개발, 2010년도 한국환경농학회 춘계워크숍 자료집 pp 91-121

415) Y. Le Conte (1) & M. Navajas, Climate change: impact on honey bee populations and diseases, Rev. sci. tech. Off. int. Epiz., 2008, 27 (2), 499-510, OIE

416) The European week of bees and pollination, https://ec.europa.eu/jrc/en/science-update/european-week-bees-and-pollination

417) Bees and other pollinators: their values and health in England, Department for Environment, Food and Rural Affairs, July 2013, https://assets.publishing.service.gov.uk/government/uploads/system/uploads/attachment_data/file/210926/pb13981-bees-pollinators-review.pdf 또는 www.oie.int/our-scientific-expertise/veterinary-products/antimicrobials/

418) 반기성 저, 인간이 만든 재앙, 기후변화와 환경의 역습, 프리스마 출판, 2018.11.9

419) "영 식음료 대상 테러 위협 증대", 연합뉴스, 2011.6.5

420) OIE Biological Threat Reduction Strategy: Strengthening Global Biological Security, OIE. October 2015. www.oie.int/fileadmin/Home/eng/Our_scientific_expertise/docs/pdf/A_Biolological_Threat_Reduction_Strategy_jan2012.pdf

421) T. Novossiolova, Comparing responses to natural, accidental and deliberate biological events Rev. Sci. Tech. Off. Int. Epiz., 2017, 36 (2), 647-656

422) OIE-Listed diseases, infections and infestations in force in 2019. OIE. www.oie.int/en/animal-health-in-the-world/oie-listed-diseases-2019/

423) Veterinarians & their role in Bioterrorism, Kim I Barlowe, 4 October 2006

424) "바이오 테러가 뭐길래... 빌 게이츠 "핵폭탄보다 위험할 수 있다."", 2017.2.20., 중앙일보 보도, https://news.joins.com/article/21281764

425) Terrorist Threats to Food: Guidance for Establishing and Strengthening Prevention and Response Systems, WHO, 2002

# 수의정책
# 콘서트

저  자 ㅣ 김용상
발행인 ㅣ 장상원

초판 1쇄 ㅣ 2020년 11월 2일
   2쇄 ㅣ 2021년 1월 5일
발행처 ㅣ (주)비앤씨월드 출판등록 1994.1.21 제 16-818호
주  소 ㅣ 서울특별시 강남구 선릉로 132길 3-6 서원빌딩 3층
전  화 ㅣ (02)547-5233   팩스 ㅣ (02)549-5235   홈페이지 ㅣ http://bncworld.co.kr
블로그 ㅣ http://blog.naver.com/bncbookcafe   인스타그램 ㅣ @bncworld

ISBN ㅣ 979-11-86519-38-7   03470

이 도서의 국립중앙도서관 출판예정도서목록(CIP)은 서지정보유통지원시스템 홈페이지
(http://seoji.nl.go.kr)와 국가자료종합목록 구축시스템(http://kolis-net.nl.go.kr)에서 이용하실 수 있습니다.
(CIP제어번호 : CIP2020044165)